MINGUO JIANZHU GONGCHENG QIKAN HUIBIAN

民國建築工程期刊匯編

11

《民國建築工程期刊匯編》編寫組 編

GUANGXI NORMAL UNIVERSITY PRESS

廣西師範大學出版社

·桂林·

第十一册目録

工程

工程

中國工程師學會會刊

廿二年八月一日　　　　　　　　　　第八卷第四號

戴梯瑪教授

對於發展中國電氣事業之意見

戴梯瑪教授白髮盈巔，學粹思深，於協助蘇俄設計電氣網之後，復於民國十九年加入德國實業考察團，來華旅行，盡心考察。歸國之後，著此文以饗吾國人士。其主張平淡切實，不驚高遠，可謂藥石之言。願吾國電信界及電力界同人深體而力行之。

其他要目

工程

中國工程師學會會刊

編輯：
黃　炎　（土木）
薛次莘　（建築）
胡樹楫　（市政）
鄭肇經　（水利）
許應期　（電氣）
徐宗涑　（化工）

總編輯：沈　怡

編輯：
蔣易均　（機械）
宋其清　（無線電）
錢昌祚　（飛機）
李　俶　（礦冶）
黃　炎　（紡織）
宋學勤　（校對）

第八卷第四號目錄

中國工程師學會發行

總會地址：上海南京路大陸商場五樓542號　　分售處：上海福煦路中國科學公司
電　話：92582　　　　　　　　　　　　　　　上海河南路民智書局　上海西門東新書局
本刊價目：每冊四角全年六冊定價二元連郵費　　上海徐家滙蘇新書社　南京鍾山書局
　　　　　本國二元二角國外四元二角　　　　　濟南美容衡教育圖書社　上海生活週刊社

發展中國電氣事業之意見[*]

戴梯瑪博士

德國哈諾佛工業大學教授德國全國實業協會中國考察團團員

緒言 利用電氣,為增進民族幸福最要之方法,已成顯明之事實。孫中山先生在其所著建國方略中,對於電氣之應用,亦曾特別注意。據電業發達各國之經驗,分電氣用途為「強電工程」與「弱電工程」二種。電燈電力及各種運輸設證,為強電工程。藉電氣之力,傳達文字,語言,記號,像片於遠方,為弱電工程。本上述電氣用途之類別。先將強電工程之建議,陳述於次,再論弱電工程。

電氣用途 強電用途,範圍甚廣,本文限於篇幅,僅能敍其大要。如以電燃燈,不獨最為完善,且能防免火險,並適合人民衛生之需要。變電力為熱力,甚為簡易,隨時隨地均可得舒適之溫度而享用之。電氣馬達,固適合于大工業之各種笨重工作,卽對于手工業與農工業,亦甚適宜。醫學界應用電氣,亦逐漸增多,曩昔不治之疾病,改用電療,每能奏效,公衆康健得益匪淺,城市電車,賴電行駛,交通旣便,價亦低廉,使市民咸得享郊外居住之幸福。

各國經驗之利用 上述各種強電用途,年來均有相當之發展。中國電氣事業,雖猶在萌芽時期,但儘可坐享先進國已得之經驗,免除無數在試驗與進化時期中不可避免之損失,不可謂非大幸事。本文所述各種建議及辦法,對于各國已歷之經驗,特別注意。苟中國政府與人民,因此不致再經此種電氣發展過程中之錯誤,一躍而臻於進步之域,則作者之為幸多矣。

[*]Prof. Dr. Dettmar. Elektrotechnik轉載德國全國實業協會中國考察團呈遞中國國民政府意見書

水力 電氣之產生,或藉水力或用煤力。以天然之水力,發展中國電業,孫中山先生在其建國方略中曾有論及。倘水力之開發,需費不巨,且所在地又離城市不遠,則應儘先舉辦,殊無疑義。利用水力發電,是否合于經濟原則,胥視輸電綫路之長度,以爲斷。此外尚有一點,應特加注意,卽水電廠之建設,常在深山峻嶺中,大型水輪機與發電機之運輸,多感不便。故交通設施,實爲先決問題。是則水力之應用,事前應加以精詳之考慮者也。聞中國政府在最近期內,將實行濬導河流,此事與水力之發展,有連帶關係。在可以航行之河流,兩旁居民,大抵稠密。水電廠之電流,易於銷售。中國政府卽可利用電費收入,補助濬河經費,實爲一舉兩得。

煤 中國產煤旣豐,而煤礦復遍佈全國。用煤發電,自居首要地位,與先進諸國之情形毫無二致。蒸汽電廠可建設于煤礦附近,發出之電流,用高壓電線,輸送各處。卽交通至感不便之城市,亦得享受電氣之利益。倘煤礦毗近鐵道或河流,則煤炭可輸運至各城市,以供城市電廠之用。蓋中國各大城市相距甚遠,電之需要,又不甚多,故以就地發電爲宜。若用高壓電綫,輸送電流,反不經濟。是建設大規模之蒸汽發電廠,以供給多數城市之用電,爲時尚早。據各國之經驗,須電氣用途,充分發展後,方可建設高壓電綫,謀各城市電廠之互相聯絡以收集中發電之利益。

電流種類之劃一 中國各地電廠,目前雖尚無卽用高壓電綫,互相連接之必要,已如上述,但電流方式及週波數之統一,應及早準備。凡建設新電廠,均應採用三相交流式,其週波爲每秒五十循環。年來先進諸國,以電流種類之不同,耗費無數金錢與人工,始能達到電流統一地步。中國如能趁電業尚未發達時期,卽將電流劃一,則此項損失,自可避免。(編者按此點建設委員會已訂入法規,且已努力推行。)

電線之設置 電線之設置,與電廠之費用,有密切關係。世界各國,原多採用架空電線。但架空電線,所需人工與金錢,兩不經濟,

且此項電線,易受外方之影響,而發生故障。比年以來,多用地纜替代。祗因地纜之製造與安置費,至為浩大,故小城及鄉野,仍用架空電線。電線發生故障,不獨用戶感覺不便,卽電廠收入,亦因之減少。是以經營電廠者,對于架空電線之安全,務須注意。更有進者,如電廠供給電流,能無間斷,不僅電燈用戶,逐漸增加,卽各工廠亦樂于改用電氣,故欲謀電力之暢銷,須先確保電氣線路及電廠設備之安全,是為電氣企業家不可忽略之事也。復次吾人建築電氣線路時,對於用戶電壓之變動,應特別留意。如電壓變動過大,非但電燈明暗不定,燈泡壽命減短,卽工廠馬達之轉數,亦必減少,電熱用品,亦因電壓降底,失其應有之效能。就經驗論,電廠之電壓,至多祗能較規定數,降低百分之十,否則電廠與用戶,兩蒙其害。

電車之設置　　欲謀中國工業之發達,電車及其他使用電氣之交通器具亦應建設,以期客運與貨運之便利。電車分有軌與無軌二種。無軌電車,最宜于交通繁盛而又狹小之街道,照德美兩國之經驗乘客多時。電車較公共汽車,既廉且佳,其運輸費用,僅合公用汽車三分之二。迨工業較為發達後,電氣鐵路之功用,始漸顯著。其所需之建築費,雖較昂於蒸汽鐵路,但利息則較優厚。中國集資較難,電氣鐵路,僅能建設于交通發達之區域,且其所需之電力,應取給于水電廠,以減輕經常用費。

弱電工程　　關于弱電工程,其主要用途,為有線及無線電報電話與一切電氣信號。中國無線電事業雖尚發達,惟有線電報與電話,則尚在萌芽時期近交通部規擬電報電話六年建設計劃深可慶幸。中國地域廣大應多設電報局及電話局,使長途電話線之用途增多,以求經濟。故電報電話局之設立,不宜僅限於電線經過之大城市,必要時卽鄉鎮內,亦須設置,以增高長途電線之功用。至于電話系統之組成,第一步應先在指定區域或較大城市內,設立電話局,使一般居民,完全明瞭電話之便利。第二步再用長途電話線,將上述各電話局,互相溝通,同時並在較小城市,普設話局,且與

上述之長途電話綫聯絡。以上所述之電話系統,極爲經濟,就經驗所得,小電話局愈多,大電話局及長途電話綫之營業,亦愈發達,小電話局之建設,本難贏利,然與長途電話網一經構成,就全系統計算,利益即在其中矣。惟中國方言複雜,長途電線建設以後,因各地語言之不同,影響營業,實可預料。又安設電話綫時,對于經濟一點,固甚重要,而政治及軍事上之需要,亦須顧及。倘由國家經營,則贏利與否,原無關重要,若係招商承辦,則合同內,似應有類似下列條文之規定:

「承辦人應有安設軍事上政治上及其他政府認爲必需之電信綫路之責任。惟贏餘不達規定數額時,政府應予承辦人相當津貼,以補足之。」

電話設備,分爲兩種,一爲手接式,一爲自動式。二者在某一環境之下,孰優孰劣,視設備費用之多寡與其設置工程及維持之繁簡而定。據確實調查,自動電話之設備費,(如土地房屋機房電綫話機及一切運輸裝置等費)固較手接式者高百分之十至十五,但其利益亦有數端(一)人工減省(二)晝夜工作不停(三)接線迅速(四)免除語言上之困難(五)免除接線錯誤(六)經久耐用。但自動電話,須富有經驗之技師,担任工程上之設施與管理。此項技師,酬勞頗大。故在一千號以下之話局,恐無力雇用。較大電話局,其局內設備費,恆佔大部份,運費及裝置費祇佔小部份。至于長途電話線,其比例適相反。此點在設計時,應加注意。按諸經驗,電話局內部機件設備,約合全部費用百分之八十,其他費用,僅佔百分之二十。長途電話線,則反是。機件佔全部費用百分之三十五,而其他費用如電桿等,反需百分之六十五。

各電話機製造廠,倘得確實保證,甚願長期賒借機件,供中國政府建設地方電話之用。但賒借電話線,恐難辦到。因製造廠對於賒借此項電話線,興趣較少。蓋電話局有確定收入,可作還債之担保。故較長途電線之收入,既易監督,又復可靠也。

交通部於建設地方電話局時,可與各製造廠,商議賒借機件事項。惟長途電線,則須設法自購。由此以觀,中國電話之發展,全視當局有無財力,購買長途電線耳。關于有線電報之發展,可另採新法,茲略述於次;

中國文字繁雜,傳遞電報,向採用數目字碼。茲者像片傳遞,已風行各國,對於中文,尤為適宜,因可以傳遞原文,收電處祇須另用一種化學紙,即能將原文印出。凡在長途電話距離以內,應用此法,頗為有效。

電氣製造問題　中國旣缺乏經驗,又無良好工人,電氣製造事業,頗不易舉。建設此項工廠者,對於外來貨品,應詳細研究,並設法應用,至所製造之物品,以簡易為主,如橡皮絕緣線及各種裝燈材料等是也。中國磁器,馳名于世,如以之製造電氣上之磁類用品,定收事半功倍之效。至於電氣機械之製造,因銷路甚小,而種類繁多,暫可緩辦。若電氣廠與其他電氣事業,在中國已漸發達,則修理廠之建設,亦屬急要之圖。中國建設電機製造廠,如擬與德國工廠合作,甚願隨時建議。但在合作之先,中國應有專利權法律之制定耳。

電氣法規　年來中國政府,曾公佈重要電氣法規兩種,即民國十八年十二月廿一日所公佈之民營公用事業監督條例,及十九年三月三十一日所公佈之電氣事業條例是也。前者規定民營電業之純利不得超過實收資本總額百分之二十五,此項限制未免太寬。但電氣事業為發展國民經濟之要件,電氣公司應以推廣電力銷路為主旨,萬不可專重贏利。蓋電力愈增,電廠之功用愈可達到圓滿之地步。故欲發展電氣事業,應將贏利看輕。建設委員會對于電氣事業之取締,雖亦有詳細規定,但對電氣事業人之權利與義務,均未十分確定。故此類法規,應有補充之必要,否則難免影響中國電氣事業之發展。如政府方面能將各種法規合併,並加補充,定名為電氣法規彙編,更所企望。尤有進者,中國電氣法規中,亦

應如德國一九〇〇年公佈之法規,對竊電者,加以嚴重之處罰卽盜竊銅線或故意損壞電氣設備者,亦應有專條以處理之。此外爲發展電氣事業起見,對于私有土地之收買,及使用辦法,亦應有明文規定。再如政府特許私人經營電業,在特許營業年限及區域之內,應給以發電及售電之專營權。

編訂電氣事業法規,應由主管機關另設專門委員會辦理之。現在世界各國,曾派電氣法學專家,就已往之經驗,從事于電氣法之編訂。此法完成,尙需數月,將寄贈中國政府一份,以資參考。

經營方式 經營電氣事業之法定方式,世界各國,規定不同。茲舉其重要者,列敍于下:

(一)發電廠及電氣線路純粹屬于私有產業之性質者。換言之,爲個人或少數私人之所有。多數國家在電氣事業發達之初期,皆採取此種方式,以爲起點。

(二)發電與售電事業,均歸股份公司經營者。其股票可隨意轉賣,並得發行規定利息之優先股與公債。

(三)電廠有屬於地方政府,並由該政府享受其收入者。歐洲各國,多採用此種方式,惟地方政府有債務時不特電廠之嬴餘,悉爲所用,並往往有增加電價之舉,是乃此種辦法之弊病。

(四)電廠有屬於一省內或一國內多數地方政府所共有者。歐洲各國所以採用此法,係欲推廣電氣於農業上之用。政府往往僅經營發電部分,至電流之分配與出售,則另由商人或地方政府承辦之。

(五)歐洲少數國家間亦有採用混合方式者。其辦法本股份公司之原則,但其股票除一部份規定屬於政府外,其餘部分,可在市場自由買賣。

電廠組織方式之選擇,與集合資本,大有關係。在中國建設電氣公司,對于資本之集合,應取公開態度。如銀行,大資本家,或公民方面之投資,均應容納。卽承辦電廠機器之外國工廠,亦應予以投

資之機會。

　　在小城市內,對于各種公用事業,如電車,自來水,電燈電力廠等,均應統一管理。此種公共組織,易與電氣公司商定,用電時間,以謀電力負荷之平衡,且各業合併管理,經費亦可節省。

　　根據上述各點,中國應先在各地方,廣設電廠,所有電流及週波等均應標準化,以備互相聯絡。並爲減少管理經費起見,距離相近之各廠,須歸一處管理,同時並負解決各廠法律與技術問題之使命。歐美各國,亦有此種組織,名爲電氣分發公司。如電氣事業發展後,各廠間之聯絡,易如反掌。分配電力之範圍,不必以行政區域爲界限,假如一省有過剩及低廉之電力,出售隣省,管理上勢不能分爲兩處,自不待言。卽法規上,亦不應有如此之限制。歐美各國對于電力之交換,常出國界之外,如瑞士之水電輸給德法意三國,又加拿大之電力,可送至美國,卽其明證也。

　　電業之發展,固以電廠有相當贏餘爲基礎,但電價不可過高,俾電氣用途,得以推廣。各政府或官吏,取用電流,應一律付費,否則彼等必任意濫費電流,而電廠以損失過大,不得不增加一般用戶之電價,實非所宜。電流出售之計算,均宜用電表。據經驗所得,包定電費辦法,如每盞燈每月納一定價目之類,甚不經濟,且不合理。近年來電表之製造,極爲低廉,且適於各種電流之應用。故電表計算法,已風行各國,電廠因有此種之設置,已得無窮之利益。

　　安全條例　世界各國對于建造電廠,均有安全條例。凡按照此法,建築電廠者,所有火患及電擊等危險,可完全避免。此種條例,多由各電氣工程師會各火險公司各電氣公司及政府規定之。

　　上述條例,能促進電氣事業之發展。凡謀電氣建設之國家,對于此項條例,亟應提早頒佈。五十年前,德國已開始擬定此法,並時加修改,以適應工程之進步,堪稱完善。故此項條例之全部或其大部份,已爲多數國家所採用。倘中國政府,委託德國完成此項條例,以適應中國之特殊情形時,此間專家,甚樂爲之。

各種條例頒佈之後,關于裝燈材料,電線,電度表,及各種機件之品質,應嚴格審查。凡與條例不合者,應不准裝置或不予接電,以資取締。

電壓之劃一　　近來電廠設備及所用裝置用料,已漸趨標準化,故電流及電壓,在可能範圍內,亦應統一,俾購買電氣材料及備件時,較爲便易而經濟。電燈所需之電壓通常爲二百二十伏,電力用電爲三百八十伏,且皆採用三相交流式。電壓之統一,現歸萬國電氣工程委員會(London, S. W. I. 28 Victoria Street, Westminster)規定。該委員會,並負有審定電氣用品名詞之責任,現有會員國二十。如中國亦加入該會,同時組織中國分會,誠一善舉也。瑞士萬國工業材料委員會(International Federation of the National Standardizing Association "I. S.A." Basel Spaltentorweg 57)對于電氣及其他工業用品之統一,貢獻甚多,成績卓著,世界各國,受益匪淺。

人才問題　　發展電氣事業,所需要之建設與管理人才,目前中國殊感缺乏。其此類人才,須有多年實地經驗,決非從學校書本中,所能求得,亦非短期間所能培植。必也人數充足,經驗豐富,方能担任大電廠中,機器之管理及開動。在一時尚難辦到以前,宜聘請外國電氣專家,綜持廠務,並以中國技術人員,佐理其事,經驗旣久,廠務自可完全移歸華人管理。

中國政府宜就各工業大學,如同濟學校等,設立電氣專修科,以造就電氣技術人員,聘用中國教員,講授電氣學理,及裝置與管理之實用,至於學習電機之構造與計算等較深工程,則暫可派遣學員,分赴各國學習,以求深造。上述聘用中國教員,造就電氣技術員一事,輕而易舉,深盼中國提早舉辦。

對於培植電氣工程師技術員工目等,顧貢數語,即功課固宜完備,而中級工業學校,並應普設,以廣造就。德國及其他各國,均有工程速成班之設立,成績甚佳。每年舉辦,達三十班之多。其課程均係按標準而審定,不僅使學生有管理與裝置機器之知識,卽對于

工程之進步,亦多所認識。中國政府,如需要此項計劃,本人願竭誠相助。

　　電氣學會之設立,能聯絡電氣人員,作學理與實驗之研討。如德國電氣工程師會之類,在工業先進國家旣已確著成績,中國亦應亟謀設立,以促進電氣事業之發達。且可由此會,代表中國,加入國際電氣委員會,討論各種法規及標準。德國政府,辦理此事,已四十餘年于茲矣。此外如電氣雜誌之刊行,專門書籍之翻譯,凡足以廣播電氣常識者,政府均應加以提倡。至應譯書籍,本人深願隨時介紹。

　　結語　中國政府,誠能切實提倡電氣事業,自無須再事煤氣廠之建設,卽可以所節省之經費,移作發達電業之用,是則世界各國五十年來所經之歷程,中國儘可迎頭趕上,而逕受其利也。

中國印刷工業之改進

沈 來 秋

引論　企圖一種工業之改善,應從技術和管理兩方面入手。本篇所注意的,單屬於印刷工業的技術及原料;管理問題暫置不提。

印刷技術可分爲三種:

(1)凸版印刷,　(2)平版印刷,　(3)凹版印刷。

所謂凸版者,乃印版正面的陽文,是出突起之形,如鉛版,銅版,鋅版,木版及活字版之類皆是。通常多誤以「鉛印」一詞包括之。

平版的版面與印刷機上之紙面吻觸於同一平面之上,所有石版,橡皮版,鉛皮版,鋁版,珂璠版等皆屬之。因其最先流行者爲石版故通常多誤稱爲「石印」,又因其可以套印數種顏色,故又並凹版印刷,混稱爲「彩印」。其實凹版印刷亦有彩印者,所以技術上應採用以製版方式爲區別之名詞,方易明晰。

凹版之圖象,乃雕刻在印版之上,成爲凹入之形,被印之紙面經過壓力之後,反呈凸形,如印花票,郵票,鈔票各種印件是。所有雕刻銅版,鋼版,影寫版等皆屬之。

三種印刷技術中以凸版爲最重要,在吾國亦最發達,書報之印行實胥賴之。其次爲平版,教科書之彩圖及舊書之影印,用處亦溥。凹版印刷吾國僅有數家,而國內之大宗銀行鈔票復多由外商承印,所以不見發達,且與書籍之印行關係甚少。

以上每種印刷術之步驟,又可分爲三階段:

（1）裝版　（2）印刷，（3）裝訂。

三種印刷術在裝訂上無有區別，印刷上亦大同小異，所不同者印刷機之方式耳。在製版上完全不同。印刷出品之良否，關係于製版者為獨多。在製版之先，各種印刷術各有其先鋒工作，而改進之問題亦多屬于此。本文只單就凸版範圍內分別論之。

排字與鑄字　製造凸版先要排字。所有鉛字乃由銅模在鑄字爐澆鑄而來。因中西字體構造之不同，所以中國之印刷工業在排字及鑄字方面，發生特殊之情形，與歐美不同，實為中國印刷技術發達的障礙。

自藍羅排字機（Linotype）出世以後，歐美印刷之排字工作，實際上已從活字版之勢力範圍解放出來。況近年來各種新發明如電機排字，石印排字，照像排字等層出不窮，進步加速，而中國印刷術更覺落後，望塵莫及。華文打字機雖有發明之者，但尚不能再進一步，應用之於印刷之上，也能隨打隨排，把排字和澆字的工作冶於一爐，成為華文排字機，如世人所想望者。

排字之改進　西文字母只廿六字，千變萬化不超出字母之外。華文只字典部首已有二百四十餘，字之構造又非部首所能概括而拼合之。每一華文排字架正面置廿四盤，每盤裝三十六字，共為 864 字，此為繁用及備用之字。左右兩旁分置六十四盤，每盤裝一百零八字，共 6912 字，此為罕用之字。合計起來，每一華字排字架應備之字為 7776 字，較西文之廿六字母，其繁簡之別不可以道里計矣。

每一西文排字架，鉛字連隔鉛（Space）一起在內，只要安置上下兩盤。盤之面積不及華文遠甚，所以所佔的地位遠不及華文之廣闊。

華文排字須經兩層手續，先排毛坯，然後裝版，由二人分任之。西文則排毛坯連裝版，一人已足自了。西文排字學徒一年便可卒業，華文則非五年不成，舉此一端已可概括其餘。

因此,同係手工排字,華文較西文有以下諸劣點:

(1)排字及還字費時多,

(2)工作勞苦(因西文排字可以坐着,華文既要立着,又須左右
　　行動),

(3)佔地面多,

(4)設備成本大,

(5)字數既多,配補不易。

根本改革之法,亦曾有嘗試之者,但或因不能解決困難而失
敗,或因有阻礙尚有待於將來。茲就鄙見所及,認為可以有作為而
應當繼續努力者,條舉方法三種於下:

(1)疊積之法:道光年間,法人葛蘭德(M. C. Grand)欲將西文拼合
之法,應用之於華文,乃倡為「華文疊積字」,藉以減少字模。其法將
每字之部首與原字分開,各自獨立,用時互相拼合而成。其便利處,
在能以少成多,如只用「女」,「口」,「少」三個鉛字,却能排成「妙」,「如」,「吵」,
「女」,「口」,「少」,六個字,其他可以類推。此法曾用之于澳門,終因排工加
繁,而排成之字復大小不齊,遂致不能流行。

鄙意其困難原因尚不止此,惜後來無人繼續研究,以求實用
推廣之道。倘能先將漢字清理一番:古字與罕用之字與以廢除;意
義完全雷同之字務求減少,所保留之字,其構造務要簡單,易於拼
合,則此路未許不可打通。第一步先要裁減字數,第二步將所餘之
字與以改造。部首不嫌其多,但字之構造須合于一定之標準,倘能
完全由左至右,拼合而成,不用由上而下或由外而內者,則成功更
大矣。至於疊積之形,大小不齊,初時或覺不習慣,却無大礙。此法若
行,不但印刷業之排字獲其益處,即兒童識字亦見簡易矣。

(2)音符運動:自「簡字」而至於國語統一運動,其努力的結晶,便
是注音符號。可惜近年來此種運動不如以前之猛進假使音符已
達到相當的普及程度,則許多民眾讀物,可以專用注音字母排成,
其影響於民眾教育之深入及印刷技術之改進當非淺鮮。華文排

字種種劣點,到此亦卽解決矣。據說美國 Linotype 公司于 1921 年已曾製造「音符排字機」,預備推銷于東方古國,嗣因此種運動未普及于社會,遂未進行。

(3)華文排字機:華文排字在手工上已較西文爲運緩,而機械排字復付闕如。西文排字機,籍機械之作用,以打字方式,隨打隨澆,立將鉛字澆排成條,用以裝版,因此活動之鉛字可以廢除,其效率之大,實非手工所可想象。迴顧華文排字仍不能脫離活字版範圍以外,不免相形見絀。目下吾國印刷工業雖已盡量採用歐美最新式之印刷機,印刷力量日見增高,無如排字力量不能隨同增高,遂成小頭大腹之畸形的發展。印刷成本受排字之累不能減低,而印刷工業亦不能得長足的進步。所以不能不想從華文排字機之創造,打出一條活路出來。

舒震東氏華文打字機自發明以來,應用頗廣,實爲吾國工業界可以自豪的一椿快事。機之本身當然尚有許多有待於改良之點,如鉛字之材料尚要堅强,各機關之構造尚須更求靈巧。凡此種種皆華文打字機自身切要的問題,或不能專責望於發明者,工業界均應注意及之。

所以希望現在之華文打字機,搖身一變而變爲華文排字機,似尚不能卽可達到,倘打字機自身尚未改進到相當之程度時。但比較以上兩種,華文排字機實爲改革華文排字最澈底之出路,同時亦卽增進中國印刷工業最緊要之一點也。

鑄字之改進　中國印刷業因漢文構造之繁雜,發生排字之困難,旣如上述,而各號字體大小之比例復無一種共同之標準,有似西文之「點制」(point-system)亦爲排版之大障礙。前者根源於數千年文化自然之演變,改革不易,後者實係人爲的,只要不惜犧牲眼前,將舊有不合標準之鉛字及銅模,一律毀棄,重新澆鑄,則困難立卽解決。

中國新式印刷業,溯源于傳敎士在華之印刷聖經。惟流行之

鉛字模型,聞最初有採自日本者,現在通行之鉛字從一號至六號,就大小論缺乏一種共同之標準,而尤以常用之「四號字」最為特別。就中惟「五號字」為「二號字」四分之一,「六號字」為「三號字」四分之一,可以共通,而「二號字」與「三號字」又無共同之標準。其原因恐係當時字模之來源並不統一,後來乃隨其大小而分等第,其間固不發生一定之關係也。

　　此等情形,其影響於排字工作為何如,則為吾人所亟欲知者。

　　由毛坯而裝版時,應將字與字之間,以「隔鉛」間隔之,俾可印成空隙,行與行之間亦如是。此種字裏行間之隔鉛,術語統稱為「材料」。「材料」之高低厚薄,當然要與鉛字之大小相配合。西文各號之鉛字,係由一種共同之標準分發出來,蓋以一英寸分為六「培卡」(pica),以一「培卡」為十二「點」(piont),所以一英寸為七十二「點」。各號鉛字之大小均為「點」之倍數。其好處是各號字可以錯雜而排,而各號隔鉛亦以「點」為單位,各按照其比例澆鑄出來,所以可以互相通用,裝版毫不費事。

　　顧華文則不然,各號隔鉛亦如各號鉛字自身之不能通用。結果二號字只能配五號字,三號字只能配六號字,不能如西文之隨手拈來,無不適宜也。

　　此種障礙影響於排印書籍猶其小,因書籍字體,多半全篇一律;影響於雜誌報章則甚大。因雜誌及報章有時要引起讀者美術的觀感,或促人注意,每每需求廣告式大小夾雜之排列。此處華文排字受鉛字之限制,不能配搭自由,通常多於隔鉛之外,加以紙坯,始可裝製成版,費工費時,成本加大矣。

　　近來滬上各大印刷工廠亦有逐漸改革之舉,但因銅模之購置資本頗巨,不肯將舊有者一律拾棄,於是有「新四號字」及「新五號字」之出現,然終不見澈底也。

　　澈底之改革,應完全採用英寸之點制,以求合于大同。現在惟「六號字」與八開之西文字大小相吻合,可以存在,其餘不合點制者

一律廢除,始可一勞永逸。照此辦法,不但西文與華文各號之字可以夾雜配排,而所有之隔鉛亦可完全互相通用,實符于合理化之精神與科學書籍之排印,大有補益,橫排或直排皆不發生問題矣。目下科學書籍所夾排之西文,其鉛字乃係特別澆鑄而來,不能以合于點制之西字以應用之也。

製版　凸版最重要之種類有三:

1. 鉛版,　2. 鋅版,　3. 銅版。

鉛版由活字版打紙版後,再由紙版澆鑄而成。鋅版用照相方法,由哥羅甸剝皮落樣于鋅版,再用硝酸爛透,便呈凸形。銅版有二;一為照相銅版,一為電鍍銅版,照相銅版與鋅版同,惟印品更見精美。電鍍銅版之為用,兼紙版與鉛版,故每套有兩付,一為模型,一為印版。因其成本較昂,非名貴之書籍或印數甚多者不用之。

製版以手工為多,原料大半來自外國。製版技術與照相關係甚切,而化學材料所需亦多,此在平版印刷,尤見重要。近來照相技術隨着化學工業而俱進,國人不免以先入為主,守舊自足,對於新法少加注意。

印刷　印刷技術賴於印刷機之進步為多。凸版印刷機臻至滾筒機,生產效率既大,復能自動摺書,可稱美備,所留存改良之餘地較少,方之機械工業,有似蒸汽機之進步巳達則飽滿程度。而平版印刷機則來日方長花樣翻新,尚無止境,有似內燃機及電機將來之希望尚多也。

吾國通用之凸版印刷機約有四種,其通俗之命名,或因其用途,或因其牌號,或因其形式,分為:

1. 另件機,每小時可印 1000 張。

2. 大英機,每小時可印 1600 張。

3. 米利機,每小時可印 2000 張。

4. 滾筒機,每小時可印 8000 張。

以上每小時之印數,以不連帶裝版而計。米利機每次裝版費

一二小時,滾筒機則倍之。裝版之技術尚可改進,應不專以個人之巧拙爲準。吾國印刷工人曾經三四十年之培植,在製版,印刷,裝訂三階段中,尚以印刷工人爲最發達。因此處能盡量利用新式機械,所以效率亦在其他二者之上。內地小印刷機關不能得原動力之助,仍須以手工印刷機自足者,則不能與此相提並論。

裝訂　機械發明者甚多,吾國印刷界雖有採用,他方面仍不能不廣招賤值之手工人補其不足。各地女工在摺書,翻面,做布面,鋪金,各種手工,已有相當之成績。訂書機,穿線機亦以女工爲宜。至于摺書機,切書機,澀金機,壓書機等比較笨重的機械工作,以及布面書之裝訂,則仍不能不賴男工。

但以印刷之力量況之,裝訂之效率每覺不能相稱,尤以布面書裝訂更感遲緩。

將來裝訂方面,應以更能利用機械工作,爲改進之要點,對於書籍產量之增加及成本之降低,均有關係。

原料問題　吾國印刷工業在各種實業中,尚不落後,且多由國人合資經營,數十年來頗見發達。但由原料一方面言之,不禁由樂生悲,悚然而懼。機械無論矣,即就紙張,油墨及化學材料三項言之,莫不以舶來品爲主,國產幾等于鳳毛麟角。三項之中紙張最爲重要。油墨分:新聞墨,印書墨,膠印墨,銅版墨四類,消耗亦多,國人雖有自製之者,但不能與歐美洋貨抗衡。化學材料在製版方面用途甚廣,尤以平版印刷幾不可須臾離。吾國基本化學工業尚極幼稚,印刷上化學材料多來自英,德,美等國。以下分述國產紙及進口洋紙之現狀。

國產紙　國產紙類因質和量都不足應付需求,所以在印刷工業上所佔的成分甚少。新式紙廠雖羣謀急起直追,但應用最遍之新聞紙,因成本太高,不足與舶來品競爭,竟廢置無人製造。而國產道林紙亦因產量有限,不能控制一切,只得坐視洋紙充溢市場,利權莫挽。

　　吾國產紙地方,首推江西的廣信,福建的邵武,安徽的涇縣和宣城。其次如湖南,四川廣東浙江等處也有出產廣信及邵武的產品,以毛邊紙及連史紙爲大宗,可備印書之用。涇縣及宣城的產品以宣紙爲大宗,只可備印刷碑帖及對聯之用。湖南之貢川紙,廣東之羅甸紙多供作信紙用。浙江之元素紙可印習字帖。以上數種或因質地太鬆或因寬度不足不適機器之印刷,或因產量太少,不敷工廠之需求。以致印刷工廠目下所需之紙張,不能不取材于國外。

　　國貨紙皆係人工製造廣信邵武一帶徧地竹林,居民以造紙爲業,每家每年之產量隨着竹林之豐歉而異。因無大規模之組織,所以產量無確數,出貨無定期,而運輸亦諸見困難。此等情形殊不合于印刷工廠的條件。其毛病與中國絲織品,因無大量生產,不能暢銷于美國同。

　　國產之毛邊,連史只能單面印書,而舶來之洋紙可雙面齊印,出品成本自然因此不敵,此亦爲不受歡迎之一種原因。國產紙不但不能與舶來之新聞紙,道林紙競爭,且亦受仿造之「洋連史」所排斥,此更不可不注意者也。

　　查上海市面國貨紙每年銷數,大約連史紙五萬件,毛邊紙三十萬件,宣紙二萬件,貢川,羅甸爲數頗少。此種數量,供給百數十家新舊印刷廠,當然不足,而洋紙乃得暢銷之機會。

　　觀此情形,則用新法設廠造紙,實爲刻不容緩。目下上海新式紙廠有天章,江南兩家。天章能造道林紙,但造紙機器只有一架,價值稍貴,產量亦少,然上海印刷廠已多採用之。江南之連史,毛邊銷路亦廣。此外福州之福建造紙廠,成立稍後,亦用機器製造連史及毛邊。但銷量最大,用處最廣之新聞紙還付闕如。以前雖有嘗試仿造之者,卻都不能成功。最近實業部有在溫州擇地設廠之說,詳細計劃不得而知,但望不成空談而已。(註一)

　　洋紙　至於洋紙之銷路,則與年俱進根據海關報告冊,民國元年進口洋紙只三百萬兩,至十九年已達至三千七百萬兩,較之

十八年,實超過一千三百萬兩;較之元年,則增加在十倍以上。

十九年進口之洋紙以普通印書紙(即新聞紙)為最多(九百萬兩),上等印書紙(即道林紙)次之(五百八十八萬兩),可知進口洋紙大多數為印刷書報之用。

進口洋紙之國別,從民國十二年至十九年之間,日本多列第一位,其銷量佔總數百分之三十。惟十八年因抵制之故,乃稍遜於德國,退列第二位;至十九年又超過德國五倍,復居第一矣。

十九年進口之日紙,以普通印書紙為最多(五百九十八萬兩),上等印書紙次之(三百三十萬兩),其他各種尚未計及,其數寧不可驚!

吾國印刷工業雖日見進步,假使紙之供給,長操於外人之手,其間得失,可以不言而喻。關稅既容自主,市場亦有銷路,倘年復一年,長無切實計畫,是不為也,非不能也。

結論 吾國新式印刷業三四十年來,國人相繼經營,頗著成效,因此舊式之手工印刷漸被淘汰。民元國體變更,盛倡教育普及,五四運動以後,語體文字風起雲湧,印刷品數量突增,皆為印刷業之良好機會。

惟強迫教育未見實施,文盲遍地,印刷品之數量,若與人口比較觀之,尚是太少。少數大規模組織之印刷工廠,已有悠久之歷史,雖足顧盼自豪,但就技術之本身言之,若與世界各國較一日之短長,殊多愧色。作者就經驗所及,不欲徒樹高論,只就最重要而且最普及之凸版印刷中,提出排字及鑄字應行改進之點。此種小問題比較其他大工業,似屬不值一笑。惟因其不值一笑,所以無人肯提出討論,而許多印刷業經營者,也就故步自封,因循過日了。至於原料之漏卮與其他工業,所謂同病相憐,影響於國民經濟甚巨,特並附及之。

(註一)廣州實業界亦有合資籌設紙廠之議,地點擇定該市白鵝潭,本年底可以落成,明春出紙。(廿二,四,廿二,香港東方日報)

　　德國戰後工業,在國步艱難之中,力倡合理化運動,不惜於每種工業中,提出尋常所漠不關心,視爲不值一笑之小問題,加以改革。其在印刷工業中,從字模,版式,機械,原料以至於管理經營,莫不以合理化爲依歸。吾國國難當頭,民力日絀,單就印刷工業而言,人工及材料之浪費,出版及廣告之競爭,無法挽救。窮人而學富家子弟之闊綽,當省而不省,甯不可惜。雖然,倘以上幾個基本問題不能改進,則印刷業之合理化,亦只恐徒勞無功也。

參 考 材 料

賈聖熙：三十五年來之中國印刷術(載在:「最近三十五年之中國教育」,商務出版)
賴彥于：三十五年來之歐美印刷術(仝上)
王濟如：紙之自給方針(申報月刊二卷四號)
Heilmayer: Betriebsorg-anisation in Buch-druckereien, Verlag Julius Springer 1928.

揚子江上游水力發電勘測報告[*]

惲震　曹瑞芝　宋希尚

第五章　水力發電之規劃

揚子江上游三峽之內,無論冬夏,隨處多有急流,以其水勢洶湧,恆爲航運之梗,若欲就地擴大規模,利用水力,甚非易事,其重要原因如下:

(一)　在此巨流之大江,攔河與築滾水壩,事實上殆不可能。

(二)　峽內水面平均寬約430公尺(1400呎),兩岸石山坡度甚陡,實無空地另闢引水道。

(三)　三峽之內,水位改變甚大。宜昌上游自37至166公里間,低洪水位之差,約爲32公尺(105呎)至59公尺(192呎)建築船閘發電廠等工程費用過鉅。

所幸宜昌上游,低巒橫伏,數見不鮮,若利用低巒爲天然滾水壩,正流河槽用大塊岩石填塞,迫水流過滾水壩,提高水位,以利用水力,似較輕而易舉。茲將基本注意之點列下:

(一)　宜昌爲重慶漢口之中心,輪船往來,交通甚便,電氣事業易於發展,故選擇發電廠地基,以近於宜昌爲最宜。

(二)　天然低巒,須具有適當之高度,及堅固之基礎,且其長度,須足敷滾水壩或洩水道 (Spillway) 之用。

(三)　發電廠須有適宜之進水池 (Forebay) 及洩水溝 (Tailrace)。

本此原則選得葛洲壩及黃陵廟兩地點,各有特長之點,茲將初步設計,分述於次。

---

[*]　續「工程」八卷三號

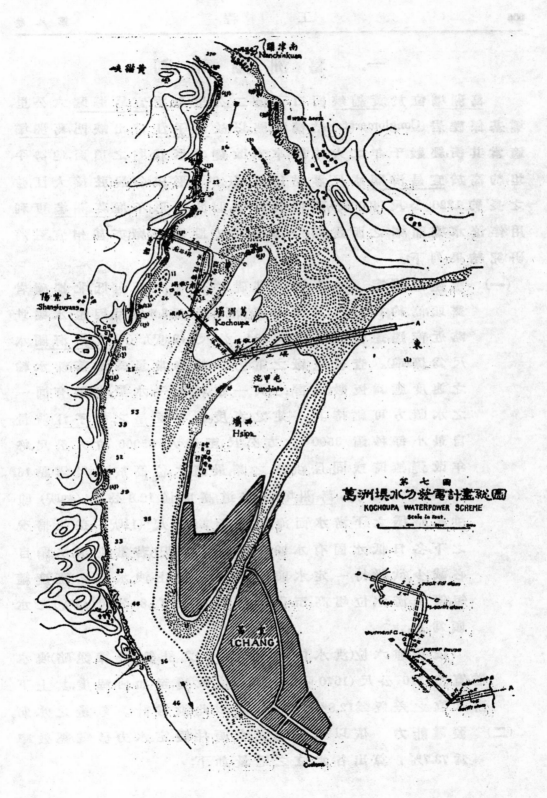

第七圖
葛洲壩水力發電計畫縱圖
KOCHOUPA WATERPOWER SCHEME
Scale in feet.

一. 葛洲壩計劃

葛洲壩位於黃貓峽門口下游二公里,南距宜昌海關六公里,壩基係礫岩(Conglomerate),結構頗堅。以故揚子江甫出峽門,葛洲壩適當其衝,經數千年之大冲刷,卒未改變其形狀。壩之頂面,地勢平坦,約高於宜昌海關水尺零點15公尺(49呎),形成勾股(弦接大江,弦之長約1220公尺(4000呎),面積約六頃。似此情形,不惟葛洲壩可利用作滾水壩,而壩之西邊順接揚子江,安設發電廠,亦甚相宜。茲將研究結果列下:

(一) **水頭之規定** 查葛洲壩基礎礫岩,北高而南低,北端礫岩露頭,高約15公尺,及至南端降下地面3.5公尺。因滾水壩址略近南端,遂暫定壩高為12.8公尺(42呎),(以宜昌海關水尺為標準)。查發電廠之電力,以維持常量為最善,即水輪之速度應為恆數。換言之,同一水輪,同一水量,尤須有同一之水頭,方可維持其一定之速度。然在宜昌之揚子江流量,自最小每秒鐘3500立方公尺,至最大65000立方公尺,終年改變,無時或同,且洪水之際,最高水位高於水尺零點16.3公尺,(53.3呎),葛洲壩洩水道高度僅12.8公尺(42呎)即洪水時壩之下游水面淹沒壩頂3.5公尺(11呎)。在此情況之下,多日低水固有水頭12.8公尺(42呎),若當洪水,水頭自必減少,欲維持一定水頭,須將滾水壩上洩水道之寬度縮短,使上游水位增高,至與下游水面成12.8公尺(42呎)之水頭為止。

依各種水位(洪水位,$\frac{3}{4}$,$\frac{2}{4}$,$\frac{1}{4}$水位)之計算,(計算從略)洩水道寬度510公尺(1670呎),無論水位改變至如何程度,其上下游水位之差,恆為12.8公尺(42呎)即以此數為計算電量之水頭。

(二) **發電能力** 依以上規定之水頭,并假定水力發電總效率為73.7%,算出各水位之電量如下:

水位(以宜昌海關水尺爲準以呎計)	流量(以每秒立方公尺計)	電　　力　　(以瓩計)
53.3　(16.3 尺公)	65,000	6,040,000
40　　(12.2　〃　)	45,000	4,150,000
27　　(8.2　〃　)	26,600	2,445,000
12　　(3.7　〃　)	10,350	956,000
0	3,500	324,000

　　依上表計算最高洪水時雖可發生電力6,040,000瓩,但數十年不一見,決難利用。40呎之水位,一年中僅數日。27呎之水位,可發生 2,445,000 瓩,平均亦僅每年三箇月,難以利用。12呎水位時,可發生956,000 瓩,平均每年歷時約爲七箇月至八箇月,將來在需要時可以開發。若利用最低水位,卽水尺零點,通年之中,無論何時,均可發生電力至少 324,000 瓩,本計劃卽以此爲根據。

(三)　**水力發電廠之初步設計**　如上所述,葛洲壩建設510公尺(1670呎)寬之滾水壩,頂高12.8公尺(42呎),終年可得12.8公尺之水頭,以最小流量計算,可發生 320,000 瓩電力。水力機之大小,關係於建築費之多寡與經濟,實有詳加研究之必要。據美國習慣經驗,在 12公尺(40呎)至 15 公尺(50呎)水頭之大水輪,以能發生電力10,000瓩者爲最普通。若採用此種大小樣式,則照下節計算,水輪直徑僅有3.7公尺(12呎)尚不過大,我國機械製造工廠尚有能力設計製造,或照式做造,如十分之七由外國名廠定製,十分之三由我國做造,(俄國尼普電廠卽是此辦法)則安全旣得保障,經費亦可節省。惟一廠而有三十具上下之機器,未免太多,廠房長度達610公尺(2000呎)亦未免太長,若改用20,000瓩之水輪及電機似較合式,第一期五具占地170公尺(560呎),最後十五具占地510公尺(1680呎)。此中斟酌,煞費周章也。

(四)　**滾水壩洩水道**(Spillway)　以葛洲壩之地勢而論,滾水壩位

置,應順島之長度建設,若以水力情形而論,則以橫斷面勾弦
(如第七圖所示) 爲佳。因當洪水之際,滾水壩上有 12.8 公尺
(42呎)之水頭,以65,000秒立方公尺之水量,居高臨下,勢如建瓴,
離壩之後,非有相當之水程,不足以殺其勢。如第七圖設計之
位置,水流經過滾水壩後,直流 1520公尺 (5000呎),方可達到
西岸,故不至有害於航運。

<h2 style="text-align:center">第 八 圖</h2>

<h3 style="text-align:center">葛 洲 壩 實 測 斷 面 圖</h3>

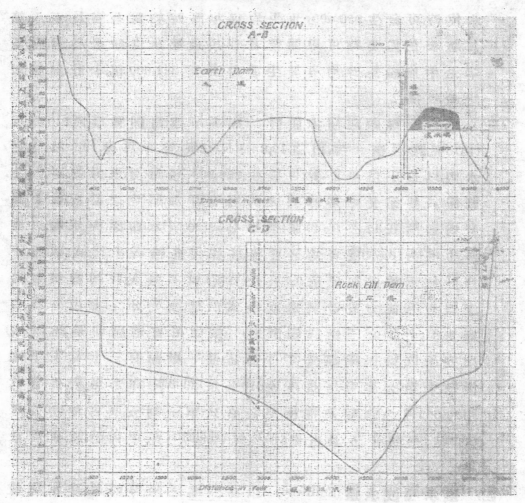

（一）宜昌東山下望西壩及葛洲壩附近地形全圖 （由北望南）

（二）黃陵廟墨石壩及水力發電廠壩址全圖 （由北望南）

（三）葛洲壩東面之狀況

（四）葛洲壩西面之狀況

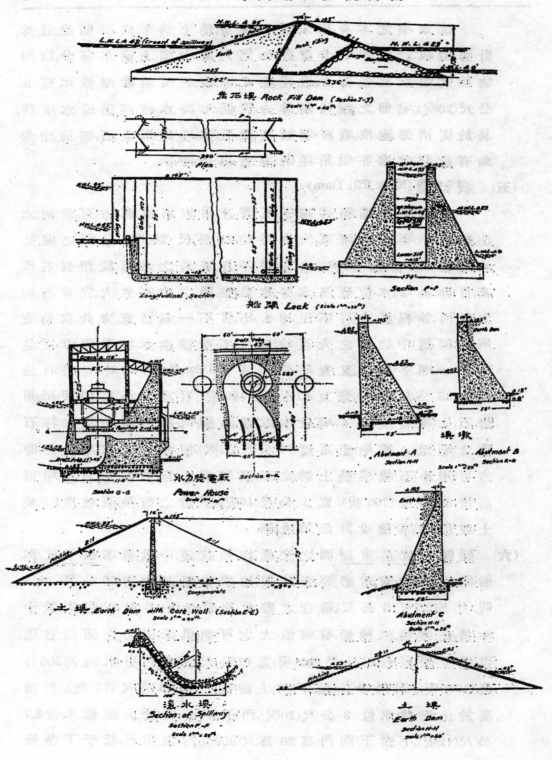

　　滾水壩之本身,因未鑽探地層,地下情形尚不明瞭。茲爲計算價值計,暫作初步設計,如第九圖中,壩上滾水部分,取拋物線式,壩前近底部分,取擺線式,壩前底面須建至低水面 6 公尺(20呎)。壩前之礫岩須炸去,使低水時水流經過滾水壩後,易於從兩旁流洩。壩面須鋪花崗石,壩心砌以亂石,壩前礫岩如有鬆裂之處亦須用洋灰灌實,以防冲刷。

(五)　岩石壩(Rock Fill Dam)

　　發電廠北端,須將揚子江河身用岩石填塞,方可使河水流經滾水壩。此處河寬,大水時約610公尺(2000呎)最深之處,低水時約21.5公尺(71呎)。夫以揚子江巨量之水,而欲用岩石填塞,自非易事。水位愈高,水勢愈急,推動之力亦愈大。究竟石塊大至何等程度,方可不至冲去,不可不一爲注意。據此次勘查所見,河道中堆積之大石塊,似可不至被洪水轉動者,其重量約在一噸半以上。又查美國加省 ES Condido Dam 亦爲岩石壘成,高 23 公尺(76呎),底寬 43 公尺(140 呎),頂寬 3 公尺(10 呎)所用岩石,大塊者重至 4 噸。故本隊建議攔河填石,須先填大塊石重 2 噸至 4 噸。壘至高度 16 公尺(52呎),使水由滾水壩流去時,方可用小石塊填壘上游之面,又須填土以防漏水。茲定壩頂高度 32 公尺(105 呎),寬 5 公尺(16呎)。下游之面,壘石坡度1:2,填土坡度3:1。其他設計如第九圖。

(六)　船閘　宜昌重慶間之交通,端賴航運,今欲填塞揚子江,則船閘之建設,實爲必要。查此段往來輪船,最大者65公尺 (215呎),吃水2.7至 3 公尺。勘查之際,曾詢當地中外航行專家,數十年後,此段往來輪船,有無改大之可能,俱云事實上頗難實現,遂規定船廂長91公尺(300呎)寬 12 公尺(39.36呎)引水道約305公尺(1000呎)。閘門分上游下游,上游閘門高 23 公尺(75 呎),門頂高於上游洪水位 3 公尺(10呎),門限頂面,低於上游低水位3.7公尺(12呎)。下游下閘門高 20 公尺(65呎),門限頂面,低于下游低

（五）葛洲壩南面滾水壩下游之狀況

（六）葛洲壩之岩礫

（七）葛洲壩上游之南津關黃貓峽峽口

（八）葛洲壩上游十浬之燈影峽

水面 3.7 公尺 (12呎)。閘墩頂面,高于下游低水位 32 公尺 (102 呎),頂寬 3 公尺 (10呎)。上游閘墩高 23 公尺 (75呎),下游閘墩高 35.7 公尺 (117呎),閘墩底寬 20 公尺 (60呎),其他尺寸詳第九圖。據山東小清河船閘設計經驗,閘墩高度在 9 公尺以上板墻式 (Counterfort Type)較實體式 (Solid Type) 爲經濟。茲爲初步計算建設費,故取實體式。

　　低水時期,下游上閘門開置不用,僅用上游及下游之下閘門。如上游低水位長高至3.4公尺(11呎)以上,則下游之上下二閘門須同時幷用。所有閘門俱用鋼製。每門共重 179,544 磅。

(七)　土壩及壩墩　　葛洲壩正東,有山水溝一道,近葛洲壩時,分二叉道,此二叉道之間,隆起成坻,卽西壩是也。(參閱第七圖)叉道之口,雖高于揚子江低水面,而葛洲壩建壩後上游之水面高遠在其上,故須於滾水壩東端向東橫建土壩一道,頂高與岩石壩同,寬4.9公尺 (16呎),上下游坡度均爲 2:1,上游之坡,用塊石鋪面,以防冲刷。壩之中心,須建混凝土壩心墻, (Core wall)以免水之滲透,危及壩身。其各部尺度詳第九圖,

　　土壩滾水壩發電廠岩石壩相連之處,須各建極堅固之壩墩 (Abutments),其計算與發電廠擋壁同,分 A, B, C 三壩墩,如第九圖。

(八)　回水曲線 (Back Water Curve) **及淹沒情形**

　　葛洲壩計劃完成後,其回水曲線影響如何,不可不加以研究。惟此次勘測,僅測得揚子江橫斷面二處,一在葛洲壩,一在黃陵廟附近,而揚子江河槽在葛洲壩以上,極不規則,所測之斷面,不足應用,不得已依照海關揚子江上游圖所量得之平均河寬,假設橫斷面底線爲拋物線式幷以法國海軍所測之河深,定各段之橫斷面。

　　根據推算結果,回水曲線在低水時影響于葛洲壩上游者 83.5 公里,洪水時僅 54 公里,因洪水水面坡度較陡故也。惟

岭灘爲三峽內低水時極危險之急流葛洲壩建壩後,該處加深 8 公尺,可以化險爲夷,至低水時淹沒農田,除葛洲壩六頃外,尚有南津關,白房子,及山水溝等處,以目力觀察,約有二十頃。最大洪水時期,淹地面較多,然爲時僅數日,無足輕重也。

(九)　基礎岩質　葛洲壩基礎岩質之爲礫岩,已詳第四章。查美國加州 Francis Dam 於 1928 年沖毀,據當日各工程師查驗報告,壩基岩質一部份爲礫岩,內含陶土及石膏,陶土見水輭化,石膏溶解於水,以致負荷力減少,終歸失敗。茲據中央大學地質學系鄭厚懷教授觀察,葛洲壩礫岩標本,幷無上述情形,惟地下岩層有無節理及滲透層,則須待鑽驗後始能斷言耳。

(十)　價值之估計　前述葛洲壩計劃,常年可發生電力 320,000 瓩,茲爲安全計,取 300,000 瓩爲該計劃完成後之總容量。擬分三期建設,第一期發電 100,000 瓩,其餘二期,每期加添 100,000 瓩,其建設費,分期估計如下:

第一期　　　 $ 33,973,800
第二期　　　 $ 21,158,000
第三期　　　 $ 21,610,000

第 十 圖
黃陵廟水力發電計畫䌓圖
HWANGLINGMIAO WATERPOWER SCHEME

以上估價,係按照當地情形,幷參酌過去經驗規定。惟水力發電設備之單價,普通以馬力為標準,據美國巴魯氏(Barrows)所著之水力工程學,機器設備每馬力平均美金二十五元,以四元折合,為華幣一百元。

二. 黃 陵 廟 計 劃

宜昌上游20海哩至30海哩腰站河一帶有花崗岩低巒多處,皆有用作滾水壩之可能。此次初勘所選地點,在黃陵廟附近,故取該處作初步之設計,以與葛洲壩計劃相互參證。

黃陵廟之滾水壩,以地勢言之,應定高度為20公尺(65呎),(高於該處低水面)如暨洩水道寬度213.5公尺(700)呎,即可通年得20公尺(65呎)水頭,無論何時,至少可發生電力五十萬瓩。茲為與葛洲壩計劃互相比較起見,開下7公尺(23呎),使高度變為12.8公尺(42呎),與葛洲壩計劃情形相同,水頭亦為12.8公尺(42呎)。此種設計,初視之似覺開石費工太不經濟,然事實上填壘岩石壩,仍須就近開山取石,故雖鑿下7公尺,不為費工也。茲分別設計如下。

(一) 洩水道 (Spillway)

如上所述黃陵廟洩水道頂點定為12.8公尺(42呎),非但壩基須開下7公尺,而壩之下游地勢尚高,亦須向下開通河身,使水易于流洩,如第十一圖所示,故黃陵廟之滾水壩,已不見壩之形式,直可謂之洩水道而已。

由各種水位情形觀察,黃陵廟之洩水道,如欲維持通年水頭12.8公尺(42呎),其寬度應為275公尺(900呎)。惟此數係以流量恆數等於2.64計算,若改用3.8則寬度當變為190公尺(625呎),相差85公尺,似宜取用190公尺(625呎)為洩水道之寬度,凡超過水位46.4公尺(152呎)之水另由虹吸洩水門洩去,如是水量與水位均可同時加以節制,當不至沒溢為患,又坦坡之傾斜,亦須就地勢安排適當,否則影響洩水道流量,仍不

能得一定之水頭也。

　　當洪水之際,洩水道內水之平均流速雖爲每秒鐘6.7公尺(22呎),而最大流速或可超過每秒鐘15.3公尺(50呎),幸石質爲花崗岩,對此流速,自不發生問題,惟花崗岩與墻墩相接之處,須特別加以保護,否則逐漸冲刷,勢非冲毀不可。

第 十 一 圖
黃 陵 廟 實 測 斷 面 圖

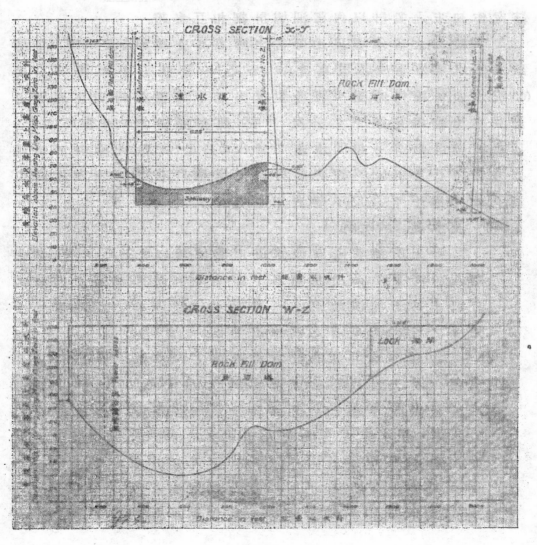

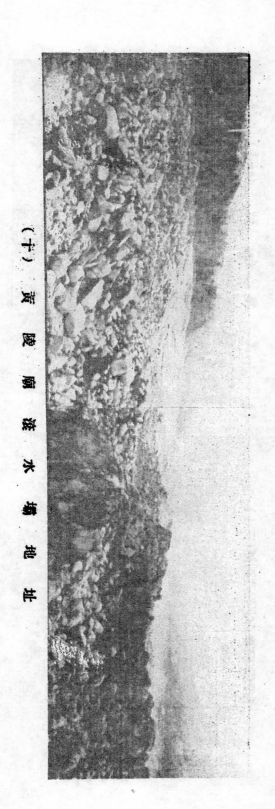

（十）黃陵廟滾水壩地址

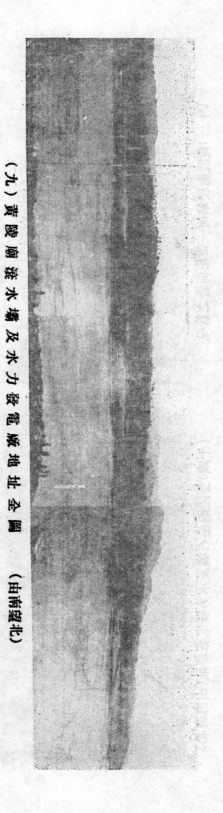

（九）黃陵廟滾水壩及水力發電廠地址全圖　（由南望北）

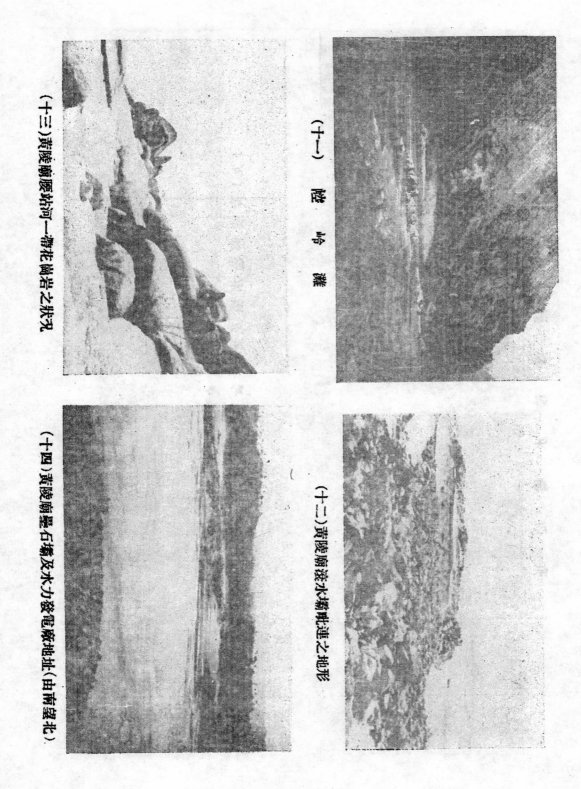

（十一）　崆　岭　滩

（十二）黃陵廟谿水力電廠此連之地形

（十三）黃陵廟腰始河一帶花崗岩之狀況

（十四）黃陵廟墨石塲及水力發電廠地址（由南望北）

5086

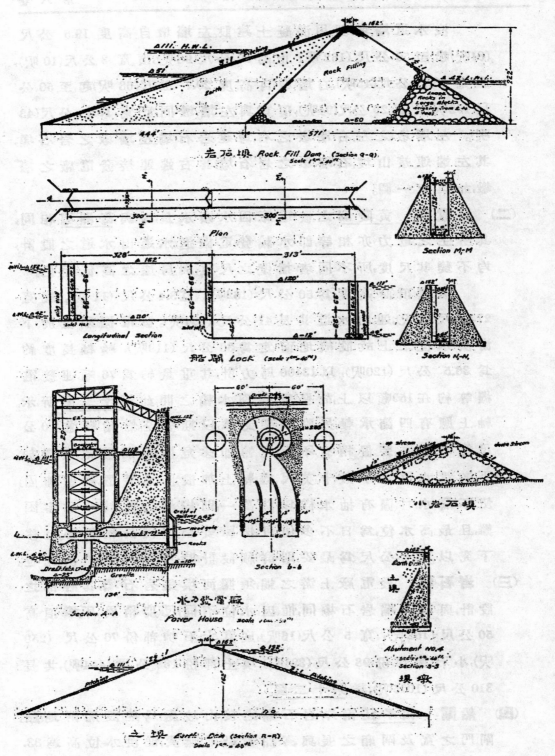

左石壩 Rock Fill Dam (Section Q-Q)
Scale 1" = 40'

Plan

Section M-M

船閘 Lock (scale 1" = 40')

Longitudinal Section

Section N-N

水力發電廠
Power House scale 1" = 50'

Section A-A

Section b-b

小左石壩

土壩
Earth Dam

Abutment No.4
scale 1" = 40'
Section S-S

堤壩

土壩 Earth Dam (Section R-R)
Scale 1" = 50'

洩水道墻墩,須用混凝土建設。左墻墩自高度 19.5 公尺 (64呎)起,至 50 公尺 (162 呎) 止,高 30 公尺 (98呎),頂寬 3 公尺(10 呎), 底寬 13.7 公尺(45呎),右墻墩自高度 20.7 公尺(68 呎)起至 50 公 尺(162呎)止,高 29 公尺 (94呎),頂寬與左墻墩同,底寬 13.2 公尺(43 呎)。左墻墩之左,右墻墩之右,均建岩石壩,左墻墩之岩石壩, 其左端連接山坡,右墻墩之岩石壩,其右端連接發電廠之墻 墩,如第十一圖。

(二) **發電廠** 黃陵廟之發電廠,因水頭水量,均與葛洲壩相同, 其所生之電力亦相等,卽水輪發電機進水道出水道之設計, 均不變其尺度,所不同者擋壁之尺度,與房屋之高低而已。

擋壁頂面高度爲 50 公尺 (162呎), 寬 3.4 公尺 (11 呎), 底寬 27.5公尺(90呎),連出水道共長 41 公尺 (134呎)。發電機須置於下 游洪水位之上故設機地面定爲 36 公尺(119呎),輪軸長度約 爲 36.5 公尺 (120呎),以 13400 馬力計,其重量約爲 76 噸,連發電 機等約在150噸以上,故發電機與水輪之間,如第十二圖所示, 軸上應有四箇承軸,另設鋼架支撐,以期安全。惟輪軸逾30公 尺,終嫌太長,裝置稍有不準,運轉卽多危險。如將發電機置於 下游洪水位之下數十英尺,機軸上加設防水裝置,牆壁加固, 使不漏水,幷備有抽水機,以防萬一,則機械方面減少許多困 難,且最高水位,爲日不多,儘可保障安全,似較長軸爲勝。至移 下究以若干公尺爲最妥,則詳細設計時,可再行比較研究也。

(三) **岩石壩** 發電廠上游之端,須攔河填築岩石壩,其各部之 設計,與葛洲壩岩石壩同,惟因水位不同,尺度稍異耳。壩頂高 50 公尺 (162呎), 寬 5 公尺(16呎),底寬大石塊部份 76 公尺 (250 呎),小石塊部份 98 公尺 (321呎),填土部份 136 公尺 (444呎),共長 310 公尺 (1015呎),詳第十二圖。

(四) **船閘** 揚子江南岸岩石壩之接山坡處,爲建設船閘地點。 閘門之寬及閘廂之長,與葛洲壩船閘無異,惟洪水位高達 33.

5 公尺 (110呎)，故有關係之部份其設計亦自有不同，謹略述之：

　　黃陵廟之船閘，因閘門之高在53公尺 (174呎) 以上，似應建門三道，分上下兩廂。上廂門限高度為 9 公尺 (30呎) 高于低水位卽低於上游低水位3.7公尺(12呎)，下廂門限高度為零下3.7公尺(12呎)，每道閘門建設上下二門，各高 21 公尺 (66呎)。低水時僅用第二道及第三道閘門之下門，其餘之門開置不用。洪水之際，除第一道及第三道閘門之下門，可以不用外，餘均按時開閉，其餘尺度詳第十二圖。

(五)　價值之估計

　　黃陵廟水力發電廠及各建築物之工料單，價與葛洲壩相同，惟發電地點距宜昌用電處約40公里須另加輸電線路費約五十五萬元。所有各項估價，約計如下：

第一期建設費	$　40,626 000
第二期　　,,	$　24,068,900
第三期　　,,	$　25,064,400

第六章　工程進行之步驟

　　上述葛洲壩及黃陵廟二計劃，如決定可以擇一舉辦，則第二步之進行，卽鑽驗與測量兩項工作，茲分述於下：

(一)　鑽驗工作　葛洲壩地質係礫岩，黃陵廟係花崗岩，已如前所述，而石層之厚薄，構造之情形，關係于全部工程之設計及安全，至重且大，不得不從事鑽驗，以明究竟。茲建議在該滾水壩或洩水道水力發電廠土壩等地址，共鑽十二孔，最深達30公尺(90呎)，因低水時期僅三箇月，鑽驗工作須於三箇月內完成。預計同時用三套鑽機工作，每套鑽機分兩班人值工，每日二十四小時可鑽深0.5至1.0公尺，十五天鑽成一孔，連安裝搬運，三箇月可完成十二孔。其費用約計 64,000 元。

(二)　**測量工作**　此次測量，純爲初步工程之計算，故甚簡略，如欲詳細設計，須有精確測量，茲將關於設計所需各項測量詳圖列下：

(甲)自宜昌至葛洲壩上游一百公里五千分之一地形圖，其寬度，則葛洲壩以地面高於宜昌海關水尺零點上 33.5 公尺 (110 呎) 爲限，黃陵廟以高於該處水尺零點上 52 公尺 (170 呎) 爲限。

(乙)下列各建築物地址二千分之一地形圖。

(1) 洩水道或滾水壩　　　(2) 水力發電廠

(3) 船閘　　　　　　　(4) 岩石壩

(5) 土壩　　　　　　　(6) 壩墩或墻墩

(丙)葛洲壩或黃陵廟上游一百公里內之揚子江橫斷面圖，暫定每公里測一斷面。

測量以上各圖，需用水準地形三角網各一隊，約四箇月測畢，預計測量費約需98,000元。(以上測量費，係按陸地測量估計，若地形部份用航空測量，則上述測量費，當可減省不少。又測量儀器如可借用，則購置儀器費約可省去 40,000 元。

第七章　電氣之用途

欲研究宜昌水力發電之電氣用途，必先考查其成本是否低廉合算。茲將葛州壩及黃陵廟兩計劃分別計算其各期成本如下表。

	甲種設計　葛洲壩			乙種設計　黃陵廟		
送到宜昌之電力	100,000瓩	200,000瓩	300,000瓩	100,000瓩	200,000瓩	300,000瓩
建設費總額　(元)	34,000,000	55,000,000	76,000,000	40,000,000	64,000,000	89,000,000
每瓩之建設費　(元)	340	275	253	400	320	297
固定費用11%　(元)	3,740,000	6,050,000	8,360,000	4,400,000	7,040,000	9,790,000
維持費用　　(元)	240,000	360,000	480,000	260,000	390,000	520,000

每年總費用(利息在內)	3,980,000	6,410,000	8,840,000	4,660,000	7,430,000	10,310,000
假定廠載因數＝70%						
每年可發電度(千度)	613,200	1,226,400	1,839,600	613,200	1,226,400	1,839,600
每度成本 (分)	0.65	0.52	0.48	0.76	0.60	0.56

(註)　普通電氣事業,其廠載因數(Capacity Factor)能有50％已可謂佳,
此處因供給特種工業,其負載曲線非常平衡,故可假定爲70％
又固定費用中假定8％爲利息,3％爲平均折舊率,合爲11％

　　由上表,可見在第一期發展三分之一水力時,供電成本每度約在0.65分與0.76分之間,至第二期及第三期,最廉可至每度 0.48分。假如第一期能發展二分之一最後容量,即十五萬瓩,或購機時金價略低,則成本又可減輕不少。同樣容量之蒸汽發電廠,成本約在一分半至二分之間,且每日需要燃煤至一千餘噸,其運輸卽成問題。又同樣容量蒸汽廠之預備機器必較多,而修理費亦較鉅,決不能如水力廠之簡省耐久,一勞永逸。以此廉價之電,從事大規模之工業製造,似爲新中國所不可少而又不能少之事業。

　　宜昌水力所可發生之電氣,天造地設,可以適應我國國防與民生之需要。國防所最需要之二物,厥爲鋼鐵及淡氣,鋼鐵以製軍器與運輸工具,淡氣以製鎗藥及炸藥。鋼鐵爲工業之背幹,淡氣則爲農業之新生命,同時又可輔助各種工業之進展。農田肥料如硝酸鈉 (Sodium Nitrate) 硝酸鈣 (Calcium Nitrate) 硫酸錏 (Ammonium Sulphate),磷酸錏 (Ammonium Phosphate)等,無一非淡氣化合物。我國產天然硝不多,僅河南東部商邱,柘城,虞邑,永城,等十一縣,每年可產六百噸,無論用以製火藥或肥料,均屬不敷。硫酸錏肥料近年輸入我國,每年達二三百萬擔,農人不知與自然肥料及其他磷肥合用,因此一部份江浙農田反受其害,遂有人謂人造肥料不可用,此誠可謂因噎廢食。蓋我國在今日,欲固國防,欲善民生,則火藥必須自造,肥料必須自造,所謂固定空中淡氣工業 (Fixation of Atmospheric Nitrogen) 亦必須自己辦理,此乃必然之趨勢也。

宜昌水電之用途,可以其重要性列舉如次:

(1) 固定空中淡氣事業。

(2) 其他各種電氣化學工業及製造事業。

(3) 川漢鐵路之動力。

(4) 輸送至沙市及漢口供給各種農工商鑛之需要。

一. 固定空中淡氣事業

淡氣事業與農業國防之關係簡明圖

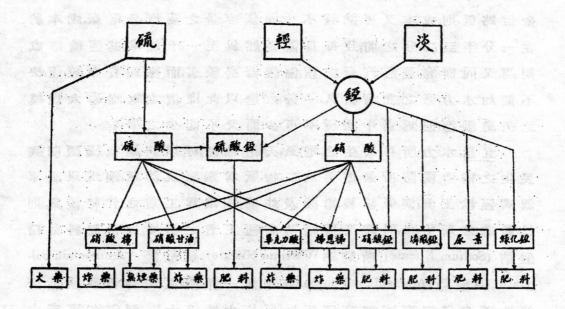

固定淡氣之法有三,一曰電弧法 (Arc Process), 二曰蜻淡化鈣法 (cyanamide Process), 三曰氫化合法 (Synthetic Ammonia Process), 茲將世界現時淡氣之各種來源及產額分配列表如下:

一九二九年世界淡氣產額及用額表

來　　源	淡氣產額 (噸)	百 分 數 (%)
1.　氫化合法	1,036,600	44.7
2.　智利硝	539,000	23.2
3.　亞摩尼亞副產品	469,700	20.2
4.　靖淡化鈣法	264,000	11.3
5.　電弧法	15,000	0.6
	2,324,300	100.0

用　　途	淡氣用額 (噸)	百 分 數 (%)
1.　農業(肥料)	1,852,400	90.0
2.　工業(軍用及開礦用在內)	206,800	10.0
	2,059,200	100.0

　　1930 年世界各國用氫化合法之製造廠,其生產設備能力總數已達每年2,000,000噸,其中德國居首,佔858,000 噸,法英美比皆相若,在 160,000 噸左右,日本次之,約110,000 噸靖淡化鈣法製造能力總數為 437,000 噸,仍以德居首,凡114,500 噸,其次則坎拿大日本美法諸國.美國以距智利近,又產煤最多,鋼鐵事業亦最盛故其淡氣多取給於智利自然硝,及煉焦爐煤氣爐中之亞摩尼亞副產品。

　　電弧法所用原料最簡,以電弧使空中淡養二氣化合,但費電最多,較靖淡化鈣法約多三倍,較氫化合法約多四倍至五倍,故已歸淘汰。中國如有較大規模之鋼鐵事業,則據擬議之估計,每日約可得十噸之亞摩尼亞副產品.連河南所產之自然硝,全國之淡氣產生能力,亦不過十噸,全年至多 3600 噸,決不敷國防及農工之需要。故我國之固定淡氣事業,必將於靖淡化鈣法及氫化合法二者之中擇一舉辦.據軍事專家估計,中國若對外作戰,動員六十五師。每月需要火藥約8,000 噸,其中淡氣約居1,700 噸,每年即為20,000噸。又據實業部硫酸錏肥料廠計劃.每年產硫酸錏 200,000 噸,其中所需之淡氣為 42,500 噸。故若以每年三百工作日計算,固定淡氣

製造廠量應爲每日 140 噸,平時專製肥料,以餘力爲軍用,至戰時則可以一半之能力製造炸藥鎗藥,綽有餘裕也。

續淡化鈣法之原料爲石灰岩,焦炭(或無烟煤或木炭), 空氣及水,其化學作用如下

$$Ca\ CO_3 \longrightarrow Ca\ O + CO_2$$

$$Ca\ O + 3C \longrightarrow Ca\ C_2 + CO$$

$$Ca\ C_2 + N_2 \longrightarrow Ca\ CN_2 + C$$

$$Ca\ CN_2 + 3H_2\ O \longrightarrow 2HN_3 + Ca\ CO_3$$

每噸固定之淡氣需要電能 22,000 度(瓦時)

故如有電力十萬瓩,每年工作三百天,每日二十四小時,則可固定淡氣 32,700 噸,(即等於氫 NH_3 39,600 噸)。

此項淡氣如全製硝酸(HNO_3),可得硝酸 147,000 噸。

如全製硫酸錏((NH_4)$_2SO_4$)可得硫酸錏 153,000 噸。

氫化合法,係將輕淡二元素直接化合。淡氣爲世間最富之物質,所在皆有,取之不盡,而又爲世間最懶惰之物質,不易與其他元素化合,然若一經化合,則又可作成最猛烈之爆裂品。歐戰發生,此項技術始漸完備,化合所需要之條件爲:(1)高壓力 (100-1100 大氣壓),(2)適當之熱度 (300°—600°C), (3)媒介劑如養化鐵及助成劑如養化鉀之加入。淡氣之來源,不外將空氣冷却凝成液體,而同時得養氣爲副產品。輕氣之來源,則可大別分爲以下三種:

(1)**水煤氣法**(Water Gas)用水蒸汽通過燒紅之焦炭。

$$C + H_2\ O \longrightarrow CO + H_2$$

再以水蒸汽在 500°C 之溫度通過,再加養化鐵媒介劑及養化鉻助成劑等,

$$CO + H_2\ O + Catalysts \longrightarrow CO_2 + H_2$$

此時輕汽之外,雜質甚多,必須壓縮至二十五大氣壓通過水中,以去其 CO_2,再增加壓力,通過銅錏液及苛性鈉液,以去其 CO 及其他剩餘之氣質。如水煤氣之外,再加普通煤氣,混合

一處,則名爲 Haber-Bosch Process, 所得輕氣之量較多。此類方法,其弱點在輕氣雜質,不易去淨。因此輕淡二氣之損失或達20%,濾清設備,所費尤多,且極繁複。

(2)煉焦爐煤氣法 (Coke Oven Gas)—— 在 Linde Process 及 Claude Process 中,用煉焦爐煤氣,加高壓力,再使之弛放,自然冷却而液化,以取得輕氣。

(3)**水之電解法** (Electrolysis of Water)—— 此法最簡單,且能取得最純粹清潔之輕氣,養氣爲副產品。電液爲 20-30% H_2SO_4 或 20-20% $NaOH$, 尤以後者爲合於大宗生產之用,電極用鐵製,每一電池2.0-2.5伏。每一瓦時之電能,可生七立方呎之輕氣。換言之,每噸氣之產生,需要 $\frac{6}{34}$ 噸輕氣,卽需要

$$\frac{6}{34} \times \frac{1}{7} \times \frac{293}{273} \times \frac{359}{2} \times 2205 = 10700 \text{ 瓦時}$$

此第三法應用之條件,卽爲廉價之電力,故在日本挪威意大利等水力較多之國卽盛行。以全世界統計,第一法(水煤氣)應用最多,第二法次之,第三法又次之,但第三法之優點,似尚在第一第二兩法之上。宜昌水力發電旣甚可靠,價又甚廉,用第三法(水之電解)自爲上策。我國焦炭不多,用第三法卽可不用焦炭。宜昌石灰岩取之不盡,用靖淡化鈣法亦尚相宜。茲將靖淡化鈣法及氫化合法之第三法比較如下:

電力供給100,000瓦　　（每年工作 300×24 小時）

方　　法		N_2 (噸)	NH_8(噸)	$(NH_4)_2SO_4$(噸)
(A)靖淡化鈣法	每年產額	32,700	39,600	153,000
Cyanamide Process	每日 ,, ,,	109	132	510
(B)電解取輕之氫化合法	每年產額	47,000	57,000	220,000
Synthetic Ammonia with H_2 by Electrolysis of water.	每日 ,, ,,	166	100	735

二法相較,(B)法產量旣較多三分之一,且可不用煤炭及石灰爲原料,手續技術亦較簡易,故宜昌設廠,可決定(B)法爲最經濟合

用。

　　宜昌設此廠之地點,本隊曾附帶履勘,認爲昭忠祠山下之高原,可以合用。此處空地極多,便於擴展。距江數里,可利用川漢鐵路之通江岸路基,建一輕便小鐵路,以資運輸。宜昌兩岸之荆門虎牙山形勢險要,應設砲臺以資保護。外國兵輪,大者不能至宜昌,小者砲臺足以控制,故此爲天然之國防化學工業區。

　　此廠之建設費據實業部之Haber-Bosch Process計劃,需英金 750,000 鎊,合國幣約 15,000,000 元。若用電解取輕之氫化合法,原料僅爲空氣與水,且電廠已另行設置,則所費當更小。實業部預計在湖南設廠,硫酸錏成本每噸約爲114元,如市價每噸淨售154 元,則每噸可獲利 40 元。

　　製成品在平時自亦不限於硫酸錏一種。研究中國肥料問題者認爲施肥應以自然肥料爲主體,以人造肥料副之。人造肥料中,以硫酸錏爲主體,而以磷酸錏硝酸錏等副之。至各種製品及副產品之如何決定其產量,廠中設備如何布置,則有待於專家之考查與設計。

　　硫磺出產區域,湘鄂豫三省皆有,而尤以湘南之郴縣常甯,湘西之石門慈利爲最著,分布達十餘縣,面積五千餘畝。宜昌與長沙岳州間之運輸甚便,距漢口亦祇三日水程,原料輸入及製品輸出皆極便利。此外附近江南之建始縣有硫磺四,曰九股山,鍋廠灣,磺廠坪,界石嶺,每處月產磺約二噸,由大溪運至宜昌,質與鄂東陽新等縣所產者相類似。

二. 其他各種電氣化學工業及製造事業

　　硫酸及硝酸旣皆可以大量製造,卽有其他許多電氣化學工業可以附麗而立足。若以食鹽水電解,卽可得綠氣及奇性鈉綠氣可以製綠液,鹽酸(HCl)及漂白粉 (Bleaching Powder)。夔州產鹽,運至宜昌,爲價亦廉。此等工廠,如以上海天原電化廠爲例,則資本六十

萬元,每年可做營業一百二十萬元,用電約 1000 瓩,四五倍於此,亦不爲過大。此外水泥廠在宜昌設立,亦極相宜,原料取得固易,銷路尤不生問題。

　　鄂西鐵鑛,以宜都長陽二縣,分布最廣,質量俱佳(參閱地質彙報第九號),惜以交通梗阻,不易經營。故本隊不敢謂宜昌或其附近適宜於鋼鐵事業,惟將來或有可能。煤鑛經地質調查所兩度派員在宜昌與秭歸巴東及江南之宜都長陽等縣調查,結果尚佳,茲列表如下:

煤　　　區	性　　　質	鑛　量　(頓)	現在每月產額(頓)
香溪(秭歸與山二縣)	烟　　　煤	50,000,000	2,000—3,000
洩灘巴東	半　無　烟　煤	5,000,000	2,000

(註) 以上二處若以新法開採則礦量或可加倍

煤　　　區	性　　　質	鑛　量　(頓)	現在每月產額(頓)
宜　都	烟　　　煤	不　　　詳	2,000—3,000
長　陽　(馬鞍山)	烟　　　煤	不　　　詳	
長　陽　(資坵)	無　烟　煤	不　　　詳	8,000

(註) 長陽煤賴清江之水運尚稱便利

　　清江上游之施南宜恩咸豐等縣均有銅鑛,前清及民國初年,商人用土法開採冶鍊,成績尚佳。日後若能運至清江下游用電爐冶鍊,不但兵工方面需要甚亟,即電綫製造亦可取給於是。鋁土(Bauxite)在宜昌四周不知有無可靠之來源,如有,則製鋁事業亦需鉅量之電力也。

　　總之,宜昌若有一主要工業,如「固定空中淡氣事業」,則有設立水力發電廠之必要。既有大電廠,則凡百工業,皆可因其原料分布情形而附麗發展。工業愈發展,電力需要愈多,生生不已,所謂工業中心,於是可以自然形成矣。

5097

三. 川漢鐵路之動力

川漢鐵路之擬議,肇自前清,即今宜昌車站,已成弔古之遺蹟,而鐵路竟無朕兆。民國以來,政府曾兩度派員組織測量隊,其報告至今尚擱置鐵道部案卷中。由漢口至楊家澤之160公里土方,亦從未繼續。丁文江氏於二十年十一月發表川廣鐵道路綫初勘報告,主張先造川廣鐵道(由重慶至廣州灣, 1411公里),緩造川漢路,其理由爲:(1)漢口距海口尚有一千公里,(2)川漢路與揚子江航綫平行。其說固言之成理,但四川之貿易,由海關報告研究,國內貿易,尚在國外貿易之上,川廣鐵道固值得建設,而川漢鐵路亦自有經濟上之價值。

川漢鐵路,原定計劃自漢口335公里而至宜昌,更210公里而至夔州,由夔州經小江至重慶445公里,由重慶至成都520公里,共計1,510公里。此路惟宜夔三峽一段最難造,而日後行駛尤將因坡度高隧道多而特感困難,若宜昌有大規模之水力發電廠,則宜夔段之可用電氣機車,殆不成問題,電力之需要,約爲20,000—25,000瓩,可運輸貨物 2,500 噸至 3,000 噸。若夔州至重慶一段亦需要電化,則萬縣或涪陵附近可以加設第二水力發電廠,或就萬縣四方碑煤礦等地設一蒸汽電廠,與宜昌電廠互相呼應接濟,亦大佳事。

四. 輸送至沙市及漢口供給各種農工商礦之需要

宜昌至漢口間,如建造高壓輸電綫,約須335公里(209英里),至沙市約須130公里(81英里)。本隊主張,必須宜昌本地有發展大工業之需要,則此水力發電始宜於興辦。若電之銷場必於三百公里外始能求得之,全部電力用高壓架空綫路輸至漢口,則不但成本太大,其平時之綫路電力損失,維持費用,亦將增加不少,必難取得政府之採擇,及投資者之信任。但若宜昌之電力銷場基礎已立,進而謀沙市與武漢之發展,在第二期或第三期內建築 150,000 伏或

200,000 伏之高壓綫路,與漢口之蒸汽發電廠互為呼應接濟,則在經濟原則上實甚合理。此項高壓綫路之敷設估計約需 6,500,000 元。

　　宜漢之間,電力之需要情形不易預測,惟沙市為一重要商埠,將來紗廠必可消納甚多之電力。沿路如有農田灌溉之需要,則電力亦可利用。武漢方面,各電氣公司若向此大電廠購電,每度僅需費二分左右,自必爭相購用矣。

第八章　水力發展後之航運利益

　　水力發電,旣可取之不盡,用之不竭,而其經常耗費,又為世界原動力中之最低廉者,以之發展各項工業,為利之溥,自不待言。至於航運方面,普通人以為築壩之後,航運卽有妨礙,其實匪但絕無妨礙,且有甚大之利益。蓋以水力發展之後,壩之上下游,除滾水壩附近略有激湍外,皆可得極安靜之水面。低水位時,則賴壩蓄水,以維持相當水深,平時之急灘暴洪,因亦減少其勢力。昔日航行之必須逆流而上與驚濤駭浪相爭鬥者,屆時悉由船閘來往,旣獲安全,復省燃料。且船閘之啓閉,每次僅十分至十五分鐘,動力全賴電機,手續亦極端便利,滾水壩下游之急湍,亦因位置之設計,可使船閘絕對不受其影響。年來行駛川江之船變,其艘數與噸位因運輸之發展,隨供應而增加,若遇急流,非增馬力加汽磅,卽難通過,今同水影響,可逾新灘,西陵峽內激湍之力旣經減少,則機力可以少用,將來此項撙節之煤費,若累積計算,其數字當不在少。況航運之發展,必須視該地工商業之盛衰以為斷,若水電計劃成功後,則重慶萬縣宜昌一帶之各種製造工業,方與未艾,礦產原料之開發,工業品之輸運,皆足以促進航運之發展,及國家稅收之增益,是則間接所受之利益,又不可勝計矣。

　　築壩回水影響,使水位增高,於洪水時所生之灘險,無甚關係,是淺水時所生之灘,則可根本消滅之,如新灘在將來卽可不成問題。此外如崆嶺雖非急灘,然船舶往往於此觸礁遇險。二十年多,宜

昌海關開始將嶞岭灘礁石設法轟炸,今年多季仍將繼續,此於航行已有甚多利益,今若因利用水力之囘水關係,使水位抬高,流勢平衡,礁石因之淹沒,豈獨裨益航運,卽所謂絕峽險灘,亦不治而自治。例如葛洲壩計劃之囘水影響,在低水時上游水位可以增高自 2 公尺至 12 公尺之巨,其影響距離可以推至上游 38 公里之遠,黄陵廟之囘水影響,雖未詳加計算,與葛洲壩當亦相彷彿。由此以觀,水力若能利用,其於航運必爲兩利而非相妨,可斷言也。

第 九 章　結　論

經本隊此次之勘測研究,關於揚子江上游之水力問題,可得結論如下;

(一)　揚子江之水力,自宜昌以上,始有利用之可能。宜昌以下,坡度旣小,兩岸復平坦,決不能發展水力。宜昌附近有葛洲壩及黄陵廟兩處,堪以建壩設廠。巫峽前後百餘公里,水位漲落差度太大,不宜建壩,夔萬以上,重慶以下,頗有若干地點,可以利用。

重慶幷無流量記載,波韋爾 (S. J. Powell) 所稱,低水時期流量有每秒 2,12o 立方公尺,平水時有 21,900 秒立方公尺,洪水時有 30,300 秒立方公尺,恐不甚可靠,未足以爲研究之根據。故重慶有從早設立水文流量站之必要。

(二)　就大江本流而言,若利用重慶宜昌間 125 公尺之全部坡降,及 3,500 秒立方公尺之枯水流量,可得常年 4,370,000 馬力。若用每年九個月之流量,卽 7,000 秒立方公尺,則九個月中可得 8,750,000 馬力。若用每年七個月之流量,卽 12,500 秒立方公尺,則七個月中可得 15,600,000 馬力。重慶上游之流量雖較小,然坡降自金沙江算起,或 100 公尺,或 200 公尺,皆可據以推算,必不下三四百萬馬力。此外支流如岷江,沱江,嘉陵江,黔江,清江,資水,漢水,若能逐一詳加測量,擇其可以利用水力之地段,則每一大支流,皆可發展數萬馬力以至數十萬馬力,或祇宜發展終年不變之水力,或

並可將其時季水力 (Seasonal Power) 一同發展。此等研究與流量記載,必須從早着手也。

(三)　就我國現時及一二十年內之需要,每一廠之機器最後容量不宜超過三十萬或四十萬瓩,否則其第一期之創業,擔負全部建築之固定費用將太大,其電價成本,即不能甚廉。本隊爲使政府得知此項工程之大小及難易起見,假定宜昌水力發電廠之容量爲三十萬瓩,初步設計,俾得一較可靠之概算。葛洲壩第一期十萬瓩,需費國幣三千四百萬元,以後每期增十萬瓩,即需二千一百萬元。每度電之成本,最先爲 0.65 分,最後爲 0.48 分。黃陵廟計劃之費用約高五分之一。

(四)　蘇俄在尼普河上, (Dnieper River) 建設756,000馬力之水力電廠,其負荷中心即在三英里外之新建城市,其中有八種重要工業,如鋼鐵廠,煉焦廠,合金廠,製鋁廠,水泥廠等,皆彙集於此,以就廉價之電力。我國若欲發展宜昌附近之揚子江水力,則必須以宜昌爲新工業中心區,俾負荷中心能與發電廠密切相聯貫。最重要之負荷,似應爲固定空中淡氣及製造基本酸鹼之事業,此外其他電氣化學工業,及適合川鄂兩省需要而取得原料不難之工業,均可集中於宜昌。此等工業,如無廉價之電力,固不能成功,而水力電廠如無此等鉅量負荷,則亦永無設立之必要,二者相互期待,要在能得政府通盤策畫國家經濟而有所推動也。

(五)　宜昌水力大電廠及化學工業中心區,如能建設成功,則川漢鐵路頗有完成之可能,電力之需要將愈益擴大,運輸將愈益便利。

(六)　發展水力,於揚子江上游航運,有利無害。閘壩愈高,回水影響愈大,灘險愈可減除。若規定壩之上下游相差 12.8 公尺(42 呎), 則回水影響僅及 83 公里。船閘設計,假定爲91 公尺 (300 呎)長,12 公尺(40 呎)寬, 3.7 公尺(12 呎)水深,其引水道爲 305 公尺 (1,000 呎)。

（七）　葛洲壩與黃陵廟兩計劃異同之點如下：

		葛　洲　壩		黃　陵　廟	
1.	去宜昌海關距離	4	海里	22	海里上下
2.	設計發電容量	300,000	瓩	300,000	瓩
3.	需要水頭(為便於比較故假定相同)	42	呎	42	呎
4.	最高水位	53.3	呎	110	呎
5.	建壩後最高上游水位	95	呎	152	呎
6.	平水時河寬	2,750	呎	1500	呎
7.	洩水道寬底	1,670	呎	625	呎
8.	壩　　高		105 呎	162	呎
9.	船　　閘		二道閘門	三道閘門	
10.	基礎岩質		礫　岩	花　崗　岩	
11.	洩水急流水程		較　短	較　長	
12.	工作難易		較　易	較　難	
13.	全部工程概算		$ 76,742,000	$ 89,759,000	

（八）　葛洲壩與黃陵廟之選擇,固須待第二次之詳細勘測,卽黃陵廟設壩地點之決定,亦有待於覆測,惟葛洲壩則除廠閘布置或尚須詳細研究外,其地點形勢似已不成問題。因宜昌附近四周,無大規模發電廠,且在經濟上未必容許設置輔助電廠,故所發展之水力,必須全年常有,永不間斷,使所供給之工業,不致有斷電之虞。

（九）　葛洲壩若已設置電廠,發生三十萬瓩常年電力,以後如需增加電量,則可於黃陵廟再建高壩設置第二發電廠,彼時常年水力及時季水力可以同時發展,俾取得較大之電量。

　　此處幷須注意,凡在揚子江本流所擬發展之水力,其水頭必不甚高,而水量則甚大,壩工所費復至鉅,故每一發展之階段,皆為比較大規模的水力。若欲先得數千瓩或一二萬瓩之小水力,則可於其他河流或瀑布取得之,在揚子江本流則為不經濟

也。

（十）　揚子江上游發展至最後時期,自宜昌至宜賓560海哩間,必將有若干水壩水閘及發電廠,互相聯屬,水面降落,各成階級。彼時不但航行之灘險問題,可以完全解決。即兩岸之農田,亦可因水位抬高,受灌溉之利益。

（十一）　政府如以製造肥料炸藥酸鹹等化學工業為民生國防之所必須,則宜昌水力似即有籌備發展之必要,至少亦有詳細考查之必要。故政府各主管機關及各關係機關,應即通力合作,從事研究本報告所提出之各問題,俾得較精確可靠之概算與設計。

（十二）　最後復須特別聲明,即葛洲壩及黃陵廟兩計劃實現以後,與上游水患,殊無影響可言。測勘隊對於歷次大水之事實,如1870年酆都城完全被湮,江水漲至100呎;又1905年重慶江水漲至108呎,亦全城被湮,死難者達三千人;均經詳細參考,加以注意。又本報告並不要求政府於未經決定電之需要以前,即時接受此項計劃,撥款興工。本隊同人之希望,僅為政府及社會從早注意此項天賦動力之源泉,及與國防民生有莫大關係之化學工業,即時繼續為較詳盡之研究。本報告似可為整個國防工業計劃之一部份參考材料,國內之化學專家,兵工專家,經濟專家,水力專家,機械專家,地質專家,電工專家,均望加以切實之批評,並為更進一步之探討。（完）

本報告所用參考材料

1. Handbook for the Guidance of Shipmasters on the Ichang-Chungking Section of the Yangtze River—By Captain S. C. Plant. (1920).
2. Memorandum on the Upper Yangtze River and Tributaries (Steam and Motor Vessel Operation)—By Captain W. G. Pitcairn.
3. Yangtze Kiang Pilot—1924.
4. Yangtze Kiang Pilot—1928.

5. Fourth Annual Report of the Yangtze River Commission —1925.

6. Fifth Annual Report of the Yangtze River Commission—1926.

7. Diagram showing the Rise and Fall of the River of Ichang (1893-1922).

8. Diagram showing the Rise and Fall of the River of Chungking (1893-1922).

9. Longitudinal section of the Yangtze Water Surface-Chungking to Ichang-Yangtze River Commission.

10. Diagram showing the Rise and Fall of the Yangtze River of Hankow (1922-1931).

11. Chinese Maritime Customs Chart-Upper Yangtze River-Ichang to Chungking 38 sheets.

12. Ichang Harbor Chart.

13. Upper Yangtze River Shipping Date—By Capt. W. G. Pitcairn.

14. Names and Particulars of vessels operating on the Upper Yangtze River—By Capt. W. G. Pitcairn.

15. Average water Marks of Ichang and Chungking and Average Periods of operation of different Length of vessels During the Ten Years 1920-1929—Chinese Custom Marine Dep't.

16. 宜昌附近長江發育之歷史——李四光著
    （中國地質學會誌第三卷第三第四期 —1924）

17. 湖北宜昌與山秭歸巴東等縣地質鑛產——謝家榮趙亞曾合著
    （地質彙報第七號 —1925）

18. 湖北西南部地質鑛產——謝家榮劉季辰合著
    （地質彙報第九號 —1927）

19. The study in Tectonical Geology in Yangtze Valley from Ichang to the Red Basin—By Arnold Heine.
    （廣州地質調查所印行據稱尙未出版）

20. Szechuen-Hankow Railway, Ichang-Kueichow Section Profile.

21. List of BMS Ichang-Kueichow Section.

22. 川廣鐵道路線初勘報告——丁文江曾世英合著
    （地質專報乙種第四號 —1931）

23. Fixed Nitrogen—By H. A. Curtis (1932).

24. Water Power Engineering—By D. W. Mead (1920).

25. Water Power Engineering—By H. K. Barrows (1927).

26. The Atmospheric Nitrogen Industry—By Dr. B. Waeser (2 vols.)

黃河初步試驗簡略報告

方 修 斯

德 國 漢 諾 佛 大 學 教 授

第 一 節　 通 論

　　黃河初步試驗依洪水流瀉方式之不同,分爲二組。試驗之程序,爲低水 —— 洪水 —— 低水。試驗之目的,在如何約束洪水河床,俾河底足以自行刷深。

　　甲.　黃河模型之構造　　河工試驗,均在「河工試驗槽」內舉行。槽以鐵製,約長20公尺,寬2.5公尺,深0.5公尺。槽中用沙製成梯形之河床,平均寬度,約爲30公分。河床深度,視需要而定。須於洪水時期,灘地上水深 5 公分,從河邊至河床其深度亦爲 5 公分 (第一圖)。河床及灘地之縱坡,均爲 1:800, 蓋與試驗用之沙質,最爲適宜也。

第 一 圖
甲 組 試 驗 槽 之 剖 面

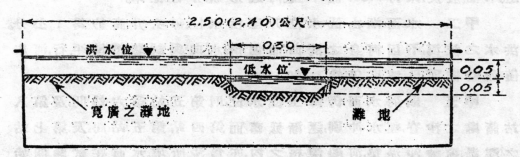

　　乙.　測驗設備　　試驗槽底,安設水泥板,其縱坡爲1:800。自板向上,用尺探量,可知河底之精確高度。爲便於觀察起見,將河床等

5105

深各點,用白棉線連接標識。又豎立水則四根, P_I 至 P_{IV},用以測驗水位之高低。水則之零點,亦以槽底水泥板為依據。至於水面之坡度,可在量水板上觀察之。量水板有量水管十根,各與一河底標尺溝通。此項河底標尺之距離,各為 2 公尺。立於河之中央,同時亦可作為河流分站之用。

第 二 節　　甲 組 試 驗

灘 地 寬 廣 —— 河 岸 堅 固

為便於觀察洪水氾濫時河流之狀況起見,爰將全部試驗槽之寬度,作為洪水淹及之灘地,而低水時之河床寬度,與洪水時之河床寬度,約為1:8之比 (30:250),參觀第一圖。河床之兩岸坦坡及灘地上,均用濕沙和水泥粉撒蔽一層,使其表面稍為固結,其糙率仍與沙質相同。試驗之程序為

低 水 —— 洪 水 —— 低 水

按低水為梯形河床內之滿槽,洪水乃水溢出河床,泛濫灘地,水流充滿試驗槽之謂也。

甲一　先使低水流過梯形之河床,俾河床適合於天然之狀態。水面坡度,保持1:800而不變。河底形狀,亦合標準。

甲二　水面漸由低水位升至洪水位,每次升高約為 1 公分。洪水之流瀉,不因河身之灣曲而偏倚。水向與試驗槽壁平行,河床僅如斜檻而已。坡度仍為1:800。

甲三　嗣將水面仍降至低水位,則第五站第六站間,及第八站諸處之沙脊,經水沖刷,逐漸低落。而第四站第五站間,及第七站之深渦,遂被沙淤墊,河灣深槽之內,亦為沙所填。水面在試驗開始之時,因沙脊而套高。試驗終了,仍回復1:800之坡度。

甲組試驗之結果　河流灘地寬廣之處,洪水期內,河床之砂

（1）（甲一）試驗──低水時

（2）（甲二）試驗──洪水時

（3）（甲二）試驗──洪水

（4）（甲三）試驗──低水

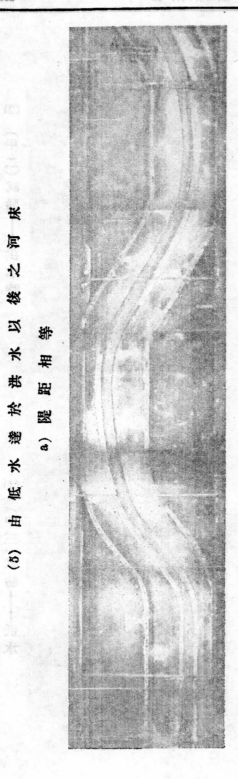

a) 隄距相等

第二——八(5) 由低水達於洪水以後之河床之(I、I)圖

b) 隄距不一律

第二——八(5) 由低水達於洪水以後之河床之(II、II)圖

石,並不能被刷移動,隨流而去。換言之,即河床經過洪水後,未必可以刷深也。蓋洪水之流向,與槽壁平行,取最短之途徑,平舖灘地,趨向下游。凡河床與洪水流向相交之處,河床被刷,成爲深槽。但沖出之砂石,仍淤積於下方。俟淤砂漸多,高出灘地,則一部份之砂仍被洪水挾之俱去,分散灘地之上。如河床地位與洪水之流向相同,則河底之砂石,隨流移動。迨至下方河灣,又停積成灘。洪水之後,水面降落,回復低水位時,砂石移動之狀況,僅爲沖刷沙脊,淤塡深渦而已。故甲組試驗之結果,河流經過洪水之後,砂石地位雖稍移動,而無長期刷深之現象也。此次試驗終了時,其水面之高度及坡度,以及河底坡度,均與試驗開始時之情狀相同。

第三節　乙組試驗

灘地狹窄——河岸堅固——堤防平行

乙組試驗之低水位河床寬度,與洪水位河床寬度,改爲1:4之比例,(30:120) 參觀第二圖。河岸坦坡及灘地,仍有堅固之表面。乙組試驗之目的,在約束洪水,使其刷深河底。並於試驗將完,水位降落之時,洪水淹沒灘地之高度,僅爲 5 公分,試驗之程序如下:

第　二　圖

乙丙兩組試驗槽之剖面

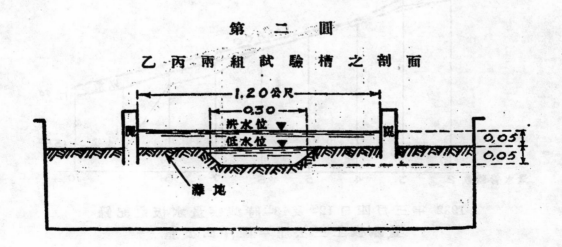

低　水　——　洪　水

乙一　　低水之試驗，歷時較短。

乙二　　再將水量放大，使洪水淹沒灘地之高度爲 5 公分。此時之坡度，仍爲1:800。但流量僅爲每秒鐘26公升。前在甲二試驗時，每秒之流量，達45公升。如以每秒26公升之流量，在甲組寬槽內試驗，則洪水淹沒灘地之高度，祗有3.2公分。在乙組試驗內，假使流量仍爲每秒26公升，欲求灘地上之水面，降至 12.2 公分須將河床酌量掘深。於是下水（卽試驗槽下游之水位）亦見低落。但第四水則P_{IV}處，水面僅降至3.8公分。又按甲組灘地寬廣，試驗槽內，如用每秒26公升之流量，每小時冲刷之砂，約爲 1 公升。故乙組試驗槽內，每小時亦從上游投沙 1 公升。然槽內刷出之砂，最初每小時爲2.3公升，漸增至4.9公升，嗣後漸減。經過繼續試驗後，刷出之砂，減至每小時1.0公升左右爲止。（實測之數，爲每小時1.2公升。）因下水之低落，水面往往驟起波折。在天然河流建築堤防之處，亦常有此現象。其結果足使河底之砂被挾移動。此項水面波折，經長時間之試驗逐漸和緩。

最初試驗時 —— 如第三圖，試驗將竣時 —— 如第四圖

第三圖　下水降落前後之水面

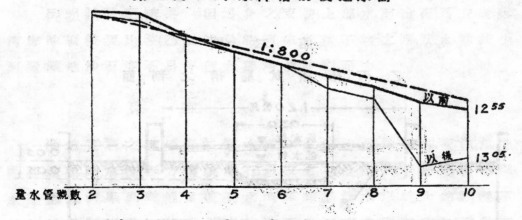

1932 年三月四日12^{時}及13^{時}時觀察量水板之記錄

量水板上三公厘＝圖中四公厘

第　四　圖

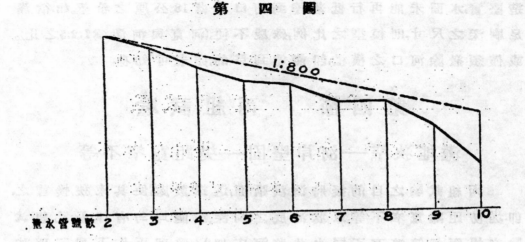

1932年三月十日九時觀察量水板之記錄

一俟試驗終結,水面亦卽降落。其情形如下:

水　　則	水面低落之數
P_I	5.0公厘
P_{II}	6.8公厘
P_{III}	10.3公厘　(9.0—9.3公厘)
P_{IV}	12.0公厘　(希望之數爲18.0公厘)

水則P_{III}處之水面,降落最大。蓋因第八站河底較深,糙率較小,流速亦特大也。依照常態,其應降落之尺寸,須在9.0至9.3公厘之間。至水則P_{IV}處水面僅低落12公厘。蓋以模型之出口,構造堅固,河底未能刷深之故也。

洪水試驗,歷三十七小時而止。因最後數小時中,水面已不再繼續低降也。(河口堅固)。試驗終結後之水面比降,參觀第四圖。

乙組試驗之結果　經過長時間之試驗,得以精密觀察。當試驗(乙二)終結之時,砂石之冲刷,已漸停止。上游投入之沙,經歷河槽全部冲出。河床及水面,亦均降落。河灣之後,並無淤沙。祇因河口構

造堅實,水面未能再行低落,達到河口降落18公厘之希望。如欲滿
足刷深之尺寸,則模型之比例,殊感不便,(河寬與河深爲1:2.5之比)。
或僅須撤除河口之橫檻,卽能達到目的,亦未可知也。

第四節　　丙組試驗

灘地狹窄——河岸堅固——堤距寬窄不等

丙組試驗之目的,擬將瀉洪斷面,選擇數處,使其束狹,換言之,
卽堤防距離寬窄不等,以冀河底之刷深,或能均勻有律。蓋乙組試
驗之堤距相等,略有不同也。先將河床加以整理,再作下列三項試
驗:

丙一　　經過短時期之低水流行,河床適合天然狀態。

丙二　　如試驗(乙二)之法,增加水量至洪水位,堤距束狹之處,
上游水面雍壅高2—2.5公厘不等,但水面坡度平均仍爲1:800。而砂
石之移動,較乙組試驗竟加大一倍半之多,河床之刷深,比較迅速。
故試驗之時期亦較少。

丙三　　束水堤 (Leitdeiche) 撤除以後,繼續洪水試驗。水面坡度,
仍爲1:800。水面較(丙二)試驗時,約低 5 公厘。

丙組試驗之結果　　因堤身之束狹,上部水面壅高,乃有數處
河床沖刷較深。比較(乙二)試驗時,河床起伏不均之形狀大爲減少
河灣灘地,沙石亦不易停留,大都均被沖刷而去。

第　五　節　　結　　論

灘地寬廣之河流,對於低水河床之影響,最爲不利,蓋瀉洪之
斷面遼闊,則水流無力攜挾沙石以俱去也。故束狹平行之堤防,以
及堅固之河岸與灘地,足使低水河床經過洪水以後,大爲刷深。更
於相當處所斟酌河流形勢,束狹堤距,則河床之刷深,愈加平整有
律矣。

「土壓力兩種理論的一致」之討論*

林同棪　趙福靈　趙國華　孫寶墀

壹　　林同棪

遠在異國,得拜讀孫君大作,不勝欽佩。孫君提倡中文討論的精神,復引起筆者向來對於土壓力理論的興趣。按關於土壓力理論及實驗的論文,百餘年來車載斗量**。論者每未明其根本假設,遂各執一辭,辯駁至今而未已。筆者自以為下列各見解,略有新穎堪注意之處,故筆而出之,以就正於孫君與讀者。

(1)韋勞支的理論和孫君的見解相似而不相同。

(2)根本上來金氏與古洛氏兩種理論不是相同的。

(3)歷來應用古洛氏理論者均犯了力學的原則。孫君指出這一點實為其大貢獻。不過他們的錯誤也可以說是在於壓力的通過點而不在於它的方向。

(4)若在古洛氏理論中加以相當的假設,則其結果適巧與來金氏理論相同。這一點可用簡單解說證明之,無須用許多繁複的代數式。

(5)來金氏理論可用較雲克襄氏法還簡單的幾何代數混合算法求其答數。

(6)孫君以理想土堆中的應力直為擋土牆上之壓力,實違反

---

*原文見二十一年九月「工程」七卷三號。

**Jacob Feld: History of the Development of Lateral Earth Pressure Theories, in Brooklyn Engineers' Club Proceedings, 1928.

了來金氏的基本假設而抹殺一切實驗的結果。擋土牆設計者切不可以此爲法。

茲將上列各點一一說明如下。

(1)韋勞支的原文係於 1878 年發表於德國構造學雜誌中。* 它的英譯文見於都布瓦的擋土牆的新理論** 一文。貝克 1899 年的土石建築對此論也有批評。筆者尋不着韋勞支的原文,幸而還有讀其節譯文的機會。雖恨未窺全豹,但得明瞭其大體。其與孫君同者就是全以勢力平衡原理爲出發點。其不同者,孫君算求發生牆上最大壓力的崩裂平面,而韋勞支算求斜度最大的平面,以之爲崩裂平面。(韋氏假定其最大斜度爲土的安眠角Φ)。

(2)來金氏的卍字應力法是根據理想化土堆中的靜力平衡推演出來的。若我們所研究的土堆果如來金氏所假設的理想土堆而其內部是受着平面應力;那末應用來金氏理論就是等於用力學的原理,其結果是毫無辯駁的餘地。可是我們若把來金氏理論直接用在擋土牆上,許多的問題便發生了。

古洛氏的最大壓力斜楔法是沒有來金氏理論那樣堅固的根據的。它不過是一種假定的方法,其原意乃在算求擋土牆上可能範圍內最大的壓力。它對於總壓力的經過點及其方向毫無確切的指定。在這個意義之下,古洛氏理論是一個獨立的理論,與來金氏理論並不相同。

(3)古洛氏理論既然缺乏根據,爲何還能有許久的存在和甚大的應響呢?因爲來金氏理論雖完全合理,可只能用於理想化的土堆中。若直用之於擋土牆,武斷的以擋土牆代替土堆的牛部分,其結果乃與事實大相違背。來金氏理論中最要緊假設之一卽爲無限寬廣的土堆,牆邊的土所受的應力既不和無限寬廣土堆中的所受者相同,我們當然不能一樣看待。況且屢次實驗的結果已

*Zeitschrift für Baukunde, 1878, Band I, Heft 2.

**J. A. Du Bois: Upon A New Theory of The Retaining Wall, in Journal of the Franklin Institute, Vol. 108.

經證明牆上壓力的方向多與牆上的正交綫成土與土（Φ）或土與牆（Φ'）的磨阻角。所以大家覺悟用來金氏法之錯誤。然而還想不出一個有根據的理論可以用於擋土牆的，於是只好用古洛氏的理論。既可將牆上壓力的方向遷就於實驗的結果，又似乎可以求出牆上的最大壓力總算最穩當了。但是古洛氏並沒規定總壓力的通過點，大家於是又胡亂的參以來金氏理論的結果，也假設總壓力通過其平面的三分點。在此種盲從中大家忘記了勢力的平衡，因而犯了力學的原則。孫君指出這一點，我們應當謝謝他。

據筆者的意見，古洛氏理論既然爲設計擋土牆而創的，而擋土牆是一種實用的問題，我們不可不注重實驗的結果。假如實驗告訴我們壓力與牆的正交綫是作Φ或Φ'角的，我們就得如此去設計，不應該以理想化土堆中應力的方向來決定牆上壓力的方向。那末歷來應用古洛氏理論者，其錯似乎不在壓力的方向而在它的通過點。

（4）若是我們一定要假設在古洛氏理論中總壓力也通過三分點，而以此改良它；這改良的古洛氏理論用在理想化的土堆中，結果適巧與來金氏理論相同。這一層孫君已用特別證明了。可惜我們還沒有得着一個總證明。雖得之，其公式的複雜也必可驚人。筆者在下文將所有可能的特例一一用極簡單的幾何法解之，以示此兩種理論的關係是很簡單的。

來金氏在他的實用力學 * 一書中說明在一個穩固土堆中任何一點通過任一平面，則這平面上的應力斜度決不能大於Φ。然後他證明在任何一點必有兩個平面，它的應力斜度是最大的，而且是等於Φ。這兩個平面與最大應力線成兩個左右相等的角度各等於$(90° - Φ) \div 2$。如果該點上最大和最小應力密度是p_x和p_y，則最大斜度平面上的應力是等於$\sqrt{p_x p_y}$。

現在設在第九圖的理想土堆中求任一平面AB上的應力。在

---

*Rankine: Manual of Applied Mechanics, 1904.

B 點通過一個BC平面,並行於最大斜度平面。這平面也就是古洛氏的崩裂平面,因爲它的應力斜度是Φ。試以 ABC 三角錐爲自由體而研究這體上的一切力量。W 爲 ABC 的重量,在三角形的中心點。R 爲 BC 平面上的總應力,通過BC的三分點,幷和BC的正交線成Φ角。E 爲 AB 上的總應力,通過AB的三分點及 W 和 R 的交點。我們如能證明這來金氏的自由體就是足以發生AB平面上最大壓力的斜楔,卽已證明兩種理論的相同了。

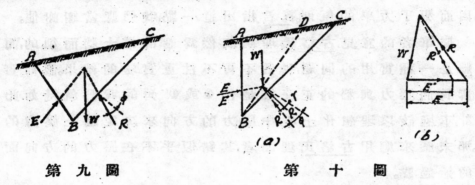

第　九　圖　　　　　　　　第　十　圖

　　第一步,我們先研究直立平面上的應力,如第十圖AB平面上的E,孫君的兩個特例均包括於此。在AB之右只有一個最大斜度平面通過B點,設爲 BC。這 BC 平面上的應力當然和它的正交線作Φ角。設在B點再通過其他平面BD,則BD的應力斜度γ必小於Φ。取 ABD 爲自由體而畫此體上的力的三角形如(b)圖的WRE。我們可以看出E的方向必須與AC並行,因爲E通過BA的三分點而W 和 R 的交點也是 BC 的三分點。這個E是來金氏理論給我們的答案。

　　現在從古洛氏理論的立場來研究這直立平面上的壓力。假如我們假設BD爲崩裂平面,卽假設BD平面上的應力R′和它的正交線不作 γ 角而作 Φ 角,則這 ABD 錐體的力的三角形變爲(b)圖裏的WE′R′。γ 旣小於 Φ 角,R′ 必在 R 之下。故 E′ 必小於E。足見以最大斜度平面爲崩裂平面所算得的E必大於以任何其他平面爲崩裂平面所算得者。由此證明來金氏的最大斜度平面就是古洛

氏的崩裂平面。亦卽證明一個直立平面上的土壓力,兩種理論的
結果是一致的。

　　第二步,我們研究一個水平頂面的土堆中斜平面上的應力,
如第十一圖 (a) 中 BF 平面上的 E_1。在 (b) 圖力的三角形裏我們可以
看出 E_1 和 E 是成正比例的。那末發
生最大 E 的崩裂平面(就是來金氏
的最大斜度平面)也就是發生最大
E_1 的崩裂平面了。所以在一個水平
頂面的士堆中;無論那個平面上的
應力,用兩種算法總可以得到同樣
的結果的。

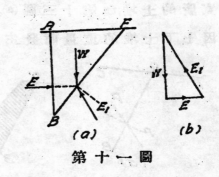

第十一圖

　　第三步,若是土堆的頂面是傾斜的,如第十二圖,在 (b) 圖力的
三角形裏我們可以看出 BF 上的
應力 E_1 也是和 AB 上的 E 成正比
例的。所以發生最大 E_1 的崩裂平
面也就是發生最大 E 的崩裂平
面。由此可見在無論何種狀況之
下,兩種理論的結果是一致的。

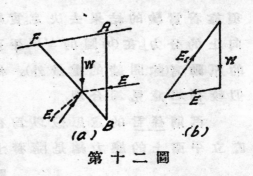

第十二圖

　　以上的證法還可添加說明。
筆者不願篇幅太廣不再多寫了。筆者的見解,想讀者不難意會的。

　　(5) 來金氏的理論既然合於力學的原理,我們無妨利用這些
原理來演算之。筆者覺得孫君所刊布的普遍來金氏公式和介紹
的雲克裴氏法均未免麻煩。以下講的一種代數幾何混合解法似
乎省事得多了。

　　這個解法可以仍用第十二圖來說明的。設 BF 為土堆內一個
平面,求這平面上的壓力 E_1。先算出 ABF 的重量 W;再用公式算出
AB 平面(直立的)上的壓力 E,它的方向是知道的。然後畫出力的三
角形如第十二圖 (b)。我們就得到 E_1 的數量和方向了。但有一點須

得聲明。就是來金氏理論只適用於理想土堆中。以之設計擋土牆必須加以修改,以不違反實驗的結果為宗旨。

　　(6)孫君文中最不慎的一點就是以擋土牆代替土堆的半部而直用來金氏理論算求其壓力。按來金氏理論只可應用於無限寬廣的土堆,如第十三圖(a)。這土堆中任一平面AB上的應力P全因上下土堆的重量而發生的。今如以牆A′B′代替土堆的ABC部,

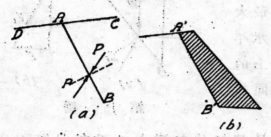

如(b)圖,則P的重要來源ABC部旣已失去,A′B平面上的總應力那能還等於P呢?這種牆上的壓力的眞正數量和方向尚不能依現時所有的土壓力理論推算之,而必

　　　　第 十 三 圖

須靠着實驗的結果去決定。實驗旣然告訴我們「自動壓力不能有向上的分力」。在(b)圖的A′B′平面上我們也找不出發生向上分力的原動者(除開牆的重量外)。 然則蓋吉姆的結論用於擋土牆上,似較孫君意見為合理。

　　再則孫君的意思似以為在無論何種崎嶇的頂面的土堆中,直立平面上的應力總是隨着土堆頂面的方向。所以他說在第十

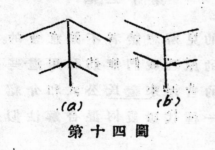

四圖中,其應力的方向當如圖中所畫。筆者對於這一點却未能明瞭。因為來金氏的理論只能應用於一個無限平面頂部的土堆而不能應用於此種頂部崎嶇的土堆。孫君若欲證明其言論之確實,當在實驗結果

　　　　第 十 四 圖

中求其證據,而不能在來金氏理論中求之。筆者以為在此種頂部崎嶇的土堆中,其直立平面上的應力方向與土堆全部的大體斜度和土的高深都有關係的。

　　總之,在現時科學能力之下,我們還沒找到一個合理的擋土

牆壓力的理論。但我們可以說擋土牆壓力的計算法必須與實驗
結果相符合而不違背力學的原理。

貳　　趙福靈

第 一 節　概 說

　　工程七卷三號載有孫寶墀君土壓力兩種理論的一致一文。
大意謂土壓力原有兩種理論,一種是應用亡字應力原則的來金
氏理論,一種是應用最大壓力斜楔法的古洛氏理論,此兩種理論
向來被認爲根本不相同的。孫君於論文內指摘向來應用最大壓
力斜楔法之理論,計算土壓力時,夾有小小錯誤,以致由此兩種理
論求出之土壓力,結果往往不能一致。孫君並證明該錯誤一經改
正後,用兩種理論求出之土壓力完全相同。因此向來被認爲根本
不相同的兩種理論,結局由孫君證明其爲完全一致。筆者對此有
小小意見,可與孫君及讀者研究。今順序將來金氏理論,古洛氏理
論,孫君修正之古洛氏理論,及筆者之意見約略述之。所有名詞及
人名譯名,探孫君所用者。

第 二 節　來 金 氏 土 壓 論

　　來金氏之土壓公式已由孫君在論文內詳細演算,茲不贅述。
惟關於來金氏所用之假定,孫君未有詳細之討論,故於此稍爲補
充之。來金氏之假定如下。

1. 土堆爲一種完全無黏性,祇由其分子間之磨擦力得以
   保持其靜止狀態,且爲甚難被壓縮之純質粉體。並假定
   土堆表面是橫亘於無限遠的一平面。
2. 通過土中一點與地表面並行之平面,其所受之應力方
   向垂直,其數量與深度成正比例。
3. 通過土中一點任何平面所受之應力,其最大傾斜角不
   得超過土之安眼角。

4. 土堆內之應力關係不因有擋土牆之存在而生變化。換言之,即是假定擋土牆背面所受之土壓力等於橫亘無限遠之土堆內與擋土牆背面並行之任何平面所受之土壓力相等。

來金氏用上述 1, 2, 3 之假定,利用彈性固體內之應力關係求出橫亘無限遠之土堆內與擋土牆背面並行之任何平面所受之土壓力及方向。用 4 之假定,假定擋土牆背面所受之土壓力就等於此。

上述來金氏所用 4 之假定欠妥,故發生種種矛盾。例如第十五圖(a)擋土牆背面垂直,地表面水平,照來金氏理論土之橫壓力應與地表面並行,與擋土牆背面成直角。若無擋土牆之存在,此理論當然不錯。但實際上有擋土牆之存在,牆與土之間多少有些磨擦力;既有磨擦力,則壓力之作用方向不能與牆背面成直角。又如

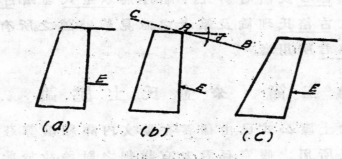

第 十 五 圖

(b)擋土牆背面垂直,地表面傾斜角 δ 是負號時,照來金氏之理論土之壓力與地表面並行,即是土壓力須向上方作用將擋土牆舉高,當然是不合理。若無擋土牆之存在而地表面是如 BAC 連亘於無限遠之時,則從來金氏理論所得結果當然不錯。但實際有擋土牆之存在,故從來金氏理論所得之結果發生如上述之矛盾。又擋土牆如第十五圖(c)所示時,從來金氏理論亦求出不合理之結果。

來金氏之理論最大缺點在於上述 4 之假定完全忽視擋土

牆之存在,省略牆背面與土之磨擦力,從此求出之結果矛盾甚多。
後來布斯尼斯克氏 (Boussinesq) 假定土與牆背面摩擦力之作用,且
假定其磨擦角等於土之安眠角,從此理論求出現今信為最可靠
之土壓公式。

　　韋勞支氏亦根據此理論求出土壓公式如下(第十六圖)。

$$E=\frac{wh^2}{2\cos(\gamma-\alpha)}\left\{\frac{\cos(\Phi-\alpha)}{(1+n)\cos\alpha}\right\}^2$$

但　$n=\sqrt{\frac{\sin(\Phi+\gamma)\sin(\Phi-\delta)}{\cos(\gamma+\alpha)\cos(\alpha-\delta)}}$

擋土牆背面是 A'B 之時 α 取負號。γ 須
從下式計算之。

$$\tan\gamma=\frac{\sin(2\alpha-\delta)-A\sin(2\alpha-\delta)}{A-\cos(2\alpha-\delta)+A\cos2(\alpha-\delta)}$$

其中 $A=\frac{\cos\delta-\sqrt{\cos\delta-\cos^2\Phi}}{\cos^2\Phi}$

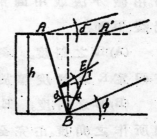

第十六圖

　　若假定 γ=o 時,即得貝克土石建築所載韋勞支的公式。筆者
見識不廣,所得關於韋勞支公式之智識不過如此。至於此公式如
何演算出來則不得而知。

　　孫君舉出第七圖 (a), (b), (c) 三個不合理之例。但從來金氏第
一個假定土堆表面為橫亙於無限遠之一平面。第七圖所舉各例,
土堆表面不是一平面,故不能利用來金氏公式以計算其土壓力,
極為明瞭。

第三節　古洛氏之土壓論

　　孫君解釋古洛氏之土壓論與真正之古洛氏理論略有不同
之點。故今將此理論詳為說明之。古洛氏亦假定土為完全無黏性,
甚難被壓縮純質之粉體。用原文第五圖, AC 為任意形狀之地表
面。從牆背面之腳 B 點繪一直線與水平作 X 角,且與地表面相交
於 C 點。今以 W 為 ABC 三角形土之斜楔(假定厚度等於一)之重量。
此三角形之斜楔由於 W 之力,於牆背面作用之抵抗力E, 及 BC 平

面之反抗力 R 而得保持其平衡狀態。今假定 E 及 R 之方向爲旣知數時，E 的土壓力可從該圖 (b) 力的三角形求之，則得

$$E = W \frac{\sin(x-\Phi)}{\sin(\theta-x+\gamma+\Phi)}$$

每繪一個 BC 平面，可得一種 E 之數值。繪多數之 BC 面，逐一求其 E 之數值。於多數 E 之數值中以其最大者爲牆背面所受之土壓力。用微分法或用圖解法均可。發生最大土壓力 E 之 BC 平面稱爲崩裂平面。

(A) R 之斜度。　斜楔 ABC 以楔之作用沿 BC 面將滑動之瞬時可假定 R 之斜度等於土之安眠角 Φ。

(B) E 之斜度。　E 之斜度 γ 卽是 E 之作用方向與牆背正交線所作之角度。在完全平滑之牆背面上，γ=0。γ 之最大值不得超過牆與土之磨擦角 Φ'。又 Φ' 須等於或小於 Φ。若 Φ' 大於 Φ 時則發生不合理之現象，卽是與牆背面非常接近且與之並行之一平面上所受之土壓力，其作用線與該平面之正交線所作之角將較 Φ 爲大。故一般 γ 之數值常在零與 Φ 之間。

斜楔將滑動之瞬時，假定 γ=Φ' 頗爲合理。但有反對之者，則謂擋土牆應建築非常堅固，牆背面與土之間不能發生滑動之作用，假定 γ=Φ' 不甚適當。但事實上填土有沈下之作用，於車輛經過發生震動時尤爲顯著。且擋土牆自身亦時有沈下之現象。故不能否認牆與土之間有滑動之可能。總之對於 γ 之數值各學者意見不能一致。古洛氏提出斜楔法時假定 γ=0，後來學者多假定 γ=Φ。末拉布列斯留氏 (Müller-Breslau) 用實驗曾求出 γ 之數值在 $\frac{1}{2}$Φ 至 $\frac{2}{3}$Φ 之間。

(C) E 之施力點。　地表面與牆背面俱爲平面時，土壓力 E 之施力點似應在底高三分之一點，因土之壓力有如液體之壓力與牆高之自乘成正比例故也。但用斜楔法求土壓力時，假定崩裂平面與擋土牆之間所夾之土有楔之作用沿崩裂平面向下滑動，擋土牆背面因而感受壓力。此土壓力應平均分佈於牆之背面，其施

點當在牆高二分之一點。土既非完全液體，又非完全固體，故上述兩種理論俱不適用，眞正土壓力之施力點當在上述二者之間。

雷古氏 (Leygue) 實驗結果證明 E 之施力點在 0.38h 至 .50h 之間。

斯體兒氏 (A.A Steel) 所得實驗結果如下。土乾燥時是 .40h。土微濕時是 0.39h。土用水飽和時是 .38h。

末拉布列斯留氏從實驗求出地表面水平，牆背面垂直時，E 之施力點在 0.352 h 之處。

(D) R 之施力點。根據 (C) 所述之理由，R 之施力點亦應在底高三分之一至二分之一之間。

物體受同平面外力之作用而在平衡狀態之時須滿足下列二條件，如孫君所述。

一. 物體所受之外力須合成一個關閉之力圖。

二. 物體所受外力之作用線須相交於一點。

普通應用最大壓斜楔法時祇用第一條件卽可求出 E 之數量之公式。至於 E 之方向及施力點及 R 之施力點因未有一定確實之理論，有如上述，故不能應用第二條件。孫君謂古洛氏及其他學者俱演了同樣錯誤，使 W, E, R 三力不相交於一點，與平衡之第二條件不合。筆者以爲古洛氏及其他學者不是不明此理，因未確知 E 及 R 之方向及位置，不能應用第二條件而已。但筆者亦曾於敬恩所著土壓力，擋土牆及穀倉* 一書中發見有如孫君所指摘之謬誤。敬恩氏說地表面是平面時，E 之施力點在底高三分之一點。若 R 之施力點亦是如此，則 E 之作用方向可從圖上求出，或從已知各數值計算而得，再不能假定 E 之作用方向之角度。但敬恩仍然假定 E 之方向顯然墮入孫君所指摘之錯誤，牴觸了平衡第二條件，又與原來斜楔法不相符合。

第四節　孫君之修正古洛氏理論

*Cain: Earth Pressure, Walls and Bins.

孫君用第五圖求出土壓力E,其所用之假定如下。

(1)假定 E 之施力點在BA面上底高三分之一點,又 R 之施力點在BC面上底高三分之一點。於此可知已假定作用於AB面上各點之壓力及作用於BC面上各點之抵抗力俱與土之深度成正比例。

(2)忽視擋土牆之存在,假定AB面以左部分亦是土堆,將AC表面兩邊向兩方延長至無限之遠。

其他則遵照第三節古洛氏之假定及算法。因 E 與 R 之施力點為已知數,故可以利用平衡條件第一條之外,又可應用其第二條。孫君由此二條件用數式算出求 E 之公式。但未求出普遍的土壓公式,因計算非常複雜,故未嘗試,祗求出擋土牆背面是垂直時之土壓公式。其結果完全與來金氏之土壓公式相同。故孫君得最後之結論,謂「古洛氏理論的所以異於來金氏理論,原來由於一個謬誤的假定。一經糾正,它們的結果就完全相同了。」

姑勿論孫君之假定是對不對,但顯然與古洛氏及其他學者所用之假定完全不同,反與來金氏所用之假定相類似。凡來金氏所用之假定,孫君已完全用之矣。但對於古洛氏及其他學者所用之假定,則多數將其拋棄之。方法是用古洛氏之方法,假定則用來金氏之假定。故所得結果與來金氏理論相同,可想像而知。稱孫君用獨創之方法來證明來金氏之土壓公式則可。稱孫君用此法證明兩種理論之完全一致則不可。

第五節　結　論

原來關於土壓力至今仍未有確定之理論,但來金氏及古洛氏兩種理論較為簡單合用,故普通多用之。此兩種理論各有缺點。來金氏理論祗限用於計算仰面式擋土牆及在土堆坡腳之擋土牆背面所受之土壓力。若用於其他種類之擋土牆時發生矛盾之結果,如發生向上壓力等。向上壓力是不能發生的(孫君似乎承認

可以發生向上壓力），故蓋吉姆教授假定如用來金氏公式計算
得到向上壓力時，一概使之改爲水平壓力，此乃不得已之修正，此
外別無何等理由。古洛氏公式應用範圍較廣。對於俯伏式之擋土
牆及在土堆坡頂之擋土牆亦可求出合理之土壓力。其缺點則在
於不能用以計算 E 之施力點及作用方向。後來布斯尼斯克氏及
韋勞支氏創出更爲合理之土壓公式可惜筆者祇得其計算結果
所得之公式，不知其詳。英文書未有詳細討論土壓力之書籍。德文
書有末拉布列斯留著的土壓力 * 一書最爲詳細，所有各種土壓
公式均有詳細討論，惜筆者未收藏是書耳。

叁　　　趙　國　華

　　孫君對於來金，古洛兩氏之土壓論會下甚大之努力，故能找
出改革古洛氏之理論以證明與來金氏之理論相脗合，甚爲欽佩。
綜讀全文，知著者對於來金氏之卍字應力理論言之甚詳，而證明
來金氏之公式多可取。惟中間不無應行增補之處，茲就管見所及
略加說明。質諸高明，以爲如何。

　　茲先將原文第二節之 (12), (13), (14) 等式加以改革。同時將
著者未能求出之使 $\dfrac{dE}{dx}=0$ 和 $\dfrac{d^2E}{d^2x}$ 成負數之 x 值與作用力之方
向之總公式求出。更與來金氏之總公式證明其一致，爲著者作一
有力之後盾。

　　依原文第五圖之 (b)，E 與 R 間所夾之角爲 $\theta-x+\Phi+\gamma$，E 與 W
間所夾之角爲 $\pi-\theta-\gamma$。用正弦定理，得

$$E = \frac{W \sin (x-\Phi)}{\sin(\theta-x+\Phi+\gamma)} \tag{一}$$

　　今不言 ABC 土棱與壁背 AB 保持平衡。亦不必說 E, R, W 三道
在同平面的平衡勢力必須同點，因在實際上亦不許有如是之假
定。今單說求 E 力作用於壁背 AB 上之合力之最大者，作爲設計擁
璧之張本可也。

---

*Müller-Breslau: Erddruck auf Stützmauern.

用(一)式求微分使 $\dfrac{dE}{dx}$ 等於零,可得

$$W = -\frac{\sin(x-\Phi\,\sin(\theta-x+\Phi+\gamma)}{\sin(\theta+\gamma)} \cdot \frac{dW}{dx} \tag{二}$$

但

$$\frac{dW}{dx} = -\frac{w \cdot \overline{BC}^2}{2} \tag{三}$$

$$\therefore W = \frac{\sin(x-\Phi)\sin(\theta-x+\Phi+\gamma)}{\sin(\theta+\gamma)} \cdot \frac{w \cdot \overline{BC}^2}{2} \tag{四}$$

又因

$$\overline{BC} = \frac{h}{\sin\theta} \cdot \frac{\sin(\theta-\delta)}{\sin(x-\delta)} \tag{五}$$

$$\therefore E = \frac{wh^2}{2} \cdot \frac{\sin^2(\theta-\delta)\sin^2(x-\Phi)}{\sin^2\theta\sin^2(x-\delta)\sin(\theta+\gamma)} \tag{六}$$

次求 γ 與 x 之值,解法如次。先求 E,R,W 三力對於 B 點所起之力纇而證之零,即

$$E \cdot \overline{BD} \cdot \cos\gamma - R \cdot \overline{BF} \cdot \cos\Phi + \frac{W}{3}(\overline{AB} \cdot \cos\theta + \overline{BC} \cdot \cos x) = 0 \tag{七}$$

但 E 見(一)式,

$$R = \frac{W \cdot \sin(\theta+\gamma)}{\sin(\theta-x+\Phi+\gamma)}$$

又

$$\overline{AB} : \overline{BC} = \sin(x-\delta) : \sin(\theta-\delta)$$

將以上各式代入(六)式而整理之,得

$$\sin(x-\delta)\cos(\theta-x+\Phi)\sin(\theta+\gamma) = \sin(\theta-\delta)\cos(\theta-x+\gamma)\sin(x-\Phi) \tag{八}$$

從第五圖得

$$W = \frac{w \cdot \overline{BC}^2}{2} \cdot \frac{\sin(x-\delta)\sin(\theta-x)}{\sin(\theta-\delta)} \tag{九}$$

因(九)與(四)相等,得

$$\sin(x-\Phi)\sin(\theta-x+\Phi+\gamma)\sin(\theta-\delta) = \sin(x-\delta)\sin(\theta-x)\sin(\theta+\gamma) \tag{十}$$

以(八)與(十)相乘而整理之,得

$$\tan\gamma = \frac{-\sin\Phi\cos(2\theta-2x+\Phi)}{1-\sin\Phi\sin(2\theta-2x+\Phi)} \tag{十一}$$

以 $\sin(\theta+\gamma)$ 除(八)與(十)之兩邊而整理之,得

$$\cot(\theta+\gamma)\cos x + \sin x = \frac{\sin(x-\delta)\cos(\theta-x+\Phi)}{\sin(\theta-\delta)\sin(x-\Phi)} \tag{十二}$$

及

$$-\cot(\theta+\gamma)\sin(x-\Phi) + \cos(x-\Phi) = \frac{\sin(x-\delta)\sin(\theta-x)}{\sin(x-\Phi)\sin(\theta-\delta)} \tag{十三}$$

將以上(十二),(十三)兩式消去 $\cot(\theta+\gamma)$ 得

$$\cos\Phi=\frac{\sin(x-\delta)[\sin\theta-x\cdot\cos x+\cos\theta-x+\Phi)\sin(x-\Phi)]}{\sin\theta-\delta\sin x-\Phi)}\qquad(十四)$$

或　　　　　$\sin(x-\delta)\cos x=\sin x-\Phi\cos(x-\Phi-\delta)$

或　　　　　$\sin\Phi\cos(2x-\Phi-\delta)\sin\delta$

令　　　　　$\sin\psi=\dfrac{\sin\delta}{\sin\Phi}\qquad(十五)$

則　　　　　$\cos(2x-\Phi-\delta)=\cos\left(\dfrac{\pi}{2}-\psi\right)$

$$\therefore\quad x=\frac{\pi}{4}+\frac{\Phi}{2}+\frac{\delta}{2}-\frac{\psi}{2}\qquad(十六)$$

此卽所求土之崩壞角度。

以(十六)代入(十一)而整理之,得

$$\tan\gamma=\frac{-\cos2\theta-\delta\sin\delta-\sin2\theta-\delta)\sqrt{\cos^2\delta-\cos^2\Phi}}{1-\sin2\theta-\delta)\sin\delta+\cos2\theta-\delta)\sqrt{\cos^2\delta-\cos^2\Phi}}\qquad(十七)$$

此卽所求土壓力之斜度。

於是　　$\dfrac{1}{\sin\theta+\gamma)}=\dfrac{(1+\tan\gamma)^2}{\sin\theta+\cos\theta\tan\gamma}$

$$=\frac{[1+\sin^2\Phi-2\sin(2\theta-\delta)\sin\delta+2\cos^2\theta-\delta)\sqrt{\cos\delta\cdot\cos\Phi}]^{\frac{1}{2}}}{\sin(\theta-\delta)(\cos\delta-\sqrt{\cos^2\delta-\cos^2\Phi})}$$

又　　$\dfrac{\sin^2 x-\Phi)}{\sin^2 x-\delta)}=\dfrac{1-\cos 2 x-\Phi)}{1-\cos 2 x-\delta)}$

$$=\frac{\cos\delta-\sqrt{\cos^2\delta-\cos^2\Phi}}{\cos\delta+\sqrt{\cos^2\delta-\cos^2\Phi}}$$

將以上兩值代入(六)式得

$$E=\frac{wh^2}{2}\cdot\frac{\sin^2\theta-\delta)}{\sin^2\theta}\cdot\frac{[1+\sin^2\Phi-2\sin 2\theta-\delta\sin\delta+2\cos^2 2\theta-\delta)\sqrt{\cos\delta-\cos\Phi}]^{\frac{1}{2}}}{\cos\delta+\sqrt{\cos^2\delta^2-\cos^2\Phi}}$$

$$(十八)$$

此卽所求土壓力之數量。

以原文(4)式K之值代入(7)式而整理之,其最後方式與(十八)式相同。故來金氏與古洛氏兩種理論之一致遂完全證明矣。

孫君對於古洛氏之先將 γ 值假定,抨擊至再。但古洛氏決不致將平衡條件含糊不辨,有如著者所述之甚。而所謂駢枝的假定亦自有其理由在焉。今請申其說。當擁壁(原文稱擋土牆)建築之前,假想土無凝集之力則土堆之斜坡BC應成X角,而ABC部之土必在建築成功之後而填入。如是在填實之時與填實之後而起沉縮,在所不免。加以因自身重量而致下沉等影響,則必經長時間之運動而使土與壁相磨擦,磨擦之角以起。其土壓力與壁面正交線所夾之角亦可如BC面上所起之磨擦角Φ先行假定。是即古洛氏解法之精髓。夾角假定之後,乃由三力平衡之條件以求E,自屬可通之論。蓋此時持BC,BA 二平面上之磨擦力以保持與土棱重量之平衡,而BD之長在實驗上並非定為BA長三分之一。則所謂旋勢之不能抵消者,因著者認BD長為 BA 三分之一有以致之。至其夾角之值,各大家人各言殊,茲略舉數則如次。

毛拉氏[*] 謂通常之時 $\gamma = \dfrac{2}{3}\Phi$。壁面平滑之時 $\gamma = \dfrac{1}{3}\Phi$。

末拉布列斯留氏[**] 謂 $\gamma = \dfrac{\Phi}{2}$ 至 $\dfrac{3}{4}\Phi$。

古洛氏與巴奈氏假定 $\gamma = 0$。後乃有假定等於Φ者。

然則人有疑各大家之假定既不一致,則結果必因之而異。然考其結果,殆相差無幾。在此不完全之土壓理論計算之下,此項差異不足慮也。茲舉例明之。

設 $\Phi = 30°$, $E = cwh^2$

	壁背垂直	成 $\frac{1}{4}$ 坡度	成 $\frac{1}{6}$ 坡度	成 $\frac{1}{8}$ 坡度
$\gamma = \Phi$	0.149	0.212	0.201	0.194
$\gamma = 0$	0.166	0.218	0.206	0.201

今更略舉 D 點位置之實驗結果,以明古洛氏解法之可通。

[*] Möller: Tableaux sur la pression des terres.
[**] Müller-Breslau: Erddruck auf Stutzmauern.

A. A. Steel 氏用 80 磅每立方英尺，Φ＝35°—29′之泥土試驗之，得下列結果。乾燥時 0.40h。稍濕時 0.39h。飽和時 0.38h。

末拉布列斯留氏之結果。

砂面與壁齊高時　　　　　　　　　　　　　0.352h

壁頂側面加載重時　　　　　　　　　　　　0.38h—0.42h

壁頂側面稍遠處負載重時　　　　　　　　　0.36h—0.46h

E. P. Goodrich 氏之實驗結果。

壁高六英尺以下　　　　　　　　　　　　　0.40h

壁高六英尺以上十英尺以下　　　　　　　　0.40h

壁高十英尺以上　　　　　　　　　漸次達於 0.333h。

　　綜上之結果，將有何說以解釋乎？曰有。設地面與壁齊平，土之壓力假定有如液體者然，則壁高二次方與之成正比例，而作用之點應在底高三分之一處。但在求土壓力時，乃由壁面與崩裂面間所夾之土棱而得。土棱又視成一固體之楔而作用，沿崩裂面滑動，再作用於壁背。此時壁背所受之力成爲均勻之分佈，作用之點應在壁高二分之一處。但實地上，土壤既非純粹液體與固體之性質，則眞正之作用點允在兩者之間，可無疑義。故以上之結果，似屬可靠。苟以上兩說能成立，則古洛氏之解法合乎實際，末能湮沒其功也。

　　至於來金氏之解法，用之雖廣，但有數處不能合理者。如原文第五圖中之 AB 線間之夾角 θ 小於 90°時，E 力向下，必爲土之合力呈向上之勢，此決無之事實。如用來金氏公式解之，則有未合。又或 AB 爲垂直而 δ 角爲負數時，則 E 值又起不合情理之結果。總之，凡於原文第三圖中之主軸 qn 不在土內而在壁內者，所得之結果皆不合理。故來金氏之解法較古洛氏之解法範圍較狹，可斷言也。筆者未見蓋吉姆原作，對於「修正來金氏理論」一節未敢致辭。然來金氏理論上有不可通處，有加以修正之必要，以求適合，亦未可厚非也。

　　今請論土壓力諸公式究有若干價值，以結吾文。有以理論公

式在實地應用時無甚價值者,有言可以充分信托者,人人言殊,莫能確定。竊以爲理論必先基於假定,假定必須與實況相近,斯可以言信託。而假定與實際是否相近,在土壓論中又不能正確明瞭。兼以對於外界之影響,如壁背之滲水,溫度之遞降,載重之變化,又難以算式表明之者。故土壓力諸公式所得之結果,不過供作計劃擁壁各部之適當比例,或求其應力分佈之大概。在實際上仍需依經驗而判斷,方可以言價值。且平常之公式對於地面壁背之形狀以及過載重(Sur harge)之性質,皆不能顧及,其結果僅爲一種數學的意義而已。其稍能應付上列各種情狀者推圖解法耳。著者曾舉雲克斐氏之解法,仍屬數學的意義,實用時又易發生困難。不若利用柯爾門(Culmann)之土壓線圖解法,里白亨(Rebhann)之崩裂平面解法,或龐西來(Poncelet)之土壓三角形解法較爲切合實用,在德法書中常見之。讀者可擇一細讀之可也,逐一介紹,未免辭費。如專爲決定擁壁之尺度及所起之應力,則可逕用表格求之,如克萊*及奧培**兩書載之綦詳,可作參攷。

肆　　孫寶墀

土木工程學裏各家意見最不一致的問題殆莫過於土壓力的理論。著者欲提倡以中文討論學術,深幸選題得當,果承林,趙,趙三君賜予討論,不勝感謝。三君不但對於本題各有闡發,并且啓示一新途徑,引著者向前作進一步的研究。居然得到一個比原文更重要而切實可用的結果,就是本篇所要提出的「合理化的古洛派理論」。

今先就三君提出的要點逐項答復如下。

答林同棪君 (1)原文 265 版說「推想起來,大概韋勞支採用一個可以從來金氏理論求得的原則去代替古洛氏謬誤的假定,

---

* Krey: Erddruck, Erdwiderstand.

**Aubby: Cours de murs de Souténement.

所以能夠得到和來金氏同樣的結果。」著者深喜林君見到的節
譯本竟證實了他的揣想。原來韋勞支的假設是「古洛氏的崩裂平
面就是來金氏的最大斜度平面」。應用這個假設,我們可以令 γ
＝Φ和θ＝x代入(8)式。就把這樣得到的 X 的值代入 (14) 式而得到
和(7)式一致的普遍公式,省去求微分的手續。

　　著者也會想到這個辦法。但「崩裂平面就是最大斜度平面」這
個假設,韋勞支儘可採用,著者卻沒有這權利,何以故呢?原文的主
旨是證明兩派理論的一致,那個假設是「兩派理論一致」命題的附
例。用一個命題的附例為前提去證明他自身,這是邏輯所不許的。

　　著者新近得於一本書裏 * 見到韋勞支的普遍公式。表面似
與著者的(7),(8)兩式不同,但解決幾個例題的數字答案卻是完全
相同的。

　　林君的 2, 3 兩點俟於下文答復。

　　(4)林君的討論,此節最為重要。他以為倘使假定 E 的用力點
在底高三分之一處,則兩派理論結果的一致可用極簡單的幾何
方法去證明,無須乎原文裏許多繁複的代數式。

　　林君的簡單方法施用於坡面傾斜的土堆中直立平面上的
應力(即原文第一,第二兩個特例), 的確得到圓滿的成功,并且是
個很聰明的證法。

　　但論到土堆內非直立平面上的應力,林君卻犯了倒果為因
的毛病。他的第二,第三步都以 E,E₁,和 W 三力平衡為出發點。不知土
堆內任何斜楔上的外力必須平衡,乃是來金氏平面應力基本假
設的必然結果,最大壓力斜楔法卻不以這樣的平衡為必要條件。
我們知道傳統的古洛派理論,任何甲乙兩平面上最大壓力的合
力,不必恰好和以甲乙兩面為界的斜楔的重量相抵銷。現在雖採
用「E 的用力點在底高三分之一處」的新假設,我們仍舊無權假定
給果必須合於上述條件。一言以蔽之,林君第十一及第十二兩圖

* Charles Prelini: Earth Slopes, Retaining Walls, and Dams.

內 E, E₁ 和 W 的平衡(卽林君所謂 E₁ 和 E 成正比例)是結果。用同一崩裂平面求得 E₁ 和 E 是原因。今以該三力平衡爲出發點,去證明崩裂平面的同一,豈不是倒果爲因?

(5)應用來金氏理論時(看第十二圖)先用公式求出直立平面 AB 上的壓力 E。再用圖解法求得該壓力 E 和 ABF 斜楔的重量 W 的合力,作爲 AF 平面上的壓力 E₁。這方法普通敎科書都載,且爲尋常設計者所通用。

著者介紹雲克爽氏幾何解法,因爲在應力圖形中,理想土堆裏的卍字平面,最大斜度平面,以及主要平面的相互關係,都可一目了然。

(6)原文辯說俯伏式擋土牆上的壓力應有向上分力,並未牴觸來金氏的基本假設。土堆必須廣漠無限的用意,不過是限定土粒子連續不斷的密切堆聚爲產生壓力的惟一原因。砌在器皿裏的土粒子,是不能應用來金氏理論的一個例子。因爲器皿四週的阻遏也是一種不可忽視的產生內部應力的原因。這器皿如果是狹小的,土內每點上的應力,多少要受些邊緣阻遏的影響。至於以一平面爲界的擋土牆的阻遏,應響較淺,不至於使來金氏理論完全不適用。

林君第十三圖(b)表示一個俯伏式的擋土牆。我們假想 A′B′ 本是廣漠無限的土堆裏的一個平面。再假想把 A′B′ 右方的土取去,代以石牆。取代的時候倘不驚擾左方土粒靜止的平衡,則 A′B′ 平面上的應力應該維持原狀。所差的,不過是接受該應力的實體,從前是右面的土,現在是石牆罷了。

再則來金氏理想土堆裏的自動壓力可以有向上分力,並不可怪。原文 267 版說理想的土堆可稱謂半液體,因爲它的動定狀態近似液體。倘使第十三圖裏的石牆造在水內,A′B′ 平面上的水壓力並不因以石代水而起變化。這水壓力是跟 A′B′ 成直角的,自然有向上的分力。現在這牆造在半液體內,A′B′ 平面上受到的理

想的土壓力是跟 A'B' 的正交線作 γ 角的,也可以有向上的分力。

還有一層,林君反對擋土牆設計者應用來金氏理論,因爲該理論是根據「廣漠無限」的假設而來的。現在原文證明(可惜尙未澈底)假定 E 的用力點在底高三分之一處時,最大壓力斜楔法的結果和來金氏理論完全一致。這或者可以名爲「改正的古洛派理論」,它並不以「廣漠無限」的假設爲根據,假使擋土牆設計者異口同聲說「我們用的並非是來金氏理論,它是改正的古洛派理論」,林君又將何辭以對?

總而言之,來金氏理論的結果與實驗不符,並不是因爲擋土牆設計者違反了廣漠無限的假設,却是因爲實際的土堆不是理想的一種「純粹,壓不遍,而且沒有黏性的小粒子積聚而成的」。

林君對於著者批評蓋吉姆的「修正的來金氏理論」似乎不甚明瞭,現在簡單申說一下。蓋氏的修正論是自命爲有理論上的根據的。林君的第十四圖(a)就是蓋氏書中的第十五圖。他說「如果直立平面上的應力必須與坡面並行,那麼這圖內直立平面上兩邊的壓力不能互相抵銷了。這是不合平衡原則的。所以自動壓力不能有向上的分力。」

著者因舉第十四圖(b)來相比較。這圖內直立平面上兩邊所受的壓力也不能相銷。蓋氏的理路若是始終一貫的,他應該接着證明自動壓力并且不能有向下的分力。這樣可以得到一個普遍的結論「凡自動壓力皆是水平的」,倒也自成一家之言。他計不出此,一面承認土壓力有向下的分力,一面又不承認它有向上的分力,豈不是自相矛盾?

著者以爲半液體的自由面不能有像第十四圖那樣突兀的起伏。但它可以有籽綬的波紋,如第十七圖所示。這理想的土堆裏無論那個直立平面上的應力是跟坡面的切線並行的。故來金氏理論的結果與靜力平衡的原則並無牴觸之處。

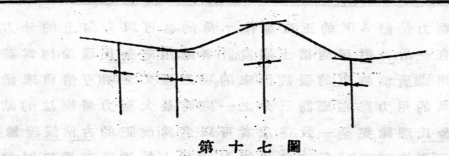

第 十 七 圖

答趙福靈君　趙君第二節論來金氏理論的要點與林君意見略同,前文已經詳細答復。今只須總括一句。林,趙兩君以為用來金氏理論去計算擋土牆上的壓力是違背了「廣漠無限」的假設,所以得到的結果跟常識和實驗不符。他們無形之中承認了來金氏理論是算求一個廣漠無限的土堆內部應力的完善理論。著者則以為來金氏理論所以不適用於擋土牆的設計是因為它根本上是個不合實際的理論,並非因為設計者違背了廣漠無限的假設。

趙君第四節敍述著者修正古洛氏理論的假設,有誤會之處。第一,趙君說著者先假定 E 和 R 的用力點在底高三分之一處,故得應力密度與土深成正比例的結論,這話與原文第二節的程序恰正相反。原文 262 版上說「E 必須經過 RA 的三分點,因為它和 W 成正比例,而 W 又轉和 h^2 成正比例。」E 和 W 成正比例這事實可以從趙君第三節裏 E 的公式看出來的。

第二,趙君所寫著者的第二假定,什麼「忽視擋土壁的存在」等那些話,著者在原文第二節的證法裏遍覓不得。

趙君批評著者的修正古洛氏理論,說「凡來金氏之假定,孫君已完全用之矣。但對於古洛氏及其他學者所用之假定則多數拋棄之。」也完全不是事實。著者假定斜楔 ABC 在崩裂平面 BC 上向下滑溜,BC 面上的抵抗力 R 跟它的正交綫成 Φ 角,而以使 E 值最大為條件去求 X 角。試問這是來金氏還是古洛氏的假定?著者又假定 E 和 R 的用力點在底高三分之一處,上面已經說明,那是根據趙君自己的 E 式而來的。著者又假定 E,R,W 三力相交於一點,那

是根據 $\Sigma M = 0$ 而來的。原文第二節的證法自始至終完全沒有來金氏平面應力假設的影踪,故趙君所說,全非事實。

答趙國華君　趙君三角術的嫻熟,著者望塵莫及,趙君解法裏算式的變演,至少有三處爲著者所不能解,承趙君兩次指示方才明瞭,殊可感佩。

但趙君一面說「不言土楔與壁背保持平衡,亦不必說三道同平面的平衡勢力必須同點,因在實際上亦不許有如是之假定。」一面却應用 $\Sigma X = 0$ 和 $\Sigma Y = 0$ 而得(一)式,又應用 $\Sigma M = 0$ 而得(七)式,何以言行相違如此,殊爲費解。

綜觀趙君的解法,似乎和林君所說韋勞支的方法相近,因爲這解法的關鍵全在「γ 與 x 無涉」一個假定。若照原文第二節的假定,從第五圖 IDF 三角形裏可以得到

$$\frac{\cos(\theta - \delta + \gamma)}{\sin(\theta - x + \Phi + \gamma)} = \frac{\cos\theta \sin(x - \delta)}{\sin(x - \Phi)\sin(\theta - x)} \tag{十九}$$

γ 似爲 x 的函數,$\dfrac{d\gamma}{dx}$ 不等於零。那麼用趙君的(一)式去求微分就不是那樣的簡單了。

所以趙君的解法,雖較原文爲便捷,爲完全,然著者却不能認它是原文的「後盾」。何以故呢?「γ 與 x 無涉」是來金氏卍字應力假定必然的結果。原文第二節的目的在乎用古洛氏的假定和尋常力學的原理去證到和來金氏相同的結果。著者若要避免「竊取論點」的謬誤,他不能採用任何可從來金氏理論裏得到的命題爲假定。

趙國華君對於古洛氏理論的見解和趙福靈君相同。關於土壓力理論和實驗的文字,誠如林君所說車載斗量。著者因爲這些議論在教科書裏常見,讀過土壓力的人都知道,故原文沒有提及。今承兩位趙君加以補充,應表謝意。

但舊說「因斜楔近乎固體,它兩面的應力應均勻分佈,故 E 的用力點應在底高三分之一處。」粗觀之似言之成理,其實不能成

立。何以故呢?因爲 $E=\dfrac{uwh^2}{2}$。故 $dE=uwh\,dh$。照這公式,土愈深則 E 的增加愈快。故牆背上的應力決不是均勻分佈的。關於古洛氏理論中土壓力可能的分佈規則,且待下文詳細討論。

又趙國華君論來金氏理論說「凡於原文第三圖中主軸 qn 不在土內而在壁內者,所得結果皆不合理」, 應改爲「原文第八圖中主軸 IN……」才對。第三圖之 qn 係一垂直綫,並非主軸。

合理化的古洛派理論　林同棪、趙福靈、趙國華三君都爲古洛派理論作有力的辯護。兩位趙君均不承認古洛派犯了力學的規條,均引貝克的意見以爲 E 的用力點應在底高三分之一至二分之一之間。這是忽視了歷來應用古洛派理論者(包括三位討論者和著者在內)沒有不把 E 畫在底高三分之一處的事實。林君承認這傳統方法的錯誤,幷主張古洛派的錯誤不在壓力的方向,而在於它的用力點,可謂一語破的。可惜他沒有繼續努力,給我們一個具體的解決。

著者依照三君指示的方向,把本題重行考量一下,發見古洛派理論,除原文所擧的修正外,還可用另一方法去改良它。茲提出於下,以就正於高明。

最大壓力斜楔法是個極簡單的靜力學問題。它有兩個必要條件,供給我們兩個方程式,就是

A:　$\Sigma X=0$,　　$\Sigma Y=0$,

B:　$\Sigma M=0$。

所以我們可以在下列三端內選取兩個未知數。

a:　E 的數量。

b:　E 的用力點,

c:　E 的方向。

這選擇的樞紐,可以說在乎土壓力分佈規則的假定。由原文第五圖內我們可以得到

$$E=\dfrac{wh^2}{2}\cdot\dfrac{\sin(\theta-\delta s)\text{in}(\theta-x)\sin(x-\Phi)}{\sin^2\theta\,\sin(x-\delta)\sin(\theta-x+\gamma+\Phi)}\tag{20}$$

或簡寫爲

$$E = \frac{uwh^2}{2} \qquad (21)$$

又可得

$$R = \frac{\sin(\theta + \gamma)}{\sin(x - \Phi)} \cdot \frac{uwh^2}{2} \qquad (22)$$

假如使 E 最大的 X 的值已經求出,用以代入上式,則(21)和(22)兩式內 wh^2 的係數皆爲常數。故 E 和 R 各跟 h^2 成正比例。原文根據這事實,假定 E 和 R 的分佈規則均爲三角形的,如第十八圖所示。故 E 和 R 的用力點均在底高三分之一處,同爲已知數。那麼題內當然祇剩 E 的數量和 E 的方向兩個無可再減的未知數了。這「三角形分佈」假設的結果是原文的(14)式,它是可以證明和來金氏理論完全一致的。

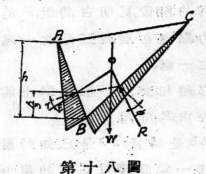

第十八圖

但細察(21)和(22)兩式, E 和 R 的分佈規則也可以假定爲梯形的,如第十九圖所示。在這「梯形分佈」假設之下,我們可以假定 γ 等於土與牆的磨阻角,爲已知數。那麼題內祇餘 E 的數量和 E 的用力點兩個未知數。準此進行,結果和原文所得者大不相同。

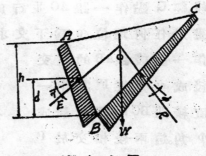

第十九圖

第一步求 E 的數量。用(20)式求 $\frac{dE}{dx}$,使它等於零,即以所得 X 的值代入本式。這步求微分的手續也是很繁複的。幸而前人已經做出,今把貝克書中所載美列門的最大壓力公式抄錄於下。

$$E = \frac{wh^2}{2} \cdot \frac{\sin^2(\theta - \Phi)}{\sin^2\theta \sin(\theta + \gamma)\left[1 + \sqrt{\dfrac{\sin(\Phi - \delta)\sin(\Phi + \gamma)}{\sin(\theta - \delta)\sin(\theta + \gamma)}}\right]^2} \qquad (23)$$

記住在「三角形分佈」假設之下, $\gamma = f(x)$,是個變數,但在「梯形分佈」假

設之下，γ 是個已知的常數。

　　第二步求 E 的用力點。這兒有樁疑難之點，就是 R 的用力點應在何處？它當然不能仍在底高三分之一處，但又不能當它是個未知數，因 $\Sigma M = 0$ 一個公式只能解決 E 的用力點一個未知數。

　　要解除這層困難，著者提議採取這樣一個假設。我們假定通過 E 和 R 的用力點的直線和土的坡面並行。這等於假定這兩個用力點把牆背和崩裂平面截成等比例的兩段。更明白的說，E 的用力點如在底高三分之一處，R 的用力點也在底高三分之一處；E 如在底高二分之一處，R 也在二分之一處。

　　$\Sigma M = 0$ 這公式要求 E，R，W 三力必須相交於一點。採取上述假設，我們可以用下面一個幾何方法去求 E 的用力點。

　　在第二十圖內，AC 是土的坡面，AB 是牆背，BC 是已知的崩裂平面。經過 ABC 三角形的重心 G 點作一垂直綫，這是 W 的用力綫。經 G 點作一跟 AC 並行的直綫，割 AB 於 D'，割 BC 於 F'（這綫不妨畫於任何地位。但為下文求 V 地步，以經過 G 點為方便。）從 D' 點作一直綫跟 AB 的正交綫成 γ 角，從 F' 點作一直綫跟 BC 的正交綫成 Φ 角。這兩綫相交於 I' 點。連接 I' 點和 B 點作一綫，交 W 的用力綫於 I 點。從 I 點作 ID 綫並行於 I'D'，再作 IF 綫並行於 I'F'。作 DF 綫。這綫可以證明是和 AC 並行的。故 ID 是 E 的用力綫，而 D 點就是 E 的用力點。證法如下。

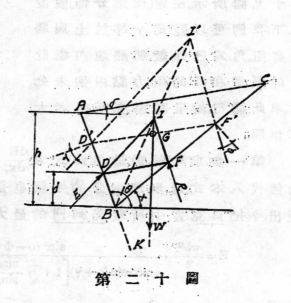

第 二 十 圖

因 DI 跟 D'I' 並行，FI 跟 F'I' 並行，故

$$ID : I'D' :: IB : I'B :: IF : I'F'$$

且　　　　　$\angle DIF = \angle D'I'F'$

故　　　　　$\triangle DIF$ 和 $\triangle D'I'F'$ 相似。

故 DF 跟 D'F' 並行，卽跟 AC 並行。　　　　　（證完）

如欲求自 B 點至 E 的用力點 D 的垂直高度 d，令

$$d = \frac{Vh}{3} \tag{24}$$

則 $DB = \dfrac{V}{3}AB$。知 $D'B = \dfrac{2}{3}AB$。從 $DK = DB + D'K - D'B$ 和 $\dfrac{DI}{D'I'} = \dfrac{DK}{D'K} = \dfrac{V}{2}$ 的關係，可得

$$V = \frac{\sin(\theta - x + \Phi + \gamma)[\cos\delta\sin(\theta - x) + \cos\theta\sin(x - \delta)]}{\sin(\theta - x)\sin(\theta + \gamma)\cos(x - \delta - \Phi) + \sin(\theta - x + \Phi + \gamma)\cos\theta\sin(x - \delta)} \tag{25}$$

其中 X 應該用使 E 最大的 X 的值。

如土堆的頂面是水平的，牆背是垂直的，卽 $\delta = o$ 和 $\theta = \dfrac{x}{2}$，則(25)式化爲

$$v' = [1 + \tan(x - \Phi)\tan\gamma]$$

故

$$d' = \frac{h}{3}[1 + \tan(x - \Phi)\tan\gamma] \tag{26}$$

可見在「梯形分佈」假設之下，上舉特例內 E 的用力點在底高三分之一之上。

現在且回頭一究 E 和 R 的分佈狀態究竟是怎樣的。第十九圖內 E 和 R 的應力梯形均可移畫於 AB 的垂直深度之上，如第二十一圖所示。

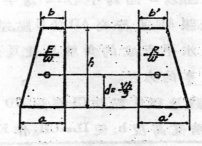

第二十一圖

由(21)式得 $\dfrac{E}{W}=\dfrac{(a+b)h}{2}=\dfrac{uh^2}{2}$，即 $a+b=uh$

由(24)式得 $d=\dfrac{(a+2b)h}{3(a+b)}=\dfrac{vh}{3}$，即 $\dfrac{a+2b}{a+b}=v$

故
$$\left.\begin{array}{l} a = (v - 1) uh \\ b = (2 - v) uh \end{array}\right\} \tag{27}$$

用同樣方法得 R 的梯形的頂長和底長如下。

$$\left.\begin{array}{l} a' = \dfrac{\sin(\theta+\gamma)}{\sin(x-\Phi)}(v-1)uh \\ b' = \dfrac{\sin(\theta+\gamma)}{\sin(x-\Phi)}(2-v)uh \end{array}\right\} \tag{28}$$

在上列兩式內可見 E 和 R 應力梯形的頂長和底長各和土的深度成正比例。如 h 等於零則 a, b, a', b' 都等於零。

(23)式太繁複了，而用(25)式時又須先求使 E 成最大的 X 的值。故用代數方法算求 E 的數量和用力點，手續煩難，不適實用。

古洛派理論裏原有里白亨的幾何解法，* 可以用它求出 E 的數量，較用(23)式爲簡便。著者今採用該法，稍加補充，即可同時求出 E 的用力點。

在第二十二圖內 AB 是擋土牆的背面，跟水平作 θ 角。AD 是土的坡面，跟水平作 δ 角。BD 是土的安眠平面，跟水平作 Φ 角。

第一步求崩裂平面。以 BD 爲直徑作一半圓形 BFD。從 A 點作一直線跟 AB 作 (Φ+γ) 角，與 BD 相交於 E 點，經 E 點作一線跟 BD 成直角，與圓弧交於 F 點。以 B 點爲中心，BF 爲半徑，作一弧線，交 BD 於 H 點。經 H 點作一線，跟 AE 並行，交 AD 於 C 點。連 C 和 B 作一直線。CB 就是崩裂平面，它跟水平所成的角就是使 E 爲最大的 X 的值。這第一步完全是里白亨的方法。

第二步求 E 的數量。經 C 點作 CI 線，跟 BD 成直角。幷延長到 K 點，使 KI 等於 AB 的垂直高度 h。使 IL=CH。作 KL 線。繼作 CM 線，跟 KL

* Rebhann's graphical solution. 原文所舉史溫及逭吉姆兩書中都有證明。

並行。E的數量即等於KIM三角形的面積乘土的單重W.爲醒目及便利起見,本圖內將KIM三角形移畫於AB的左旁,即K′I′M′。在「梯形分佈」假設之下這三角形是不能視爲表示E的分佈狀態的。這第二步是把里白亭的原法稍加改良而得的。

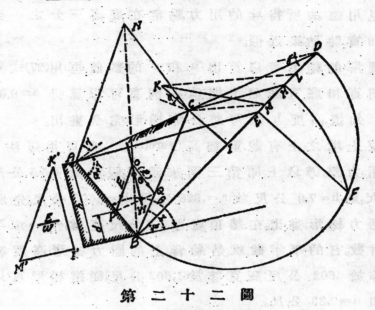

第 二 十 二 圖

　　第三步求E的用力點。經斜楔 ABC 的重心點G作一垂直綫GW。自 A 點作一綫,跟 AB 的正交綫成 γ 角。又自 C 點作一綫,跟 BC 的正交綫成 Φ 角,這兩綫相交於N點連 N 和 B 作一直綫,交 GW 於 O 點。經 O 點作OP並行於AN,再作OQ並行於NC。OP 就是E的用力綫。P 就是E的用力點這第三步完全是著者補充的,證法已見上文。

　　上擧代數及幾何解法所得E的數量完全和傳統的古洛派理論相同。所補充的,就是依據「經過E和R用力點的直綫必須並行於土的坡面」的假設,去求出E的用力點這方法著者擬名之曰「合理化的古洛派理論」。

　　著者用上述幾何解法求得幾個特例裏E的數量和用力點如下。假定 Φ = γ = 33°·42′。

$$\delta=0 \qquad \theta=90° \qquad E=0.129\,wh^2 \qquad d=0.42h$$

$$\delta=5° \qquad \theta=105° \qquad E=0.221\,wh^2 \qquad d=0.36h$$

$$\delta=5° \qquad \theta=90° \qquad E=0.137\,wh^2 \qquad d=0.40h$$

$$\delta=5° \qquad \theta=75° \qquad E=0.084\,wh^2 \qquad d=0.45h$$

可見用這法所得 E 的用力點常在底高三分之一至二分之一之間,和實驗結果近似。

從圖解的結果可以算出 u 和 v 的數值,再用(27)式算出分佈梯形的頂寬和底寬。例如上開第三例裏可以算得 $a=0.047h$。和 $b=0.229h$。知道高度 h 即可將分佈梯形完全畫出。

倘使土堆之上有載重加高 (Surcharge),也可用這法求出 E 的數量和用力點。仍以上開第三例來說明。假如牆高5.5公尺,載重加高1.5公尺,則 $h=7.0$ 公尺。故 $a=.328$ 公尺,$b=1.603$ 公尺。先將這7.0公尺高的應力梯形畫出。在牆頂處,即5.5公尺高處,作一水平綫,將梯形分為兩截。它的下半截就是牆背上的應力梯形高度等於5.5公尺,頂寬等於 .602 公尺,底寬等於1.603公尺。從這梯形可以算出 $E=6.06W$ 和 $d=2.33$ 公尺。

結論　應用最大壓力斜楔法去求擋土牆上的土壓力,有下列三種不同的辦法。

(一)假定 E 的斜度 γ 等於土與牆的磨阻角而得公式 (23)。它只給我們 E 的數量。於 E 的用力點毫無規定。使應用它的人昧然假定它常在底高三分之一處。結果是三道同平面的平衡勢力不交於一點,違背了力學的原則。這是傳統的 <u>古洛派</u> 理論。

(二)假定土壓力的分佈是三角形的,即 E 的用力點常在底高三分之一處,則應得原文的 (7)、(8) 兩公式和 <u>來金氏</u> 理論完全一致。這是原文的主旨。這辦法在學理上是無懈可擊的。但它的結果,有些顯然違背了常識和實驗。例如在俯伏式的牆背上和在土坡從牆頭向下傾斜時,用 <u>來金氏</u> 理論求出的土壓力往往有向上的分力。

（三）一面假定 E 的斜度 γ 等於土與牆的磨阻角而得 E 的數量，與第一辦法相同。一面假定土壓力的分佈是梯形的，并且假定「連接 E 和 R 兩用力點的直綫和土的坡面並行」而得 E 的用力點。這就是本篇提出的「合理化的古洛派理論」。這辦法理論的圓滿旣不弱於來金氏理論，而與實驗結果的近似且較優於傳統的古洛派理論。著者認為這是應用最大壓力斜楔法所能得到的最合理而切於實用的結果。

按土堆的成分，土粒的形狀，大小，黏性，壓縮性，變形性，磨阻係數，純雜，稀密，和土內所含水分的多少都可以影響土壓力的數量，方向和用力點。忽視了這些要素而單用力學的原則去求一個眞確的土壓力理論，當然是不可能的。歷來試驗的成績和事實的紀載證明舊理論的不可靠，乃是意中事。所以本篇提出的「合理化的古洛派理論」雖然把土木工程師通用的一種工具稍加改善，但決不能視為土壓力理論最後的解決。

著者所見關於土壓力實驗的論文，以德柴基博士在美國工程週報發表的土壓力舊理論與新實驗* 最為新穎而多貢獻這位德柴基博士更從土壓力的實驗進一步去研究土壤載重的原理，經多年的努力開創出一門新的科學，名曰土壤力學** 。我們希望這門新科學將來發達成熟後，能為我們創立一個更切合實際的土壓力新理論，去代替那不愜意，不完備的舊理論。

原文裏的代數公式都經楊瑜君校核無訛。本篇求 E 的用力點的圖解法，它的幾何部份是郭富春君想出的。楊，郭兩君是交大唐院畢業生，部派膠濟鐵路工務處實習。書此誌謝。

---

* Charles Terzaghi: Old Earth Pressure Theories and New Test Results, in Eng. News-Rec'd, Sept. 30, 1920.

**Principles of soil Mechanics, in Eng. News-Rec'd, Nov. 5 to Dec. 31, 1925. 關於土壤力學的論文和書籍甚多，著者所見者僅此。

實用各種工程單位換算表

製表者：張家祉　陳中熙　韋松年

第 一 表　長 度

下列單位數	由下列數乘之	即得下列單位數	下列單位數	由下列數乘之	即得下列單位數
公厘	0.10	公分	尺(營班)(灘尺)	0.3400	公尺
公分	10	公厘		1.020	市尺
	0.01	公尺		1.063	尺(營)
	393.7	米耳		13.39	英寸
	0.3937	英寸		1.116	英尺
公尺	100	公分	里(營)	576.0	公尺
	0.001	公里		1728	市尺
	3	市尺		1800	尺(營)
	3.125	尺(營)		1890	英尺
	39.37	英寸		0.3579	英里
	3.281	英尺	英寸	25.40	公厘
	1.094	碼		2.540	公分
公里	1000	公尺		.07937	尺(營)
	2	市里		1000	米耳
	1.736	里(營)	英尺	30.48	公分
	0.6214	英里		0.3048	公尺
市尺	100/3	公分		0.914	市尺
	1/3	公尺		0.9525	尺(營)
	1.042	尺(營)		12	英寸
	13.12	英寸		1/3	碼
	1.094	英尺	英里	1.609×10^{3}	公尺
市里	500	公尺		1.609	公里
	0.5	公里		3.218	市里
	1500	市尺		5029.1	尺(營)
	1562.5	尺(營)		2.794	里(營)
	0.8681	里(營)		5280	英尺
	1640	英尺		1.760	碼
	0.3107	英里		0.869	海里航里
尺(營)	0.3200	公尺	英海里.地理里	1.1507	英里
	0.9600	市尺	美海里.航里.地理里.	1.1516	英里
	12.60	英寸			
	1.050	英尺			

第 二 表　面 積

下列單位數	由下列數乘之	即得下列單位數
方公厘	0.01	方公分
	9	方市厘
	$1.973×10^8$	圓米耳
方公分	10^{-4}	方公尺
	0.1550	方英寸
	$1.973×10^5$	圓米耳
方公尺	10^4	方公分
	0.01	公畝
	10^{-6}	方公里
	9	方市尺
	9.766	方尺(營)
	0.001628	畝(營)
	$3×10^{-6}$	方里(營)
	10.76	方英尺
	1.196	方碼
方公里	10^6	方公尺
	$9×10^6$	方市尺
	1500	市畝
	4	方市里
	1627.6	畝(營)
	3.0141	方里(營)
	$10.76×10^6$	方英尺
	$1.193×10^6$	方碼
	0.3861	方英里
方市尺	1/9	方公尺
	1.085	方尺(營)
	172.1	方英寸
	1.196	方英尺
市畝	663.7	方公尺
	$6.637×10^{-4}$	方公里
	6.637=20/3	公畝
	6000	方市尺
	0.02667	方市里
	6510	方尺(營)
	1.085	畝(營)
	0.002	方里(營)
	7.176	方英尺
	$2.507×10^{-4}$	方英里
	0.1644	英畝
方市里	$25×10^4$	方公尺
	0.25	方公里
	$225×10^4$	方市尺
	375	市畝
	$2441×10^3$	方尺(營)
	406.9	畝(營)
	$2.69×10^6$	方英尺
	0.09652	方英里
方尺(營)	0.1024	方公尺
	0.9216	方市尺
	1.102	方英尺

下列單位數	由下列數乘之	即得下列單位數
畝(營)	614.4	方公尺
	6.144	公畝
	$6.144×10^{-4}$	方公里
	5530	方市尺
	0.9216	市畝
	6000	方尺(營)
	60	方(營)
	6612	方英尺
	$23.72×10^{-5}$	方英里
	0.1513	英畝
英畝	40.47	公畝
	6.063	市畝
	6.587	畝(營)
	43.560	方英尺
	1/640	方英里
方里(營)	33.18	方公尺
	0.3318	方公里
	298.62	方市尺
	1.527	方市里
	$3240×10^3$	方尺(營)
	540	畝(營)
	$3570×10^3$	方英尺
	0.1281	方英里
方米耳	1.273	圓米耳
	$6.452×10^{-6}$	方公分
	10^{-6}	方英寸
圓米耳	0.7854	方米耳
	$5.067×10^{-6}$	方公分
	$7.854×10^{-7}$	方英寸
方英寸	6.452	方公分
	0.5806	方市尺
	0.6300	方寸(營)
	10^6	方米耳
	$1.273×10^6$	圓米耳
	$6.944×10^{-3}$	方英尺
方英尺	929.0	方公分
	$9.29×10^{-2}$	方公尺
	0.8361	方市尺
	0.9072	方尺(營)
	144	方英寸
	1/9	方碼
	$3.587×10^{-8}$	方英里
方英里	2.590	方公里
	10.36	方市里
	7.806	方里(營)
	$27.83×10^6$	方英尺
	$3.098×10^6$	方碼
	640	英畝

第三表　容積

下列單位數	由下列數乘之	即得下列單位數
立方公厘	0.001	立方公分
立方公分	10^{-6} 10^{-3} 27×10^{-6} 9.66×10^{-4} 6.102×10^{-2} 3.531×10^{-5} 2.642×10^{-4}	立方公尺 公升市升(Liter) 立方市尺 升(營) 立方英寸 立方英尺 加侖(美)
立方公尺	10^{8} 27 30.52 61.023 35.31 1.308 264.2	公升 立方市尺 立方尺(營) 立方英寸 立方英尺 立方碼 加侖(美)
公升,市升	1 1000 0.9657 0.2642	Liter 立方公分 升(營) 加侖(美)
立方市尺	0.0370 37.04 35.77 2260 1.308 9.784	立方公尺 公升 升(營) 立方英寸 立方英尺 加侖(美)
立方寸(營)	3.277×10 0.8847×10^{-3} 1.999 0.007212	立方公分 立方市尺 立方英寸 加侖(英)
立方尺(營)	0.03277 0.8847 1.157	立方公尺 立方市尺 立方英尺
方(營)	100方尺×1尺 4.286	立方尺(營) 方碼
升(營)	1.0355 31.6 63.1 0.02278	公升 立方寸(營) 立方英寸 加侖(英)

下列單位數	由下列數乘之	即得下列單位數
立方英寸	16.39 1.639×10^{-5} 1.639×10^{-2} 4.425×10^{-4} 0.5 5.787×10^{-4} 2.143×10^{-5} 4.329×10^{-3}	立方公分 立方公尺 公升市升 立方市尺 立方寸(營) 立方英尺 立方碼 加侖(美)
立方英尺	2.832×10^{4} 0.02832 28.32 0.7646 0.8641 1728 0.03704 7.481	立方公分 立方公尺 公升市升 立方市尺 立方尺(營) 立方英寸 立方碼 加侖(美)
板尺	144方英寸×1英寸	立方英寸
加侖(英)	4.543 138.6 4.389 277 1.201	公升,市升 立方寸(營) 升(營) 立方英寸 加侖(美)
加侖(美)	3.785 115.4 3.656 231 0.8333	公升,市升 立方寸(營) 升(營) 立方英寸 加侖(英)
英品,Pint(流質)	0.5682	公升,市升
美品,Pint(流質)	0.4732 28.89	公升 立方英寸
英夸,Quart(流質)	1.136	公升,市升
美夸,Quart(流質)	0.9463 57.75	公升,市升 立方英寸
英桶,Bushel	36.37	公升,市升
美桶,Bushel	35.24 2.150 1.244	公升 立方英寸 立方英尺

第四表　重量

下列單位數	由下列數乘之	即得下列單位數
公斤	1000	公分
	0.001	公噸
	32	市兩
	2	市斤
	26.81	兩(庫)
	1.675	斤(庫)
	2.205	磅
	1.102×10^{-3}	美噸
市斤	0.5	公斤
	0.5×10^{-3}	公噸
	1.102	磅
	13.4	兩(庫)
	0.8378	斤(庫)
斤(庫)	0.5968	公斤
	1.194	市斤
	1.316	磅
兩(庫)	0.0373	公斤
	0.0746	市斤
	1.316	盎司(常衡)
	1.199	盎司(金衡)
兩(庫)	0.0822	磅
擔(庫)	59.68	公斤
	0.05968	公噸
	119.4	市斤
	100	斤(庫)
	131.6	磅
	1.174	英擔(cwt)
盎司	28.35×10^{-3}	公斤
	0.05671	市斤
	0.76	兩(庫)
	0.0625	磅
磅	0.4536	公斤
	0.9072	市斤
	12.16	兩(庫)
	0.76	斤(庫)
	16	盎司

下列單位數	由下列數乘之	即得下列單位數
英擔(cwt)	50.80	公斤
	101.6	市斤
	85.12	斤(庫)
	112	磅
公噸 (Metric Ton)	1.000	公斤
	2,000	市斤
	1.675	斤(庫)
	2.205	磅
	0.9843	英噸
	1.12	美噸
英噸 (Long-Ton)	1.016	公斤
	2.032	市斤
	1.702	斤(庫)
	2240	磅
	1.016	公噸
	11.2	美噸
美噸 (Short-Ton)	907.2	公斤
	1.814	市斤
	1.520	斤(庫)
	2.000	磅
	0.9072	公噸
	0.8927	英噸
格林(Grain) Troy Weight	1/24	辨士重量(金衡)
	1/480	盎司 (金衡)
格林(金衡)	1/5760	磅 (金衡)
辨士重量(金衡) (Penny Weight)	24	格林 (金衡)
	1/20	盎司 (金衡)
	1/240	磅 (金衡)
盎司(金衡) (Ounce)	0.8333	兩 (庫)
	480	格林 (金衡)
	20	辨士重量(金衡)
	1/12	磅 (金衡)
	0.09143	磅 (常衡)
鎊 (金衡) (Pound.)	5760	格林 (金衡)
	240	辨士重量(金衡)
	12	盎司 (金衡)
	10.01	兩(庫)

第五表　力度　　　　第六表　能力

下列單位數	由下列數乘之	即得下列單位數
公斤每公尺 (Kg./m)	0.672	磅每英尺 (lb./ft.)
公斤每方公尺 (Kg/m²)	9.678×10^{-5}	大氣壓 (Atmosphere)
	3.281×10^{-3}	英尺水高 (Ft. of water)
	2.893×10^{-3}	英寸水銀高 (Inches of Mercury)
	0.2048	磅每方英尺
	1.422×10^{-3}	磅每方英寸
公斤每立方公尺 (Kg/m³)	10^{-3}	公分每立方公分 (g/cm³)
	0.06243	磅立方英尺 (lb./ft.³)
	3.613×10^{-5}	磅每立方英寸
	3.405×10^{-10}	磅每圓米耳英尺
磅每英尺 (lb./ft.)	1.483	公斤每公尺
磅每方英尺 (lb./ft.²)	0.01602	英尺水高
	4.832	公斤每方公尺
	6.944×10^{-3}	磅每方英寸
磅每立方英尺 (lb./ft.³)	0.01602	公分每立方公分 (g/cm³)
	16.02	公斤每立方公尺
	5.787×10^{-4}	磅每立方英寸
	5.456×10^{-9}	鎊每圓米耳英尺 (lbs./mil ft.)
磅每英寸 (lb./in.)	0.1785	公斤每公分 (Kg/cm)
磅每方英寸	0.06804	大氣壓
	2.307	英尺水高
	2.036	英寸水銀高
	144	磅每方英尺
	703.1	公斤每方公尺
	0.07031	公斤每方公分
磅每立方英寸	27.68	公分每立方公分
	2.768×10^{4}	公斤每立方公尺
	9.425×10^{-6}	磅每圓米耳英尺
	17.8	磅每立方英尺

下列單位數	由下列數乘之	即得下列單位數
馬力 H.P.	745.7	瓦 (Watt)
馬力	4564	公斤公尺每分鐘 (Kg.m/min.)
	76.06	公斤公尺每秒鐘 (Kg.m/sec)
	10.70	公熱單位每分鐘 (Kg.cal./min.)
	550	英尺磅每秒鐘
	33,000	英尺磅每分鐘
	42.44	英熱單位每分鐘
瓩,啓羅瓦特	14.34	公熱單位每分鐘
	56.92	英熱單位每分鐘
	10^{3}	瓦
	737.6	英尺磅每秒鐘
	4.425×10^{4}	英尺磅每分鐘
	1.341	馬力
鍋爐馬力	8.447	公熱單位每小時
	33,520	英熱單位每小時
	9,804	瓦
英熱單位每分鐘	12.96	英尺磅每秒鐘
	0.02356	馬力
	0.01757	瓩
英熱單位每小時	0.2928	瓦
英尺磅每分鐘	3.241×10^{-4}	公熱單位每分鐘
	1.283×10^{-3}	英熱單位每分鐘
	0.01667	英尺磅每秒鐘
	2.26×10^{-5}	瓩
	3.03×10^{-5}	馬力
英尺磅每秒鐘	1.945×10^{-2}	公熱單位每分鐘
	7.717×10^{-2}	英熱單位每分鐘
	1.356×10^{-3}	瓩
	1.818×10^{-3}	馬力

第 七 表　壓 力　　　第 八 表　力與熱（熱度附）

下列單位數	由下列數乘之	即得下列單位數
英寸水高 (Inches of water)	0.002458	大氣壓
	25.40	公斤每方公尺
	0.07355	英寸水銀高
	0.03613	磅每方英寸
英尺水高	0.02950	大氣壓
	304.8	公斤每方公尺
	0.8823	英寸水銀高
	0.4335	磅每方英寸
	62.43	磅每方英尺
英寸水銀高	0.03342	大氣壓
	345.3	公斤每方公尺
	1.133	英尺水高
	0.4912	磅每方英寸
大氣壓 (Atmos.)	76	公分水銀高 (Cms. of Mercury)
	10.333	公斤每方公尺
	29.92	英寸水銀高
	33.90	英尺水高
	14.7	磅每英寸

下列單位數	由下列數乘之	即得下列單位數
英尺磅 (Ft.lbs.)	0.1383	公斤公尺(Kg.m)
	1.285×10^{-3}	英熱單位(B.T.U.)
	3.766×10^{-7}	瓦時(Kw-hrs)
英熱單位每磅 (B.T.U./lb.)	0.556	公熱單位每公斤 (Kg cal./Kg.)
公斤公尺	7.233	英尺磅
瓦時度	3415	公熱單位
		英熱單位
	2.655×10^6	英尺磅
公熱單位	426.6	公斤公尺
	1.162×10^{-3}	瓦時，度
	3.968	英熱單位
	3086	英尺磅
英熱單位 (B.T.U.)	107.5	公斤公尺
	777.5	英尺磅
	2.928×10^4	瓦時
華氏每度,1°F	5/9	攝氏每度1°C
華氏X度,x°F	5/9(x-32)	攝氏度數 °C
攝氏每度,1°C	9/5	華氏每度1°F
攝氏X度,x°C	9/5x+32	華氏度數°F

雜 俎

利用人目不能見之光線作警鈴

本年四月上海交通大學工藝展覽會，西門子洋行陳列室中，設有無形無色阻人跨越之警鈴。當時參觀者，無不詫以爲奇。近見西門子月報第一四二期（Siemens Mitteilungen No. 142）內有關於此項設備之原理，應用，及佈置之說明，特簡譯如左：

日光經過玻璃稜柱體時，日光中各種波長不同之光線，卽行分開，成爲紅黃藍紫等各色光線。內中紫紅兩種光線，穿過稜柱體在其背後之兩面射出後，爲人目所不能見。然若一經考驗，立卽發現種種之現象，足以證明此項光線之存在。例如此種紅色光線，可以變更一種特製微弱電源之電流；利用此種作用，可以開閉「繼電器」。

根據上述物理作用，西門子廠造

珠寶商店中所設之不顯明光線警鈴，左角上方之鏡，係鼠人耳目用。

成一種極合實用，阻人跨越一定界限之警鈴，由此可以完全防止重要場所被人侵入，或貴重物品之被人摸取。

　光線之來源由一電燈。燈光射出處，設有「光濾」，將所有人目所能見之光線，完全遮隔。結果光濾中射出者，僅屬不顯明之光線，此即所謂「發光器」是也。由「發光器」射出之不顯明光線可以直接射至「接受器」，亦可先射至反光鏡，再反射入接受器。「接受器」中，裝有與發光器同樣之「光濾」，此項不顯明之光線射到後，即經光濾而過其他外來之光線完全爲「光濾」所隔絕，不能入「接受器」。西門子廠製造此器，不用「穩定光」，而用「閃動光」。其法在「發光燈」之旁，加一閃光遮片，使其繞燈而轉。其轉數之多寡，恰使光線之透射數，與前述微弱電源交流電之週波數相同。此項閃動光線，經「接受器」而射入前述之微弱電源，此電源之交流電流，因之加强。加强之交流電流，復用「整流器」改爲直流電，而使放入「繼電器」。此器之作用，在不顯明之光線不停斷時，緊吸警鈴之開關，不令關閉。倘光線被遮斷，或設備發生故障，警鈴之開關立即關閉，而警鈴之聲大作。倘若不用閃動光線，則他人可用同樣之光濾，製成手提之「發光器」，以代原有之「發光器」，使警鈴失效，此即用閃動光線巧妙之處也。此外不顯明光線之反折，與普通光線同，故往往用反光鏡數面，使其光線由「發射器」往返數次，再反射入「接受器」。爲迷惑他人耳目計，倘可將反光鏡時時移裝，或多裝無用之反光鏡。此項設備所用之電，可取自供給電燈之電源。

　此種警鈴，因其裝置簡單，晝夜不間，用途極廣。且可與他種安全設

備，合併裝澄，例如保險庫門前，若裝設不顯明光線警鈴，則安全之程度更可增加。除警鈴之外，用此項不顯明之光線，并可製成開閉門戶開閉電燈之機關，故其爲用至廣。(平伯譯)

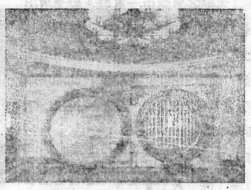

侍者經過不顯明之光線門卽自開　　　　保險庫前所設之不顯明光線警鈴設有人經過此鈴鈴聲卽大作

道 路 試 驗 機

　　道路建築，動輒需費鉅萬。故凡未經試用之材料，及建築方法，均須預作試驗，然後採用。現各處作此試驗者已多，其收效最巨者，首推德國卡爾士露 (Karlsruhe) 工業大學之道路試驗機。

　　該機設於露天場所，因須考察道路所受氣候之影響也。試驗場中，築一寬 2 公尺之圓形試驗道。其築法須與將來修築正式道路時完全相同。圓之直徑，爲20公尺。其中心之中央機關，爲行車之樞紐。由中央伸出鐵架

四支，成十字形。鐵架長九公尺，其尖端裝試驗車一部，有跑輪及原動輪各一，其裝澄一如普通車輛，有彈簧及輪胎。跑輪在原動輪外40公分，中央機關，可繞立軸旋轉。當試驗車旋轉 33.09 次之後，中央機關連鐵架之處，因離心力而外傾，繞固定之軸，作80公分直徑之圓。試驗車輪，因扁心之轉動，離軸較前推出40公分，而作三個相距40公分之圓，轉跑於試驗道之上。卽原動輪作內圓，原動輪及跑輪作中圓，跑輪作外圓也。三圓合

道　路　試　驗　機

佔路面 1.20公尺。道路所受車輪三種不同之影響，由三圖可分別認識。中央機關，亦可使其固定不偏，則原動輪及跑輪，各循其轍以行，而不相混。

試驗機之效率極大，四座馬達，可任意支配速率自每小時 7 公里至42公里不等。試驗車之載重亦可任意增減。假定每小時速率爲27公里，跑輪載重1.5 噸，原動輪載重 3 噸，則路面每小時載活重 8,100 噸。十六小時後，即達 130,000 噸。故僅需極少之試驗時間，即可視察行經數年之道路

情形，功效誠極偉也。

現經此項機器試驗者，已有各種不同之公路建築法。例如石屑路面，石屑柏油路面，及石子路基等等。其結果，可定材料之取捨，及方法之改良。其有裨於道路工程，自無待言。此機除試驗道路外，並可利用試驗各種輪胎，彈簧等之強弱與耐久。所費無多而功用甚大，吾工程界盍注意及之。（清之譯自 Zentralblatt der Bauverwaltung第53卷第11期）

工磚筋鐵
手脚用不橋造

圖中所示之拱橋，孔寬42尺，純用磚頭砌成，中放鐵筋，計算方法，仿鐵筋三和土，惟壓力較低。

此橋最特殊之點，爲建造時，不用木架脚手。兩岸礅子，先造完成。然後逐漸砌向河心工作時，僅用短段

之底板，以托新砌之磚，如圖。

全橋完工後，試載 4,000 磅之拖車兩部，運貨車兩部，客車一部於橋上，而毫無不勝任之像。

我國內地，木材鋼桁，均不易得。磚則隨處都有，如研究而善用之，亦一經濟的建築材料也。

（見 Engineering News-Record，黃炎）

美國舊金山啞克侖海灣大橋工程

有吊橋，懸臂橋，架橋及山洞全部長 7¼ 哩

大橋建築工程，將近開始。各商所投之標，已都開出。全部築建費，不下 $75,000,000 美金，需時三載又半。

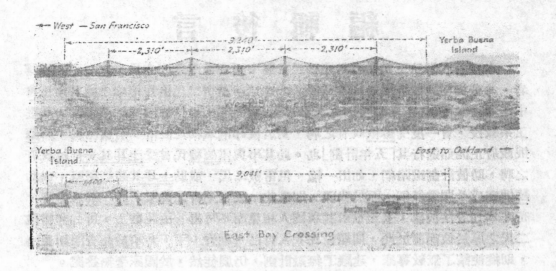

此橋為橫絕舊金山(San Francisco Bay)海灣而設，連絡舊金山及灣東岸之數市區。由州政府出資興造，將來徵收造橋費，以償本息。

海灣中有島名 Yerba Buena，分水為東西兩港跨越西港者，有 2,310 尺孔寬之雙連吊橋 Suspention bridge 兩孔，各有旁孔，寬1160尺。港中心有巨大的錨墩，為兩橋所公用。全部長9,240尺。

島上有山，穿以隧道，長約 500 尺。接以棧橋，連東港上 1,400 尺之懸臂Cantilever 大孔，繼以509尺寬之架橋五孔，又繼以 291 尺之架十四孔，而抵啞克蘭 Oakland 岸。

附刊銅版，係建築師作畫之縮影（見 Engineering News-Record, 黃炎）

編 輯 後 言

　　本刊第八卷第三號載有雷德穩氏發展中國交通事業之意見一文。今所披露者，爲戴梯瑪教授發展中國電氣事業之意見。戴雷二氏俱爲德國全國實業協會中國考察團團員。雷氏略歷已見八卷三號。戴梯瑪氏現任德國漢諾佛工業大學電工系教授，曾一度受蘇俄政府之聘，對於彼邦電氣網之設計，有所協助，時蘇俄政府正開始進行其「五年計劃」也。此其事與雷德穩氏曾受土耳其安哥拉政府之聘，助彼計劃鐵路網，如出一轍。但雷戴二氏，或助土耳其建築鐵路，或助蘇俄完成全國電氣網，而於我國，則僅此一紙意見書之貢獻，此一紙意見書，苟非本刊設法披露，甚至欲求其與國人相見而不可得。由此觀之，可知非雷戴二氏之厚於彼而薄於此，問題還在我人自己。朝野上下，若不於此有深切覺悟，則縱使請了無數專家，建議了無數計劃，仍屬徒然，於國家毫無益處。

　　德國全國實業協會中國考察團之意見書，曾由該團自行倩人譯成中文，但與原文細加對照，錯誤及漏譯之處頗多。本刊爲忠實介紹計，特請鄭葆成先生根據原文重加訂正，附誌於此，並謝鄭君。

　　　　*　　　　*　　　　*　　　　*　　　　*

　　本刊第八卷第二號曾載德國恩格司教授導黃試驗報告一文。今本號所載之黃河試驗報告，則爲方修斯教授所作。方氏爲恩格司教授之弟子，現任德國漢諾佛工業大學水功學教授，曾於民國十八年受導淮委員會之聘，來華研究治理淮河問題。恩氏所作之導黃試驗，係受冀魯豫三省之政府之委託，我國并派有工程師李賦都君參加，詳見本刊七卷三號。至方氏所作之黃河試驗，純爲其個人自動對於治黃學術上之研究，惟由我國水利機關供給必要之試驗材料耳。

　　日來水災之聲又洋溢耳鼓，國難未巳，災祲疊至，人民受創之深，殆非言語所可形容。夫欲防止水災。端在平時之與修水利，庶於無形之中，化險爲夷。若必待災象巳呈，始奔走呼號，從事防救，則爲時巳晚。二十年揚子江流域大水之後，沿江隄防雖大半巳修繕完固，但其工作大率均着重於「防水」方面，對於真正「治水」工作，尚未有何種顯著之進行。宜乎一交春夏，水勢暴漲，隨時仍可成災。試以最淺近而爲人人所熟知者言之，如洞庭鄱陽諸湖，必須恢復其固有之蓄水功能，此必要之治水工作也！試問二年以來，已實行否乎？

　　抑更有言者，揚子江之水患固可慮，但有一更可慮之水患在，即黃河是。揚子江之爲患也以漸，黃河則不然。黃河不爲患則巳，若爲患，則其勢至驟，直令人措手不及。故目前對於揚子江固應積極治理，對於黃河亦殊不可忽視，亦所謂防患未然之意也。

工 程

中國工程師學會會刊

第八卷第五號　廿二年十月一日

發展中國機器
工業之意見

德國實業考察團報告書
之第三篇內容平淡切實
鉅細無遺凡從事實
業者尤宜詳讀

❖　❖　❖

❖

中華郵政局特准掛號認爲新聞紙類

內政部登記證警字第七八八號

湘鄂鐵路第五號橋
被水冲毀旋卽修復

決口後之第三日

修復後試車情形

工程

中國工程師學會會刊

編輯：
黃　炎　　（土木）
童大酉　　（建築）
胡樹楫　　（市政）
鄭葆經　　（水利）
許應期　　（電氣）
徐宗涑　　（化工）

總編輯：沈　怡

編輯：
蔣易均　　（機械）
朱其清　　（無線電）
錢昌祚　　（飛機）
李　儻　　（礦冶）
黃炳奎　　（紡織）
宋學勤　　（校對）

第八卷第五號目錄

中國工程師學會發行

分售處

上海望平街漢文正楷印書館　上海徐家滙蘇新書社　　上海四馬路現代書局
上海民智書局　　　　　　　上海四門東新書局　　　上海福州路作者書社
上海福熙路中國科學公司　　上海生活書店　　　　　南京太平路鐘山書局
南京正中書局　　　　　　　福州市南大街萬有圖書公司　濟南美容街教育圖書社
重慶天主堂街重慶書店　　　漢口金城圖書公司　　　漢口交通路新時代書店

工程八卷四號正誤聲明

該號係二十二年八月一日出版，其中「土壓力兩種理論的一致之討論」係由筆者一手編輯。印出後發見錯誤十餘處，筆者應負百分之八十的責任。茲特聲明更正如下：

350 版第十圖(b)的W線應垂直。

350 版圖下第七行「W和R的交點」應改爲「W''和R''的交點」。此地W''和R''是指ABC自由體而言的。上下文的$W, R,$和R'是指ABD自由體而言的。

355 版第十六圖的左面開方符號裏的$\cos\delta$應改爲$\cos^2\delta$。

361 版(十五)式以前的公式裏 $\sin\delta$ 之前應加一「等於」號。又(十八)式右邊分子中開方符號裏的$\cos\delta$應改爲$\cos^2\delta$。

363 版第八行 $0.40\,h$ 之後應加「以上」兩字。

369 版末行「底高三分之一處」應改爲「底高二分之一處」。

374 版(27)式應改爲 $a=(2-v)uh$ 及 $b=(v-1)uh$。又(28)式裏的$(v-1)$和$(2-v)$亦應同樣對調。

375 版第二十二圖$K'I'$線應垂直。

376 版計算例題數字全錯，應更正如下。表下第四行 $a=0.055h$。 第五行 $b=0.219h$。 第八行 $b=.385$公尺，$a=1.533$公尺。 第十一行頂寬 0.631 公尺，底寬 1.533 公尺。第十二行$E=5.95W$ 和 $d=2.37$公尺。 （孫寶墀）

發展中國機器工業之意見*

德國全國實業協會中國考察團團員貢得爾起草

德國機器製造同業公會代理營業主任富禮編輯

一. 應用機器之急要

孫中山先生在其著作中,特別在其所著國際共同發展中國實業計劃一書內,屢次聲明機器之應用,在中國各種實業中,為增加生產及救濟貧窮之唯一方法。民族幸福,因應用機器而得邁進之程度,實足驚人。歐洲因應用機器自,1800年以來,人口由187,000,000增至470,000,000,換言之,人口增加至兩倍半。在此不到一百五十年之過程中,人口增加之數與以前每一千年中者比較,無論任何時代均無如是之盛。同時人民對於各種日用品及飲食品之需求,亦一併增加至數倍之多。

機器工業之發展,前進無已,據最近之調查,每國人民消耗機械之價目,列表如下:

	每人平均
德國及英國	50馬克
法國及意大利	15馬克
日本	7馬克
中國	0.20馬克

由上觀之,機械之應用,為民族富強之關鍵,殆無疑義。

---

* H. Von Gontard und Free, Anregungen fur die Entwickelung der Maschinenwirtschaft in China.

二. 德國實業考察團參觀中國機器工廠
對於已有機器設備之改良意見

德國實業考察團(以下簡稱考察團),應中國政府之聘請,在居留中國期內,參觀中國國有之各工廠。參觀之廠,如上海漢陽遼寧三兵工廠以及隸屬於鐵道部之多數國有鐵道修理廠。因參觀時間不多,實業考察團祇能得一概念,故以下雖縷述參觀之意見,並有改良工廠之建議,但非具體辦法,祇能備供採擇用以促進生產品質之改良,減低製造之用費,及增加生產能力而已。

各翻砂廠中,完全未有翻砂機之設備,用機器較之手工,對於多量相同料件之翻砂,必可減低成本極鉅,且出品速而佳,殆毫無疑義。翻砂機器,在兵工廠內應用,似最適宜,例如製造鑄鐵砲彈飛機炸彈等等。在鐵道修理廠中,可用翻砂機製造車輪制動器,鑄鐵爐條以及一定之幾種配件。

在所參觀之煆鐵廠內,以用手工煆煉為最多。此種工作在多數廠中,似可改用壓鐵機及吊錘機以代替之。機器煆煉不僅將造價減輕,且能將煆件煆成準確之大小,減少以後之工作,此實為用機之優長。漢陽兵工廠中設有數個分離之煆鐵場。各個煆鐵場是否應合併在一處,此層似頗有實驗之價值,蓋彙總工作,似覺較能便利也。

倘工作機工場中所用材料,事前能在材料庫中按照必需之尺寸分開堆放及供給,俾不廢棄工料,自必減輕成本。此種情形最顯著者,為棍狀之材料,例如造槍管之高質鋼條,欲達到此目的,似應在此種材料庫中附設一特別工作部,以備由外運來之半完成之料件,按照規定長短預為切斷,由是可省昂貴之材料,於工作時之殘廢與無謂之轉運。此種設備凡已行之者,均覺省費極多。

在鐵路工廠中新式焊接法,已能應用適當,輕養切斷器亦然。輕養切斷器之優點,在於節省工價極多。近年來此種方法已有極

大之改良。

各鐵路修理廠之鍋爐廠，似有添設水壓力及空氣壓力設備之必要。用此設備可使機車鍋爐安全可靠，並增長應用時間。在已參觀之各工廠內，尚無此種設備。至於利用空氣壓力，在鍋爐上擊密細縫車旋螺紋等工作，以及利用水力在鍋爐上緊帽釘，均能較手工優良節時，已爲各廠所深悉矣。

在兵工廠之裝配工場內，發見製成零件欠於準確，似尚有改良之處，其所以不準確之原因，在未應用新式工作機與新式工作方法。因此之故，零件用手工之裝配，費時甚多，以致出品價格昂貴，且零件亦不能彼此互相交換應用。軍用槍砲上零件之交換，關係如何重要，此處姑不贅述。實業考察團在遼寧兵工廠步槍部參觀，覺該廠已有相當之進步，但其他仍多用舊法，例如上海兵工廠之機關槍裝配部，每一槍之零件均用手工裝配。如此複雜之機器，能用手工裝配，由此可以證明中國工人何等機巧，但此中尚有缺點者，大都由於設備上經濟上之缺乏，譬如精確磨光機精細測量器等價值昂貴，未能購置也。

參觀各鐵路工廠及在各鐵路旅行之後，考察團得到中國各鐵路所用各種車輛之印像。國有鐵路各線上所用之車輛與機車。構造及裝配各不相同，相差極多，其原因不外乎各路係借外債築成，各債權國均採用其本國所出之材料所致。

以前德國在國家鐵道公司，將各私人所有路線，收歸國有之初期時，亦曾有此極相同之情形。當時約有三百種之機車式樣，當經規定統一辦法，在短期內將多數構造相近之機車併合成幾種形式。此項工作，係經德國國家鐵道公司會同各機車製造廠之專家努力之結果。現在中國國有鐵路似急須傚效此項辦法，德國各機車製造廠甚願相助。如欲更進一步再求修養經費之減輕，則應將各式機車零件儘力使其構造相同。

爲求縮短修理車輛之時間，在鐵路工廠內，最好採取標準零

件。設遇車上有零件損壞時,能即從材料庫中取出同樣之新件,毋須重新工作,即可裝上。如此自能節省時間與手續。採用此種方法非實行標準制與精確之工作同時並須用精確之工作機不可。購買工作機時,不但應注意該機價值之是否適當,尤應考究其工作精確至如何程度。

關於購置上述之設備,如中國有意於此,考察團甚願竭誠貢獻意見及策劃。

三. 中國大規模應用機器之先決問題

除上述機器工廠之促進方法外,中國政府似應對於以下問題決定方針,即中國人民如何能於最短期間達到大規模的及普遍的利用機器之程度,並且須力求避免各國於機器工業發展上所受之無益經驗。

1. 改良交通 孫中山先生對於改良交通事業曾經非常注意,因之影響於中國政府之建設計劃者,實非淺鮮。改良交通實為發展機械與工業之先決問題。僅就運輸費用一項計算,亦可知一國家之購買力及機器工廠之生利,取受交通方面所影響之重大。例如在德國工廠對於原料之購入及將成品運至購買者處,如運入運出之距離,各在450公里內,其運費平均合賣價九分之一至十分之一。現時在中國運費之昂貴,往往超過於物價。

凡規模甚大用機器之工廠,以有運輸便利及低廉之交通為最要。因機器工廠照例適合製造大宗相同或相類之出品,故其運銷範圍務求遠廣。工廠之組織及工作愈新式愈專門,則便利之交通愈為切要。考察團報告書之另一部,有關於鐵路與河道之著述,但為求達發達交通至極大之範圍,除鐵路河道外建設道路網亦屬非常重要,蓋道路建造較易,且其建築用費可無需如鐵路河道等,必須由中央政府擔負,但造路所須注重者,則為路面須能任重車通行並堅固耐久。此種道路若以通行時間計算,反較輕便道路

爲賤。蓋後者易受天氣影響,在短期內卽行發壞礙及交通,並易致車輛受損也。

2.創造便利之度量衡　每種貨物之交易,幾無一不須依照一定之度量衡以作標準及覆驗尺寸或重量之用。在工業方面度量衡之計算,常極複雜。計算法不僅加減尙須乘除和開方等等。此項計算耗費時間精神金錢之多,實非意想所能及。故如將度量衡採用簡單制度,則所節省者,正非淺鮮也。

中國國民政府現已決意採用公尺制,作爲普遍通用之度量衡,但事實上尙未能實行,而英尺寸制度仍難廢除。

多數根據英尺所造之機器,運銷於中國,其所需補充零件,必需亦按英尺制者添置。故中國各修理廠不得不採英尺制度。現欲改用公尺制,中國各工廠仍須於長時期內準備公尺制及英尺制之兩種工具及量器等。照此情形其費用勢必加倍而工作反複雜且易發生錯誤。公尺制之簡便清楚遠非英尺制所能及。

由此可見中國方面,實有於最短期內,決心採用公尺制度之必要。所有工業設備工具量器及圖樣等,應全按公尺制度從外國購入或在本國製造。以下舉出數例,證明公尺制度較英寸制度之簡便。(根據德國 Carl Mahr(Esslingen a. N.)度量衡製造廠之報告)。

英　寸　制	公　尺　制
1 碼 = 3 呎 = 36 吋	1公尺＝100公分＝1000公厘

例如有長 1275 公厘用公尺或英寸計算比較如下:

1 碼　2 呎又 7 吋	1.275 公尺
＝ 5 呎又 7 吋	＝ 127.5 公分
＝　　67 吋	＝ 1275 公厘

可見用英寸制者數目字均變動,公尺制之數目字則不變;僅移動其小數點號而已。

加 法 之 例

英　寸　制	公　尺　制
1碼　2呎　7英寸	1.275 公尺
2碼　2呎　9英寸	2.900 公尺
＋ 7碼　1呎 11英寸	＋ 8.021 公尺
10碼　5呎 27英寸	12.196 公尺
＝ 12碼　1呎　3英寸	
＝　　　37呎　3英寸	
＝　　　　　447英寸	

在英寸制須有三種不同之數目及三次之換算,公尺制則全屬同
一數目,毋須換算。

乘 法 之 例

英　寸　制	公　尺　制
長 1碼　2呎　6英寸	長　　1.27公尺
乘	乘
寬 4碼　1呎　1英寸	寬　　4.21公尺
等於　　　5呎　6英寸	面積 ＝ 5.3467平方公尺
乘　　　 13呎　1英寸	＝　53467平方公分
又等於　 66乘157英寸	＝ 5346700 平方公厘
面積 ＝ 10362平方英寸	
＝ 71平方呎138平方英寸	
＝ 7平方碼 8平方呎138平方英寸	

在英寸制須反復換算而有三種之數目,公尺制祇須計算一
次,毋須再加換算。以面積之單位論,英尺制中已分數項,可見其複
雜,下如:

英　寸　制	公　尺　制
1平方呎＝144平方英寸	1 平方公尺＝10,000平方公分
1平方碼＝9平方呎＝1296平方英寸	或1,000,000 平方公厘

以上英尺制度各單位之相互比例,爲極複雜之數目。公尺制
度之數目均係一百之倍數。世界各國在科學方面因便利起見,多

　　數均已採用公尺制,即向用英尺制之國家,亦在許多事務方面採用公尺制矣。

　　在機器工業中凡須精細者,其準確之程度,每須量至百分之幾公厘。機械圖樣倘按英尺制標記尺寸,則圖中標滿百分之幾或千分之幾之英寸,且同時常有二種不同之進位法,即十進及十二進,因此極易發生錯誤。

　　螺絲之大小及三角學中之尺碼,倘用英寸制度,亦有同樣不便之處,例如直角三角形兩邊之長為 $^3/_4$ 英寸與 $1^1/_2$ 英寸,其對面之線則為 1.458 英寸,此處又須用十進計算法。

　　照上所述,在英尺制度中精確計算,用至千分之一英寸。在公寸制度則用至百分之一公厘。數既較簡單且其準確程度較之千分之一英寸又精細兩倍半。

　　此外最緊要者,公尺制中度量衡之各種單位,彼此有相互之關係,即如電學中所用之單位,亦屬一致。英尺制度則不然,例如固體之長及面積或體積,固可以尺碼計算,對於液體則另用加侖計算。加侖之大小與立方英寸立方英呎等毫無關係,不若在公尺制度,一立特等於一立方公寸之容積。茲將比例開列如下:

英　寸　制	公　尺　制
1 噸 = 2240 磅	1 噸 = 1000 公斤
1 磅 = 16 盎司	1 公斤 = 1000 格蘭姆

　　就上所述,倘用英尺制計算物體之重量,不能如公尺制可以根據「比重」計算,蓋其比重為磅,噸,或盎司,數目各不相同。譬如:

英　尺　制	公　尺　制
1磅/立方英寸=0.7714噸/立方呎	1公斤/立方公寸=1噸/立方公尺

　　最後可以推想於各工廠各商店所用之計算機及簿記機,若論方便簡單,自非公尺制者莫屬。

　　現在中國中東鐵路已完全採用公尺制,目前中國似應從速推行公尺制於全國,藉此減輕全國人民與科學界之工作。且在工

業尚未十分發達以前,一切機器量尺重量等,苟能立即採用公尺制,較之將來工業發達後,改用公尺制時省費實多。

3. **向企業家及全體人民說明提倡機器工業應取之途徑** 就歐洲各國所得經驗,機器工業發達過速每致忽生障礙。故首先普及智識。至教導之法,不僅對於青年應使學習工業,即對已成年者,亦當灌輸工業智識,蓋籌款設廠之企業家及管理工廠及機器之工人,多為成年之人也。更關緊要者,須時常反復宣傳關於機器對於公衆之利益,以免人民易受煽惑,如歐洲工人曾受極大之煽惑即其前例。再者倘人民對於機器無信仰之心,則對於機器之使用及修養必發生厭惡,其結果使機器能力減少,或先期損壞,致受時間之損失及進步之阻礙。

為求達到普及機械工業智識之目的,最好莫如在中國各大日報上,附印工業畫報,專用中文說明,不用其他外國文字。柏林德國工程師協會甚願擔任供給此項編輯材料及圖畫等,但印刷宜在中國,例如上海。

4. **機器出險與工人及公衆之安全** 倘欲使工人及公衆對於應用機器能同情滿意,必先使工人及公衆設遇機器出險而受傷害時,有所保障。中國方面對於此層甚有及早注意之必要,不可俟事至難於收拾時,再圖補救。

德國政府數十年來與工業界密切合作,規定各種法例及規則可供中國國民政府之參考,其中最要者如下:

製造及管理蒸汽鍋爐之規則

對於 C_2H 氣及汽壓器具之規則

電梯規則

運輸礦油之規則

德國防止出險公會對於防止出險之規則

本意見書之附件第二號『保護機器』(Maschinenschutz) 一書係由德國機器製造同業公會(Verein Deutscher Maschinenbau-Anstalten)

所編印,內中對於機器構造上防止出險之方法,以及防止出險之設備,均已按照機器種類分門說明,德國機器製造同業公會(地址在 Berlin W.10, Tiergarten Str.35) 對於此種問題中國如有所問,極願竭誠相告。現時德國已有之工會組織與防止出險公會,防止出險工人公會之組織方式,按照現在中國狀況,尚不能仿照組織。因在德國管理工廠之方法及機關與中國不同也。但對於防止工廠出險之規則關於機器安全上所需要之條件,則幾可完全適用。

以極適當方法,防止機器出險可以至某種程度之問題,德國至今仍在按照最近之進步繼續努力中。德國經五十年之研究,其所定之條例多爲他國所取法。自 1907 年至 1925 年在德國動力機馬力之增加爲 2.75 倍,按照機器增加數似出險數較之以前多出三倍亦不爲奇,但實際上當時出險照未增加機器數目計算,減至 22.5%,換言之在 1907 年至 1925 年之間,較以前應出險一百次者,減少至二十八次。

德國在戰前約略估計,每次出險資本之損失約爲 3,000 馬克。在現在情形下之出險損失,當較更大。可見無論如何,每年機器出險之損失,即除去人命損害不計外,其數目實屬不小。中國情形或有稍異,但對此問題決不能避免,必須鄭重注意。

四. 特別工業之建設事業

除上述普通觀察點之外,建設中國機器工業,必先解決種種先決問題。因解決此項問題,須費多時之進行也。

1.原料工業之建設　製造機器工業之重要原料,首先以設立大規模之鋼鐵廠爲最要。普通之輥轆鐵料如圓鐵各種形式之鐵條及鐵皮,尚可暫時由外輸入,最難者爲粗而罕用之各形式之斷面柱Proficen及較厚之鐵皮,因其裝儲費太貴故也。除此之外,舶來鐵料鐵皮常有固定之尺寸,工作時每因尺寸過大,棄廢材料亦多。如向本國鐵廠定購,則可按照需要尺寸製造,既少遺棄而運費

與關稅亦省。

　　中小重量之生鐵鑄件,在中國已能製造,但鑄鋼一項則似尙付缺如,多數機件均須用鑄鋼製造,故鑄鋼對於機器工業至爲重要。至若按照模型向外國定造鑄件,因運輸模型往返之困難,事實上不可能。

　　本國倘自有鋼鐵工廠可免在外交上發生問題時,原料輸入被人杜絕。關於鋼鐵工廠之發展,已在別篇報告中詳加列論,此處從略。

　　2. 編輯中文工業書籍　編輯多數中文工業書籍,以備中國多數人士之研究,使其可不讀外國文,卽能學習。欲達此目的,先須選擇外國工業書籍譯成中文。關於出版之先後,應將理論及研究部分作爲第二步,首先應將各種機器,在各類工廠之應用以及合理之管理等,採爲編譯材料。關於製造機器之書籍,應擇中國最近需要甚多之機器,否則甚難銷售,且工業書籍甚易變舊,每致虛擲印刷費用。

　　3. 編製中文敎材及敎育用品以備造就藝徒工頭及技師之用　普通有一種誤解,以爲未受訓練之工人亦可管理機器者,實屬大謬。按經驗所得,機器工廠之效能與工人之熟練有極大之關係。

德國現在機器工廠中,每 1000 工人中有

　　　　525 人爲曾受敎育之專門工人,平均學過三年至四年。
　　　　190 人爲受過敎育之工人,曾學過某種工作數月。
　　　　105 人爲未受敎育之助工。
　　　　其餘爲學徒與女工等。

　　德國機器工廠不僅注重製造無論何種多數同樣之機器,卽少數搆造不同之特別機器,亦可按照定貨人之要求,以低廉之價可靠之搆造,迅速製成之。中國機器工廠因機器銷路尙不甚多,故不能專製一種專門機器.各工廠途不得不同時製造各種形式不

同之機器,以使廠中工作無有間斷。於是所用工人,必須對於各種機器均須熟識而有經驗。工頭及高級人員亦然。再修理工廠亦需此項工人,因其多利用簡單機器修理極複雜之機器也。

　　如欲教育上述各項工人,當以編製適當之中文工業教材為先決條件。

　　德國工業教育聯合會(簡稱Datsch)與工業教育品製造所多年合作,規定學程及製造各種教育用品。例如:

　　　　訓練各種機械工廠及製造廠所需專門工人之學程(配裝機器工人,煆鐵匠,車匠,馬口鐵匠等)

　　　　鐵製及木製之教育標本

　　　　用有色之掛圖指示工作之錯誤與正確

　　德國工業教育聯合會 (Der Deutsche Ausschuss fur technisches Schulwesen) 之工作目錄,亦附在本報告內。該會地址為德國Berlin W₈ 9, Potsdamerstr 119B, 中國政府如有咨詢,該會甚願供獻其經驗與工作。

　　4.專門工人之訓練　　中國工人以勤工與機巧著稱,但機器之製造與修理,每有一定工作之方法,此則為其所不識。德國工人之訓練,即在機器廠工作場中。十四歲之少年,自初級小學校畢業,後即可進作藝徒,通例四年後學藝完成。在此四年中,同時入職業學校及補習學校,專學工廠內與工作有關之種種理論。大機器工廠專設有特別工藝學校,此種學校日見發達,尚有對於藝徒,使其在第一二兩年在一工頭指導之下學習技藝,以後再作專門工人之助手。

　　此種藝徒教練部分,中國鐵路之大修理廠,兵工廠,電氣廠等,似亦有需要。此外應在相當學校中,附設藝徒實習工廠。蓋中國多數工廠尚不能收容及教練學徒也。德國藝徒數目,等於機器廠專門工人百分之廿至廿二。此數恰能適合各工場之需要,惟須注意者,德國機器工人以製造出口貨為多。若僅製供給本國之機器,其

需要必無此之多。中國機器工廠正在建設時期,藝徒之需要,必須
經過數年後漸漸增加,但將來需要數目或較德國為多。

5. 工頭及技師之教練　除訓練專門藝徒之外,在中國尚有
教練工頭及技師之必要。此種人員之程度,均在工科大學畢業生
之下。此項人員應在各大規模及設備完全之工廠中選擇之,教練
時所須注重者,卽在使對於管理保養修理機器有充分之能力。

德國國立及私立機器工業學校,均各專設造就工頭及技師
及非大學畢業之工程師之部分。中國方面似可酌量情形仿照辦
理。

上述學校之入學資格,祇須國民學校高級班修業期滿,並毋
須如入大學者,必須在中學畢業。惟在入學之先,須在工廠內實習
兩年,甚至已有學生,在入學以前,已在機器工廠充任畫圖生。凡學
習普通機械學者,其時間為兩年至三年。學習期內,特別注重工廠
內實驗上之細節及工場之管理,精此學校之畢業生可為各工廠
所樂用。為造就各種機器工廠之工頭及技師起見,在德國設立多
數專門學校。肄業期限為一年至二年。其所學之專門,例如紡織工
廠中之各部份工作,陶磁器工業包括磚瓦及木料工業,造紙工業,
鐘表工業,鋼鐵工業,儀器製造業,翻砂工業,採礦冶金等等。

如中國學生願入此類學校肄業,本會當盡介紹之責。德國國
立機械學校,照例為德國學生所佔滿,但德國各工廠尤其德國工
業教育聯合會仍極願設法,使中國學生入內肄業。

6. 高級工程師之造就　對於造就機械工業大學出身之工
程師,所設學校可以吳淞同濟大學機械科為模範。因按照歐洲標
準設立此項學校,需用經費必甚巨,非中國今日之經濟能力所能
辦到也。至於課程方面,卽在此項學校之內,亦不必過於偏重理論
與最新發明之研究。要在造就管理工作之工程師,其能力足以管
理中國設立之各種工廠,並對於工廠中之機器之能力及動作有
確切之認識,並對工人及技術員之管理可以得當,且可追隨歐洲

工業之進步。

以上種種問題,皆為中國工程師於以後數十年內所應解決之問題,其中尤關緊要者,為中國工程師應於學習期內得有充分經驗。所惜中國今日新式機器廠為數尚不多。故惟一方法,祗有多派工程師到其他先進國學習。德國甚願收納此種工程師,使其就捷徑學習。向來德國工業之宗旨,極願與他國交換經驗發生友誼關係,藉此促進兩國經濟之發展。此類留學生應行練習之事項,如城市建設,自來水廠,鐵道製造和管理電氣工業,造船工業,採礦冶金化學工業,紡織工業等是。練習期間,至少須兩年,中國工程師在其本國甚易得到領導者之位置,而在德國及他國則非有多年之經驗不能至領袖地位。故中國學生更當多多實習,方可多得經驗。非實地經驗充足,不足以避免將來辦事之錯誤。青年工程師在機械製造廠內實習,即有得到製造某種機器經驗之可能。

7.已在工業界任事工程師之高深造就　最後對於已在工業界任事工程師之高深造就,亦應注意。在德國有工程師協會之組織,會員共三萬一千人。此種組織已覺極為重要,而並得有極好之結果。在工業發達之城市,皆有其分會。按時舉行講演與討論會,參觀有趣之工業,並刊行工業雜誌。其雜誌為世界著名者之一,對於逐年工業進步,紀載頗詳。

中國工程師學會已經成立,似應盡力促其發展。上文所述,目前亟需之中文工業書籍,倘能由該會編輯提倡,收效必宏。

五. 購買舶來之機器及儀器

中國之希望,當盼能於最短期內不購舶來貨品。但全部不買外貨,事實上有所不能。就經驗言之,即工業最發達之國家,購買外國機器為數亦多。例如每年德國機器之輸出,佔出品四之分三,全售於歐洲各國,其中三分之二係銷售與西歐及中歐諸國。

現時中國製造複雜之機器,不甚相宜。因目前中國需要機器

不多,不能按同樣圖式製出多數機器。製圖費在中國恐不低廉,而製造方法又難經濟。中國自製之機器卽使價較輸入者廉,但使用之後,漸漸可以發覺運用不靈,反使購買者受損失。此種經驗非短時間內所能得到。價賤之機器往往較之價貴者,效率低小多,費原料,常需修理,時生工作障滯。機器之好壞及其可靠與否與工廠之生利大有關係。設一種機器爲無多年經驗之廠家所造,則購買者可受極大之損失。故中國購買機器時,須先向製造廠索問其一切經驗。

　　因此之故,在工業尙在建設之國家,照例予機器輸入之便利。中國政府於 1930 年十二月二十九日,對於機器輸入之稅,特別減輕,辦法可稱適當。在歐洲多數國其辦法更進一層,對於新建工廠之機器,政府認爲重要者,完全免稅入口。例如意大利。

　　正在建設工業之國,初時用入口稅不多而精確可靠之外國機器,比較由本國工廠草創初製者爲有利。中國現在之情形,似用機器者比較製造機器多出數倍。

　　中國勢必卽將建設多數機器工廠,一面爲保護本國出品之故,或卽行增加進口稅。如此辦法是否有利中國,自應十分加以考慮。中國現尙爲機器銷費國,倘將進口稅加高,以致購機工廠,增加擔負,足以阻礙其發展,似非經濟之道。

　　同一機器,製造精細不同。倘或本國祇能製造較簡單者,則精細之機器,非由外國輸入不可。精細準確工作,非用精確機器製造不可,但機價亦昂,例如上等工作機,往往較普通者昂貴至三倍。

　　由是中國於若干年內,似必須機器輸入,而政府對之應視爲一種生產貨品,特輕其入口稅。再者中國機器之需要,在數年內增減無定,因現在已有之機器設備,尙屬極少,及至一般人民漸知採用機器,再加普通工業逐漸發達,鐵路及其他交通上之需要增加,他如農業之開墾,鑛產之開掘,同時並興,是時機器之需求,立見增多,而可使本國機器工業,成立鞏固之基礎,並卽迅速發達也。

以前所述各國每人每年需要機器之數目,約如下表:

德國荷蘭	每年每人平均佔	50 馬克
法國意國	每年每人平均佔	15 馬克
日　本	每年每人平均佔	7 馬克
中　國	每年每人平均佔	0.15 馬克

由上表中可見中國倘欲自製機器,其基礎尚過薄弱。以中國土地之大,然以應用機器國而論,須列置於二十三國之後。

六. 中國之機器工業

1.前身為修理廠　中國機器工業之起點,為各商埠紡紗廠及麵粉廠之修理及裝配工廠,此種工廠由修理逐漸進步,開始製造極簡單之機器,如壓油機打米機棉花抽純機,不久即造較複雜之機器,例如石印機印書與釘書機及柴油機等。

中國自造機器之中,有一部機器完全依照外國機器之模型所仿造。如此對於製造機器,不能認為有充分能力。因製造機器先須設計繪圖,完全了解機器之動作。選擇各部分材料及其力學上之計算。凡此無一不關重要,否則即有缺點,足使機器使用不久,立生障礙。

應用大宗機器之機關,譬如鐵路電氣工廠礦塲冶金廠等,應附設極有能力之修理工廠。由此修理工廠,將來可以製造相當之機器,自用或出賣。

2.兵器工廠改造普通用品　中國國內平靜後,倘能將兵工廠改造普通用品,得益當非淺鮮。譬諸兵工廠之製造大砲,彈藥車,迫擊砲等者。在平時可以改造別種機器,如鐵路上之車輛,電車,各種大鐵箱池,各工廠之房屋鐵結構,輕便鐵橋梁,火車轉盤,簡單鍋爐兵工廠內之精細工作部份,如信管,步槍及機關槍之製造部份,可以改為製造電信,電報,鐵路上之信號設備,紡織機之零件,以及工具與量具等之用。

　　3.單獨發展之機器工廠　以前所述,在中國以首先製造簡單之機器爲最有利益。實因此類機器,祇須規定少數式樣,每一式樣製造數量極大,藉可節省畫圖工作,亦可儘量利用現有之中國打樣人材。故選擇製造之機器,必須已經用途最廣銷售最多之機器。反之,中國不宜承造宏大而僅能出售一套之機器設備。因此類機器設計繪圖頗非簡易,製圖者經驗旣恐不足,且其圖樣一次用過後,不能再加利用。

　　此外中國製造機器不宜用重大之鑄鋼鑄鐵或重鐵片及須特別製之輥轆鐵等,因其購價頗昂也。

　　再者精確機器中國亦尙不宜製造,例如精確至一百分之一公厘之車床鑽床銑床磨床之類。因製造此項機器,必須用同樣精確之工作機器及精確之測量儀器。其購置費用極大,非有長久不斷充分之利用不能合算。但中國現時尙不能有如此多之精細工作。倘將簡單及極粗之工作,在精確機器上工作,不僅其利息及折舊過重,且機器容易磨傷。

　　至於中國現時以製造何種機器最爲有益,暫時甚難囘答,須視各處當地情形與以後發展趨向而定。

七.　建設機器工業之普通輔助方法

　　下列數點雖不爲發展機器工業之直接條件,但於輔助工業發展上有相當價值,其中兩項屬於技術方面,二項屬於法律方面。

　　1.機器工業必需材料之採購條件　在機器或修理工廠內所需維持工作之用料及附屬材料,佔支出費用之大部分,例如油漆顏料棉紗木料等。對於此項物品之是否必需或請購之理由是否正當,每有疑問。若不注意,足使購入不甚合宜之材料,或用不得當,於是在德國有購料條件委員會 (Reichsausschuss für Lieferbedingungen) 之設,由德國工程師學會及其他團體暨政府機關之幫助,規定許多購貨之技術條件。就本會之意見,此種條件極有譯成中

文之價值,以備各廠採擇施行。本意見書之附件第四,即爲購料條件之目錄。

　　2.**實行標準制**　在工業十分發達之國家,前經發覺一種缺點,即許多常用之物品,從各工廠製造者,形式與大小不能統一。實際上如早能統一,早已收益不少。故遂有多數國家實施標準制。德國久由**標準規定委員會**(Deutscher Normenausschuss)專任此事,規定之出版品有三千四百張,成效頗著。中國已成立之工廠,似有及早參致德國已成之標準,參照中國情形,加以規定。標準制成立之後,可使機械畫圖設計,節省工作,大都可由已規定之圖式中尋出所需之形式與大小。無一國家可以免去標準制而另覓途徑,故實其施標準逾早,所省愈多。否則必須更改許多已成之設備,方可達到實施標準制之一途。

　　本意見書之附件第五至第十二爲:

　　　德國標準之印刷品一份　(附件五)

　　　德國之標準圖目錄(爲 1931 年所決定者)　(附件六)

　　　德國商船標準委員會出版之商船標準目錄　(附件七)

　　　德國標準委員會出版之德國專門分類工業標準書

　　　　　與袖珍德國工業專門分類標準書之目錄　(附件八)

　　　德國建築標準書　　　　　　　　　　　　(附件九)

　　　德國採礦標準書　　　　　　　　　　　　(附件十)

　　　德國醫院標準書　　　　　　　　　　　　(附件十一)

　　　德國紡織標準書　　　　　　　　　　　　(附件十二)

　　德國標準委員會對於各項標準有所咨問時,極願盡力解釋及作答,其會址如下:

　　Deutscher Normenausschuss, Berlin Dorotheenstr 4/7

　　3.**中國專利法之製定**　專利法爲獎勵工業發展上之有效方法,中國政府已於 1928 年七月有此項法律之公佈。但僅限於本

　　　*附件因篇幅過多,不便轉載,故略。

國人,外國人則無專利之權。此實爲其缺點,及至 1931 年四月,又將此律取銷。如是使外國人之發明無法保證,在中國可以任意仿造。專利法不成立之時愈久,流弊愈多。因外國工廠倘欲供給有利之發明,卽有被他人仿冒製造之可能,而致使中外工業合作發生困難也。

例如倘遇中外公司訂立條約,以外國之發明,由中國工廠製造而給專利者以許可製造之利益。在此情形之下,倘無專利法則其發明者必慮無法律之保證,不能將其製造授之於中國工廠。

倘外國發明可以憑專利權授之於中國工廠,則於中國頗有益處,因外國工業上之經驗,卽可傳之於中國工廠。世界各國尚無他國如中國不保證外國之專利權者。但中國若一變以前之辦法,於中國實業上實有利益。中國對此或可參考德國之專利法。因德國之專利法向爲他國公認爲模範。對於此事中國倘願討究,可咨詢德國機器製造同業公會 Verein Deutscher Maschinenbau Anstalten, Tiergarten Str. 35, Berlin W. 10,該會甚願詳細答復。

4.機器所有權之保留　如售貨者於機器買價未收清以前,能得該貨所有權之保留,則在訂貨者可減輕經濟上之籌劃。據本團同人所悉,在中國所有權之保留,爲常有之事,且有訂立契約以資雙方遵守者。但在法律上迄無明文規定。無此法律,則在貨價未付清前售貨者如須轉賣,極爲困難。由是可見所有權絕對之保留,尚未成立。本團意見,中國以後機器交易極多,如規定此項法律,於中國極有利益。此項法律似可根據下列意見規定之。

『機器與房屋部分或地基相聯結後,祗須聯結部分毋須重大破壞卽可取出機器時,對於機器之所有權之保留,毫無阻礙。倘因取回機器而損壞水泥底脚或牆壁時,不得認爲破壞』

八. 德國機器工業之狀況(輸出及組織)

1.德國機器工業之範圍　德國機器工業以其出品量暨其

工人數目以及輸出貨品數量計算,最低限度可與英美兩國並駕齊驅。現因世界經濟恐慌,工廠縮小範圍,共計現有工廠三千五百所,工人約五十五萬人。上述工廠數目中,凡修理工廠等所用工人數目在二十五名以下者,均不在計算之內。故上所舉三千五百工廠,純指製造新出品而輸出外國者而言。此外如電氣工廠鐵路車輛及汽車工業鍋爐工廠暖汽用品工廠亦不在內,蓋此等工廠在德國通例須另外計算也。

德國機器之出品,每年約值四千萬萬馬克,其出產能力爲五千五百萬萬馬克。

德國機器公司,就技術經濟人事種種關係,分成若干等級。外國所知者,僅爲德國大工廠。概計德國機械工廠中工人,在一百至一千之數者,約佔百分之五十。其餘大工廠工人數目可達五萬人以上。

中等大小之工廠,在德國最爲重要,因此項工廠,最能適應買主之需要。

2. 德國機器工業之職工　德國機器工業之出品,其構造及工作之精良,全賴數量極多老練之工人之能力,其數目爲別國所少見。

1930 年七月一日在德國機器工業中每 1000 人中有:

512 人爲專門工人,曾經四年以上學習時期之訓練者。

147 人爲藝徒,係備練成專門工人之用者。

兩數相加爲659人,等於全數工人65.9%

其中未受教練之助工,僅佔9.6%,青年及女工等僅5.5%,曾經受教練之助工爲19%。

在德國機器工業,每 1000 工人中,按 1930 年計算,職員270人,其中:

商業職員100人(37%)

技術職員(如工程師技術員及工頭等)170人(63%)

自職後以來職員之數目增加如下：

　1914 年　　在每千工人中有195職員。

　1930 年　　在每千工人中有270職員。

換言之，在：

　1914 年　　每 5.1 工人中有一職員。

　1930 年　　每 3.7 工人中有一職員。

以上職員增加數目，全屬技術職員。

　增加技術員之數目，可證明德國工業在戰後如何努力，使工人之工作能力增加，製造進步，並使最新科學研究結果，應用於製造方面。

　3. 德國機器之輸出　德國戰後，幣制混亂之時，機器輸出之多，普及於全世界，由此可以證明德國機器之價廉物美。

在 1923 年及 1924 年減至三萬五千萬萬馬克，以後又漸增加：

　　　　　1925 年約　　　　　500百萬馬克

　　　　　1926 年約　　　　　570百萬馬克

　　　　　1927 年約　　　　　960百萬馬克

　　　　　1928 年約　　　　1,169百萬馬克

　　　　　1929 年約　　　　1,428百萬馬克

雖當全世界經濟恐慌之際，於

　　　　　1930 年尚能維持 1,429 百萬馬克。

以 1923 年及 1924 年之最低輸出爲比較，現已增至四倍。戰後 1927 年間，英國機器輸出遠在德國之上，但以後德國機器之輸出已超過之。在 1930 年美國機器輸出已低減極多。以 1930 年全年計算，美國雖居德國之上，但以其下半年而論，德國則又超過於美國。

自 1927 年以來，三國發展之比較如下：

機器輸出	英　國	美　國	德　國
1927　年	919.5	1,442.6	959.8

1928 年	1,065.8	1,684.3	1,168.0
1929 年	1,105.0	2,022.7	1,428.0
1930 年	*925.0	1,643.0	1,429.0

以上係以百萬馬克爲單位　　　*爲估計數

1927 年至 1930 年機器輸出增加之百分數如下:

英國　　　　0.6%

美國　　　　13.9%

德國　　　　48.9%

美國於大戰中各國之金錢流入極多,戰後因上述之結果,一落千丈,影響於美國經濟者,實有注意之價值。

德國輸出之機器,不僅限於某一種之機器,實平均分配於各種工業上:

1930 年輸出之分配如下:

工作機　　　　　　　　226.6 百萬馬克

紡織機　　　　　　　　198.1 百萬馬克

摩托及其他動力機　　　194.3 百萬馬克

造紙機切紙機印刷機　　114.2 百萬馬克

起重機及轉運機　　　　109.3 百萬馬克

唧機及打風機壓氣機　　80.8 百萬馬克

農業器具　　　　　　　72.6 百萬馬克

鐵路機車　　　　　　　58.1 百萬馬克

建築所需之機器　　　　40.6 百萬馬克

食料所用之機器　　　　26.0 百萬馬克

其他機器　　　　　　　308.0 百萬馬克

　　　　　　　共 1,428.6 百萬馬克

機械輸入於德國者,爲數甚少。其全數爲德國所需機器 4-5%。自 1927 年以來,輸入機器數又減去20%。德國所徵機器稅至多不

過 6.5 %

4.輸入中國之德國機器　　中國之機械輸入,德國現佔第四位,但尚未恢復戰前之原狀。1913 年,中國之機器,三分之一自英國輸入。自德國輸入 19%,自日本輸入 10%,自美國輸入 9%。現在英國仍居首位。但至 1929 年其輸入數減至 28.4%,在同年中,美國與日本之輸入數目,驟然各增至 20%,同年德國為 14.3%。

德國機器銷售中國者,以特種工作機居其輸出之大部,約合 60%。餘如鍋爐與機器零件佔 16.8%,工具機器佔 12.9%。

中國輸入之工作機,以德國出品居首位。於 1929 年中國此項輸入德貨佔 36.4%。

據德國對外貿易之統計,於 1913,1928 至 1930 年德國機器之輸出,銷售於中國者如下:

機器之種類	工作機	紡織機	農具機	火車頭	其他各種機器	鍋爐與機器零件	輸入中國機器總數
1913年	273	541	51	606	2220	339	4030
1928年	2165	1237	103	115	4821	905	9346
1929年	1637	1204	114	210	9856	1521	14542
1930年	1278	586	53	276	6074	1570	9938
1930年輸入中國機器之百分率	12.9%	5.9%	0.5%	2.8%	61.1%	16.8%	100%

下表照中國統計,指示各國對於中國機器之輸入:

各國於 1913, 1927, 1928, 1929 年輸入中國之機器:

以 一 千 兩 海 關 銀* 為 單 位

	機器輸入總數	英 國	日 本	美 國	德 國	香 港	比 國	俄 國	法 國	以上各國之共計
1913年	6560	2173	653	582	1242	599	541	473	131	6394
1928年	23635	6018	5094	6504	2634	1059	139	789	182	22417
1929年	36862	10476	7435	7336	5258	1495	508	454	171	33133
1929年全體機器輸入之百分率	100%	24.8%	20.1%	19.9%	14.3%	4.0%	1.4%	1.2%	0.5%	89.8%

*海關銀一兩等於:

3.07 馬 克　　（1913 年）

2.89 馬 克　　（1927 年）

2.98 馬 克　　（1928 年）

2.70 馬 克　　（1929 年）

5.**德 國 機 器 工 業 之 組 織**　爲 擴 充 德 國 機 器 工 業 與 同 時 提高 其 經 濟 能 力 起 見,於 1892 年 全 國 機 器 工 廠 有 一 聯 合 組 織,名 爲德 國 機 器 製 造 同 業 公 會。自 1914 年 以 後,會 址 設 於 柏 林。近 年 以 來,該 會 漸 形 發 達,已 成 爲 德 國 極 大 之 經 濟 團 體。內 中 有 用 直 接 名 義或 用 團 體 名 義 參 加 者,共 計 二 千 二 百 餘 公 司。所 有 德 國 全 國 有 名之 機 器 工 廠 儀 器 工 廠 以 及 中 等 以 下 之 機 器 製 造 廠,幾 全 在 會 內。會 中 專 門 團 體,共 有 六 十 七 個,俱 分 別 包 括 在 以 下 十 三 組 之 中:

1. 工 作 機 及 工 具

2. 紡 織 機

3. 農 業 機 及 農 具

4. 機 車

5. 動 力 機

6. 氣 體 液 體 之 工 作 機

7. 冶 金 煉 鋼 輥 鐵 之 設 備 及 機 器

8. 搬 運 機 器(起 重 機 升 降 機 等)及 車 輛

9. 造 紙 及 印 刷 機 器

10. 食 料 及 化 學 工 業 之 機 器

11. 搗 碎 機 及 提 擇 機

12. 特 別 機 器 及 機 器 零 件

13. 儀 器

德 國 機 器 製 造 同 業 公 會 重 要 之 宗 旨,即 以 全 德 機 器 工 業 最高 代 表 之 資 格,注 意 各 個 工 廠 之 情 形,並 爲 各 工 廠 圖 謀 共 同 之 經濟 利 益,其 辦 法 如 增 加 各 工 廠 之 合 作,調 和 大 小 工 廠 相 對 之 意 見,此 外 於 可 能 範 圍 以 內,使 各 工 廠 調 劑 營 業,交 換 經 驗 及 需 要,並 可

使各工廠彼此廉價購貨,以及購買機器者,達到廉價購貨之願望。最後努力向德國政府及民衆代表以及本國暨外國之公衆思想界,報告及解釋關於機器製造於政治經濟方面關係之重要。

　　關於德國機器製造同業公會會務之大概,見於附件第十三項該會報告書中。由其報告書中可知該會之工作,不僅圖謀會中技術事業之利益,凡關於國民經濟,增加輸出,改良原料,恢復德國經濟,改進交通,防止出險,訓練藝徒等問題,均皆顧及。此外德國機器製造同業公會並與德國最大之工業科學團體即德國工程師協會密切合作,其目的不外求工業不斷之繼續發展,藉促文化之進步及國民幸福之增進也。(完)

鐵路鋼橋上衝擊力之新理解

稽　銓

　　鐵路鋼橋上所受應力,以機車過橋時,發生之衝擊力,最爲重要。顧其性質異常複雜,不易分析。其原因錯綜變化,頗難檢定。其理論較爲深奧,不易了解。十餘年前,橋梁設計家對於此力,無深切之認識,乏充分之理解。計算此力,咸以班氏公式(Pencoyd Formula)

$$I = \frac{300}{300+L}$$

爲主。前交通部頒發之橋梁規範,亦採用與此相仿之公式。

$$I = \frac{30000}{30000+L^2}$$

但此係完全根據經驗約略酌定之公式,旣無眞實理論之根據,復乏精確實驗之證明,其準確性早成疑問。自近代機車加重,車速增高,往往有舊建橋梁,若照此公式核算其應力,頗多負重逾限超越危度者。乃事實表現,並不如此嚴重。於是班氏公式及與此性質相同之公式,益覺不可靠。自非對于此力,在理論上作分析之研究,在實際上作精微之試驗不可。

　　1923年英國各鐵路當局有鑒于此,成立一橋梁應力研究委員會,招集著名專家十餘人,技師二十餘人,實地試驗鋼橋,自16英尺至345英尺跨度者五十二座。用各種機車,在各種速度駛過各種跨度鋼橋時,以最精確之儀器,量測橋桁之撓度,及各桿件之變度。並請數理名家,作理論上分析之研究,經八年之久。得若干有價值之結論,所有關于衝擊力之性質量度,變化,及與機車衝重,橋梁勁度之種種關係。並班氏公式之假定,在實際上不相符,在理論上不可通各點,研究詳盡,闡發靡遺。可謂在衝擊力研究上得一新理解,在橋梁設計史上闢一新紀元。茲姑撮其大要,將所有與衝擊力有

關各因素,關于研究衝擊力之新結論。並班氏公式理想錯誤各點,分別條舉於下:

一. 與衝擊力有關之各因素

與衝擊力有關之因素甚多,可分主因及從因兩種。凡發生此力之最初原因,曰主因。凡參加此力之活動範圍,而能增減此力之數量者,曰從因。

(一)主因:

(子)在機車方面者:

(甲)車輪之錘擊力 (Hammer Blow),其來源可分為二:

(a)圓轉部份之離心力 (Centrifugal Force of Revolving Parts) 機車之曲拐銷,(Crank Pin) 拐銷座,(Crank Cheek) 聯桿,(Coupling Rod), 及搖桿 (Connecting Rod),之一部份之共質,以輪軸及曲拐銷為圓心而旋轉,照圓轉速度乘方而發生一種離心力。如不在其行動地位之對面,配置一相等重量曰衡重者,以抵制之,則此力即於車輪每一轉時,錘擊軌道一次。

(b)失衡重之離心力 (Centrifugal Force of Unbalanced Weight) 凡因(一)衡重之位置,及重量未能與圓轉部份確相符合, (二)為抵制往復部份 (Reciprocating Parts) 變速所生之力,而特加之衡重, (三)列車後附掛損壞機車,有衡重而聯桿搖桿均除去者之種種關係,超過或不足圓轉部份所需之衡重。其超過或不足部份曰失衡重。此失衡重,因圓轉速度關係,發生一種離心力。亦於車輪每一轉時,錘擊軌道一次。

(乙)機車左右搖擺之錘擊力 (Lurching Effect of Engine) 機車以軌道不平,或其他原因,左右搖擺,使左右兩軌負重不等,一軌較他軌受力較大。

(丙)扁輪 (Flat Wheel) 輪箍不圓,在軌上滾行時發生錘擊。

(丑)在橋梁方面者

(甲)軌節 (Rail Joints) 軌節處,軌平(Rail Level)往往低陷,車輪過時發生錘擊力。

(乙)軌平不平　軌道平面高低不平,車輪滾行,發生錘擊力。

此兩項錘擊力均屬細微,佔衝擊力之極小部份。

(寅)在機車及橋梁雙方者

(甲)機車錘擊頻數,與橋梁顫動頻數,在完全或部份合拍時,發生累積顫動,而引生之遞增外力 (Cumulative Effect due to whole or Partial Sychronism of Frequency of Hammer Blow of Locomotive with Natural Frequency of Bridge with transient load)

錘擊力分靜的效果(Static Effect),及動的效果(Dynamic Effect)。上項所述失衡重之離心力,係動的重量,乘圓轉速度乘方而得之數,爲錘擊力之靜的效果。至動的效果,係因橋梁顫動頻數,(卽每秒鐘上下擺動次數)與機車錘擊頻數,(卽每秒鐘錘擊次數)合拍關係,橋之上下擺度累積而擴大,於是因此擺度增速率而產生之特殊外力,亦擴大而遞增。此爲衝擊力之最重要的主因,如無天然限制,此力可擴至無限,而發生意外事變。

(二)從因:

(子)在機車方面者:

(甲)失衡重之支配(Distribution of Unbalanced Weights)抵制往復部份之衡重,卽失衡重。有集中一主動輪者,有分配各動輪者,其分配之比例有相等者,有不等者。支配得宜,可減少衝擊力。

(乙)抵制往復部份之衡重與往復部份本身重量之比例 (Proportion of Weight of Reciprocating parts to be balanced) 此部衡重卽所謂失衡重。此比例愈大,失衡重愈大,最大者爲三分之二。

(丙)往復部份之重量 (Weight of Reciprocating Parts) 汽缸活塞及柄 (Piston and Rod),十字頭 (Cross head),及搖桿之一部份(Part of Connecting Rod)等往復部份,因變速而發生一種直力及旋力(Force and Couple)。此力之大小,以往復部份之重量而異。如用輕質作往

復部份,失衡重可以減輕,衝擊力亦可減少。

(丁)錘擊頻數 (Frequeney of Hammer Blow) 每秒鐘錘擊之次數,錘擊力卽視此頻數而增減。

(戊)車速 (Train Speed) 機車過橋時之速度,每小時所行距離,以英里計。

(己)彈簧負重與非彈簧負重 (Spring Born Load and Non Spring Born Load) 機車在低速度時,彈簧被磨阻力所阻,等于鎖住,不能活動。全機車重量一同隨橋梁上下顫動者,曰非彈簧負重。如在高速度時,橋梁顫動過甚,勝過彈簧阻力,彈簧乃大肆活動。必有一部份重量,被彈簧負担,並不隨橋梁顫動而上下者,曰彈簧負重。此與橋之顫動質量有關,間接與衝擊力有關。

(庚)阻顫力 (Damping) 橋端各種阻力,阻礙橋之自由顫動。及彈簧在高速度時,發生活動作用,吸收大部份之顫能 (Oscillation Energy),而減少其顫度者,曰阻顫力。衝擊力之不致過度擴大者,卽恃此力。

(辛)主動輪徑 (Diameter of Driving Wheel) 在同一速度時,輪徑愈大者,錘擊頻數愈少。

(丑)在橋梁方面者:

(甲)跨度 (Span) 跨度愈長者,顫動頻數愈慢。愈短者頻數愈速。

(乙)活重 (Live Load) 卽列車過橋時之重量。

(丙)死重 (Dead Load) 卽橋梁軌道及其他固定之重量。

(丁)橋之勁度 (Stiffness of Bridge) 視跨度死重及橋之高度而異。勁度愈大,顫動愈小。

(戊)橋空載時之自然頻數 (Natural Frequency of Bridge When Unloaded) 在橋未載重時,受一種搖力,發生顫動時之每秒鐘顫動次數。

(己)橋在負重時之自然頻數 (Natural Frequency of Bridge When Loaded) 卽機車過橋時,每秒鐘顫動次數,較空載時之頻數為慢,因

機車重量參加顫動質量之故。且活重過橋時，重量隨時不同，此頻數亦隨時而異。

（庚）撓度（Deflection）橋梁受死重活重及錘擊力而撓曲向下之數，曰撓度。

（辛）橋之顫動（Oscillation of Bridge）橋受錘擊力而上下搖擺，曰顫動。

（壬）合拍度（Sychronism）橋之顫動頻數，與機車錘擊頻數相符者，曰合拍度。此合拍度，有完全者，有部份者。

（癸）危險速度（Critical Speed）凡車速使機車錘擊頻數，與橋之顫動頻數相合拍者，曰危險速度。

二.　衝擊力與各因素關係之新結論

（一）上下肢桿，因死重活重衝擊力三者關係，所生之變度及應力（Strain and Stress），與全橋之撓度，其增減完全一致。跨度在100英尺以內，撓度紀錄可完全代表變度紀錄。卽因衝擊力所生之變度，與中部撓度另加之數爲正比例。

（理由）上下肢桿變度及應力與彎力率爲正比例。彎力率又與橋之中部撓度爲正比例。故撓度最大時，卽變度及應力最大時。

（二）腰桿（Webmember）變度及應力，與橋中部撓度，其增減並不一致。

（理由）腰桿變度及應力，隨垂直竊力而異。任何截面，因活重發生之竊力最大時，卽活重前端適至該截面處。但活重在此地位時，橋之中部撓度，並非最大之時。卽因橋之顫動發生之竊力，並非最大時。故腰桿變度與上下肢變度不同，與撓度之增減，並不一致。

（三）腰桿在橋之末端及中部者，受衝擊力影響甚小。惟在跨度四分之一處，衝擊力爲最大。

（理由）橋端因活重發生之竆力最大時,即機車在橋端時。但此時顗動極微,因衝擊力發生之竆力極小。中部則因死重關係發生之竆力爲零數。至跨度四分之一處,位在中部與末端間。機車至此地位時,因活重發生之竆力爲最大。而因顗動關係所生之衝擊力,雖已過極大之點,而其數量尙甚大。故只此處竆力須酌加衝擊力。橋之中部及末端,可不必加也。

（四）任何建築,在顗動時,無論原動力爲何種,只要一有顗動,其應力必生循環而定期間歇的變化 (Periodic Variation)。照顗動之增速 (Acceleration),顗動之質量 (Mass) 而異。此係完全在發生顗動之錘擊力之外之另外一種力。

（五）上項之力,如顗動與錘擊合拍,則累積而擴大。往往較發生此力之錘擊力本身爲大。

（六）橋之中部最大撓度處之顗動狀態。顗近似即可作爲第一和諧運動 (First Harmonic)。至撓度曲綫上確尙有次高之和諧運動 (Higher Harmonic)。但加入第一和諧運動,其變動極微。與第一和諧運動,無甚影響。

（七）在橋的方面之衝擊力,不能以跨度一項,爲唯一之因素。(Span Length not the only Criterion)

　　　（理由）關于橋之自然頻數,視橋之勁度而異,而勁度又視橋之跨度重量惰性力率而異。故橋之高度,亦爲重要因素之一。

（八）專以橋之撓度及彎力率而言。橋顗動時,沿跨度各點之擺度 (Amplitude)。與橋端距離之關係,係一正弦曲綫 (Sinusoidal Curve)。擺度與時間之關係,可作爲和諧曲綫 (Harmonic Curve)。

　　　假定橋顗動時,錘擊力已停止。如以(m)爲橋每英尺長之質量,(y)爲最大擺度,(n)爲顗動頻數,照和諧運動之數理控制此(m)在(y)地位,需要一種力,等于 $\dfrac{4\pi^2 n^2 y \, m}{g}$。此即等于每尺長之等重 (Equivalent Load)所生之結果,惟實際上顗動最大時,發生顗動之錘擊力,並未停止,仍在工作中。但此錘擊力佔等重極小部份,影響此等重性甚

微。仍以 $\dfrac{4\pi^2 n^2 y\, m}{g}$ 代表每尺長之平勻載重,亦無不可。照試驗結果,每機車衝擊力之總量最小者為 $0.2n^2$,最大者為 $0.6n^2$ 噸。此係指英式機車而言,別式機車,各有其個性也。

(九)中等跨度橋,常發現極明顯之兩危險速度。(Two Distinct Critical Speed in Some span of moderate Length)。

(理由)此係彈簧活動時減少橋之顫動質量之故。在中等跨度橋上,機車以逐漸高之速度駛過,往往先發現第一危險速度(First Critical Speed)。錘擊與顫動合拍,而發生累積效果。再令機車加速至相當速度時,往往又發現第二危險速度。此由於機車在低速度時,彈簧未生作用,機身全部重量加入顫動質量,至高速度時,激起彈簧作用,機車一部份重量,被彈簧負起,不參加顫動,於是顫動頻數增高。在較高速度時,又與錘擊合拍,而發現第二危險速度。

(十)危險速度在實際上並非一明顯而確定者(No Sharp Defined Critical Speed)。

試令機車以各種速度過橋,必有一某速度撓度為最大,發現顫動與錘擊合拍,但此非一明顯而確定為唯一之數。若在較此數稍高或稍低之速度,亦可發現相當之合拍。

(十一)橋之顫動頻數,與機車錘擊頻數之合拍度,不過部份的非完全的。即有完全合拍,亦係頃刻的,非長久的。

(理由)橋之顫動頻數,係無定的。因機車過橋活重隨時而異,橋之顫動質量,亦隨時而異,其頻數當然非一定的。但機車速度過橋時,係一常數。求常數與非常數合拍,其時間必極短,不過頃刻間而已。大部份合拍度,所謂部份合拍(Partial Resonance)而已。

(十二)錘擊力因錘擊頻數與橋顫動頻數合拍關係產生之累積效果 (Cumulative Effect),實際上並不致過分擴大。而隱受以下三種限制:

(子)繼續錘擊之次數,為跨度長度所限。

（丑）橋之顫動，被各種阻顫力所限：（一）建築之彈性不完全（Imperfect Elasticity）。（二）橋墩上橋座之阻力。（三）顫能被橋墩及周圍土質所吸收。（四）機車彈簧之磨阻。機車緩行時，橋之顫動太小，不足以激起彈簧之活動。機車急行時，顫動劇增，激起彈簧活動，其磨阻力乃吸收大部份顫能。在小顫動時，此阻顫力爲數甚微，在劇顫動時，則甚可觀。

（寅）照上條橋之顫動頻數，係一變數。機車錘擊頻數在過橋時，係一常數。常數何能與變速常常合拍。有之亦不過頃刻間事。如是合拍既不能常，累積效果，當然不是無限的。

（十三）極長且重之橋，活重佔死重極小部份，似與橋之顫動頻數無甚影響。橋之顫動頻數，既可稱爲常數，一旦在危險速度時，錘擊與顫動合拍，所佔時間必長，累積效果亦必甚。殊不知此種長橋，其顫動頻數必小，車速不必在最高速時，卽可與之合拍。但車速不高時，其錘擊力又不甚大。故錘擊力之最大靜的效果，與最大動的效果，在長橋上，不致同時相遇。

（十四）關於鼓動橋之顫動之各種原動力，並不一致。且相互抵銷者。

（理由）照上條錘擊力靜的效果最大時，動的效果未必大。且顫動一大，彈簧發生作用，阻顫力立刻阻止顫度之擴大，此橋之受過分衝擊力而損壞者不常見。而以前對于衝擊之因果及量度不甚明瞭者，均以此故。

（十五）照機車錘擊之動的效果之量度分析。橋之跨度可分爲三種：

（子）40英尺及40英尺以下者爲短橋。

（丑）40英尺至250英尺者爲中橋。

（寅）250英尺以上者爲長橋。

（理由）40英尺以下橋之自然頻數，縱在負載活重之時，亦爲數甚高。決非普通最大車速（每小時90英里）能追蹤及之，故短橋

無危險速度,即將錘擊力作爲靜力論,亦無不可。

　　中等跨度橋,其危險速度與特別快車速度相近。

　　長跨度橋其自然頻數較低,其危險速度,最小者幾與貨車速度相近。

（十六）兩機車聯掛時,如其錘擊頻數,前後合拍,其衝擊大。反之則小。

（十七）三或四汽缸式機車衝擊力小。兩汽缸式機車則衝擊力大。

　　（理由）三或四汽缸式機車,其往復部份,因變速發生之力,可以自相抵銷而得衡,勳輪上失衡重甚小,錘擊力可減至極小限度。至兩汽缸式機車,往復部份,無法使之得衡也。

（十八）長跨度橋上,機車後列車,有阻頓作用。

（十九）機車因軌道不平正而左右搖擺時,左右兩軌負重不等,機車平直行駛時,應各負重量之半。一有搖擺,此軌之負重,乃移至他軌。照活重之百分計,最多者,可至二十五。此指順梁及主梁而言,與橫梁無關。

（二十）因軌節（Rail Joints）及其他建築上不規則而發生之衝擊力,甚爲複雜。照試驗結果,其數量如作爲集中重力,約等于 $\frac{n^2}{6}$ 噸。如作爲平勻重力,約等于 $\frac{n^2}{3}$。

三. 班氏公式理想錯誤及與事實不符各點

（一）班氏公式,及其他類似公式,係假定衝擊力與活重爲正比例。在活重應力之外,另加一百分數,$\frac{300}{300+L}$ 但事實與理論證明不合。近代機車採用三或四汽缸式,衡重配置非常平衡,失衡重甚小,衝擊力自小。舊式輕機車均係兩汽缸式,失衡重甚大,衝擊力自大。

（二）班氏公式,假定衝擊力與跨度爲反比例,跨度愈短者,衝擊力愈大。跨度愈長者,衝擊力愈小。現照實驗與理論證明,短橋無合拍性之衝擊力。長橋有合拍可能,易致累積顫動,而發生鉅大之衝

擊力。

（三）班氏公式，其意義頗似含有材料疲性問題(Fatigual Question)。
照吳氏(Wohler)應力變限公式 (Formula for Range of Stress) 應力之
變限愈大，變速愈大者，材料發生疲性亦愈甚，耐力爲之減小，班氏
公式，想亦採用此意。故短橋衝擊力大，或准許應力(Working Stress)
須用較小者。卽因短橋死重較小，活重過橋時其應力變限必大。長
橋死重甚大，活重佔死重極小部份，應力變限決不甚大。衝擊力可
作較小，卽准許應力可用較高者。但實際試驗衝擊力來源，完全與
疲性無關。且照普通鋼橋，所受應力程度，尚不致發生疲性。並未聞
鋼橋之損壞有因疲性關係者。故短橋須用較小應力，長橋可用較
大應力之說，無理論上之基礎。

（四）班氏公式，以爲衝擊力之來源，係由于活重驟加于有彈性
建築之故 (Sudden Application of Load to Elastic Structure)，但係完全
錯誤。凡驟加一重量于彈簧，此簧伸長數，必倍于緩加重量之時。班
氏以爲機車上橋，與此相仿。殊不知經伊克利敎授(Proffessor Inglis)
研究結果。鐵路鋼橋，並無此種影響。其受重情形，不能與驟加重量
于彈簧情形相比，如欲與此相似，除非機車到橋之中點，須較現狀
爲快。機車離去中點時，須較現狀爲慢。但事實上不可能。故驟加性
不成問題。

城 市 計 劃 新 論

戈畢意著　盧毓駿譯

　　近世飛機發達,平面戰爭已變爲立體戰爭,而都市計劃亦因空防問題,一變舊日之集團建築,而爲散開建築。茲編係譯戈畢意氏(Le Coubusir)于 1930 年在蘇俄眞理科學院演講之一,其主張爲主要街道須極廣闊,房屋建築之距離須遠,市內及其周圍須有多數之廣揚與公園等,並提倡架空建築,以減少空襲時破壞之烈,並免杜絕交通。現在蘇俄各都市之改良,即參照此旨。德國改訂城市建設條例,亦加注意。此篇之譯,在使國人知城市計劃之新趨勢,加以研究,而不再蹈舊說之有政治工業等分區,將中央各機關集于一處建築,以增行政效率;工業區則將大工揚之所有各部,建于一地,以符合理化。實則以今日交通之進步與遠底之突飛,此均不成問題。而由防空方面言之,則均重散佈主義也。　譯者謹識

一個人＝一個細胞
諸細胞之集合＝城市

　　現在來講『彎曲律』(Loi de meandre)。近世大城市,因機械工業猛進的結果,陷入極紛亂的狀態,改革之呼聲,到處日高。大家想了許多新花樣,和解決方案,仍屬徒然,甚且有治絲益棼的現象。然而天下事奇莫奇於解決方案有

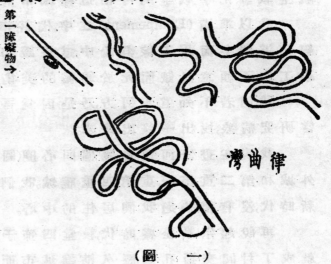

第一陣凝物→

彎曲律

（圖　一）

不期而至者。怎麼講呢?擾亂者(指機器)不斷的創造新現象,由因生果,復由新果生新因,再生其他的新果,始終順應着自然法則,把一

切阻礙漸漸的減除,最後自然的達到簡單和有效的解決方法。你以為奇怪麼?一點也不奇怪。

我畫一河道(圖一)由此至彼,順一定的方向。意志也好像河道,受外界或流勢或地勢或地質等極小極小的影響。河水向左岸冲激,由左岸復受些外力,打到右岸,河道就漸漸變成彎曲了。河道的方向和流量發生變化時就影響到流勢,更加惹起河道的變化,同時河道的變化又影響到流勢,又惹起河道的新變化。初則冲刷左岸,繼則冲刷右岸,或左或右,愈冲愈深,而彎曲愈大,結果直線變為蚯蚓形之正弦曲線。再利害些,蚯蚓形漸漸變成8字形了。否極自然泰來,這時已達到了這最大彎曲的時期,自然的冲破了8字形,使成片段,而河道又回復到直線。思想的變遷,也像河道的變遷,循着彎曲律。於極危難極紛歧的中間,忽然發現新途徑,新方案,而新時代開始,而生活可以暫時回復常態。

現在全世界的城市與大城市,其市政建設,至今尚未得其道。所謂計劃,大抵只講美術化而已。以現代汽車這樣的發達,和未來航空戰爭化學戰爭的可怕,這種城市計劃,不是很危險的麼?

我以準備(Equipement)二字,代替市政建設(Urbanisme)。我已經把這個字面用于傢具論中,這是證明我們的態度,要有工具可以工作,不願意飢餓而死於錦繡的美術市裏面。

我們若不知道走何方,乃是因為吾們不知來自何處。我們應當研究病象,找出一條出路來。

我現在畫條河道,畫幾個同心圓(圖二)我畫村,鄉,城市和護城,外城和第二重第三重第四重護城。我們由羅馬時代而到今日的新時代,沒有變換過我們居住的中心。

再說起宗教全盛時代,教堂四佈于曠野中,頂禮者絡繹于途,就成了村間交通孔道,歷久演進城市,而舊日的村道,遂變為今日的幹道。

再于第二圖上加了鐵路和車站。要知城外和大城外的名詞

的成立,是從有鐵路
而來。因為有鐵路而
城市的範圍變大(圖
三)。

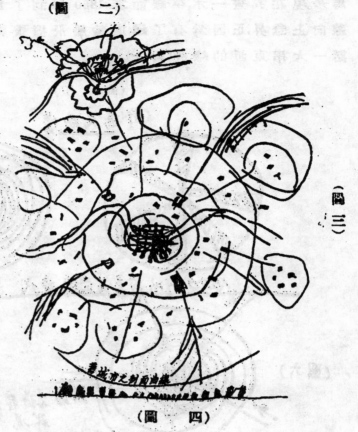

(圖　二)

(圖　三)

畫城市之剖面曲線

(圖　四)

　我自己發問這
樣廣大的範圍如何
組成?我用黑點來表
示人口的散佈,我看
日間則人口集中市
心,晚間則返囘城外
或鄉間。可見每日城
市之作用有二時,一
時集中,一時分散。更
可見城市彷彿大車
輪,四方八面的人衆
輻聚于車轂。

　設畫城市的斷
面,我覺得各世紀道路的放寬,和建築的增加,若以曲線來表明,就
成為中凹的曲線。牠的兩端聳起,因建築物少而空氣清潔,牠的中
部就凹進去,因為建築物擁擠(圖四)。

　這種實際情形,我若假想用同心圜來表明,那麼愈近市中心,
則同心圜愈密接。無他,這是「交通流」增漲的原因。在象徵圖上看來,
就是向城外的「交通流」愈大而向城中的就愈小,這就叫做城市急
增膨脹的現象(圖五)。

　我用歷史記載法分之,1850年以前,算是車馬交通時代。

　同樣的圖,上面加有車站的,我稱作鐵路交通時代(圖六)。

　鐵路的作用,是運送羣衆集聚于市中,又運返人口散布于鄉
間。現在吾人速度的觀念,已大異于昔日,昔日的速度不外人步與

馬步。現在我畫一水平線而寫 1850 年，到了 1880 年速度大進步，曲線向上急昇，正因爲有了鐵道輪船飛機飛艇汽車電報無線電電話一大串東西的緣故（圖七）。

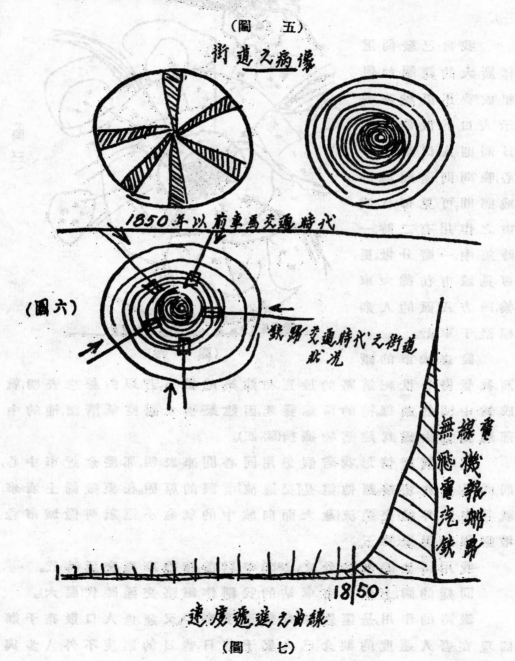

（圖 五）

街道之病像

1850 年以前車爲交通時代

（圖六）

鐵路交通時代之街道狀況

電
線
機
報
船
無
飛
電
鉄
汽

18 50

速度遞進之曲線

（圖 七）

　　我畫同樣的圖,我畫車站,並于城外畫停車場,我稱作汽車交通時代(圖八)。

　　我繼續畫一個圓,于牠的中心用黑點點滿,假設愈近市中心則黑點愈多愈密,此卽交通愈發達的情形(圖九)。我另畫「交通流」指明道路的現狀(圖十)。我又重畫剛畫過的人口集中的狀況圖(圖十一)。而與第九圖的交通發達的狀況,用括符以連絡他。

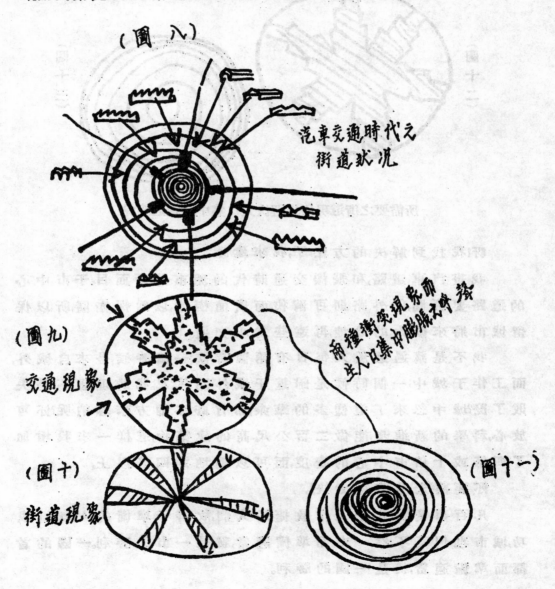

(圖八)

汽車交通時代之街道狀況

(圖九)

交通現象

兩種衝突現象而生人口集中膨脹之狀發

(圖十)

街道現象

(圖十一)

　　我若將這兩圖重疊起來看,就知道現代交通的情况,和現代城市的構造狀,實在有衝突。

　　我再畫個象徵圖,我假定交通河與人潮,同為星形。要解決這城市集中唯一的方法,就是同心圓須向中漸稀而向外漸密(圖十三)。

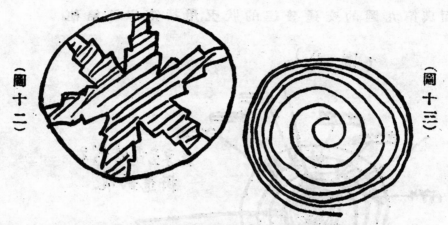

（圖十二）　　　　　　　　　　（圖十三）

所需要之街道現象以解決人口集中膨脹之呼聲

　　呀!我找到解決的方法了,我來建議:

　　我畫汽車,鐵路,和飛機交通時代的城市的新面目。于市中心的道路要極闊,郊外路則可稍狹,而廣植樹木,以為保衞區,所以保留城市將來擴大的餘地,再遠些為小交通。

　　我不是講過這般人每日有兩個時候;一個時候,是來自城外,而工作于城中;一個時候是歸返于城外而休息。我的理想不是失敗了麼?城中忽來了這樣多的羣衆,那有許多地方來容納呢?你可放心,科學的新進步,能做二百公尺高的建築物,這樣一來我增加了四倍或十倍市中心的密度,而可以縮地到四倍以上。

　　你要講「未免跑得太快」。

　　凡百事業都到于工作敏捷的人們,故善于準備的人,就得成功,城市也何莫不然,一市而準備適當,就是一市的勝利。一國的首都而準備適當,就是一國的勝利。

或將有人詰我：『怎麼你的病象在圓軸在輪轂,而你的處方用縱橫軸,不是方柄圓鑿嗎?』

我現在離開經濟家之用象徵圖畫來研究現實,而返于建築家的立場。建築家應該廣用直角,現代建築的大毛病,就是離開了直角的穩固的地盤,而喜弄銳角或鈍角,不特沒有美術,簡直顯了醜態和浪費。

二百公尺高的冲霄廈,和極廣闊的街道,吾人不是盡變了城市的常規嗎?

若就歷史眼光來觀察,也不見得有什麼稀奇,中古時代的城市街道甚窄,房子又小,每距 20,40 乃至 50 公尺,就有一街巷。到了<u>詹易十四</u>時代,大輦出世,不得不先將路線改直和放寬,房屋的段落也分得較大。

Haussmann 時代此種趨勢,更加顯著。天井旣放大,衛生警察和其他市政問題都已注意到了。

你們還記得剛才講的速度演進的曲線嗎?我畫 200 公尺高的冲霄廈,150 至 200 公尺高的邊。這龐大建築物,每座相隔400公尺。這種距離可說是適應現代交通工具 —— 若地道車,若汽車,若公共汽車的好距離。每隔離 400 公尺總有十字街口。

我已做過一番計算,我認為建築面積只要5%,空地是95%。

我曾在他處講過椿架式的房屋的地下層,可以供人的往來,街道與房屋不相阻礙。此種房屋架空而建,按直角的,合秩序的,整齊佈置,旣樸實又美觀。這樣一來,道路可以曲直自如。交通好比河流,街道好比河道,這裏河道的支流,可隨數學的分支。河流不可稍有障礙物,不然影響到河道的寬度。所以船隻要有牠的停泊港不使充塞河道。汽車之於交通河,好比船隻要有停車場。

全城市佈滿綠茵,空氣與日光盡可濫用,用不着什麼天井,因天井實無補于事,要知在光天化日之下,工作的成績,一定優良,在150乃至200公尺的高處看東西,比較更為心曠神怡。

　　我若畫這新城市的剖面,則其剖面不是向下凹的曲線,而是向上凸的曲線,這種新城市總是合理和正確(圖十四)。

(圖十四) 表示新時代城市之曲線

　　再參看所畫的象徵圖,更見理論的正確,唯正確總是眞理。到了現在,就是缺乏這個東西,我們要把他建立起來。

　　諸君,我講了半天總講到題目,可見問題太大了。參看我其他的演講,可以增加許多了解;集合所有理論,可得城市計劃的眞理。

　　我已經寫了一本書,討論這個問題,經過許多精密的科學研究,我發現了幾個緊要的原則:

　　城市好比一所工廠,房屋要看做住的機器,所以城市計劃可說準備工具。既是工具,當然是要實用大,獲利大,和效率大。

　　城市之美術化,要和生物組織,社會組織,經濟組織,同時解決,總可稱美術化。

　　世人所講美術化的城市計劃,費錢太多,叫人民負擔太重,對于城市生機,沒有什麼神益。眞正的城市計劃,要能利用科學來解決痛苦。我曾說過合于經濟原則的城市計劃,須能自動生利。這種經濟計劃的實現,非靠政府的力量不可。

　　我曾譚過政府如何參加這種財政計劃,我指出什麼事業應由國營,並且那一級的政府,須要參加和如何來參加。

　　我前面所有的話,都是以解決城市人口過剩爲依據。解決的方法,就是研討細胞和細胞的集合利用機器時代的新方法,消除這可怕的灣曲環。再講明一點,就是截破這灣曲環,使成片段,然後城市的生命可以復活,而什麼問題迎刃解決了。

　　古典主義的思想,到今天有什麼用處?

　　城市計劃可說是地上和地以上之組合現象,時至今日,地上

交通工具的速度日增,地面的房子也與日俱增,衞生和快樂的問題不能顧到,而發生了許多粉歧的解決方法者,無他,吾人的思想尚跼蹐於平面,而沒有同時發揮高與遠的思想。

城市計劃的主要原則,是要促進成爲「住居的機器」須消除一切市器,若城市革新,而不能解決塵囂問題,是不合理。新機械之趨勢,是無聲的,最近的將來,我相信可有靜謐的城市。

我們已講過新城市要佈滿樹木,這是肺部需要的東西,也是我們賞心怡目的東西,更可說是鐵造和鋼骨混凝土造時代,充量應用幾何形,所必有的調節東西。

我曾請教育部長下令全國,强迫每個小學生應種樹一株于城市的任何地方。耗費極小,但須有整個的計劃,則在五十年六十年後這些男女,自壯至老,在這長大的樹蔭底下,一定非常滿意的。

我今以城市計劃的成形要素和詩境要素,來做結論。

平面一派極目綠陰。立視方面則交通河(卽道路)貫穿八方。船港(卽停車場)的周圍也多植樹木。

這裏爲架空汽車快道。

于樹蔭中見疊層的道路,彷彿若二級層或三級層的房屋,而建有咖啡館百貨商店和步行道等。

那裏廣大的公共機關,廢除天井,朝公園而建。

玻璃質墻面的冲霄廈,好像水晶宮,與日輝掩映于空中。所住的人們,其高不過一公尺七十公分以上。這種人口密度增加的新城市,不消說到處綠茵,房屋建築用鋼骨混凝土造或鐵造,而墻壁滿用玻璃磚。你看這種城市含有多少高超的詩境,這都是受科學新進步的賜啊!

要知道新時代的開始,必須要充滿新思潮。

受偏心軸載重之鐵筋混凝土材
之
斷面決定法及應力計算法

趙　國　華

第 一 節　緒　言

凡外力作用于構材 (member) 成直角向者,生彎羃 (Bending moment) 棟梁等屬之。外力順構材之軸心作用者,生直應力 (Direct Stress),支柱等屬焉。苟外力之作用與構材成斜角,或直壓力 (Direct Compression) 作用于支柱不沿軸心而生偏距 (Eccentricity) 者,則彎羃與直應力同時發生,拱輪,圓管,框架之柱等皆屬之。此時棟樑支柱等公式俱勿適用,需另立公式以求之,本篇卽就此項問題加以詳細之討論者也。

第二節　計劃與複核時所起諸問題及其說明

第一欵　關於計劃時所起諸問題,可分成三種言之:

(一)假定鋼筋百分比及斷面一邊之寬,由已知外彎羃(External Bending moment),外直力 (External Direct loading) 及材料許可應力 (allowable unit stress) 等以定斷面積。

例如框架建築物之柱寬,恆依橫樑之寬爲準,他如拱坂,圓管等恆以單位寬度爲設計之標準,故可稱曰已知。又因求材料之經濟,施工之便捷,恆將鋼筋與混凝土之斷面有一定之限制,故可將鋼筋百分比先行假定。

(二)假定鋼筋百分比及斷面寬廣之比,由外彎羃外直力及材

料之許可應力以定其斷面積。

　　例如受彎羃之柱,寬廣不受限制時,得隨寬廣之比求得種種不同之結果,由此分別考慮以定最經濟之斷面。又正方形及圓形等斷面之決定,亦可歸納于此,蓋正方形與圓形之寬廣有一定之比例故耳。

　　(三)假定斷面尺寸,由外彎羃外直力及材料之許可應力,以定鋼筋百分比。

　　例如構材斷面尺寸爲其他條件所限制,而不足以抵抗外力時,增加鋼筋以求其平。

　　第二欵　關于複核時所起諸問題,可分成二種言之:

　　(一)由已知之斷面積及材料之許可應力以求其最小內抵抗力。

　　(二)由已知之斷面積及外彎羃外直力以求其最大應力。

　　通常書籍所載,大都關于複核上所起各問題加以相當研究者,而關于計劃上所起諸問題,用以決定其斷面,僅有將混凝土及鋼筋斷面先行假定,然後算定其應力,以檢驗其是否安全與經濟(見 M. Abe's Reniforced Concrete Engineering., Mörsch. Der Eisenbetonbou., Hool's Reniforced concrete Construction Vol. 1., etc,),此外又有先行假定混凝土之斷面,其不足以抗外力者,插入鋼筋以補其强,即爲解決第三種問題之方法(見 M. G. Espitallier. Cours de Béton Arme'. Livre. 11),以上兩種解法,手續既繁,結果難確,在實用上並無重大價值,查此項斷面決定法,在英美書籍中論者極少,即在德國亦僅有 Wisseluik; Spangenberg; Thullie; Kunze 等方法,以及 Föerster 氏所著之 "Die Gremdzuge des Eisenbetonbaues" 及 Hager 氏所著之 "Theorie des Eisenbetons" 等書籍中略有簡單之記載,中以 Kunze 氏之方法較爲良善,法由已知之 M, NB 假定或已知斷面一邊之寬,利用表格以定斷面之高及鋼筋之量,惟所列之表格範圍較狹,且缺點甚多,故在實用上,尚屬困難,本篇對于此項問題,曾加以甚大之努力,將關

于計劃及複核上所起諸問題,用極簡單之方法解決之。

第三節　斷面全部起應壓力時之斷面決定法及應力計算法

外力循斷面軸心作用時,所起之應力爲均佈,其強爲

$$f_o = \frac{N}{A(1+np)} \qquad * \qquad\qquad (1)$$

上式中之 f_o 爲斷面所起應力之強,N 爲外力之強,A 爲混凝土之斷面積,P 爲鋼筋百分比,$n=15$,

又 A 值,如斷面爲距　形　　$A=bd=\gamma d^2$

　　　　　如斷面爲正方形　　$A=b^2$

　　　　　如斷面爲圓　形　　$A=\pi\gamma^2$

　　　　　如斷面爲八角形　　$A=3.3137\gamma^2$

　　　（γ 爲八角形斷面之中心軸長之半）

惟(1)式僅能適合于次列之規定範圍以內,過此規定,即須使用第(22)式及(23)式計算之。

(一)材長不超過距形或正方形斷面之最小邊長之十三倍。

(二)材長不超過圓形或八角形斷面之直徑或中心軸長之十一倍。

由(1)式,如已知 N, f_o 兩值,並預先假定 p 值,由次列之四式,以定混凝土之斷面積,即

$$bd = \gamma d^2 = \frac{N}{fc(1+15p)} \qquad (b=\gamma d).$$

或　　　　　　　$$d = \sqrt{\frac{N}{\gamma f_o(1+15p)}} \qquad\qquad (2)$$

---

*(註)　A之正確值,應爲構材之斷面積減去輪鐵筋總斷面積之純混凝土斷面積,但軸鐵筋之總斷面積至多不過3%,故全斷面積內不除軸鐵筋斷面積時所起應力之差誤至多不過2.1%,故爲求計算之簡單,仍用全斷面積作爲構材之有效斷面積。

$\Big[$ * 設 $1+\gamma:1 = \dfrac{1}{1+(n-1)p} : \dfrac{1}{1+np}$. 今 設 $n=15$, $p=3\%$ =.705:.690=1.021.

∴ $\gamma=0.021=2.1\%$ $\Big]$

$$b = \sqrt{\frac{N}{f_c(1+15p)}} \tag{3}$$

$$\gamma = \sqrt{\frac{N}{\pi f_c(1+15p)}} \tag{4}$$

$$\gamma = \sqrt{\frac{N}{3.3137 f_c(1+15p)}} \tag{5}$$

又假定混凝土斷面積,以定 p 值,可依次列各式計算之。

$$p = \frac{1}{15}\left(\frac{N}{f_c \gamma d^2} - 1\right) \tag{6}$$

$$= \frac{1}{15}\left(\frac{N}{f_c b^2} - 1\right) \tag{7}$$

$$= \frac{1}{15}\left(\frac{N}{\pi \gamma^2 f_c} - 1\right) \tag{8}$$

$$= \frac{1}{15}\left(\frac{N}{3.3137 \gamma^2 f_c} - 1\right) \tag{9}$$

更可由已知之 $N, A, p,$ 三值,依次列各式以求斷面所起之最大應力。即

$$f_c = \frac{N}{bd(1+15p)} \tag{10}$$

$$= \frac{N}{b^2(1+15p)} \tag{11}$$

$$= \frac{N}{\pi \gamma^2(1+15p)} \tag{12}$$

$$= \frac{N}{3.3137 \gamma^2(1+15p)} \tag{13}$$

或由 f_c, p, A 三值依次列各式以定斷面所起之最小抵抗力。

$$N = f_c \gamma d^2(1+15p) \tag{14}$$

$$= f_c b^2(1+15p) \tag{15}$$

$$= f_c \pi \gamma^2(1+15p) \tag{16}$$

$$= f_c \times 3.3137 \gamma^2(1+15p) \tag{17}$$

應用以上各式,計算計劃及複核上所起諸問題,極爲簡單,自可無庸加以詳細說明。

又于斷面爲圓形或八角形等,求施工之便利或因斷面受限制而施用螺旋筋以補强者,此項計算方法,門戶極多,迄未有正鵠之解答,例如<u>德國</u>恆用次式:

$$N = f_c A (1 + np + 3np_h)。$$ （上式之由來及證明見拙譯『日本土木學會編鐵筋混凝土標準條例及註譯』）。

<u>法國</u>用 $N = f_c A (1 + np + 2.4np_h)。$ （根據 Considere 氏之試驗而規定者。

<u>美國</u>用 $N = [300 + (0.10 + 4p)f'_c](Ac + npA)。$ （其見解以軸鐵筋之多寡與柱之抗壓强度相關,而視螺旋筋無與此事者。故在僅用柱旋筋柱而不用軸鐵筋者,或僅用以維繫其螺旋筋之節距 (pitch) 者之 longitudinal crimped spacing bar 時,不認螺旋筋爲有效,而不加入計算。見 Report of the Joint Committee on Standard specifications for Concrete and Reinforced Concrete. 1924.）

此外<u>日本土木學會鐵筋混凝土條例調查委員會</u>曾提出次式

$$N = (1.8 + 5p)\left[1 - \frac{1}{8}\left(1.5 - \frac{p}{p_h}\right) \right] f_c Ac (1 + np)。$$

（惟玆式招大會討論否決,仍採用<u>德國</u>之算式。見<u>加藤次郎</u>著『日美德鐵筋混凝土條例之說明及例題』1928. p.257 ）.

今依<u>德國</u>算式,凡鋼筋混凝土柱如兼用螺旋筋時,斷面上所起之應力爲

$$f_c = \frac{N}{\pi \gamma'^2 (1 + 15p + 45p_h)} \tag{18}$$

上式中之 γ' 爲螺旋筋圈之半徑, p_h 爲螺旋筋之百分比,

而 $$p_h = \frac{2\pi a\gamma'}{\beta A} \tag{19}$$

---

* (註二) 螺旋筋柱受破壞載重以上時,則螺旋筋之効力得充分發揮,卽使螺旋筋外側之混凝土脫落淨盡,仍可繼續受非常之載重,故恆根據其極限强度,採用相當之安全率,以求許可中心軸載之量。此係<u>德國</u>訂定標準條例時之見解,而非<u>美國</u>條例中所許可,蓋螺旋筋柱未達破壞載重時,螺旋筋之効力並不顯著故耳。今從<u>德</u>例,故螺旋筋柱之混凝土有效面積應以螺旋筋圈內所包圍之面積計算之。

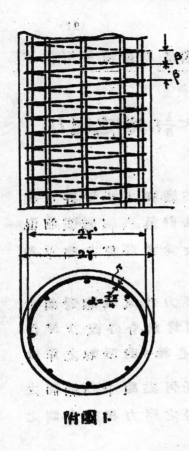

附圖 1.

上式中之 α 為螺旋筋之斷面積，β 為螺旋筋每節間之距離，A 為混凝土有效斷面積（見附圖一）。

惟須注意者 $[1+15p+45p_h]$ 之值不得大于 2，卽 $15p+45p_h$ 之值應小于 1，換言之，鋼筋斷面所能承受者不能超過混凝土斷面所能承受者。又因依實驗之結果，具螺旋筋者與純混凝土柱達破壞程度及生同樣縮短時，螺旋筋柱約較純混凝土柱強 2.5 倍，為安全計，故採用為 2。又因過此限制，不僅易生危險且不經濟，蓋鋼筋與混凝土價格之比與應力之比，不相稱故耳。

按此語言經濟，鋼筋與混凝土價格之比約在六十至七十倍之間，其應力用于柱者僅為十五倍左右故有此語。

為求便利計算起見，可先將 $15p+40p_h$ 合成一項假定為 $15p_r$（$p_r=p+3p_h$），則 (18) 式，可化成 (1) 式，故計劃複核皆可依同一方法求之。

又如柱長超過前列之規定，柱之許可軸載重，應由短柱之軸載重乘以次列之係數 $\left[1.33-\dfrac{l}{120i}\right]$

（見 Report of the Joint Committee on Standard Specifications for Concrete & Reinforced Concrete. 1924 p.60）

上式中 l 為柱長，i 為全斷面積之最小環動半徑(Radius of gyration)

卽　　　　　$N' = N\left[1.33-\dfrac{l}{120i}\right]$　　　　　　　　(20)

N' 為長柱之許可軸載重，N 為短柱之許可軸載重。

如依德國條例所載之表格（見"工程譯報"第二卷第二期 p. 96）設法誘導，可得次列之公式卽

$$N' = N \left(1.45 - 0.01 \ \frac{l}{i} \right) \tag{21}$$

今由短柱公式乘某係數而得長柱公式,故以後僅及短柱不再論長柱,以求簡單。

第四節　斷面一部分起應張力($f'_o < \frac{1}{5} f_c$時)之應力計算法及斷面決定法

平時恆假定混凝土不受應張力者,惟在應張力小于許可應壓力之$\frac{1}{5}$之絕對值時,如依本節所述之方法計算,與視應張側混凝土為無用者,所得之結果,相差不過 5%,故為求計算之簡單,特提本節之計算方法如次。

外力不循斷面中軸而生偏距,除起應壓力外又起應彎曲力其偏于外力側者,所起之應力假定為正,他側為負。令外直力 N 作用于斷面積 A 時所起之應力為$\frac{N}{A}$,距斷面中心軸y處所起之單位應彎曲力為$\frac{My}{I}$（I為斷面之二次羃,y為任何點距中心軸間之距離）,故斷面內任何一點距中心軸y處所起之應力在外力側之一部應為

$$f_o = \frac{N}{A} + \frac{My}{I} \tag{22}$$

其在外直力之他側距中心軸x點所起之應力為

$$f'_o = \frac{N}{A} - \frac{Mx}{I} \tag{23}$$

故斷面內上下邊綫 (Extreme fiber) 所起之最大及最小應壓力或最大應張力應為

$$f_o = \frac{N}{A} + \frac{Md}{2I} \tag{24}$$

$$f'_o = \frac{N}{A} - \frac{Md}{2I} \tag{25}$$

(25)式中若 $\dfrac{N}{A} > \dfrac{Md}{2I}$ 時斷面內所起之f'_o值為最小應壓力

$$\frac{N}{A} < \frac{Md}{2I} \text{ 時斷面內所起之 } f'_c \text{ 值為最大應張力}$$

$$\frac{N}{A} = \frac{Md}{2I} \text{ 時斷面內所起之 } f'_c \text{ 值為零}$$

今就各種鋼筋混凝土構材斷面說明之如次。

第一款　斷面矩形時(見第二圖)

$$A_i = bd(1 + 15p)$$

$$I_i = I_c + 15I_s = \frac{bd^3}{12} + 15p.bda^2 = bd^3 \left[\frac{1}{12} + 15pa'^2 \right]$$

上式中之 A_i 為等值面積，I_i 為等值二次羃，a 為斷面內鋼筋關于中和軸所起之環動半徑，又 $a' = a/d$。

又因　　　　　　　　$M = Ne.$

故由 (24),(25) 兩式,得

$$f_c = \frac{N}{bd} \left[\frac{1}{1+15p} + \frac{6e'}{1+180pa'^2} \right] = \frac{N}{bd} K.(e' = e/d). \quad (26)$$

$$f'_c = \frac{N}{bd} \left[\frac{1}{1+15p} - \frac{6e'}{1+180pa'^2} \right] = \frac{N}{bd} K' \quad (27)$$

外力一邊鋼筋所起之最大應壓力為

$$f'_s = nf_c = \frac{15N}{bd} K. \quad (28)$$

他邊鋼筋所起之最大應張力或最小應壓力為

$$f_s = nf'_c = \frac{15N}{bd} = K' \quad (29)$$

由 (28),(29) 兩式所求得鋼筋上所起之應力,與該項材料所具之抵抗應力比較,相差甚鉅,其影響極微,恆可免覆,故以後不再詳論。

第二款　斷面正方形時。

$$A_i = b^2(1 + 15p)$$

$$I_i = \frac{b^4}{12} + 15pb^2a^2 = b^4 \left[\frac{1}{12} + 15pa'^2 \right] \quad (a' = a/b)$$

$$f_c = \frac{N}{b^2} \left[\frac{1}{1+15p} + \frac{6e'}{1+180pa'^2} \right] = \frac{N}{b^2} H \quad (30)$$

$$f'_c = \frac{N}{b^2}\left[\frac{1}{1+15p} - \frac{6e'}{1+180pa'^2}\right] = \frac{N}{b^2}H' \qquad (31)$$

第三款　斷面圓形時(見第三圖)

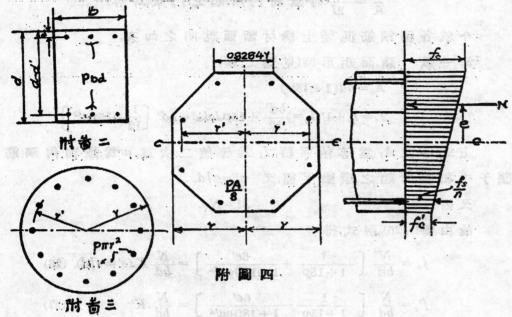

附圖二

附圖三

附圖四

$$A_t = \pi\gamma^2(1+15p)$$

$$I_t := \frac{\pi\gamma^4}{4} + \frac{\mathrm{nas}\gamma'^2}{2} = \frac{\pi\gamma^4}{4}\left[1+30p\left(\frac{\gamma'}{\gamma}\right)^2\right] \doteq \frac{\pi\gamma^4}{4}(1+30p).$$

$$f_c = \frac{N}{\pi\gamma^2}\left[\frac{1}{1+15p} + \frac{4e''}{1+30p}\right] = \frac{N}{\pi\gamma^2}J \quad (e''=e:\gamma) \quad (32)$$

$$= \frac{4N}{\pi d^2}\left[\frac{1}{1+15p} + \frac{8e'}{1+30p}\right] \qquad (e'=e:d)$$

$$f'_c = \frac{N}{\pi\gamma^2}\left[\frac{1}{1+15p} - \frac{4e''}{1+30p}\right] = \frac{N}{\pi\gamma^2}J' \qquad (33)$$

$$= \frac{4N}{\pi d^2}\left[\frac{1}{1+15p} - \frac{8e'}{1+30p}\right]$$

第四款　斷面八角形時(見第四圖)

$$A_t = 3.3137\gamma^2(1+15p)$$

$$I_t = \frac{2\gamma(2\gamma)^3}{12} - 4\left[\frac{(2-\sqrt{2})\gamma(2-\sqrt{2})^3\gamma^3}{36}\right.$$

$$\left. + \frac{1}{2}(2-\sqrt{2})^2\gamma^2\left\{\frac{1}{3}(1+\sqrt{2})\gamma\right\}^2 \frac{npA}{2}(4-2\sqrt{2})\gamma'^2\right]$$

$$= \gamma^4 \left[0.8758 + 1.9411\, np. \left(\frac{\gamma^1}{\gamma}\right)^2 \right]$$

$$f_c = \frac{N}{\gamma^2} \left[\frac{1}{3.3137(1+15p)} + \frac{e'}{0.8758 + 29.117p\left(\frac{\gamma'}{\gamma}\right)} \right] = \frac{N}{\gamma^2} Q \quad (34)$$

$$f'_c = \frac{N}{\gamma^2} \left[\frac{1}{3\,3137(1+15p)} - \frac{e'}{0.8758 + 29.117p\left(\frac{\gamma'}{\gamma}\right)} \right] = \frac{N}{\gamma^2} Q' \quad (35)$$

　　以上各式俱可用以覆核巳知斷面所起之應力,後附圖表第一種之甲圖,卽爲覆核用之圖表,今特舉例以明其應用。

　　例一　由已知斷面積,外力偏心距及許可應力,以判定斷面所起之應力,及其極限之範圍。

　　〔此項問題之研究,在通常書本上極少陳述,僅見 Turneaure, Maurer 二氏合著之 "Principles of Reinforced Concrete Construction. p 101. 中曾列有一表,惟範圍極狹,不敷應用,如利用本圖表,卽可求得範圍極廣之判決〕。

　　〔解〕　將三角板或明角尺之一邊,一端切于 $\frac{f_o bd}{N}$ 行之零點,一端切 $\left(p, \frac{a}{d}\right)$ 圖網上已知之 p 及 $\frac{a}{d}$ 一點,交 $\frac{e}{d}$ 線上之一點,如 $\frac{e}{d}$ 值小于外力之偏心距與斷面一邊之比時,則斷面之一部起應張力,大于此數,則僅起應壓力,在計算時如巳知斷面之一部起應張力(其強不過許可應壓力五分之一),或斷面全部起應壓力時,可用本節之方法,否則需用後節所述之方法解決之。

　　例如　　$\frac{f_o bd}{N} = 1.5$　　　　$\frac{a}{d} = 0.4$

　　如　　　$p = 2\%$　　　$\dfrac{e}{d}\begin{matrix}<\\>\end{matrix}0.195$　　全部起應壓力。一部起應張力。

　　　　　　　$p = 3\%$　　　$\dfrac{e}{d}\begin{matrix}<\\>\end{matrix}0.255$　　全部起應壓力。一部起應張力。

　　　　　　　$p = 0$　　　　$\dfrac{e}{d}\begin{matrix}<\\>\end{matrix}0.167$　　全部起應壓力。一部起應張力。

$p = 0$ 時,卽爲純混凝土斷面之偏心極限比爲 $\frac{1}{6} = 0.167$,卽在中央

三分之一間不生張力。

以上所述僅就復核上所起諸問題加以討論,茲將計劃時所需之斷面決定法述之如次。

設已知外直力 N,外彎羃 M,及混凝土之許可應壓力 f_o。(在實際上,鋼筋所起之應力恆小于其材料所能抵抗者遠甚,又 f'_o 值在本範圍內亦甚微小,故決定斷面時,只需顧慮混凝土之許可應壓力爲主)以定構材之斷面積。

第一款 矩形斷面決定法。

由(26)式中 $f_o = \dfrac{N}{bd}\left[\dfrac{1}{1+15p}+\dfrac{6e'}{1+180pa'^2}\right]$

假定 $a'=0.4$, $b:d=\gamma$

則上式化爲 $f_o = \dfrac{N}{\gamma d^2}\left[\dfrac{1}{1+15p}+\dfrac{6e'}{1+28.8p}\right]$

將上式兩邊各乘以 e^2,則得

$$f_o e^2 = \dfrac{Ne^2}{\gamma d^2}\left[\dfrac{1}{1+15p}+\dfrac{6e'}{1+28.8p}\right]$$

或 $\dfrac{\gamma f_o e^2}{N}=e'^2\left[\dfrac{1}{1+15p}+\dfrac{6e'}{1+28.8p}\right]$ $(\because e'=e:d)$

或 $e'^3 + \dfrac{1+28.8p}{6(1+15p)}e'^2 - \dfrac{\gamma}{6}(1+28.8p)\dfrac{f_o e^2}{N}=0$ (36)

上式中如 $N, e\left(\because e=\dfrac{M}{N}\right)$ 及 f_o 三值爲已知,又假定 γ 及 p 之二值後,即可由(36)式 e' 之三次方程式而得 e' 值,但因 $e'=e:d$, 故 d 值不難求得,而 $b:d=\gamma$ 則 b 值求之亦易,再進而以 p 乘 b,d 之積,即爲所需鋼筋之斷面積。

第二款 正方形斷面決定法。

由(30)式得 $f_o = \dfrac{N}{b^2}\left[\dfrac{1}{1+15p}+\dfrac{6e'}{1+28.8p}\right]$

與上款同樣兩邊各以 e^2 乘之,然後再加以整理則得

$$e'^3 + \dfrac{1+28.8p}{6(1+15p)}e'^2 - \dfrac{1+28.8p}{6}\cdot\dfrac{f_o e^2}{N}=0 \qquad (37)$$

此式與(36)較,僅將 γ 一值置之爲 1,故(37)式不過(36)式中之一特別情形耳。

第三款　圓形斷面決定法

由(32)式得　$f_c = \dfrac{4N}{\pi d^2}\left[\dfrac{1}{1+15p} + \dfrac{8e'}{1+30p}\right]$

與上款同樣兩邊各以 e^2 乘之,然後再加以整理,則得

$$e'^3 + \frac{1+30p}{8(1+15p)}e'^2 - \frac{1+30p}{8}\cdot\frac{\pi}{4}\frac{f_c e^2}{N} = 0 \tag{38}$$

第四款　八角形斷面決定法

由(34)式得　$f_c = \dfrac{N}{\gamma^2}\left[\dfrac{1}{(1+15p)\times 3.3137} + \dfrac{e'}{0.8738 + 29.117\left(\frac{\gamma'}{\gamma}\right)^2 p}\right]$

與上款同樣兩邊各以 e^2 乘之,然後加以整理,而得

$$e'^3 + \frac{0.8738 + 29.117\left(\frac{\gamma'}{\gamma}\right)^2 p}{3.3137(1+15p)}e'^2 - \left[0.8738 + 29.117\left(\frac{\gamma'}{\gamma}\right)^2 p\right]\frac{f_c e^2}{N} = 0$$

置 $\gamma':\gamma = 0.4$,

$$e'^3 + \frac{0.8738 + 4.6587p}{3.3137(1+15p)}e'^2 - \left[0.8738 + 4.6587p\right]\frac{f_c e^2}{N} = 0 \tag{39}$$

第五款　矩形斷面一邊爲已知(或假定)之決定法

由(26)式兩邊各乘 e 得

$$f_c e = \frac{N}{b}e'\left[\frac{1}{1+15p} + \frac{6e'}{1+28.8p}\right]$$

整理上式得

$$e'^2 + \frac{1+28.8p}{6(1+15p)}e' - \frac{(1+28.8p)f_c eb}{6N} + 0. \tag{40}$$

解上式之 e' 值以定 d 值又屬易易。

綜上列各式,對于斷面決定諸問題,大致皆可解決,但欲決定一值,而須解一二次或三次方程式,又屬不合實用。兹利用圖表術將(36),(37),(38),(40)四式製成圖表一紙,〔(39)式因圖表上無容納餘地,暫從割愛,好在八角形斷面平時用之極少,卽隅然引用,亦可利用本篇所附之三次式圖表求之,極爲便利,故不插入。〕苟所需之

各條件已知時,在一分鐘內,即可立即求得相當之答案。茲舉例說明之如次。

例二　試設計一正方形斷面之支柱,已知外彎羃為 500,000 kg/cm^2, 直壓力為 40,000 kg, 假定鋼筋百分比為 2%, $f_o = 42$ kg/cm^2

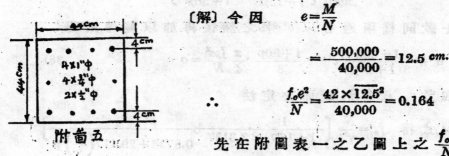

附圖五

〔解〕今因　　$e = \dfrac{M}{N}$

$$= \dfrac{500,000}{40,000} = 12.5 \; cm.$$

$$\therefore \quad \dfrac{f_o e^2}{N} = \dfrac{42 \times \overline{12.5}^2}{40,000} = 0.164$$

先在附圖表一之乙圖上之 $\dfrac{f_o e^2}{N}$ 行上 0.164 點,將三角板之一邊相截于茲點,然後將三角板之邊徐徐移動截斜線 p% 于 2% 點上,此時三角板之一邊截于無分格線上之一點,將此點點出,然後將三角板移動,一端仍截于無分格線上之一點,另截 $\dfrac{f_o e^2 \gamma}{N}$ 線側之 p% 行之 2% 點,此時交于曲線 $\dfrac{f_o e^2 \gamma}{N}$ 行之一點 (0.294),即為所求之 e' 值。

今 e' 已得,則由 $e' = \dfrac{e}{d}$ 式可反求 d 值,即

$$d = \dfrac{12.5}{0.294} = 42.5 cm. \quad 用 \; d = 44 cm.$$

$$a_s = 2\% \times \overline{42.5}^2 = 36.1 cm.^2$$

顧慮實際施工之便利,鋼筋之斷面,及數量,及佈置方法,如圖所示(見第五圖)。

$$4 \times \dfrac{3''}{4} \Phi = 15.52 \; cm^2$$

$$4 \times 1'' \Phi = 20.27 \; cm^2$$

$$2 \times \dfrac{1''}{2} \Phi = \underline{2.53 \; cm^2}$$

$$38.32 \; cm^2$$

〔注意〕于 (36),(37),(38),(40) 等式中 a' 一值,俱假定為0.4,但實際上恆因鋼筋佈置之不同而生差異,故計劃時所需鋼筋與實施應用

時,需略有增減,以求適合,是項增減之量恆與鋼筋斷面積繞斷面中心線所起之環動半徑之平方成反比例,如以算式表明之,即

$$a_{s2} : a_{s1} = 0.16 : R$$

或

$$a_{s2} = \frac{0.16\, a_{s1}}{R} \tag{41}$$

上式中之 a_{s1} 爲 a'^2 爲 0.16 時所需之鋼筋總斷面積。

a_{s2} 爲 a'^2 爲 R 時所需之鋼筋總斷面積。

R 爲鋼筋實施排列時所起之環動半徑之平方。

此項 R 值,如鋼筋置于上下二側且僅爲一列時,則爲其斷面之重心線至鋼筋中心線間之距離之平方。

如鋼筋排列成二行或二行以上時,則 R 之值爲各列鋼筋之面積與距斷面重心線間之距離之平方之和與鋼筋總面積之商,如以算式表明之,即

$$R = \frac{\sum\limits_{1}^{m} d^2{}_r a_r}{\sum\limits_{1}^{m} a_r} \tag{42}$$

上式中之 d_r 爲 γ 行鋼筋距斷面重心線間之距離,a_r 爲 γ 行鋼筋之總斷面積。

如兩側鋼筋面積不等時,可先求上下二側鋼筋之重心線位置,然後依此而求其 R,在平時遇之極少,且所起之結果在實際上毫無重要可言,故可略而不論。

若混凝土斷面內之鋼筋爲工字鋼廢鐵軌,或角鐵鋼板等所組成者,則 R 即爲此等斷面對于重心線所起環動半徑之平方,此項計算方法,在鋼鐵構造學上論之甚詳,故不贅述。

茲再就普通所常遇之鋼筋排列情形若干種,分別求得 R 諸值,以便計劃者有所準繩(見第六圖)。

在實際上離邊緣愈近用較粗之鋼筋較爲經濟,其離重心線愈近者愈不經濟,故離重心線近處之鋼筋不宜用之過粗,只需足夠維繫箍鐵所需之尺寸已足。例如第二,三,四,六等斷面,如將離重

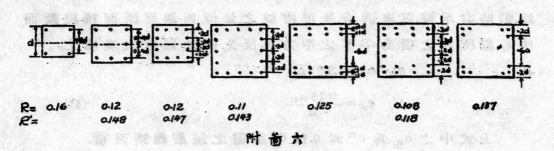

$R =$ 0.16　　　0.12　　　0.12　　　0.11　　　　0.125　　　0.108　　　0.137
$R' =$　　　　　0.148　　0.147　　0.143　　　　　　　　0.118

附圖六

心線較近處之鋼筋之半徑減小一半時，結果使材料經濟，而實際毫無所損，表中 R' 值即為鋼筋斷面之一部減小一半後所起之環動半徑之平方值，R 則同上義。關于其他鋼筋排列之方法，當在例題中隨時說明，不再重述。

　　　例三　　試覆核例二所得之結果。

〔解〕今　　　　$$R = \frac{\sum\limits_{1}^{m} a_r d'_r}{\sum\limits_{1}^{m} d_r} = \frac{2(10.14 + 7.76) \times \overline{18}^2}{38.32} \doteqdot 3.04 \doteqdot \overline{17.4}^2 .$$

∴　　　　　$$a' = \frac{17.4}{44} = 0.395$$

又　　　　　$$p = \frac{38.32}{44 \times 44} = 1.98\%$$

　　　　　　$$e' = \frac{e}{d} = \frac{12.5}{44} = 0.284 .$$

由圖表一得　　$$\frac{f_c bd}{N} = 1.87, \qquad \frac{f'_c bd}{N} = -0.31 .$$

∴　　　　　$$f_c = \frac{40,000 \times 1.87}{44 \times 44} = 38.6 < 42 \ kg/cm^2 .$$

　　　　　　$$f'_c = \frac{40,000 \times 0.31}{44 \times 44} = -6.4 < \frac{42}{5} = 8.4 \ kg/cm^2 .$$

第五節　斷面起應張力時之應力計算法
及斷面決定法

　　斷面受外直力作用，因距重心線較遠而使一側起應張力，若

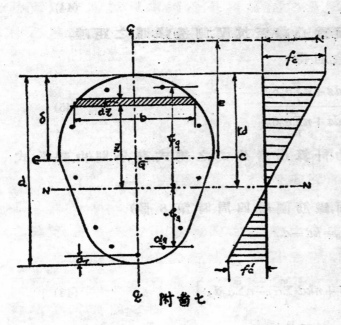

附圖七

應力超出其 $\frac{1}{5}$ 之許可應壓力之絕對值時,所有應張力必需認爲完全付予鋼筋承受之,換言之,凡斷面起應張力部份之混凝土視爲無用,因此該項計算方法與上節所述者不同,茲先將定已知斷面所起應力用之普遍公式之誘導方法,並逐次推演其他種種之情況所用諸公式。

　　設鋼筋混凝土材之斷面如 7 圖,受外直力 N,偏心距 e,彎羃 M,依靜力學之平衡條件,可得次列二公式

$$N = \int_0^{Kd} b \cdot dz \cdot f_c \cdot \frac{z}{kd} + \sum_1^m a_g \frac{n f_c 6_g}{kd}$$

$$= \frac{f_c}{kd}\left[\int_0^{Kd} bz \cdot dz + n \sum_1^m a_g 6_g \right] \tag{43}$$

$$= \frac{f_c}{kd}\left[\text{有效斷面積繞中和軸 (Neutural axis) 所起之靜力羃 (Static Moment)} \right]$$

$$M = \int_0^{Kd} bz \cdot dz \cdot f_c \cdot \frac{z}{kd} + \sum_1^m a_g 6_g \frac{n f_c 6_g}{kd}$$

$$= \frac{f_c}{kd}\left[\int_0^{Kd} bz^2 dz + n \sum_1^m a_g 6_g{}^2 \right]$$

$$= \frac{f_c}{kd}\left[\text{有效斷面積繞中和軸所起之二次羃 (Moment of Jnertia)} \right]$$

$$= N e_N$$

$$= N(e + kd - \delta). \tag{44}$$

上式中之 δ 爲斷面重心線至抗壓側邊緣間之距離。

將 (43), (44) 兩式相除,則得

$$e + kd - \delta = \frac{M}{N} = \frac{\int_0^{Kd} z^2 b \cdot dz + n \sum_1^m a_g \delta_g{}^2}{\int_0^{Ka} z \cdot b \cdot dz + n \sum_1^m a_g \delta_g}. \tag{45}$$

上式爲本節求應力計算用諸公式之總式,兹分別由總公式推求之如次。

第一款　　矩形斷面,鐵筋圍繞四周時(第 8 圖)

由第七八兩圖得 $\delta_q = kc - d_q$

依(45)式先求得

$$N = \frac{f_o}{kd} \left[\frac{b \overline{kd}^2}{2} + nkd \cdot \sum_1^m a_g - n \sum_1^m a_g d_g \right] \tag{46}$$

$$M = \frac{f_o}{kd} \left[\frac{b \cdot \overline{kd}^3}{3} + nk \overline{d}^2 \sum_1^m a_g - 2nkd \sum_1^m a_g \cdot d_g + n \sum_1^m a_g \cdot d_g{}^2 \right] \tag{47}$$

$$e + kd - \delta = \frac{\dfrac{b k \overline{d}^3}{3} + nk \overline{d}^2 \sum_1^m a_g - 2nkd \sum_1^m a_g \cdot d_g + n \sum_1^m a_g \cdot d_g{}^2}{\dfrac{b k \overline{d}^2}{2} + nkd \cdot \sum_1^m a_g - n \sum_1^m a_g d_g}$$

整理上式得次列之 k 之三次方程式

$$k^3 + 3 \left(\frac{e}{d} - \frac{\delta}{d} \right) k^2 + \frac{6n}{bd} \left[\sum_1^m d_g \cdot \frac{d_g}{d} + \sum_1^m a_g \left(\frac{e}{d} - \frac{\delta}{d} \right) \right] k - \frac{6n}{bd} \left[\sum_1^m a_g \left(\frac{d_g}{d} \right)^2 \right.$$
$$\left. + \sum_1^m a_g \cdot \frac{d_g}{d} \left(\frac{e}{d} - \frac{\delta}{d} \right) \right] = o \tag{48}$$

但上式中之　　$p_g = \dfrac{a_g}{bd}$ = 每根鋼筋之斷面百分比。

如斷面之重心線與抗壓側邊緣間之距離 δ,根據有效斷面積所起之靜力冪而求得者,爲一含 k 之二次式,如是(46)式化成一 k 之四次式,（ 見 Kunze. Bestimmung von Eisenbetonguerschnitten. Armierter Beton. 1916. S.186)。但因其影響極微,故仍沿舊習以 $\dfrac{d}{2}$ 代之,以求簡單,故(48)式化成

$$k^3 + 3\left(\frac{e}{d} - \frac{1}{2}\right)k^2 + 6n\left[\sum_1^m p_g \cdot \frac{d_g}{d} + \sum_1^m p_g\left(\frac{e}{d} - \frac{1}{2}\right)\right]k - 6n\left[\sum_1^m p_g\left(\frac{d_g}{d}\right)^2\right.$$

$$\left. + \sum_1^m p_g \cdot \frac{d_g}{d}\left(\frac{e}{d} - \frac{1}{2}\right)\right] = 0. \tag{49}$$

解上式而得 k，更由次列各式以定其應力度。

由(46),或(47)式得混凝土之最大應壓力爲

$$f_c = \frac{M}{bd^2}\left[\frac{3k}{k^3 + 3n\sum_1^m p_g\left(k - \frac{d_g}{d}\right)^2}\right] \tag{50}$$

$$= \frac{N}{bd}\left[\frac{2k}{k^2 + 2n\sum_1^m p_g\left(k - \frac{d_g}{d}\right)}\right] \tag{51}$$

下側鋼筋所起之最大應張力爲

$$f_s = nf_c\left(\frac{d_m}{kd} - 1\right). \tag{52}$$

上側鋼筋所起之最大應壓力爲

$$f'_s = nf_c\left(1 - \frac{d_1}{kd}\right). \tag{53}$$

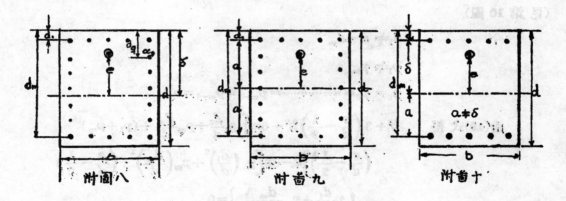

附圖八　　　　　　附圖九　　　　　　附圖十

〔推論一〕　鋼筋之排列與斷面重心線相對稱時(第 9 圖)

今　　　　　$d_1 = d - d_m,$　　　　　$p_1 = p_m$

$d_2 = d - d_{m-1},$　　　　　$p_2 = p_3 = \cdots\cdots\cdots = p_{m-2} = p_{m-1}$

$\cdots\cdots\cdots\cdots\cdots,$　　　　　$p = \sum_1^m p_g.$

依(49)式得

$$k^3+3\left(\frac{e}{d}-\frac{1}{2}\right)k^2+6n\frac{e}{d}pk-zn\left[2\sum_1^m p_g\left(\frac{d_g}{d}\right)^2+p\left(\frac{e}{d}-\frac{1}{2}\right)\right]=0$$

但

$$2\sum_1^m p_g\left(\frac{d_g}{d}\right)^2-\frac{p}{2}=2\sum_1^m\frac{\left(\frac{d}{2}-d_g\right)^2}{d^2}p_g=2p\left(\frac{a}{d}\right)^2=2pa'^2.$$

即置

$$a'^2=\frac{\sum_1^{m/2}\left(\frac{d}{2}-d_g\right)^2 p_g}{\sum_1^m p_g}$$

$\therefore$
$$k^3+3\left(\frac{e}{d}-\frac{1}{2}\right)k^2+6np\cdot\frac{e}{d}\cdot k-znp\left[\frac{e}{d}+2\left(\frac{a}{d}\right)^2\right]=0 \qquad (54)$$

由(51)式得
$$f_c=\frac{N}{bd}\left[\frac{2k}{k^2+2npk-np}\right] \qquad (55)$$

由(52)式得
$$f_s=nf_c\left(\frac{d_m}{kd}-1\right) \qquad (56)$$

由(53)式得
$$f'_s=nf_c\left(1-\frac{d_1}{kd}\right) \qquad (57)$$

〔推論二〕　鋼筋僅置于上下側各一列,數量不等位置不稱時
(見第10圖)

今
$$d_1 \doteqdot d-d_m$$
$$p_1 \doteqdot p_m,$$
$$p_2=p_3=\cdots\cdots\cdots\cdots=p_{m-2}=p_{m-1}=0.$$

由(49)式得
$$k^3+3\left(\frac{e}{d}-\frac{1}{2}\right)k^2+6n\left[p_1\frac{d_1}{d}\div p_m\frac{d_m}{d}+(p_1+p_m)\right.$$
$$\left(\frac{e}{d}-\frac{1}{2}\right)\Big]k-6n\Big[p_1\left(\frac{d_1}{d}\right)^2+p_m\left(\frac{d_m}{d}\right)^2+\left(\frac{e}{d}-\frac{1}{2}\right)$$
$$\left(p_1\frac{d_1}{d}+p_m\frac{d_m}{d}\right)\Big]=0$$

如置
$$\frac{d}{2}-d_1=a_1, \qquad\qquad d_m-\frac{d}{2}=a_m,$$
則上式化爲
$$k^3+3\left(\frac{e}{d}-\frac{1}{2}\right)k^2+6n\left[(p_1+p_m)\frac{e}{d}-\left(p_1\frac{a_1}{d}-p_m\frac{a_m}{d}\right)\right]k-6n$$
$$\left[p_1\frac{d_1}{d}\left(\frac{e}{d}-\frac{a_1}{d}\right)+p_m\cdot\frac{d_m}{d}\left(\frac{e}{d}+\frac{a_m}{d}\right)\right]=0 \qquad (58)$$

由(51)式得　$f_c = \dfrac{N}{bd}\left[\dfrac{2k}{k^2+2n(p_1+p_m)k-2n\left(\dfrac{d_1+d_m}{d}\right)}\right]$ 　　(59)

f_s, f'_s 兩式與 (56), (57) 同。

〔推論三〕　鋼筋僅置于上下兩側各爲一列,數量相等,位置相稱時(見第 11 圖)。

今　　　$d_1 = d - d_m,\ p_2 = p_3 \cdots\cdots p_{m-2} = p_{m-1} = 0$

　　　　$p_1 = p_m \quad p_1 + p_m = p$

由(49)式得　$k^3 + 3\left(\dfrac{e}{d} - \dfrac{1}{2}\right)k^2 + 6np\cdot\dfrac{e}{d}\cdot k - znp$

　　　　$\left[\left(\dfrac{d_1}{d}\right)^2 + \left(\dfrac{d_m}{d}\right)^2 + \dfrac{e}{d} - \dfrac{1}{2}\right] = 0$

置　　　$\left(\dfrac{d_1}{d}\right)^2 + \left(\dfrac{d_m}{d}\right)^2 - \dfrac{1}{2} = 2\left(\dfrac{a}{d}\right)^2 = 2a'^2.$

則得　　$k^3 + 3\left(\dfrac{e}{d} - \dfrac{1}{2}\right)k^2 + 6np\cdot\dfrac{e}{d}\cdot k - znp\left[\dfrac{e}{d} + 2\left(\dfrac{a}{d}\right)^2\right] = 0$ 　(60)

由(51)式得　$f_c = \dfrac{N}{bd}\left[\dfrac{2k}{k^2+2npk-np}\right] = \dfrac{M}{bd^2}\left[\dfrac{2npa^2}{kd^2} + \dfrac{k}{4} - \dfrac{k^2}{6}\right]^{-1}$ 　(61)

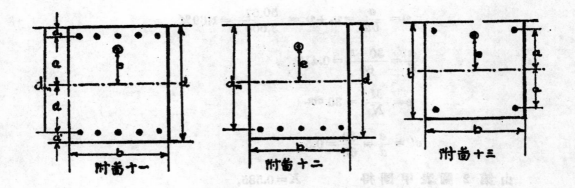

附圖十一　　　　　附圖十二　　　　　附圖十三

〔推論四〕　鋼筋僅置于抗張側而成一列者(見第 12 圖)。

今　　　$d_1 = d_2 = d_3 = \cdots\cdots\cdots\cdots = d_{m-1} = 0$

　　　　$p_1 - p_2 = p_3 = \cdots\cdots\cdots\cdots = p_{m-1} = 0$

　　　　$p_m = p.$

由(49)式得

$$k^3+3\left(\frac{e}{d}-\frac{1}{2}\right)k^2+6np\left(\frac{e}{d}+\frac{a}{d}\right)k-6np\left(\frac{a}{d}+\frac{1}{2}\right)$$

$$\left(\frac{a}{d}+\frac{e}{d}\right)=o \tag{62}$$

但上式中 $a=d_m-\dfrac{d}{2}$. $\therefore$ $\dfrac{a}{d}=\dfrac{d_m}{d}-\dfrac{1}{2}$.

由(51)式得 $f_c=\dfrac{N}{bd}\left[\dfrac{2k}{k^2-2np\left(\dfrac{d_m}{d}-k\right)}\right]$ \hfill (63)

〔推論五〕 斷面爲正方形,鋼筋匝繞四周,並與重心線成對稱者(見第13圖)。

求 k 值用之三次式與推論一中之(54)式同,求混凝土之最大應壓力之公式應改爲:

$$f_c=\frac{N}{b^2}\left[\frac{2k}{k^2+2npk-np}\right] \tag{64}$$

例四 試求14圖所示之斷面上起之最大應壓力。

〔解〕 已知 $M=1,200,000\ kg.cm.$ $N=40,000\ kg.$

$b=50\ cm.$ $d=60\ cm.$ $a_s=10\times1''\Phi=50.67\ cm.^2$

$A=bd=60\times50=3,000\ cm^2.$

$p=\dfrac{a_s}{bd}=p_t+p_c=\dfrac{50.67}{3,000}=1.69\%$

$\dfrac{a}{d}=\dfrac{30-5}{60}=0.417.$

$e=\dfrac{M}{N}=30\ cm.$

$e'=\dfrac{e}{d}=\dfrac{30}{60}=0.5.$

由第 2 圖表甲圖得 $K=0.585.$

由第 2 圖表乙圖得 $\dfrac{M}{f_cbd^2}=0.167.$

$\therefore$ $f_c=\dfrac{1,200,000}{0.167\times50\times60^2}=40\ kg/cm^2<42\ kg/cm^2.$

故該斷面尚稱安全。

例五　試求15圖之斷面上所起之最大應壓力

〔解〕 已知　$M = 1,200,000\ kgcm$　　　$N = 40,000\ kg.$

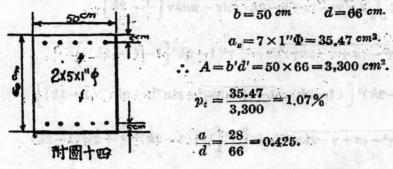

$$b = 50\ cm \qquad d = 66\ cm.$$

$$a_s = 7 \times 1'' \Phi = 35.47\ cm^2.$$

$$\therefore A = b'd' = 50 \times 66 = 3,300\ cm^2.$$

$$p_t = \frac{35.47}{3,300} = 1.07\%$$

$$\frac{a}{d} = \frac{28}{66} = 0.425.$$

附圖十四

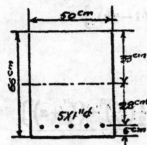

$$e' = \frac{e}{d} = \frac{30}{66} = 0.455.$$

由第 3 圖表甲圖得　　$K = 0.665.$

由第 3 圖表乙圖得　$\dfrac{N}{f_c bu} = 0.27.$

$$\therefore f_c = \frac{40,000}{0.27 \times 3300} = 44.8 > 12\ kg/cm^2$$

附圖十五

查通常所遇者以第三第四兩種為多,故本篇僅就以上兩種所用之公式製成圖表二種,其他各種可用本篇所附之普遍三次方程式圖解用之圖表求之。

第二款　斷面為圓形,鋼筋圍繞四周時(第 16 圖)

設圓形斷面之半徑為 γ,鋼筋中心線至斷面中心點間之距離為 γ.

則由
$$N = \frac{f_c}{2k\gamma} \left[\int_0^{2k\gamma} zb\,dz + n\sum_1^m a_g 6_g \right]$$

$$= \frac{f_c}{2k\gamma} \left\{ 2 \int_0^{2k\gamma} [\gamma^2 - (z + \overline{\gamma - 5k\gamma})^2]^{\frac{1}{2}} z\,dz - na_s \dot{\gamma} \left(\frac{\gamma'}{\gamma} - 2k \right). \right\}$$

$$M = \frac{f_c}{2k\gamma} \left\{ \int_0^{2k\gamma} z^2 b\,dz + n\sum_1^m a_g 6_g \right\}$$

$$= \frac{f_c}{2k\gamma} \left\{ 2 \int_0^{2k\gamma} z^2 \sqrt{\gamma^2 - (z + \gamma - 2k\gamma)}\,dz + \frac{nas\gamma'^2}{2} + nas\gamma^2 \left(\frac{\gamma'}{\gamma} - 2k \right)^2 \right\}$$

代入(45)式得

$$e_n = e - (1-2k)\gamma = \cfrac{2\int_0^{2k\gamma} z^{\frac{3}{2}}\sqrt{\gamma^2-(z+\gamma-2k\gamma)^2}\,dz + nas\gamma^2\left[\frac{1}{2}\left(\frac{\gamma'}{\gamma}\right)^2+\left(\frac{\gamma'}{\gamma}-2k\right)^2\right]}{2\int_0^{2k\gamma} z\sqrt{\gamma^2-(z+\gamma-2k\gamma)^2}\,dz - nas\gamma\left[\frac{\gamma'}{\gamma}-2k\right]}$$

但
$$2\int_0^{2k\gamma} z^{\frac{3}{2}}\sqrt{\gamma^2-(z+\gamma-2k\gamma)^2}\,dz = \frac{1}{4}\gamma^4(1-2k)\left[1-(1-2k)^2\right]^{\frac{3}{2}}$$

$$-\gamma(1-2k)^2\left[(1-2k)\sqrt{1-(1-2k)^2}-\sin^{-1}1+\sin^{-1}(1-2k)\right]$$

$$2\int_0^{2k\gamma} z\sqrt{\gamma^2-(z+\gamma-2k\gamma)^2}\,dz = \frac{2}{3}\gamma^3\left[1-(1-2k)^2\right]^{\frac{3}{2}}+2\gamma^3(1-2k)$$

$$\left[\frac{1-2k}{2}\sqrt{1-(1-2k)^2}-\frac{1}{2}\sin^{-1}1+\frac{1}{2}\sin^{-1}(1-2k)\right].$$

設 $1-2k=x=\cos\theta$.

則由上式得

$$e-\gamma x = \cfrac{\frac{\gamma^4}{48}\left[-\sin4\theta-28\sin2\theta+24\theta\cos2\theta+36\theta\right]+nas\gamma^2\left[\frac{1}{2}\left(\frac{\gamma'}{\gamma}\right)^2+\left(\frac{\gamma''}{\gamma}+x\right)^2\right]}{\frac{\gamma^3}{3}\left[\sin\theta(2+\cos^2\theta)-3\theta\cos\theta\right]-nas\gamma\left[\frac{\gamma''}{\gamma}+x\right]}$$

$$= \cfrac{\gamma^4\left[0.393-1.333x+1.571x^2-0.667x^3\right]+n\pi p\gamma^4\left[\frac{1}{2}\left(\frac{\gamma'}{\gamma}\right)^2+\left(\frac{\gamma'}{\gamma}\right)^2+2\frac{\gamma''}{\gamma}x+x^2\right]}{\gamma^3\left[0.667-1.571x+x^2\right]-n\pi p\gamma^3\left[\frac{\gamma''}{\gamma}+x\right]}.$$

暫由上式得

$$x^3-6e'x+\left[-2.00+9.426e'+141.500p\left(2\overline{e'+1}-3\frac{\gamma'}{\gamma}\right)\right]x+141.500p$$

$$\left[1+\frac{3}{2}\left(\frac{\gamma'}{\gamma}\right)^2-2\frac{\gamma'}{\gamma}(1-e')\right]-4.00e'+1.179=0. \tag{65}$$

但上式中之 $e'=\dfrac{e}{2\gamma}$. $\gamma''=\gamma-\gamma'$.

由(65)式解得 x 值後,即可代入 $\dfrac{1-x}{2}$ 而得 k 值,或逕將 x 值代入下列各式以定其應力,依(43)式得

$$f_c = \frac{N}{\gamma^2}\cdot\frac{1-x}{(0.667-1.571x+x^2)-47.124p\left(\frac{\gamma''}{\gamma}+x\right)} \tag{66}$$

而
$$f_e = n f_c \left(\frac{\gamma'}{k\gamma} - 1 \right) \tag{67}$$

$$f'_e = n f_c \left(\frac{\gamma'}{\gamma} \right) \tag{68}$$

〔推論〕　設鋼筋外側所包之混凝土視作不受力時(卽 $\gamma' = \gamma$)
則(65),(66)兩式化爲

$$x^3 - 6e'x + \left[-2.00 + 9.426e' + 141.500p(2e'-1). \right] x + 141.500p$$

$$\left[\frac{1}{2} + 2e' \right] - 4.00e' + 1.179 = 0 \tag{69}$$

$$f_c = \frac{N}{\gamma^2} \cdot \frac{1-x}{6.667 - (1.571 + 47.124p)x + x^2} \tag{70}$$

若　$\gamma' = 0.95\gamma$ 時, 則 (65),(66) 兩式化爲

$$x^3 - 6e'x^2 + \left[-2.00 + 9.426e' + 141.500p(2e'-0.85) \right] x$$

$$+ 141.500p \left[2e' + 0.450 \right] - 4e' + 1.179 = 0 \tag{71}$$

$$f_c = \frac{N}{\gamma^2} \frac{1-x}{0.667 - 2.356p - (1.571 + 44.850p)x + x^2} \tag{72}$$

若　$\gamma = 0.9\gamma$ 時, 則 (65),(66) 兩式化爲

$$x^3 - 6e'x^2 + \left[-2.00 + 9.426e' + 141.500p(2e'-0.70) \right] x$$

$$+ 141.500p \left[2e' + 0.417 \right] - 4e' + 1.179 = 0. \tag{73}$$

$$f_c = \frac{N}{\gamma^2} \frac{1-x}{0.667 - 4.712p - (1.571 + 42.470p)x + x^2} \tag{74}$$

若　$\gamma' = 0.85\gamma$ 時, 則 (65),(66) 兩式化爲

$$x^3 - 6e'x^2 + \left[-2.00 + 9.426e' + 141.500p(2e'-0.55) \right] x$$

$$+ 141.500p \left[2e' + 0.385 \right] - 4e' + 1.179 = 0. \tag{75}$$

$$f_c = \frac{N}{\gamma^2} \frac{1-x}{0.667 - 7.069p - (1.571 + 40.120p)x + x^2} \tag{76}$$

若　$\gamma' = 0.8\gamma$ 時, 則(65),(66) 兩式化爲

$$x^3 - 6e'x^2 + \left[-2.00 + 9.426e' + 141.500p(2e' - 0.55) \right]x$$

$$+ 141.500 p \left[2e' + 0.360 \right] - 4e' + 1.179 = 0. \tag{77}$$

$$f_c = \frac{N}{\gamma^2} \frac{1 - x}{0.667 - 9.425p - (1.571 + 37.720p)x + x^2} \tag{78}$$

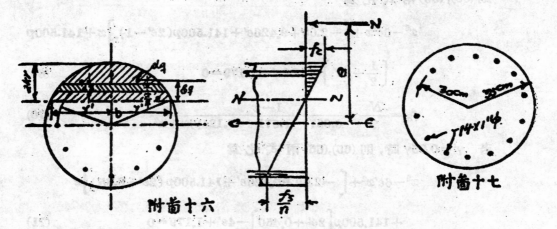

附圖十六　　　　　　　　　　　　附圖十七

　　以上各式原可就式繪圖,惟爲數過多,一一爲之未免費事,但綜觀各式本爲一 x 之三次式,惟其係數略有不同耳。故可利用一普遍之三次方程式圖表解決之。其法先將某式中各係數求出,然後按圖索解,甚爲便捷,今示一例以明其用。

　　例六　設已知圖形斷面各值如次,定該斷面所起最大之應壓力(見附圖 17)。

$$\gamma = 35\,cm; \quad \gamma' = 30\,cm, \quad M = 9\,t.m = 900,000\,kg.cm.$$

$$N = 30\,tons = 30,000\,kg. \quad a_s = 14 \times 1''\Phi = 70.96\,cm^2$$

〔解〕　今　$e = \dfrac{M}{N} = 30\,cm,$

∴　$e' = \dfrac{30}{70} = 0.43.$

$\dfrac{\gamma'}{\gamma} = \dfrac{30}{35} = 0.857$

$p = \dfrac{70.96}{3.142 \times 35^2} = 1.84\%$

今由(77)式得　　　　　$x^3 - 2.580x^2 + 2.809x + 2.709 = 0.$

但　　　　　　　　　$x = 1 - 2K,$

代入上式得　　　　　$k^3 - 0.210K^2 + 0.162K - 0.492 = 0.$

用圖表 4 得　　　　　$k = 0.540$

∴　　　　　　　　　$x = 1 - 2k = -0.08$

代入(78)式得

$$f_c = \frac{30{,}000}{35^2} \cdot \frac{1 - 0.08}{0.667 + 0.125 + .0064 - 0.194} = 24.5 \times \frac{0.92}{0.605} = 37.3 kg. < 40 kg/cm^2.$$

第三款　　斷面爲八角形,鋼筋設置于八隅時。

今設八角形斷面之軸長爲 2γ,共軛鋼筋間之水平距爲 $2\gamma'$,受外直力 N,外彎冪 M 時,得分成三種情形說明之,即

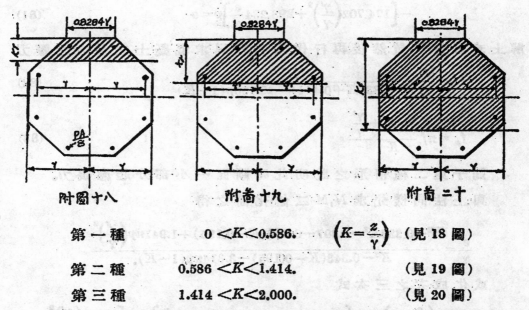

附圖十八　　　　　　　附圖十九　　　　　　　附圖二十

第一種　　　$0 < K < 0.586.$　　$\left(K = \dfrac{z}{\gamma}\right)$　（見 18 圖）

第二種　　　$0.586 < K < 1.414.$　　　　　　　　（見 19 圖）

第三種　　　$1.414 < K < 2.000.$　　　　　　　　（見 20 圖）

關于第一種情形之說明:—此時大部分斷面起應張力。

根據本節所述之普遍公式,先求

$$N = \frac{f_c}{K\gamma}\left[0.828\gamma.k\gamma. \frac{K\gamma}{2} + 2 \frac{\overline{K\gamma^2}}{2} . \frac{K\gamma}{3} - na_s(1 - K)\gamma\right].$$

$$M = \frac{f_c}{K\gamma}\left[\frac{0.828\gamma.\overline{K\gamma^3}}{3} + 2. \frac{K\gamma(K\gamma)^3}{12} + \frac{na_s}{2}(4 - 2\sqrt{2})\gamma'^2 + na_s(1 - K)^2\gamma^2\right]$$

$$\therefore\ e_n = e-(1-K)\gamma = \frac{M}{N} = \frac{\gamma^4\left[\frac{K^4}{6}+\frac{0.828K^3}{3}\right]+np\gamma^4\left[1.941\left(\frac{\gamma'}{\gamma}\right)^2+3.314(1-K)^2\right]}{\gamma^3\left[\frac{K^3}{3}+\frac{0.828K^2}{2}\right]-3.314np(1-K)\gamma^3}$$

化上式得

$$\frac{e}{\gamma} = \frac{K^2(K+1.243)-K^3\left(\frac{K}{2}+0.414\right)+5.823np\left(\frac{\gamma'}{\gamma}\right)^2}{K^4(K+1.243)-9.941np(1-K)}$$

$$= \frac{K^2(1.243+0.586K-0.5K^2)+5.823np\left(\frac{\gamma'}{\gamma}\right)^2}{K^2(K+1.243)-9.941np(1-K)}$$

化上式得一 K 之四次方程式

$$K^4-2\left(0.586-\frac{e}{\gamma}\right)K^3-2.486\left(1-\frac{e}{\gamma}\right)K^2+298.234p\frac{e}{\gamma}K$$

$$-\left[174.702\left(\frac{\gamma'}{\gamma}\right)^2+298.234\frac{e}{\gamma}\right]p=0 \qquad (81)$$

解上式可得 K 值然後再行代入次式以求混凝土之最大應壓力

$$f_o = \frac{N}{\gamma^2}\frac{K}{K^2(0.333K+0.414)-49.706p(1-K)} \qquad (82)$$

$$f_e = nf_o\frac{1-K+\frac{\gamma'}{\gamma}}{K} \qquad (83)$$

關于第二種情形之說明:此時斷面一小部分起應張力。

與上法同樣先求 N,M 二值化簡之得

$$\frac{e}{\gamma} = \frac{K^2-0.333K^3-0.007-0.276(K-0.195)+1.941np\left(\frac{\gamma'}{\gamma}\right)^2}{K^2-0.343(K-0.195)-3.314np(1-K)}$$

或化成次之三次式

$$K^3+3\left(\frac{e}{\gamma}-1\right)K^2+\left[0.828-(1.029-149.118p)\frac{e}{\gamma}\right]K-\left[87.35\left(\frac{\gamma'}{\gamma}\right)^2\right.$$

$$\left.+149.118\frac{e}{\gamma}\right]p+0.201\frac{e}{\gamma}-0.141=0 \qquad (84)$$

混凝土之最大應壓力

$$f_o = \frac{N}{\gamma^2}\frac{K}{K^2-(0.343-49.706p)K+0.067-49.706p} \qquad (85)$$

關于第三種情形之說明:一此時斷面僅起一小部分之應張力。與上法同樣先求 N, M 二值而化簡之,得

$$\frac{e}{\gamma} = \frac{K^2 - \frac{K^3}{3} - 0.007 - 0.276(K-0.195) - \frac{1}{6}(K-1.424)^3(0.586+K) + 1.941np\left(\frac{\gamma'}{\gamma}\right)^2}{K^2 - 0.343(K-0.195) - \frac{1}{3}(K-1.414)^3 - 3.314np(1-K)}$$

$$= \frac{0.167K^4 - 138K^3 + 2.414K^2 - 1.333K + 0.324 + 1.941np\left(\frac{\gamma'}{\gamma}\right)^2}{-0.333K^3 + 2.414K^2 - 2.343K + 1.010 + 3.314np(K-1)}$$

或化成次之四次式

$$K^4 - \left(2.826 - 2\frac{e}{\gamma}\right)K^3 + \left(36.810 - 14.464\frac{e}{\gamma}\right)K^2 - \left[8 - (14.058 - 298.326p)\frac{e}{\gamma}\right]K$$

$$+ (298.326p - 6)\frac{e}{\gamma} + 1074.702p\left(\frac{\gamma'}{\gamma}\right)^2 + 1.944 = 0. \tag{86}$$

混凝土之最大應壓力

$$f_c = \frac{N}{\gamma^2}\cdot\frac{K}{2.424K^2 - 0.333K^3 - (2.343 - 49.706p)K^2 + 1.010 - 49.706p}. \tag{87}$$

查八角形斷面之構材,用作支柱者尚多,起彎霖而生樑之作用者則少。故本節所述,僅就各公式之來源加以說明,關于圖表之製作及應用之實例,暫不插入以節篇幅。(整四次方程式圖表之製法,擬另立『高次方程式之圖表計算法』一題說明之)。

以上所述,僅就覆核上諸問題,加以相當之說明,茲更進而論斷面決定之方法。

第一款　矩形及正方形斷面之決定法。

設已知外直力 N,外彎霖 M,混凝土之許可應力 f_c,由假定之 a' 值及 p 值,以定斷面之大小。又假定兩側鋼筋之排列與中心線成對稱者,用(60)式

$$f\left(K, \frac{e}{d}, \frac{a}{d}, p\right) = K^3 + 3\left(\frac{e}{d} - \frac{1}{2}\right)K^2 + 6n\frac{e}{d}pK - 3np\left[\frac{e}{d} + 2\left(\frac{a}{d}\right)^2\right] = 0.$$

如鋼筋僅置于應張側時,則用(62)式

$$\Phi\left(K, \frac{e}{d}, \frac{a}{d}, p\right) = K^3 + 3\left(\frac{e}{d} - \frac{1}{2}\right)K^2 + 6np\left(\frac{e}{d} + \frac{a}{d}\right)K - 6np\left(\frac{a}{d} + \frac{1}{2}\right)\left(\frac{a}{d} + \frac{e}{d}\right) = 0.$$

上列二式中如假定 $\dfrac{a}{d}$ 爲一常數,則以上二式値爲一含 K, $\dfrac{e}{d}$, p 三變數之函數,將以上二式化爲 K 之陽函數,如用解析方法計算,即將以上二個三次式解之,得,

$$K = \varphi\left(\frac{e}{d}, p\right)$$

$$K = \varrho\left(\frac{e}{d}, p\right).$$

複將 K 值代入 (61), (63) 二式而得

$$\frac{f_o}{N} = \frac{1}{bd}\left[\frac{2\varphi\left(\frac{e}{d}, p\right)}{\varphi\left(\frac{e}{d}, p\right) + 2np\varphi\left(\frac{e}{d}, p\right) - np}\right] = \frac{1}{bd} F\left(\frac{e}{d}, p.\right) \tag{88}$$

$$\frac{f_o}{N} = \frac{1}{bd}\left[\frac{2\varrho\left(\frac{e}{d}, p\right)}{\varrho^2\left(\frac{e}{d}\ p\right) + 2np\varrho\left(\frac{e}{d}, p\right) - 2np\left(\frac{1}{2} + a'\right)}\right] = \frac{1}{bd} G\left(\frac{e}{d}, p\right) \tag{89}$$

由以上二式,已知 $\dfrac{e}{d}$, p 兩値,可不需先求 k 值直接定 f_o 值,但本節之目的,並不在于求 f_o 値而在求 b, d 二值,故仍依照第四節所述之方法將 d 值消去,然後用次列之方法解決之。茲分成三種情形言之。

第一種　假定 b 值爲已知或假定時。

將 (88) 式及 (89) 式兩邊各乘以 $e\,b$ 之積,結果使 (88),(89) 兩式化成

$$\frac{ebf_o}{N} = \frac{e}{d} F\left(\frac{e}{d}, p\right) = B. \tag{90}$$

$$\frac{ebf_o}{N} = \frac{e}{d} G\left(\frac{e}{d}, p\right) = C. \tag{91}$$

今 b, f_o, N 三值爲已知,俟 p 值定之後,即可由 (90),(91) 兩式以決定 $\dfrac{e}{d}$ 值,因此 d 值即可求得,或由已知之 b, d 而決定 p 值(即所謂鋼筋插入法),視其需要而施以運用者也。

以上所述如用解析的方法計算,並非不可,惟其繁雜不堪,易生差誤,茲爲求實用之便利,利用圖表方法,設法消去其種種之計

算,而成圖若干,惟因製圖時手續過繁,不免發生細微差誤,在實用上並無重大妨礙,好在計劃後仍需加以複算,雖發生微小差誤,亦可設法補救,故本篇所附之圖表,尙屬合用。對于此項圖表之製法,手續過繁,故不贅述。

第二種　　假定 b, d 之比爲 γ 時。

將 (88), (89) 兩式各乘以 $e^2\gamma$ 之積,結果得

$$\frac{\gamma f_c e^2}{N} = \left(\frac{e}{d}\right)^2 F\left(\frac{e}{d}, p\right) = D. \tag{92}$$

$$\frac{\gamma f_c e^2}{N} = \left(\frac{e}{d}\right)^2 G\left(\frac{e}{d}, p\right) = E. \tag{93}$$

今 f_c, γ, e, N 四値爲已知,假定 p 値後,可定其寬,或由其寬以定其 p,一如上述,但圖表則稍異焉。

第三種　　斷面假定爲正方形時。

卽將第二種情形,置 $b = d$,或 $\gamma = 1$,不過爲其中特殊情形之一耳。

第二款　　圓形斷面之決定法。

設已知外直力 N,外彎羃 M,許可應壓力 f_c,假定 p 値以定其斷面之尺寸。

假定鋼筋排列所成之圓周半徑與斷面半徑比爲 0.85,用(77)式化成 x 之陽函數,更以 x 値代入(78)式,再將 $\frac{\pi}{4} e^2$ 乘二邊所得之結果與上列諸式相似,卽

$$\frac{\pi}{4} \frac{e^2 f_c}{N} = \left(\frac{e}{\gamma}\right)^2 \left[\frac{1 - H\left(\frac{e}{2\gamma}, p\right)}{0.667 - (1.571 + 28.939p) H\left(\frac{e}{2\gamma}, p\right) + H\left(\frac{e}{2\gamma}, p\right)^2} \right] \tag{94}$$

將上式利用圖表學方法,製成圖表以資應用,如附圖表五。

第三款　　八角形斷面之決定。

因用途較小,解之荎難,故未加詳細研究,圖表及說明暫付闕如。

例七　　設已知外彎羃 $M = 12^{m.t.}$,外直力 $N = 40^{t.}$, $f_c = 42^{kg/cm^2}$. 以決定各種斷面之尺度。

〔解〕　假定 $b = 50^{cm}$.

今　　$e = \dfrac{M}{N} = \dfrac{12}{40} = \overset{\text{m}}{0.30} = 30^{cm}.$

$$\dfrac{f_c e b}{N} = \dfrac{42 \times 30 \times 50}{40,000} = 1.575.$$

(1) 設上下兩側各置 0.8% 之鋼筋,即 $p_t + p_c = 1.6\%$

由第五圖表之甲圖第一線,得

$$\dfrac{e}{d} = 0.505 = \dfrac{30}{d}.$$

$\therefore$　$d = \dfrac{30}{0.505} = 59.4 \doteqdot 60^{cm}.$

$\therefore$　$a_s = 50 \times 59.4 \times 0.8\% = 23.75^{cm^2}.$

即每側各用 5 根 1″ 圓鋼如 14 圖所示。

(2) 設鋼筋散置于四周,假定 $p_t + p_c = 1\%.$

由第五圖表之甲圖第一線得

$$\dfrac{e}{d} = 0.45 = \dfrac{30}{d}$$

$\therefore$　$d = \dfrac{30}{0.45} = 66.67^{cm}.$

$\therefore$　$a_s = 50 \times 66.67 \times 0.01 = 33.33^{cm^2}.$

鋼筋用量既多,斷面又增,故不經濟,自宜勿用。

(3) 設混凝土之斷面積爲其他條件所限止者。

設混凝土之斷面積爲正方形,每邊爲 50^{cm},求應插入鋼筋之斷面積。

今　　$\gamma = b : d = 1,$

$$\dfrac{f_c e^2 \gamma}{N} = \dfrac{42 \times \overline{30}^2 \times 1}{40.000} = 0.945,$$

$$\dfrac{e}{d} = \dfrac{30}{55} = 0.545.$$

由圖表五之乙圖第一線得

1. $p = p_t + p_c = 1.7\%$　　（僅在上下二側設置者）

2. $p = p_t + p_c = 2.25\%$　　（在四周設置者）

1. $a_{s1} = \overline{55}^2 \times 1.7\% = 51.4\,cm^2 \doteqdot 10 \times 1''\Phi = 50.67\,cm^2$.

2. $a_{s2} = \overline{55}^2 \times 2.25\% = 68.1\,cm^2 \doteqdot 14 \times 1''\Phi = 70.94\,cm^2$.

(4) 設斷面爲圓形,且兼用螺旋鋼筋設置者。

今　$\dfrac{f_c e^2 \pi}{4N} = \dfrac{42 \times \overline{30}^2 \times 3.1416}{4 \times 40,000} = 0.743$.

假定　$p_o = p + 3p_h = 3\%$

p_o 爲相當主筋百分比,p 爲主筋百分比,p_h 爲螺旋筋百分比。

由圖表五之乙圖之第二線得

$$\frac{e}{d} = 0.468 = \frac{e}{2\gamma}$$

$$\therefore\quad d = 2\gamma = \frac{30}{0.468} = 64.1\,cm\text{(有效直徑)} \doteqdot 65\,cm$$

設　$p = 1.8\%$

則　$p_h = \dfrac{3 - 1.8}{3}\% = 0.4\%$

$$\therefore\quad a_s = \frac{\overline{64.1}^2 \times \pi}{4} \times 1.8\% = 58.1\,cm^2.$$

主鋼用　$10 \times 1''\Phi = 60.80\,cm^2$.

螺旋筋用量,假定螺旋鋼之斷面用 $\frac{1}{2}''\Phi(\alpha = 0.317\,cm^2)$,內直徑爲 $65\,cm$,則得

$$\beta = \frac{0.317 \times 65 \times 4 \times \pi}{0.4\% \times \overline{64.1}^2 \times \pi} = 5.1\,cm \doteqdot 5\,cm.$$

即每距 $5\,cm$ 有螺旋筋一節。

第 六 節　結　論

綜上所述,關于由外彎冪,外直力,及許可應力以決定其斷面積,或由已知斷面積而定最大應力度等方法,均予以槪略之說明。惟對于構材內因外力而起之剪力及斜張應力等研究,本篇未予列入。因歐美書籍中旣無所見,卽實驗之結果亦未聞發表,究可應用棟樑諸公式求之而不計其直壓力乎,抑或另需設立公式以求

之乎,作者所知不多,無從揣度,故未加任何説明。又關于立體框架設計時,支柱恆起兩向彎羃,其計算方法,聞在德日已有發表,獨英美則無所聞,但依本國現狀而論,計劃工程師對于平面框架計算方法,用者已鮮,遑論立體框架之計算,故此項問題,暫存而不論。

(完)

球形水塔

在愛瑪利大學 Emory University, Atlanta, Ga. 的空揚上,新造一十萬加侖的水塔,盛水之箱爲30尺直徑的圓球,擱在 100 尺高之圓柱上。柱之底部直徑15尺,逐漸收小至頂段爲 8 尺。柱中空,內有 8 寸管子以升水,建造時,手脚立在空心柱中,將鋼板逐塊用釘鉚牢。圓球漆做銀色,柱深綠色。(黄炎譯自 Engineering News-Record)

粵漢鐵路湘鄂段修理第五號橋報告

邱 鼎 汾

一.冲壞日期 民國二十年,七月二十七日夜間。

二.座落地點 余家灣車站站場內,座落英哩 7.17, 該處爲雙軌道,橋孔淨空 10 呎,橋台係洋灰混凝土築成。

三,冲壞之原因 武昌城西武麖堤,是夕在白沙洲附近,被江水冲開,無法防堵。本路路堤,居於武麖堤內,以致同時殃及。最初決口約八十餘尺(參觀照片(1))次晨過百尺,再日逐漸擴尤,竟達三百尺,(參觀封面照片)所有橋梁橋枕鋼軌概行沉落水底,洋灰橋台,整箇倒塌,當時水流迅急,水頭在路西者,高出路東數尺,聲如瀑布。延至八月五日東西兩面,水流巳平,水力減輕,田禾淹沒,平地成湖,計有十日之久。其被淹地段,面積之廣,人民受災之深,不言可知。附近余家灣車站房屋,建在路基下面高地之處,截至八月二十日,水覆屋頂,待水退後,站屋毀壞太半,不能居住矣。

四.五號橋當初建築之作用 查五號橋,係一旱橋,向無積水,與流水經過,建在原有地平之上,因便鄉民往來其下,以免超越軌道,而肇危險。橋之東面,更爲武建營,向駐大多數軍隊。西面爲演武廳,與打靶場。諒此橋之建築,爲後列之緣因居多。

五.二十年度雨量及江水暴漲情形 本路徐家棚,第一工段雨量表,在辦公室巳爲洪水淹沒,無從根據。茲由江漢關,抄得歷年降雨表,查是年七月份,降雨最多,約佔全年百份之四十,諒是月降雨量,沿揚子江區域,到處普遍。故上不節其流,下不開其源,江水不

5237

易退落,續漲無已,打破昔年水標紀錄,造成近百年來未有之奇災。
本路規定水平位,係在江漢關水位零點之下一百尺.故在武昌附
近一帶,路基平水,F. L.定爲150.0尺.蓋歷年最高水位,在陽歷八月
中旬,除1870年,及1931年,(卽本年)爲50.5尺,及53.5尺外,其餘概爲48.0
尺上下.今將江漢關,歷年江水漲至最高水位時,及雨量表,摘錄如
下,以供參考。

最　高　水　位　表		雨　　量　　表	
民國年月日	最高水位	民國 11年	33.27尺
11. 8. 30.	47.0尺	12年	43.43
12. 7. 30.	44.5	13年	38.52
13. 7. 30.	48.0	14年	39.85
14. 7. 30.	44.0	15年	43.47
15. 8. 21.	49.0	16年	50.66
16. 7. 30.	44.0	17年	45.02
17. 8. 21.	37.5	18年	46.98
18. 8. 21.	41.0	19年	47.22
19. 6. 30.	43.0	20年	57.42
20. 8. 20.	53.5		

附註

民國二十年七月份降雨二十二
寸,普通平均年度每月約四寸。

附註

在六十二年前卽1869年陽歷七月
二十二日漢口最高水位爲49.5,
八日後水方漸退。

次年卽1870年八月二日,漢口最
高水位爲50.5,十日後水方漸退。
以上由漢口江漢關揚子江水位
漲落表照錄。

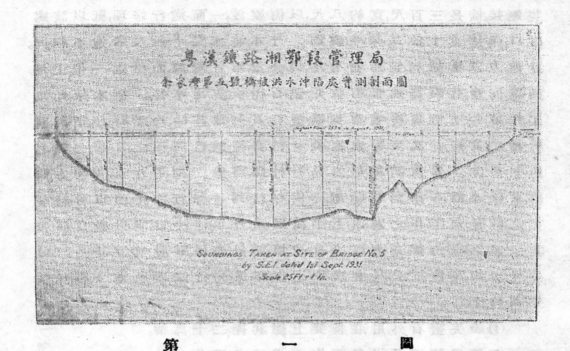

粤漢鐵路湘鄂段管理局

余家灣第五號橋被洪水沖陷處實測剖面圖

SOUNDINGS TAKEN AT SITE OF BRIDGE No.5
by S.E.I dated 1st Sept. 1931.
Scale 25Ft = 1 In.

第　一　圖

六. 修理困難情形　自武慶堤在白沙洲附近,被水沖破,江水灌入。本路路堤,首被殃及者,為五號橋。鋼梁鋼軌,始則牽連,繼而全部落在水底,洋灰橋台,完全倒塌。於是路堤逐漸坍塌,不三日,由80尺起,展至300尺。該段路堤,原高16尺。自被水沖後,經詳細測量,(參觀第一圖)決口中部漩深56英尺。蓋因水流湍急,附近橋孔,極力設法,日夜防護,毋使再被沖倒。以致該處水流漩渦,如磨墨然,愈漩愈深,竟漩成一大深潭,東西約千餘尺。本處最初計劃,搭一每孔二十尺木架便橋,先行修復一條軌道,恢復全路交通。至是因水過深,無法施工。自堤潰後,不但水落疲緩,而且有進無退。查得七月廿九日,江漢關水位,為五十呎。待至八月廿四日,最高水位,為五三.五呎。截至九月十八日,水位仍退為五十呎,計大水漫過路基,或大水與本路路基齊平者五十日。當時催修之電,急於星火,總局且以平漢路丹水池之決口,來相比擬。殊不知余家灣決口太深,木樁不能施用,惟有堆石一法。然開山採石,緩不濟急,故擬一面先搭浮橋,用駁船十數

雙連接。橋長三百尺,寬約八尺,以便盤渡。一面進行修理,祇以該處決口,深達五十餘尺,與平漢路之丹水池水深十餘尺者,迥不相同。且彼方運輸便利,情形實有不同,余港離江較遠,而附近一帶土地,又遭淹沒,再四籌商,惟有改用蠻石拋塡,俟出水後,上搭木架。此項工作,並非工程遲緩,實慮採購蠻石,及列車運輸,均須時日。預計購料施工,爲時甚久,至難求速。倘材料齊備,則自開工之日起,一箇月內,卽可完工。當電請總局,速飭材料課,將第一期用片石,4700方購發,其餘木料,亦請照單購辦。一俟材料到達,卽行開工,卽以材料發交之數量,定工作之遲速,至平漢鐵路丹水池決口,能以數日修復其迅速之緣由,經查詢該決口冲壞部份,亦係雙股軌道,計長 242 公尺。平均深度五公尺,其修理工作,亦係先行修理軌道一股,詳情分列於下:

(1)除丟蠻石外,用蔴袋裝土,總共拋二十萬個。

(2)每袋裝工及拋費,平均約洋三角五分。

(3)每二十四小時,包工拋置約二萬件。

以上除去蠻石,計蔴袋一項,約耗七萬元。所丟蠻石,用以維護,水中所拋袋土之外層,以免風波洗刷。其蠻石之費用,雖未表明,料亦不少。但本路余家灣五號橋之決口,較平漢丹水池按照來圖計算,工程約多四倍。若用蔴袋,除去蠻石外,需八十萬個,當時湖北水利局,收買蔴袋裝土,用以防堤,市上幾經告罄。不但價高,而且不易收買。卽幸得購,每個工料姑以六角計算,需款四十八萬元。本路財力,實有不逮。而且費此鉅款,本路雖能早日通車,所獲車利,亦難償其所耗。再四思維,祇可採用投石,厥爲最經濟之辦法。較平漢丹水池辦法,約省洋四十萬元。

五號橋決口工程,既如是困難,而徐家棚紙坊間路堤,及六.七.八.九.十號等橋,概被洪水淹沒,超過路面,約三尺許。其中以七號橋,三十尺鋼梁最爲危險。蓋該橋南端橋台,於十五年,因軍事行勤被炸後,因無款修理,係用道木搭架。此次大水,道木架被水飄流而去,

在未修五號橋决口以前,先須修理七號橋,然後片石方可由官山紙坊運來五號橋决口處。

七.塔臨時浮船便橋 （參看照片4） 軍運正急,催工之電,急如星火,但因缺乏修理材料,無法着手興修。惟有用船連接,暫搭浮橋,以便决口兩端銜接,便於工作,當於呈奉總局照准後,即僱五十噸駁船九隻,每日每隻六元,於九月廿七日完成。當時徐家棚紙坊間路堤,雖浸在水中,除七號橋加打木椿外,其餘六.八.十號橋,概用片石維護,以濟一時。所幸土堤路基路面,尙無重大損壞。水退之後,當即僱工,趕將漂散石渣爬集,重行整齊,修整軌道,以備九月廿九日通車。不料九月廿八日夜間,北風怒號,其時路堤,與水齊平,致被風浪冲擊,由二英里至十二英里,崩潰處數甚多。有冲至軌枕之下,或路線中央者,約計需補土四千餘方。比即招工修補,預備雙十節行車,忽於十月七日,又起北風,較前次尤烈,以致新填爐渣泥土,概被風浪冲洗無餘。其中以三英哩,至三英哩半一段爲最甚。因該處正在沙湖之中,故爲害最烈。當即趕工用枕木搭架,並用木板木椿柳枝各物,防護路堤,以禦風浪。星夜趲趕,幸於十月十四日,通行列車。在五號橋未行修復以前,上下行列車,均在該决口處盤渡,尙稱便利。

八.變更計劃修理辦法 截至九月七日,决口處水勢稍煞,一再測量,潭水仍深五十四英呎,退落極慢。當此期間,不施工則交通難以恢復,施工必須糜費巨萬,而築土等於無用,且附近亦無處可取。非用大塊蠻石,不克爲功。該决口處,正是雙線軌道,茲因籌款維艱,謹先分別第一第二兩期,施工辦法,及預備修理數目,略爲說明於下.

第一期

(1)呈部招標,開通湘門附近紫金山,及紙坊附近官山,兩處石山,約需蠻石 4,680方,每方四元,連裝卸車費在內,合共約需洋18,720元。

（2）鬱石填後，俟露出水面，再斟酌情形，用枕木搭架，或用木架便橋，以求迅速通車。

第二期俟第一條軌道恢復，再行施工修理蜿綫軌道工程。

（3）決口深處，仍就繼續填築鬱石，俟露出水面之後，卽行停止，約須鬱石 3,720 方，每方四元，共洋 14,880 元。

（4）鬱石俟出水面後，改用車箱運土，停在第一期先修之軌道上，向下卸土，約需土 4,400 方，每方一元，合洋 4,400 元。

（5）蜿綫工程修理竣工後，恢復交通，再行用車裝土，卸在第一期先修軌道之上，同時撤去木架便橋，約需土 4,000 方，每方一元，合洋 4,000 元。

（6）雜項開支，如出差火食費，搭臨時盤渡浮橋等項，約需洋 3,000 元。

以上兩期，除木料外，約共需洋 45,000 元。蓋木料係由材料課購發也。

九.施工經過情形

（1）籌備勳工日期　二十年十月二

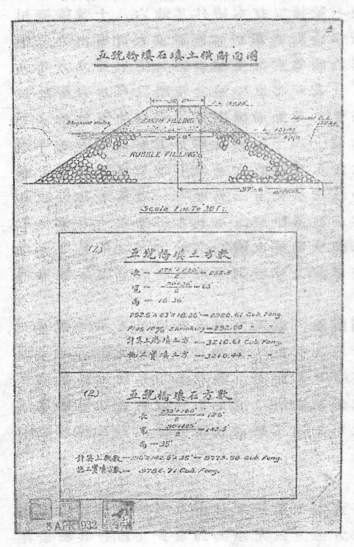

第　　二　　圖

十六日開工。

(2)臨時開山鑿石　　採石地點,爲官山紫金山兩處。紫金山居本路四英里地方,官山地居本路二十英里地方,軌道均在開挖處,原來釘有叉道,爲本路採運石渣之地。此次仍就該兩處,包工採石,頗爲便利,所採之石,就山中裝車,運到余家棚決口附近卸下,不分晝夜,隨到隨下。片石因需要萬急,故由材料課召四家包工承辦,計郭毓賢.胡玉生.李福全.漢義盛,每方連裝卸費在內,爲三元八角。

(3)填石工程　　由包工李廣泰承辦,每方有二角九分,有六角。其方法有三;一用人力抬運,二用平車推運,三用駁船運塡。同時積極趕辦,以期迅速。此項塡石工程,辦理頗爲困難。因每次石車開到,先須卸在決口兩端之軌側,愈卸愈多,堆積如山,而每日南北例行客貨各車,又異常擁擠,堆積之石,深恐有誤行車,故隨時妥爲佈置,務使石堆翦平,免肇危險。此爲辦理困難者一也。每次石車到時,須卽刻卸下,常因工人不敷支配,以致卸石遲慢,必須臨時增雇工人,方免延誤。是時列車客貨搬渡甚忙,原有之碼頭工人,難以抽用,不能不另行設法雇工。此爲辦理困難者二也。卸在軌側之石,用人工抬運,嫌其太慢,不能不多用平車推運,除工務第一段平車八輛,全數調作推石之用外,並由工務第二第三兩段,各借平車一輛,共計平車十輛,往來運石,卸投橋下。而各工人所用平車,每多隨意停置,不知顧慮,危險之事,不能不隨時小心檢點。此爲辦理困難者三也。以上工作,殊嫌進步太緩,於是決定在決口深處中部打樁,同時興工。但所投之石,限制不能接近打樁部位,因此不能痛快投石。而軌側之石,積壓過多爲甚。此爲辦理困難者四也。待橋樁告成之後,所有石車,均直接上橋卸石,(參看照片3)從前所感各種困難,斯時一概免除矣。水之深處,約塡石三十五英尺,大者每塊約重百數十餘斤,故投下之石,常將橫樑木外層打壞,於是臨時用三寸木板掩護之,又用蔴袋稻

第　三　圖

草捆縈之，所幸施工之際，未曾發生其他危險，如擅車傷人情事，可云慶幸矣。

　　(4)打樁及架橋工程　十一月七日開工，是時以填石太慢，非打樁架橋，不能急速通車。故於決口中部，(參看照片2及第三圖)共計打樁十二排，每排有四根，有六根。(參看第四圖)原擬打樁六排，每排六根，每孔距離二十尺。後以水量過深，打樁無大把握，故在每孔之間，加打一排，每排四根，將距離減少至十尺，以期穩固。所用打樁架子，共四座，由包工劉玉成張貴云承辦，分班打樁，晝夜繼續工作，每日夜除陰雨不計外，約能打樁六根。(樁木係洋松一尺見方，其長自五十七尺至六十四尺不等)入土約深自八尺半，至二十尺不等。共計用樁木六十根。同月十九日，次第打完，隨即配置夾板橫梁，並安設橋梁木等項。惟所施木樁，兩端仍係深潭，其下沒石壘疊，打樁不易着手。後將兩端所填之石剷平，上疊枕

木作架。計南端六座,北端五座,與中央木椿十二排啣接。(參看第五圖)全部裝置木梁,於十一月二十三日完全告竣。當用手平車通行,推運片石。至於各木椿之位置,及椿之長度,暨承重力,概已列入第三圖以資參攷。

(5) 實行通車日期　自十一月二十三日,橋梁告竣,通行平車,二十六日起,所有十五噸,及三十噸重量之石車,均直接上橋卸石。(參看照片 3)待全決口填石,露出水面,前慮木椿打入水中,平均深度六十尺,有些活動,斯時多半爲所投片石維穩,各木椿架根基已穩,不致危險。遂於十二月一日起,所有客貨車一律通行,盤渡停止。初次列車通過時,用小號機車試行數日,待各項工作檢查妥帖,於十二月九日起,改用大號機車通行。隨由工務處,派臨時旗夫二人,在橋頭日夜照料,以防車行過速,恐生意外。

(6) 填土工程暨工竣日期　自機車牽引客貨列車,通行該橋後,首爲該決口之西邊股道。其次項工作,着手籌備者,卽在該決口填石上部填土,平均十八尺許。而該橋附近,無土可取,故於

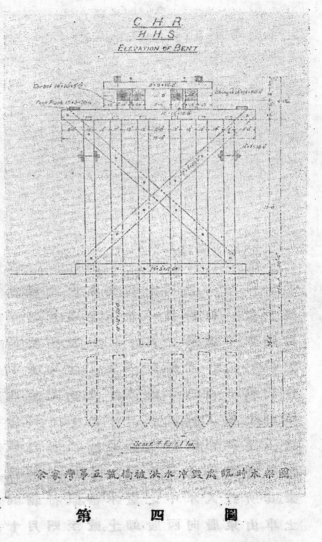

C.H.R.
H.H.S
ELEVATION OF BENT

公家灣第五號橋被洪水沖毀應設時木架圖

第　四　圖

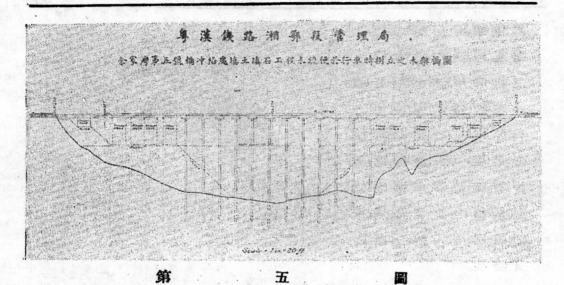

粤漢鐵路湘鄂段管理局

令家灣第五號橋冲刷處填土填石工程未竣供於行車時搭立之木架諸圖

Scale 1 in 20 ft.

第　五　圖

二十一年一月三十日,在本路路綫八英里處東面,查有餘地,另築岔道一條,計長一千四百英尺,坡度爲八十分之一,長八百尺,其餘皆平道,於二月十二日,岔道修竣,次日卽行裝車運土,由泰記公司包工承辦。每方連上下車費在內,價洋七角六分。每日工作,約有一百八十餘人。車土由已成西邊股道經過,向東面股道填卸。上項工程,於三月十八日,一部份告竣。隨卽裝鋪軌道,妥帖後,上下列車,改行東面股道。西面已成之股道,復行折除,並將前架各種橋梁木,及兩端枕木架,一切有用材料,概行收出,以免廢棄。其所打入水中之豎木樁,概行鋸與所投之石上部齊平。然後土車,由東股向西股卸土。截至四月十二日止,填土工程完全竣工。再行裝鋪軌道,接通兩股。於是完全恢復原狀。路基之下,兩面深潭,決口時,爲水所冲,無法規復。且與行車無礙,只好悉仍其自然。(參看第六圖)計自開工之日起,至工竣日止,共計一百七十日,內除三十四個陰雨日,其餘皆晴天。但通行客貨列車,僅自開工日起,只三十六日也。(十月二十六日起至十二月一日止)

十.經費之預算

(1)片石分爲第一第二兩期共8,400方,每方4元　　元　33,600.00

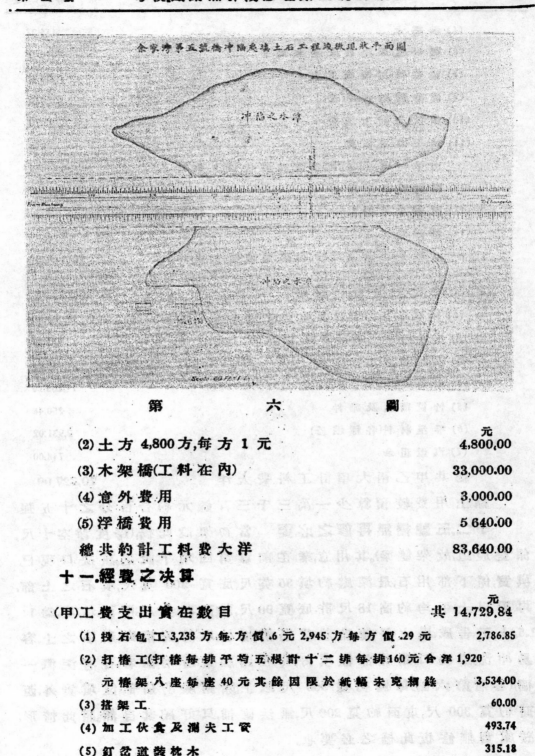

余家灣第五號橋沖陷危填土石工程後橫剖狀平面圖

第　六　圖

		元
(2) 土方 4,800方,每方 1 元		4,800.00
(3) 木架橋(工料在內)		33,000.00
(4) 意外費用		3,000.00
(5) 浮橋費用		5 640.00
總共約計工料費大洋		83,640.00

十一.經費之決算

		元
(甲)工費支出實在數目		共 14,729.84
(1) 投石包工 3,238 方每方價 .6 元 2,945 方每方價 .29 元		2,786.85
(2) 打樁工(打樁每排平均五根計十二排每排160元合洋 1,920 元橋架八座每座 40 元其餘因限於紙幅未克轉錄		3,534.00
(3) 搭架工		60.00
(4) 加工伙食及測夫工資		493.74
(5) 釘岔道裝枕木		315.18

　　(6) 裝橋木　　　　　　　　　　　　　　　　　　156.27

　　(7) 履船運卸片石及道木架子　　　　　　　　　920.70

　　(8) 臨時履用飛班工人　　　　　　　　　　　1,125.30

　　(9) 臨時履用拖車夫　　　　　　　　　　　　　268.26

　　(10) 木匠及雜工工資　　　　　　　　　　　　292.70

　　(11) 雜工出差伙食　　　　　　　　　　　　　140.75

　　　　由第一項至第十一項列為直接工費計　　10,093.75

　　(12) 履殼船搭浮橋　　　　　　　　　　　　3,966.00

　　(13) 撈鋼梁及鋼軌　　　　　　　　　　　　　610.09

　　(14) 搭浮橋工　　　　　　　　　　　　　　　60.00

　　　　由第十二項至第十四項為間接工費計　　　4,636.09

　　　　　　　　　　　　　　　　　　　　　　　　元
(乙)材料費支出實在數目　　　　　　　　共　55,597.25

　　(1) 採石包工 9,738.09 方每方價 3.8 元　　　37,001.00

　　(2) 填土包工 3,909.27 方每方 .76 元　　　　 2,971.31

　　(3) 鐵匠及所用之鐵料　　　　　　　　　　　410.24

　　(4) 木料　　　　　　　　　　　　　　　　11,285.20

　　(5) 竹筐蒲包及雜件　　　　　　　　　　　　250.48

　　(6) 零星材料(各種鐵器)　　　　　　　　　2,931.02

　　(7) 汽燈租金　　　　　　　　　　　　　　　748.00

　　總共甲乙兩大項計工料費大洋　　　　　　70,327.09

綜上用費較預算少一萬三千三百餘元約合百分之十五強

　十二.五號橋無再修之必要　　當初架設此橋,(跨度淨空十尺,係雙股道,故架雙梁)其用意,業在前篇第四項下說過。該決口現已填實,係下部用石,最深處約填35英尺,底寬 200 英尺,填石之上部,再覆以土,平均約高 18 尺許,底寬90尺,路面 36 英尺。兩面坡度,為1:1.5。土工告成,堤之斜坡,滿載草坯柳樹枝,以防天雨時,新填之土,容易冲洗。雖決口路線部位填好,其在路線東西兩面者,各有深潭一個,(參看第六圖)每個約長 300 尺以上除路線所佔部位填實外,西面約寬 300 尺;東面約寬 200 尺,無法修補,只好聽其自然。照此情形,該處實無修復此橋之必要也。

（照片一）第五號橋初被大水冲開情形

（照片二）決口中部打椿情形

（照片三）蠻石車抛卸水中情形

（照片四）浮橋情形

路線受創處略圖

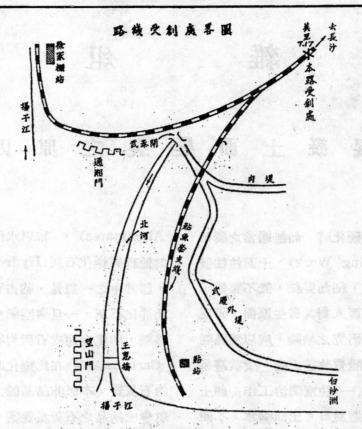

十三.余家灣車站 　查余家灣為一旗站,距本路首站徐家棚英里7.17,距鮎魚套站約1.8英里,為一交叉線站口。如北上車,由南開來者,先行經過該站,而之鮎站,由鮎轉來,復經余站,再之徐家棚首站。或由北開往南下列車,首由徐家棚站開去,經過余站而之鮎站,再由鮎站返回,而之余站,始向南開往該站客貨兩項俱無,惟調悼列車至關重要。站屋被水冲塌,站員及站丁不能居住。正式車站,又限於經濟,一時不能恢復建築。站員等於不得已之中,由公家購備木筏上,拆下竹簍茅棚,於該站附近,較高之地,(該地昔日為演武廳地址,土地平曠),羅列成一字行。有走廊,有臥室,有辦公室,有站丁室,暫為棲息,作為辦公地點。外觀上,雖不如磚屋之富麗堂皇,而竹籬茅舍之風味,似佔優勝焉。

雜 俎

混凝土面髮裂之原因

混凝土硬化時，如無適當之調治工作（Curing Work），土面往往發現無數裂紋，細如髮絲，既不雅觀，又損耐力。西人對其發生原因，研究有素。最初研究之結論，咸以為混凝土燥化時，體質收縮之故。故欲避免髮裂，不外（一）注意調治工作；即土外覆物，以避風日。土面噴水，不使速乾。（二）拌灰時，少用水份，以減少蒸發量。（三）配合沙石大小成分，使濕面之水，至最少限度而已。但最近研究結果，以上所述，尚非最後原因。其髮裂之根本原因，乃係水泥（俗名洋灰）內烊化石灰質，硬化之故。蓋乾水泥主要成份，為石灰矽養鹽，及石灰鉎養鹽（Lime Silicates and Aluminates），和以水份，則變成其他雜質烊化石灰（Hydroted Lime）。即其中之一數量，約占百分之十。此烊化石灰，一旦與空氣中炭養二氣接觸，即化合而成石灰炭養鹽（Lime Carbonate）。在此變化時期，水泥內石灰質，本係非結晶體之膠質物，忽變成結晶之石灰炭養鹽。膠質內之水份，完全放出而蒸發，以致體質收縮，而發生裂紋。故城市中烟囪林立之處，炭養二氣較多，混凝土髮裂，亦較鄉間為甚。現西人正籌思保護混凝土面之法，使不與炭養二氣接觸。或拌灰時，設法使烊化石灰，變成中和性，不再變成炭養鹽。（稽銓）

修補損壞混凝土之方法

混凝土建築，發生病態，除負重逾量，自然崩毀外。其最普見者，外皮剝落，漸及內部，以致沙石圍力鬆散，逐漸解體。其原因不外排水，不

良水份，滲入混凝土孔隙，天寒凍脹，質點之粘力，乃逐漸摧毀，以致崩解。故修補此種病態工作，不僅以恢復原狀爲目的，必須改善排水，消滅其損壞之原因，方爲完善。現時通用之修補方法，計有四種：

（一）外面塗飾（Coating）

（甲）加飾油漆（Paint）

（損壞程度）凡混凝土受風雨侵蝕，外面剝落，僅限表皮，尚未十分侵入內部者，可適用此法。

（修法）將鬆活部分，完全剷除，露出完好部份，乃用一種封固材料；如專用油漆，將外面塗蓋，厚度不得超過½"。

（理由）油漆係不透水材料，塗蓋外面，使滲入孔隙，成一薄層包衣，以避風雨侵蝕。此法專爲防止病原，實非恢復原狀。

（成績）現時通用油料之成績，尚未十分明瞭，均不足以認爲有永久性。

（乙）噴塗水泥（Gunite and Plaster）

（損壞程度）凡混凝土除去剝損部份，內部表面比較的尚稱完好者，可採用此法。

（修法）將剝落部份除去後，掃除混凝土面，務使露出乾淨堅實，並粗糙之面，刮淨鐵筋上銹片，並將混凝土面濕透水份，乃用水泥槍，將水泥對之噴射。第一層使與舊料結合，再塗第二層水泥，兩層積厚，不得過⅜"，塗抹後，須常用水噴濕。

（理由）第一層水泥漿，用槍力噴射，壓力較大，可使深入孔隙，與舊料切實勾結。第二層用墁力將水泥膠灰墁平，以資覆蓋。

（成績）此法如照上述規範，切實遵行，用于並無水壓之處，成績尚佳。否則工作不良，外層所墁水泥膠灰，或將剝落。

（二）局部補綴（Patching）

（損壞程度）凡混凝土局部損壞，大體尚稱完好者，可採用此法。

（修法）除去鬆活部份，刮淨鋼筋上銹塊，呈露完好部份，掃除塵土，鑿粗表面，以水噴濕，加以足度之加勁料件。乃加第一層補綴料，用力塗抹，務使舊土面與補料間，不得留存空氣與塵土。補綴完竣後十日內，不停噴水，並不得不曝露日光。補綴部份與舊面界面，須刻深，使豎面相切，不得如斧形薄面相切，以免起片剝落。如補綴深

度，不超過 1¼″，可毋須用加勁料件（reinforcemenf）。如補綴部份甚厚，可酌用加勁料件，如鋼筋網或鋼棍，繫固于鐵揹上。鐵料距牆面，不得小于2″。

（理由）舊面不淨不糙，補料不易與舊面結合。頭層塗抹。不使力壓緊，不易深入孔隙。鋼筋太近牆面，易致銹蝕。

（成績）手塗水泥，當然不如水泥槍噴射之有力。但愼重將事，未始不可得良好結果。

（三）全部包裹（Encase ment）

（損壞程度）凡混凝土建築，損及外皮全部或大部者，可採用此法。

（修法）佈置舊混凝土面，一如前法。乃將全部包以新混凝土，加以鋼筋，設法與舊面繫固。頂部亦須完全包藏，上覆避水材料。

（理由）新料收縮，舊料無變動，易致裂縫。加以鋼筋，則縮力勻配。頂部包裹，則水份無由侵入。

（成績）此法如工作合法，不獨改良排水，可完全消滅損壞病原。並有時反可較原建築，格外強固。

（四）內部灌漿（Consoli dation）

（損壞程度）凡混凝土孔隙太多，或裂縫叢生，或接縫不嚴，內部或外部形如蜂窩，以致引水滲入者，可採用此法；

（修法）在裂面及漏孔處，鑽鑿洞眼，用氣壓將灰漿擠入內部，彌填孔隙。

（理由）將內部孔隙，完全用灰漿填堵，則混凝土自身避水化矣。

（成績）混凝土受極大水壓者，用此法可使其質點，凝固嚴密，不透水點。（稽銓）

防 護 混 凝 土 滲 水 方 法

混凝土建築之崩解與損壞，其主要原因，不外水份滲入內部之故。因水入混凝土孔隙，以氣候變遷，溫度升降，體質隨之漲縮，乃發生賑力，分解混凝土之團結性，使之逐漸崩解。故欲維持混凝土之永久性，非設法防護混凝土，使水份絕對不得滲入內部不可。現時通用防護混凝土滲水方法，計有五種：

（一）用水膠漿或粉調入混凝土（Integral）

（用法）以一種專賣化學品名

(Integral Waterproofing Paste or Powder)，照每三十四加倫水，一加倫漿，或八磅粉之比例，加入混凝土，切實調拌（天津愼昌洋行出售）。

（理由）此漿或粉，係不透水質料，隨水份混入混凝土，塡滿孔隙，使水份無由滲入。

（成績）此法試用最早，結果不甚圓滿，現時採用漸少，或只限於不甚重要之建築。

(二)阻水漿料塗堨混凝土外皮 (Plaster Coat)

（用法）用土瀝靑（Bitumen），或金沙溶液（Concrete Surfacer），專賣化學品，塗於混凝土外面。土瀝靑須煮熱，以布帶塗勻之。金沙溶液，須分兩層塗刷；第一層於混凝土乾後四十八小時，用一磅金沙，溶於兩加倫水中，調勻後，用刷帶塗刷勻淨。隔二十四小時後，再刷第二層，用金沙四磅，溶于兩加倫水中，刷如前法。每磅金沙，可刷一百方英尺之面。

（理由）土瀝靑與金粉，均係不透水質，包護外皮，如穿雨衣然，水份無由侵入。

（成績）此法試用，亦甚早，但粘性不可恃，不能耐久。且抵抗局部應力，亦不甚有效。

(三)紗布瀝靑包護混凝土外皮 (Membrance)

（用法）用最軟性，及高鎔度之瀝靑（Asphalt），在混凝土外皮，塗一底層，乃覆以多孔之粗紗布（亦有用氊或細布者），再用瀝靑塗一外層。

（理由）徒用瀝靑，不能應付局部應力。加以紗布，則彈性增加，可以抵制拉力。粗布孔多，用壓力塗抹，則布下空氣擠出，上下層之瀝靑，可以嚴密勻結，不致隔閡，如用氊或細布，則底層瀝靑，與氊布間，有未擠出之一層空氣，瀝靑不易密切結合。

（成績）此法之粘力，彈性，及耐久性，均較上法爲優。

(四)極薄層阻水液揚飾混凝土外皮(Paint Coat)

（用法）將阻水化學品，溶解于溶劑中，使成薄液，用油刷或噴器，噴揚于混凝土外皮。此化學品分兩類；（一）透入內部者，用土瀝靑或其他阻水物料，溶解于極稀之溶劑中，至適宜之稠度，以便塗抹。（二)不透入內部者，又分二種；（甲）

溶于溶劑中之瀝青。（乙）不用溶劑僅用水調之瀝青。均調成稠液，以便搨刷。

（理由）透入法之用意，係藉溶劑之透入力，將不透水料；如土瀝青，帶入混凝土，填滿孔隙。用不透入法，係恃不透水料，成一連續膜層，使與混凝土永久粘固。

（成績）此法用于天氣潮濕，並無水壓之處，以防濕氣者爲多。論透入法，不如不透入法爲可恃。因溶劑透入孔隙所帶不透水質料甚少。一旦溶劑水份蒸發，所餘孔隙，依然如故。不透水質料，仍在外皮而已。至於不透入法之兩種，各有優劣點。溶于溶劑之瀝青之優點；（一）價格較賤，（二）易於塗飾。其

劣點；爲（一）溶劑有燃燒性，（二）有時帶毒性。用水調之瀝青之優點；爲（一）不經熱亦可塗刷，（二）對于濕面之粘性較高，（三）塗層較上法稍厚。其劣點；爲在塗刷前後，必須設法防凍。

（五）纖維軟膏塗抹混凝土外皮 (Plastic Coat)

（用法）將第四法所用質料，加以各種纖維，或礦物，調成軟膏，俾可用圬刀墁抹。最通用之纖維，爲石棉。

（理由）用纖維摻入，可成稠厚之軟膏，以墁成較厚之護層

（成績）因防護層較第四法爲厚，故阻水效力較大。（稽銓）

公路彎道簡便作法

公路彎道作法多矣；然有時彎道太小，工作人少，而儀器使用不便之際，其法未能盡合實用，茲有一簡法，述之如下：

〔假設〕

A(P.C.)爲彎道之起點；

B(P.T.)爲彎道之終點；

V(P.I.)爲彎道之頂點；

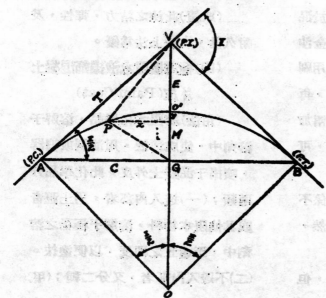

I 為此彎道之彎角；　　　$T(AV)$ 為切線長；　　　$C(AG)$ 為半弦長；

$E(VO')$ 為外距；　　　$M(O'G)$ 為中距；　　　VG 為 $\angle AVB$ 之中線；

G 為 AB 弦之中點；　　　P 為此彎道上之任一點。

〔作法〕

按照普通公路彎道學中之公式，將其中距及外距，求得之，

即　　　　　　$M=R.\text{vers}\tfrac{1}{2}I$；　　　　　　$E=R.E\times\text{ces}\tfrac{1}{2}I.$

由 V 點引 $\angle AVB$ 之中線 VG，　令　$VG=E+M$，　即得 G 點之位置。

令　　　　　$k=\dfrac{M}{E}.$

由 G 及 V 引 GP 及 VP 相交於 P，　令　$GP=k.VP.$

則 P 即彎道上之一點。其他彎道上之任何點，均可照此法求之。法以二皮
尺，繫其首端於 V 及 G 兩樁之上，用一人持其他兩端，按照計算之尺數，而測
得各交點，連此各相交之點，即得此彎道矣。其計算之法，以用計算尺（Slide
Rule）計算之，最為便捷。

〔證明〕

證：　　$\dfrac{PG}{PV}=\dfrac{M}{E}.$

設將圓心 O 移至 O' 點，即以 O' 為圓心，則 P 點之座標為 $(x,y.)$.（其正負
符號，可以不計）。

則此圓之方程式，變為

$$x^2+(y+R)^2=R^2, \quad 即 \quad x^2+y^2=2Ry \cdots\cdots\cdots\cdots\cdots\cdots\cdots\cdots\cdots (1)$$

因　　$PG=\sqrt{(M-y)^2+x^2}$,,

$\qquad\quad =\sqrt{M^2-2My+x^2+y^2}$,,　　　　　　代入(1)式，

$\qquad\quad =\sqrt{M^2-2My+2Ry}$,,

$\qquad\quad =M\sqrt{1+2y\left(\dfrac{R}{M^2}-\dfrac{1}{M}\right)}$

$\qquad\quad =M\sqrt{1+2y\left(\dfrac{R-M}{M^2}\right)}$

$$= M\sqrt{1+2y\left(\dfrac{OG}{M^2}\right)}$$

$$= M\sqrt{1+2y\left(\dfrac{R.\cos\dfrac{I}{2}}{R^2\mathrm{Vers}^2\dfrac{I}{2}}\right)} = M\sqrt{1+2y\times\dfrac{\cos\dfrac{I}{2}}{R\left(1-\cos\dfrac{I}{2}\right)^2}}\cdots(2)$$

$$PV = \sqrt{(E+y)^2+x^2}　　　"$$

$$= \sqrt{E^2+2Ey+x^2+y^2}　　　"　　　代入(1)式$$

$$= \sqrt{E^2+2Ey+2Ry}　　　"$$

$$= E\sqrt{1+2y\left(\dfrac{R}{E^2}+\dfrac{1}{E}\right)}　　"$$

$$= E\sqrt{1+2y\left(\dfrac{R+E}{E^2}\right)}　　"$$

$$= E\sqrt{1+2y\left(\dfrac{OV}{E^2}\right)}　　　"$$

$$= E\sqrt{1+2y\times\dfrac{R}{\cos\dfrac{I}{2}\times R^2\left(E\times\sec\dfrac{I}{2}\right)^2}}$$

$$= E\sqrt{1+2y\times\dfrac{1}{\cos\dfrac{I}{2}\times R\left(\sec\dfrac{I}{2}-1\right)^2}}$$

$$= E\sqrt{1+2y\times\dfrac{\cos\dfrac{I}{2}}{R\left(1-\cos\dfrac{I}{2}\right)^2}}\cdots\cdots\cdots\cdots\cdots\cdots(3)$$

(2)÷(3)即得　　　　$\dfrac{PG}{PV}=\dfrac{M}{E}$.

依同理　　　　　　$\dfrac{PG}{PV}=\dfrac{C}{T}$.

（李富國）

水 門 汀 陰 溝 管

新法製造，用離心力，已在上海設廠籌備

陰溝所用之水門汀管，俗稱瓦筒。上海有瓦筒作塲無數，專以製造瓦筒，消售於營造廠家以爲生。英租界工部局自有水門汀品製造廠。馬路下所用管子，均係該廠所製。

製造法以拌和之水門汀沙石，傾入內外兩重豎的模子中間，用力的擣，務使結實。惟水門汀中之水與气，有時過剩，不能排出，致管子裏有蜂窩般的空洞。又大管之有鐵筋者，則有時不免擣斷或擠偏之弊。

較新之法，名 Hume Process, 爲 Hume Pipe Co. 所專用。製造方法，精離心力，第一步，將鐵筋紮成籠形，有的用鐵絲網 Wire Mesh, 有的用鐵絲，螺旋般繞纏於圓柱體上而成。然後將鐵籠，放入鐵模內。模之面，塗油。遇水門汀不粘。

次之，模子橫放在一機器之上，有滾軸 Friction rollers, 藉以旋轉。初緩旋，水門汀灌注模內。以模子旋轉生離心力故，水門汀自會勻散於模之裏邊，將鐵筋深深包着。

速度增高。轉數分鐘停止，將過剩之水，被離心力從水門汀中擠出者，放去。機器再轉約二分鐘。用鐵條在管子的裏面括磨。使成光滑之面。

模子連管子，從機器上拆下來，滾到蒸汽室，用 120° F的蒸汽，悶蒸七至十二小時。使水門汀化硬，而同時免除乾坼之弊。

新法做成之管子，較勻而固，其密度 Density 較老法製者重10%云。

此外尚可將薄鐵板管子，用上法再做一層水門汀的裏子，以供自來水之用，代替向來所用的生鐵管子，較爲經濟。

新加坡 Hume Pipe Co. 已在上海

楊樹浦周家嘴島上，租地建廠，不久
便可開始出品。（黃炎譯自 Oil Power

高 力 之 鋼
上海四行儲蓄會首先採用

四行儲蓄會，在靜安寺路賽馬場
旁建造二十二層新屋，頂點高出地面
300 尺，為遠東最高之建築，其所用
鋼料，為德國 United Steel Works
Corporation 所製，西門子洋行經售
之高力鋼 High Tensile Steel. 名
Union Structural Steel. 此鋼在亞洲
尚屬第一次購用，所具特性如下：

1. 此鋼之 Yield Point. 至少為 23
   噸／方吋，較尋常鋼料高 50 %。

2. Union 鋼有頭號貳號兩種，頭號
   最大拉力為 33—40 噸／方吋，貳
   號為 35- 42 噸／方吋。

3. 頭號 Union 鋼最低引長 Elonga-
   tion 為 20 %。試驗條子可冷彎
   180°,繞於兩倍條子厚的圓棍上，
   而不見裂痕。

4. Union 鋼 fatigue 忍乏之力亦高

，可至 20…21 噸／方吋，尋常鋼
料僅及 13.3 噸／方吋。

5. 工作上並無困難，鉚釘同尋常一
   樣，若用電焊，亦無不宜。

6. 有高度抗銹的功能，因之能耐久
   而漆工較省。

7. 在鋼廠中煉製壓滾，均如尋常鋼
   一般。

8. 其品質甚勻淨，且不受滾製的響
   影，滾成闊而厚的鋼板及大的條
   子，都能照規定之 Yield Point
   及拉力。

9. 其價較尋常鋼不過高15%。

若以尋常鋼料造22層大樓，須用
1,800 噸，Unio 鋼，則 1,200 噸即足
。因之省料約30%，省費約20%。

（黃炎譯自 The Commercial
Engineer）

中國工程師學會會刊

工程

二十二年十二月一日　　第八卷第六號

黃河問題專號

一九三二年，德國恩格思教授，受我國冀魯豫三省政府之託，在德國奧貝那赫舉行治導黃河試驗，此影係試驗時情形。據恩氏意見，應再作一終結試驗，但因經費無着，至今尚未能繼續。

5262

中國工程師學會會刊

編輯：
黃　炎　（土木）
奚大酉　（建築）
胡樹楫　（市政）
鄭肇經　（水利）
許應期　（電氣）
徐宗涷　（化工）

總編輯：沈　怡

編輯：
蔣易均　（機械）
朱其清　（無線電）
錢昌祚　（飛機）
李　儆　（礦冶）
黃炳奎　（紡織）
宋學勤　（校對）

第八卷第六號目錄
（黃河問題專號）

中國工程師學會發行

分售處

上海望平街漢文正楷印書館　　上海徐家滙蘇新書社　　上海四馬路現代書局
上海民智書局　　　　　　　　上海四門中新書局　　　上海福州路作者書社
上海福煦路中國科學公司　　　上海生活書店　　　　　南京太平路鍾山書局
南京正中書局　　　　　　　　福州市南大街萬有圖書公司　濟南美蓉街教育圖書社
重慶天主堂街重慶書店　　　　漢口金城圖書公司　　　漢口交通路新時代書店

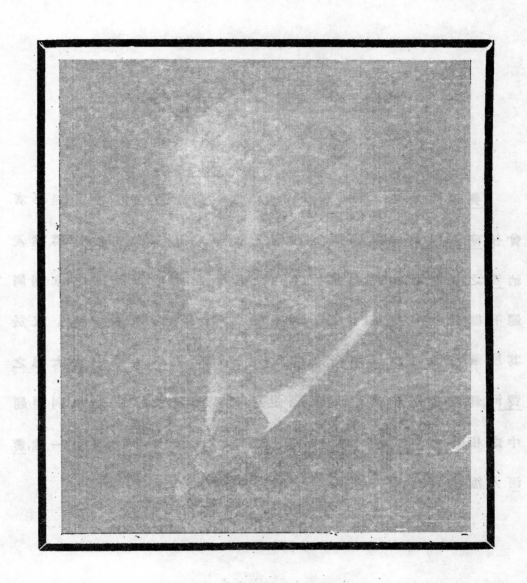

费礼门先生遗像

John Ripley Freeman

悼費禮門先生

費禮門先生 (John R. Freeman) 爲美國著名水利工程學者，曾任南運河及導淮顧問工程師，先後來華凡四次。先生於導淮及治黃之探討，致力甚勤；其後半生所作研究，大半與我國之水利問題有關。先生嘗戲言：『願一爲中國皇帝，使黃河永慶安瀾。』又於其所著治淮計劃書中開章卽曰：『著者始終以拯救中國大患之黃河，爲胸次唯一之事。』蓋先生素以黃河爲我國一切水利問題中之根本者也！先生卒於一九三二年十月；距先生之歿不一載，黃河大溢於冀魯豫三省。同念老成，不禁感慨繫之矣！(怡)

黄河長垣東岸決口

黄河長垣東岸決口

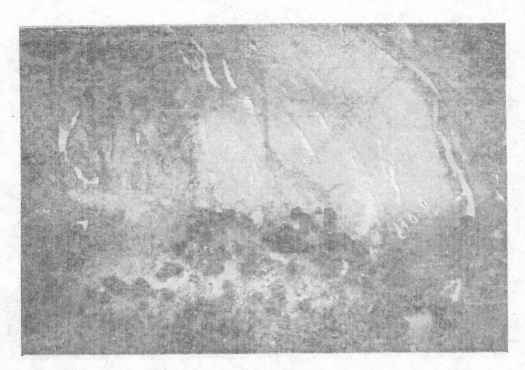

考 城 縣 西 被 淹 沒 之 鄉 村

鉅 野 縣 城　（以上飛機照片四幀承黃河水利委員會慨予借印附此誌謝）

編 輯 者 言

　　竊維黃河爲我國患,歷數千年,民國以來,河患尤頻。今夏冀魯豫三省,河水汎濫,潰決三十餘處,淹沒達二萬方里。沿河人民,蕩析流離,生命財產之損失,不可勝計。災情之重,爲清光緒十三年(1887)鄭州河決後所未有。編者於二十年長江大水後。嘗草水災與今後中國之水利問題一文,卽歷述黃河現狀之危險,及其橫決之可能。且以爲黃河若南決,其勢必挾淮水以入江,則不僅導淮將全功盡棄,卽治理揚子江及其他一切水利問題,亦將愈趨複雜。獨不解舉國人士,何以對於導淮及治理揚子江諸問題,尚知注意,而於舉足輕重之黃河,則如此漠視。今者黃河已由其自身,發出事實上之警告,再不速謀補救,則將來爲禍之烈,恐非此次漫決所能比擬於萬一。按黃河最後一次改道,乃在清咸豐五年 (1855),卽有名之銅瓦廂決口。而在改道前數年,河患情形,與今日頗爲相似。故本年之潰決,視爲改道之預兆,亦未始不可。猶憶清光緒十三年鄭州大決,事後堵塞,費帑一千二百餘萬兩。卽以二十年長江水災善後而論,所費亦不下二千餘萬元。閱此次堵口工程,經費總額,僅一百五十萬元,杯水車薪,詎能濟事。而治本經費,尚不知款在何處。如是而欲求不爲咸豐五年銅瓦廂之續,事有難言者矣!我書至此,不寒而慄!

　　本號文字,或係特約,或係商得作者許可,特在本刊披露,均各有其相當之價值,毋待編者之介紹。惟亦有不能不略作聲明者,如李儀祉先生之治理黃河工作綱要,原係黃河水利委員會第一次

大會時之議案,雖寥寥數千言,但提綱絜領,扼要異常。若就原則言,今後治河當不能逾此範圍。德國恩格思教授,以八秩高齡,孜孜為我國研究黃河問題,已非一日,上年(1932)受冀魯豫三省政府之委託,在德國巴燕邦奧貝那赫地方,舉行大規模之治導黃河試驗。其簡略報告,曾在本刊八卷二號發表,茲復覓得其正式報告書,繼續在本刊披露,俾讀者得窺其全豹。李賦都君之黃河問題,其中一部分與前在日報所發表者相同,承李君重加訂正,投寄本刊,內容益臻完備。沉排磚壩係現任河北省黃河河務局局長孫慶澤君所發明,其目的在代替現有之埽工,殊堪介紹。

　　本刊久有發行專號之議,但迄未實行。黃河問題,關係國計民生至鉅,本刊職責所在,尤宜有所貢獻,發行黃河問題專號之計劃,遂由是決定。惟是倉卒集稿,定多遺漏,以後苟有所得,自當陸續刊布,以供當世之參考。

治理黃河工作綱要

李 儀 祉

黃 河 水 利 委 員 會 委 員 長

一 測量工作

甲 地形河道測量 測量爲應用科學方法治河之第一步工作,蓋以設計之資料多是賴也。然黃河各段之情形不同,故所需測量之詳略亦異。例如鞏縣以下,河患特甚,測量宜詳;鞏縣至韓城次之;韓城至托克托則在山峽之間,又次之;托克托至石嘴子較爲平坦,有灌漑航運之利,宜較詳;石嘴子以上則次之。

鞏縣至河口一段長約 850 公里,兩隄間之距離,有爲15公里,有爲 4 公里,今估計測量之寬度爲三十公里,測定河床形狀及兩岸地形,繪製 1:5000 至 1:10000 地形圖;若組織四大隊測量,約三年可以竣事。鞏縣至韓城一段,長約400公里,測繪1:10000地形圖。韓城至托克托一段,長600公里,亦測繪1:10000至1:20000地形圖;於山峽處,測量區域可窄;於欲修築工程處,如閘壩等,則測量較詳;約二大隊,二年可竣。托克托至石嘴子一段,長亦約600公里,亦測繪1:10000地形圖;二隊,約二年可竣石嘴子以上,則暫作河道縱斷面及切面測量,一隊,約二年可竣。黃河上游之地形及河口之狀況,概以飛機測之。如是,則組織五大隊測量,五年內卽可竣事。

乙. 水文測量 水文測量包含流速,流量,水位,含沙量,雨量,蒸發量,風向,及其他關於氣候之記載事項。其應設水文站之地點如下:皋蘭,寧夏,五原河曲,龍門,潼關,孟津,鞏縣,開封,鄆城,壽張,濼口,

5271

齊東,利津,河口,及湟水之西寧,洮水之狄道,汾水之河津,渭水之華陰,洛水之鞏縣,沁水之武陟。其應設水標站之地點如下:貴德,托克托,葭縣,陝縣,鄭縣,東明,蒲台,汾水之汾陽,渭水之咸陽,洛水之洛寧,沁水之陽城。並令各河務局於沿途各段,設水標站。

於河源,皋蘭,寧夏,河曲,潼關,開封,濼口各設氣候站,測量氣溫,氣壓,濕度,風向,雨量,蒸發量等,並令本支各河流域之各縣建設局,設立雨量站。

二　研究設計工作

治河之事,環境複雜,其受天然之影響亦至巨,故必有充分之研究,方可作設計之依據。河床之變遷,河道冲刷之能力,沉澱之情形等測驗,流量係數之測定,泥土試驗,材料試驗,模型試驗等工作。舉凡一切工程,於實施之先,必有充分之探討。對於探得之張本,必加深切之研究。

於開封濟南各擇一段河身,作天然試驗。又擇適當地址,設模型水工試驗場一所,以輔助之。

三年之後,上項測量與研究工作,大半充足,即可根據以計劃治導之方案,以便作工之實施。舉凡黃河之根本治導工作,即可於第五年起實施,次第進行。

三　河防工作

黃河之變遷潰決,多在下游,故於根本治導方法實施之前,對於河之現狀,必竭力維持之,防守之,免生潰決之患。欲各河務局之工作,與將來計劃不衝突,及其防護合理起見,冀魯豫三省河務局,統歸黃河水利委員會指導監督,委員會並常派員視察指導,改良其工作。舉凡埽壩磚石之應用,增鑲新修之工程,皆應努力為之。查我國治河,有四千年之歷史,其成績與方法,殊可欽仰。惟防決之法,似有改進之必要。對于汛員兵弁,宜加以訓練,俾得明瞭新法之運

用,同時並訓練新工人,以作遞補之用。

四　實施根本治導工作

按照上項計劃,約四年之後,即可實施治導之工作,其項目如下:

甲. 刷深下游河槽　換言之,即對於下游河道橫切面,加以整理,河口加以疏濬。河水含沙過多,為黃河之一大問題。欲河槽不淤墊,則流速與切面,必有合理之規定。如是,則河槽刷深,水由地中行矣。其法,或用束隄,或用丁壩,因地制宜。

乙. 修正河道路綫　河道過曲,為下游病症之一,故應裁直之處甚多。惟同時亦應顧及現有之事實,相勢估計。規定之後,於何處應裁直,何處宜改弧,亦當次第興辦也。

丙. 設置滾水壩　於內隄之適當地點,設滾水壩,俾供水暴漲時,可以漫流而過,流入內隄外隄之間。既可免冲決之患,且可淤高兩隄間之地,以固地形。惟必加以測驗,審慎處置,以免河水因疏而分,因分而弱,因弱而淤河床。

丁. 設置谷坊　山谷間之設坊橫堵,既可節洪流,且可澱淤沙,平邱壑,應相度本支各流地形,以小者指導人民設置之,大者官力為之。

戊. 發展水力　沿河可發展水利之地甚多,宜利用之,而以測量壺口為第一事。

己. 開關航運　黃河上下游,必整理之,俾便航行。凡比降過大,或礁石隔阻之處,可設閘以升降之,或炸除其障礙。

庚. 減除泥沙　於泥沙入河之後,應使之攜澱于海。然為治本清源計,以能減少其來源為上。其法為嚴防兩岸之冲塌,及選避沙新道;再則為培植森林,平治階田,開挖濤洫。(參看第六第七節)

辛. 防禦潰決　於各項新工程實施之後,則水由地中行,水患自可逐漸減除,惟仍宜竭力防護之。

以上工作,有須待四年之後起首者,有隨時可以興辦者,期十年小成,三十年大成。

五　整理支流工作

支流之整理,與幹流本爲一體,惟各支流之情形不同,則治導之方法與利用,自當因地制宜。例如渭水,航行及灌溉之利與其含沙量,是當特殊注意者。其他若沿洛沁等支流,亦皆應加整理,以清其源也。

六　植林工作

森林旣可減少土壤之冲刷,且可裕埽料,防泛濫,故沿河大隄內外,及河灘山坡等地,皆宜培植森林。造林貴乎普及,非一機關或少數人所能爲力者,故必與地方政府及人民合作之,釐定賞罰條例。

七　墾地工作

墾地工作,一則有利河道,再則增加生產,實屬有益,茲分述之。

甲.　恢復溝洫　治水之法,有殷谷間以節水者,然水庫善淤,若分散之爲溝洫,則不啻億千小水庫,可以容水,可以留淤,淤經濬取,可以糞田,利農兼以利水。惟西北階田,必須以政府之力,督令人民平治整齊,再加溝洫,方爲有效。

乙.　整理河口三角洲　河口三角洲淤田三百萬畝,且河道遷移不定,水難暢行,棄富源於地,亦殊可惜,應卽着手治理,則工程農田,兩收其利。

丙.　整理河灘荒地　沿河兩岸荒地甚多,或由於河道之變遷,或由於兩岸之淤高,多爲未墾之地。如豫省之沿河兩岸,及陝西韓郃朝華一帶是。

丁.　鹼地放淤　沿河鹼地,多爲不毛,每畝價格極低。卽以山

東而論,已有近十萬頃之數,其他若河南河北兩省,沿岸亦甚夥。若能整理得法,則荒田變佳壤,其利甚溥。

戊．河套墾地　河套一帶,未墾之地尚多,宜墾殖之。

己．灌溉田畝　黃河上游及各支流,宜施行灌溉工作,況上游雨量缺乏,尤宜行之。惟在下游,頗有考慮之必要。蓋以鞏縣而下,支流無幾,若引多量之水,以資漑田,則所取者多爲水面及河邊之水,含沙量必較少,因之河水之含沙量之百分數必增加。是故下段灌漑,應于河道切面設計時,加以考慮也。

八　　整理材料工作

我族沿黃河而東,開拓華夏,其與黃河之關係,尤爲密切,而黃河又具其難治之特性,泛濫變遷,時有所聞,故益爲人類所重視。是故史册所載,私家著述,汗牛充棟,極爲豐富。今者各實業家及水利機關,或派員視察,或施行測繪,研究亦不乏人,惟以分地保存,散失不完,若不早日搜集而整理之,則恐年久無存。且昔人之經營,可作今日之借鏡,是以應將各種材料,搜集整理之也。

治 河 名 言

治河之道,千頭萬緒。旣無一定之公理,又無一成不變之治法。苟稍不愼,發爲錯誤之主張,復從而實現之,則大錯成矣。因此,每十公里之河段,卽應作一單獨研究。而每百公里之間,或須數易治法,亦非偶事。總之解決此項問題,必須經長時期之研究,然後步步實行。決不可自始卽立一不着邊際之方案,致貽後日無窮之悔,此則可以斷言者也。(錄費禮門致沈怡論治河書)

治理黃河之討論續編

沈 怡

一 引 言

余於民國十五年間,曾在東方雜誌第二十四卷第四號,發表治理黃河之討論一文。內容計分四章:(一)與費禮門論治河書;(二)費禮門論治河覆書;(三)恩格思論治河書;(四)結論。其時社會上對於治黃問題,猶少注意,故作者於該文之末,曾有『處今之世,而侈談治河,寧不知河之終不能治』之感言。今者情勢變遷,朝野對於水利問題之重視,較之數年前已大不相同;惟究竟如何治理,則人各一說,意見殊屬紛歧。考當世水利家中研究治理黃河問題,最有心得者,莫如費禮門 (John R. Freeman) 恩格思 (Prof. H. Engels) 二先生,近則方修斯 (Prof. O. Franzius) 教授亦甚熱心研究。方氏曾受導淮委員會之聘,一度來華。返國後,發表其對於治理黃河之意見,與恩格思先生向所主張者,頗有出入。余因致函恩氏,詢其意見,承示其來往函札,至詳且盡。嗟乎!爲一異國之水利問題,而討論研究之不厭求詳若此,其亦足以振起我國學術界之頹風乎?此文內容,既仍爲討論治理黃河問題,故名曰「續編」,以示與八年前余所發表者,仍有連帶之關係。所惜費禮門先生已於上年 (1932) 作古,未能再得其教益,爲可痛耳!

二 方修斯治理黃河之主張

方修斯教授在黃河及其治理一文中,有下列之論斷:

『黃河之所以爲患,由於洪水河床之過寬,亦一大原因。蓋黃河灘地甚廣,灘上之水甚淺,沙隨水落,與年俱積。費禮門氏嘗假定每一百年,泥沙平均墊高 30 公分;此數是否可靠,雖不可知,但由余觀之,猶以爲太小。余敢言在若干地方,但經一度之洪水,卽可使其地墊高 30 公分。

依余意見,固定中水位及低水位河槽之辦法,並不能作爲黃河治本方案。余意整理洪水河床;乃治理黃河之第一步;此意費禮門氏曾一再言之。務使在若干年內,洪水位可以有顯著之下落,且縱在最高洪水時,不致高過河隄兩旁之土地。欲達到此目的,舍促進黃河本身之力量,以冲刷河床外,別無他法。

由前人所作種種對於黃河之測驗(中略),證明河水苟有相當之約束,其力足以自行冲深其河床。余之計劃,並不欲利用最大

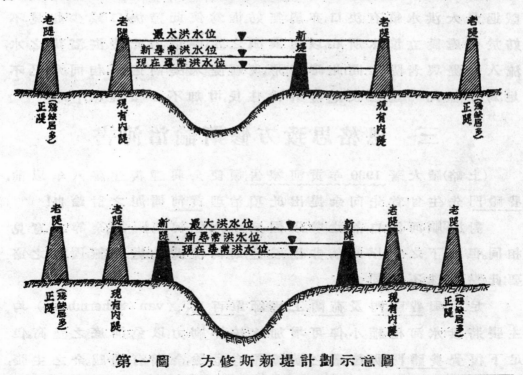

第一圖　方修斯新隄計劃示意圖

* O. Franzius, Der Huangho und seine Regelung, Bautechnik 9. Jahrgang, Heft 26 und 30.

洪水以爲冲深河床之助,乃在利用年年出現之尋常中量洪水。故
我人必須認清,新河床雖有免强容納中量洪水之量,但在起始時,
決無法容納最大之洪水,必須俟若干年以後,新河床已達到其冲
深之程度,而目前之洪水河床亦一無變化,則未來之最大洪水,方
可容納。河床之寬度,余意當在400公尺左右;但其詳細寬度,不妨留
待日後規定。新隄造成以後,舊有河床仍須照舊保留,以便遇最大
洪水時,有備無恐,此點關係異常重要。至於新隄所佔之空間,以愈
小愈佳。倘有必要,現在之隄,不妨臨時酌量加高 (約20公分),務使
舊河床內,因添築新隄而失去之容積,可以由此補償。余本此意,曾
向中國國民政府建議,在現有黃河河道內,建築一道或二道之新
隄,其平均距離概爲650公尺。凡有堅固完善可以利用之老隄,則築
一隄已足;但事實上,原有之隄甚不完整,恐多數非築二隄不可。此
種新隄,並無與現有內隄同樣高低之必要;做法固須力求堅固,但
誠遇最大洪水,縱有決口,亦屬無妨。惟爲使此種決口減少起見,不
妨於多處設立滾水所在,以便異漲之水,得以由此漫溢。溢出之水,
流入新隄與老隄之間,此時情形,與新隄未築前迴不相同,水已不
足爲患。卽此一端,已使老隄外之住民,增加不少安全』。(下略)

三　　恩格思致方修斯論治河書

(上略)讀大著 1930 年黃河報告,頓使余興趣復生,緣八年以前,
費禮門先生曾首先向余提出此項治理黃河問題之討論也!

　　對於「順河流自然之勢,以固定中水位河槽」一層,余等之意見
相同。但足下之意,以爲倘非因航運,則河流灣曲處,並無固定之必
要;此點余殊不能同意!

　　足下與費禮門及荷蘭工程師單百克, (van Schermbeck) 均
主張將洪水河槽縮小,俾可增加水流冲刷力,以免河底之墊高。但
足下復覺費禮門所建議之橫壩,頗有危險,余竊有同感。余之主張,
已詳 1923 年所著制馭黃河論一文(參看本刊四卷四號)。在該文中,

余曾述及,原有之河床,將因橫壩之建築,縮狹甚多。因此,在起始時,即新河床尚未冲刷至其期待之深度以前,洪水位必將驟然增高。我人固可使此項縮狹河床之工程,由黃河出山處開始;因是處兩旁皆山。爲天然狹隘之段,俾洪水位異常增高時,不致發生危險。但河床之刷深,非朝夕之功;爲避免泛濫起見,此縮狹段之新隄,及用以縮狹河床之橫壩,其高度,仍須超過此最高之臨時洪水位,方保安全。同時在縮狹段以內,因河床突然及大規模刷深之結果,足使下游尚未縮狹之河床,與日墊高,爲害之大,非可逆料。而費禮門氏理想中之新河道,決不能於極短期間,即告成功。故上述沙底墊高之流弊,亦必無法避免。換言之,果照費氏所建議縮狹河床之方法實行,則在是項計劃未能全部實現以前,必將增加無數決口之事,殊可斷言I。

　　今足下之意,欲於現有河道中,增築平行新隄,以期縮狹洪水河床,其目的在使水位,——尤注重在洪水位——,由此下落;縱在最大洪水位時,河水不致高出,或僅些微高過兩旁之田地。足下並希望由此可以刷深河床 4 至 5 公尺,用意甚盛。

　　此種希望誠能實現,詎不甚善I雖足下之計劃,較之費禮門所主張者,已妥善多多,但在此種縮狹之河道,尚未充分刷深以前,洪水位之驟然增高(縱其增高爲暫時的現象),恐仍屬難免。且其增高之結果,足使水位高出新隄,甚至侵及內隄,使後者受其摧毀,亦未可知。且洪水冲刷力固可由此加強,但是否因此即可達到將河床一律冲深之目的,亦屬疑問。更可慮者,因洪水時冲刷力增加之結果,是否將使沿河道灣處格外冲深,並將刷剩之巨量泥土,堆積而成高逾尋常之沙檻。最後,洪水位如此下降,是否確屬必需?在目前內隄與老隄,即一部份已經毀壞之正隄之間,有不少之居民,散居其中。在較大之洪水時,此種村落因其他地位之低於河床,時受大水之威脅;今者因河床冲深以後,此種危險可以消除,固屬無疑;但欲求此等村落有相當之安全,建築「環隄」或未始非方法之一。

惜余於黃河實地情形,一無所知,不敢故作主張。余深信,以足下之學識與經驗,作此主張,必經極鄭重極成熟之考慮!而足下又爲余素所佩仰之專家,則將來竟有使余拋棄目前余所作種種過慮之一日,亦未可知。凡上所述,皆余在審查足下之建議時,所發生之問題與過慮,

在未能使余爲足下之主張所折服以前,余對於前在制馭黃河論一文中所云,仍視爲恰當。該文有云:

黃河之病,不在隄距之過寬,而在缺乏固定之「中水位河槽」。於是河流乃得於兩隄之間,任意紆曲,左右移動。凡任何荒川之病象,黃河無不備焉。及至河流日益逼近,刷及隄根,則隄防遂不堪問矣。治理之道,宜於現有內隄之間,實施適當之護岸工程,固定中水位河槽之岸。次則裁灣(以過於灣曲者爲限)塞支,亦屬重要。誠能者此,其利有二。一爲河流在中水位時,由此得一固定不移之河槽;自此以後,水流將一變向旁冲刷之狀態,而專向深處。此外則河槽不致再逼及隄身,遼闊之灘地,賴以保全。而當洪水之後,水落沙停,灘地之上,日漸淤高。此種情形,匪特無害,甚且可喜。因固定之河槽,將由此益深,而冲刷力亦將隨之以增,所有因隄距過大而起之不良結果,將因中水位河槽之固定而盡除。

此外堪注意者,即灘地愈廣,則洪水時,其上水流之速度必愈

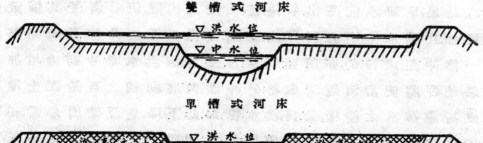

雙槽式河床

單槽式河床

第二圖　　恩格思理想中之河床變化

小。由是灘地之淤高，愈少妨礙，而大隄在洪水時所受之危險，亦可愈少矣。

余心目中對於治理之目的，大致遠不及足下所期望之大。苟兩岸灘地淤高至於洪水位，換言之，河床已由「雙槽式」而變爲「單槽式」。且因單槽式河床所需要之「比降」，不及雙槽式之大，故洪水位或可由此稍稍降低。再者，水落時，苟低水位時之流速，其力足以刷沙，則沙之淤積，換言之，河床之墊高，亦可由此停止。凡上所作推測，即兩岸灘地，是否能在相當時間內，淤高至於洪水位，固屬疑問，但縱不能盡如我人之期望，亦決不致有何等之妨礙，故鄙意以爲不妨努力加以實行者，此也！

曩者，余嘗主張於治理下游之時，宜先之以河口「三角洲」之澈底整理。今讀尊論，以爲整理三角洲，宜以使沙礫能隨水入海爲目的，不必過事他求，此意甚是！大著論河口及三角洲一段，余殊十分同意。他如李協先生對於未來海港之主張，以爲宜改設小清河口，或其他適宜所在，余殊以爲極有見地。

抑尤有言者，按照余之建議以治河，對於現有河道及隄防之關係，殊少鉅大之更張。更張愈少，則其效果愈大。且所費有限，而所獲甚鉅，尤其特點。

余從事河工試驗凡四十餘年，對於任何試驗，尤其若目前討論之黃河問題，自有濃厚之興趣。但余於前述種種，獨以爲苟有人贊成我說，即可起而實行，已無再事多作試驗之必要！

目前最要而不可稍緩之事，當推黃河流速，比降，及剖面之測量，由此求得最適合於黃河情形之「流速公式」；或就通用之各種流速公式中，加以考查。求得之後，儻有必要，再加以改造，使之十分適用於黃河。根據此項公式，即可從事「標準河槽」之規定。

此外亟宜同時進行者，即所有危險之中水位河岸，應從速加固，以禦河溜；而坐灣頂冲，逼近隄身之處，亦宜速加裁灣取直。蓋此種工作，初毋需待乎標準河槽規定之後，而始加以施行也。（一九

三〇年十一月四日）

四　方修斯覆恩格思論治河書

（上略）接十一月四日賜書感甚。先生對於治理黃河問題之興趣，如此濃厚，良足令人感動。讀所論各節，使鄙人益覺有不斷研究之必要。對於先生所提出之各種問題及建議，謹答覆如下：

因治理黃河同時須為航行着想，故鄙見處理彎曲之河道一層，殊不成問題；因無論如何，此項處理，為必不可免也。但鄙意若置航行問題於不顧，只為開關一中水位河槽着想，則此種河灣之有無，並無何等關係。

先生主張，治河工程須從窄狹段開始，與鄙人昔日之意見，洵屬相同。鄙人原意，擬自近河口較狹之處，開始施工，然後由此向上推進。又先生認鄙人之建議，較諸費禮門先生所建議者，為切合實用，聞之殊慰。但費君已往之貢獻，並不因此減少其價值，即我等今日種種研究，亦每賴費君之資料，此點諒先生必有同情也。

先生之過慮，以為苟依鄙人之建議，在新洪水河床未冲深以前，將使現在之內隄，發生危險。對於此點，余殊知之。按余嘗主張，在河床之冲深尚未顯著以前，現在之內隄，仍須不斷保存，即是此意。再余之計劃，不過欲在現在之洪水河床中，造一二新隄，並無造橫壩之意。故在事實上，現在之洪水河床，毋需有何等之更張。

余且主張，苟遇異常之洪水，此項新隄，在相當所在，甚且可以過水。此種洩水辦法，在中國甚見通行。俾新隄與老隄間，原有之洪水河床，亦可幫同洩瀉洪水。如此情形，在河床尚未冲深以前，事實上，與平日可謂毫無二致。倘事有偶然，在新隄造成以後，即遭遇異常之洪水，則其環境之形勢，仍與無新隄時相同。余意在現有隄距3至4公里處，造此等新隄，決無妨礙。至在隄距窄狹之處，則不妨俟河床冲深至相當程度以後，再行建設。為安全起見，將現有隄岸之若干小段，加高呎許，或有此必要。凡此種種，均與當地情形有關，

宜另行研究決定。由上以觀,則現在之洪水河床,並毋需變更,而河
隄因余之計劃,亦不致有危險可言。

因縮狹河道,而河床得以冲深,此與先生所主張者,原則上本
屬相同。此項辦法,費禮門先生所作之種種研究,足以助余證明其
無害。余並主張,於隄前灘地,栽植柳樹;蓋此種方法,爲保證逼溜河
岸,在中國固屢見應用也。

先生更提出洪水位之下降,是否確屬必須一問題,余意欲求
得一安全之解決,舍此以外,別無他法。今若欲保持現在洪水之位
置,固未嘗不可,但必須灘地之不斷淤高,能與中水河槽之不斷冲
深,互相呼應。倘中水位河槽冲深極微,雖一時之間,洪水水平面之
上昇,較諸今日可略緩,但仍不能擔保其不逐年增加。反之,苟中水
位河槽之冲深,極有顯著之成效,則洪水水平面,亦必與年俱落。倘
此項新洪水堤不築,余敢信所產生之現象,必爲前者。試舉一簡單
之例,加以計算,俾資證明:今有某段河流,寬約 3 公里,假定中水位
河槽之寬,爲300公尺(或僅需200公尺),是則中水位河槽之寬,僅爲
洪水河槽十分之一。至灘地之沒水,並不因中水位河槽之故,而阻
止,且此種漫水,本爲先生所希望,因其有助長淤積之功效。淤積之
多寡與冲刷之深淺,應互相平衡。在普通洪水時,倘灘地淤高 4 公
分(4cm),則中水位河槽當冲深40公分($10 \times 4 = 40$ cm)。換言之,十年
之內,灘地淤高至40公分時,中水位河槽已冲深至 4 公尺(4m);若
爲二十年,則中水位河槽之深度,將爲 8 公尺。若洪水河槽之寬爲
4 公里,則其得數將更奇。即使一一減半,每年以淤高 2 公分計算,
則二十年內,中水位河槽之冲深爲 4 公尺;四十年內爲 8 公尺。此
猶就中水位河槽寬300公尺而言也,若其寬祇須 200 公尺,則一切
得數,均將爲前述之一倍半。換言之,每年以淤高 2 公分計,四十年
內中水位河槽,將冲深至 12 公尺。

誠如前述,中水位河槽在四十年內冲深至12公尺,同時洪水
河槽淤高80公分,但全體河床之平均深度,則仍與以前無異。在事

實上,我人不應只以十年至四十年爲標準,至少亦須以百年爲根據。是以余之見解,中水位河槽之冲深,決無如前述之甚,且縱係需要,亦不能聽其若此。因灘地之淤高,與中水位河槽之冲深,步驟不宜過於參差。否則當中水位河槽甫經冲深之際,洪水平面必將繼續漲高,而危及老隄。如何防止此種情形,此乃我人研究之最後目的。余於此,最欲考求者,卽中水位河槽之冲深,是否根本有停止之可能?對於此點,費禮門先生之研究,殊堪重視。先生曾指出現在縮狹之處,在洪水時固可冲深,但水落卽有返於原狀之虞。余頃已將其原因述及,卽因遼闊之灘地上,水平面之高低,頗爲一定,因此冲深之段,其剖面愈大,動作愈緩,而泥沙在此之沉澱,亦將愈速。倘在河槽中間,冲成一狹而且深之溝,則其情形雖略異,但大致亦必相差不遠。洪水由灘地退歸河槽,須費長久之時間,故此項深溝中之淤積,雖與縮狹之段,不可同日語,然亦頗堪注意。總之,泥沙仍將由兩旁灘地,向河中央移動,殆爲不可免之事實。倘先生對於此項由洪水不斷增高所引起之危險,如前所述者,仍欲有所防止,則除固定中水位河槽以外,對於洪水位河槽,其勢亦非加以固定不可。誠若此,先生之理想,卽新河槽之冲深,與現有灘地之淤積,方能互得其平。此與余所建議者,尚有何異?不過此種治法,需時頗久,因此目前黃河下游之險狀,亦將同樣延長耳。

　　余竊欲於此聲明,卽余所作建議中最主要之一點,乃在新隄築成之後,小量及中量洪水,立卽陞高至最大洪水位之高度。如此則雖屬尋常洪水,亦可發揮其與最大洪水同等之冲深能力。同時尋常洪水挾砂量,僅爲河水之 2－3%,以與最大洪水時挾砂量 10－12% 相較,則前者之輸砂能力,必較後者遠勝,不言可知。倘在最大洪水時,所冲起之砂量,猶如築隄以後,小量洪水抬高水位後之情形,則此項砂量,將爲最大洪水所不能勝載,且無法遠運,因其本身已含有不少砂量也。但照余之計劃,此項小量洪水之載砂力,可較以前增加 8－9%。苟其冲刷力仍嫌不足,則不妨借助於濬河

之工具。至於運砂力之助長,則大可不必。

　　余認爲欲强迫維持一種平衡狀態,卽賴以增進或保持現有之洪水位者,殊不可能。余之建議,使洪水位之降落,十分安全,堪稱唯一解決之良法。但洪水位長此降落,亦足以引起危險,故余在報告中,對於此點,亦經詳加論及。閒黃河沿岸,石料尚屬充足,則誠欲阻止河床之降落,未始無相當方法;如在河中拋石成檻,或築堰(Wehr),同時且可大規模利用水量,以產生電力焉。倘洪水河床已充分冲深,則此項堰工,不妨分設多處。其中大半均爲「固定堰」,一小部分可爲「活動堰」。此種固定堰,似可用石堆,積如隄狀;當洪水時,不難在極短時期,爲泥砂所填實。此堰所用之材料,不妨戲名之曰「泥砂混凝土」,以示與「水泥混凝土」有異曲同工之妙也。

　　對於治理河口,先生與余同其意見,甚爲可喜。又對於李協先生在小淸河口闢港之主張,先生亦以爲可行,均使余閒後不勝欣慰。

　　此外建造新隄及橫壩之主張,卽費禮門先生一度所建議者,雖余與先生,均認橫壩爲不必要,但卽使建設,余以爲並不足以引起何等巨大之影響。此種主張,雖其形式稍加改良,仍不外中國古時治河所用之方法。中國人於建造此等隄工,殊有過人之本領。彼等昔日,對於黃河早經有雙隄之設,且其綿延殊長。彼等之祖先,在千餘年前,用極簡單之方法,所能做到者,何獨於今日反不能?照余估計,因此所需之費用,並不甚鉅。若與所得之效果比較,則余意更屬低廉。

　　先生以爲不必多事試驗,余殊不敢作此肯定之表示。余雖確信余之主張,必可收極大之效果,且亦以爲並無再作試驗之必要。但余所以仍主張先之以試驗者,無非欲假手試驗,獲得充分之證據,使多數之中國工程師,堅其信仰。同時因試驗之結果,余希望於計算方面,亦可有所改正。如先生仍疑我說,則爲鄭重起見,余意先生對於「以固定中水位河槽,爲唯一治河辦法」之主張,必須詳細加

以試驗,方足以證明二者之究屬孰是。試驗之結果,苟不與余在前文所計算,洪水河槽之淤高,及中水河槽所需要之冲深相符者,余殊不敢信。

　　最後余願再度聲明,卽先生所主張「固定中水位河槽」一層,仍將採用,惟須在余所計劃之新隄築成,及河床降低以後耳。余未嘗不重視先生之主張,觀於余將此種辦法列入最後施工計劃中,可以證明也。(一九三〇年十一月十日)

五　恩格思致作者論治河書

　　(前略)接來信,承詢余對於方修斯教授所作治河建議之見解,余等於此問題,曾互相交換意見,茲特檢附來往信札,以備督閱。

　　余在奧貝那赫 (Obernach, Ober-Bayern) 水工試驗場所作之大規模試驗,現正告結束。此項報告,將在 "Bautechnik" 雜誌發表,屆時當寄奉一份,藉供參考。(參看本號"治導黃河試驗報告書")

　　余此次試驗所得之結果,其中最有趣及最堪寶貴者,卽若將隄距大事約束,則在洪水時,河床非但不冲深,洪水位非但不降落,且其影響所及,足使水位不斷高漲。河床凹陷處所,在洪水時固可有鉅大之冲深,但河床隆起處所(一稱河脊),雖不加高,然亦未能相當降低。故其結果,二者間高低之相差,較前益鉅。換言之,河床縱剖面之不整齊,將因洪水而愈甚。

　　余於一年前,卽已向方修斯君,對於彼所津津樂道各點,如河底將因此有鉅大之冲深,以及洪水位之降落等,表示余之懷疑。而由余最近試驗之結果,已證明方君所理想之冲深,及降低洪水位二點,並無實現之可能。惟余不能不聲明者,此次在奧貝那赫試驗時所用之泥砂,每粒大小約3.5公厘 (mm),所用均係清水。此種情形,當然與黃河顯有不同。余以此項問題之重要,故在所作報告書中,曾提及對於黃河有舉行特別試驗之必要,而目前奧貝那赫之試驗場,對於施行此等試驗,可謂十分合宜。余爲此事,曾致函李協

先生,並建議即在奧貝那赫地方,舉行試驗。所需費用,約爲四萬馬克。余初意與現在之主張,並不相同,參看余致方修斯君之函可知,（按恩氏初意,以爲毋事再多作試驗之必要,不妨即根據彼之主張,起而實行。）今因奧貝那赫試驗之結果,頗覺若能爲黃河作特別試驗,亦未始非無益之舉也。(一九三一年十月二十日)

六　結　論

　　恩格思與方修斯二教授,對於黃河問題之論戰,已如上述。但雙方各執己見,並未有若何之結果。恩格思氏於致作者一書中,且根據最近之試驗,斷然謂方氏所希望之冲深及降低洪水位二點,根本不能實現。同時方修斯氏則認爲恩氏固定中水位河槽之辦法,並不能作爲治本方案,但並不否認其價值。二人意見之相左旣若是,故爲求本問題之解決起見,雙方均認爲有再事試驗之必要。並聞恩氏曾向我國有關係方面表示,此項試驗需費國幣五萬元,倘我國願擔任經費,彼甚願繼續效勞。氏年近八旬,熱心研究我國黃河問題,垂二十年,以如此高年,猶願爲我國黃河問題,作不斷之研究,其精神殊堪令人佩仰!余意現在距大規模治河之時期,雖尚早,但此時苟能用其學識與經驗,求得若干原則,以爲將來治河之憑藉,則其有裨於黃河之治理,詎可以言語形容!今氏年已老,深願國人重視此千載一時之機會,而勿使交臂失之也。

黃 河 問 題

李 賦 都

黃 河 水 利 委 員 會 技 正

篇 前 語

黃河問題，可謂複雜矣，困難矣！關於導黃之意見，可謂多矣！足以證明黃河問題之重要，而能引起各方學者之注目與討論也。余觀導黃議論之繁雜，各方對於其主張之堅持，在理論上，固各有其相當之價值，每發一言，亦即有其一言之理由，然負導治之責者，終應取何法乎？

此次恩格斯教授在德國試驗黃河，爲時四五月，費用一萬六千元，成績雖有其相當之價值，然終以時間過短，經費過少，未能達一澈底與無疑之解決，殊爲可惜！

黃河對於我國利害關係至重，對於其導治方針，宜用盡心血以研究之，非專以空談，而尤非以冒昧從事所可了事也。

余對於黃河問題，仍注重於「試驗」，反對之人，固亦有之，然吾人須知水工問題，決不可與別種工程相比。歐美之水工學識，當遠高於我國者，然終仍依賴「試驗」以助其成效之精美，蓋流水複繁，而吾人之學識又有限，不能僅靠理論也，況在我國之情勢乎．

遊 德 經 過

余承豫魯冀三省政府派往德國，參加恩格思教授之黃河試驗，於民國廿一年七月起程，九月初抵南德 Obernach 水工試驗所，

黃河試驗卽在此行之。余赴德主要問題，固在試驗黃河，然亦注意
於水工試驗所之設備，與其中之工作，故於去歲十月杪黃河試驗
完竣後，卽遊歷瑞士 Zuerich，及德國以水工試驗所著名之各市如
Muenchen, Dresden, Berlin, Karlsruhe, Hannover 等處。Muenchen 水
利研究院，並派工程師與余同行，除參觀水工試驗所外，並至南德
Kempten 參觀 Ott 水文及水工試驗儀器廠，與明星之飛機測量公
司，獲益非淺。十二月初抵余前六年讀書之漢諾佛市，與余師方修
斯教授相會，方氏對於黃河問題，亦極注意，並在其試驗所內，作各
種之黃河試驗，實足令人欽佩。方氏邀余在其試驗所內實習，繼續
研究治黃之方法，余至此恢復以前學生之生活，感無窮之興趣。

　　恩格思氏於黃河試驗告終後，曾作一臨時報告書，余曾譯載
大公報及工程雜誌。恩格思並擬於一九三三年，再作第二次之黃
河試驗未果。余本年七月起程回國，經明星訪水利研究院院長，該
院對於黃河試驗之詳細報告書，適已完成。關於此次黃河試驗之
各種設備，試驗方法與結果，以及方修斯試驗黃河之報告，並余在
漢諾佛用中國黃土試驗之成績，余將於最短期內，作一詳細之記
載，報告三省政府，期使我國水利家得一完美之參攷與評論。現值
黃河為災，黃河水利委員會將次成立之際，余深知國人對於黃河
問題之關切，先草成此篇，略述此次試驗與研究之要點，及導黃着
手重要之工作，以作當局之參考。

黃河應卽着手導治

　　黃河對於我國之利害，人所共知，余觀恩格思教授研究黃河
之熱心，與方修斯教授不為經濟困難所屈，在其試驗所內，盡民族
互助之精神，誠慚愧不遑。恩格思曾與余談，歎曰；『前十餘年，吾已
從事研究導黃之法，乃為病魔所擾，不能親視黃河，深以為憾。而今
之黃河猶昔之黃河，中國時局仍不容樂觀，向使以此二十餘年之
光陰，及因內亂耗費之金錢，以導治黃河，則工作當已告一段落。』

外人對我國如此熱心,則我國當局應作何種感想乎?黃河今年不幸釀此巨災,人財損失極大,目前除臨時修補隄口,防免水勢擴大之外,別無他法。然我國當局應以此次之水災作爲最後最深之教訓,勿再拖延時日。此次災後,卽應盡全國之能力,着手於導治黃河之工作。余致敬告於黃河水利委員會諸公,務各盡其能,各專其職,以互助與忠實成此偉大事業。黃河水利委員會應取用學識高尚,品性忠誠之專門人才。若本國人才不足,儘可擇聘外國經驗豐富之人員。吾人若念及黃河問題之重大,與我國水利學識之幼稚,當不以余言爲謬矣。查已往關於黃河工作之弊病,在無統一的通盤導治之行政機關,關於黃河之機關,僅爲局部者,所謂各掃門前雪,其工作不過補修隄防,及築壩工程,而無根本導治之工作。今有黃河水利委員會之成立,實幸甚矣。此外吾人尚須特加注意者,卽黃河之導治,實爲我國水利工程之最要者,他如導淮及與辦冀省水利固屬重要,然黃河不導,足以危及其他之導治工程,此次黃河爲災,淮河流域及冀省均呈危狀,卽其證也。

專家導黃意見

黃河爲害之原因,黃土是也。上中游坡度較大,水力較大,黃土或經雨水由土山田地溝壑間接冲入河內,或直接由兩岸及河身冲至下游。及其至下游也,因通常水力過小,不免於淤積。以致雙隄以內,河線無常,時加改易,河槽時近隄根,危及隄身。再加以隄之路綫曲折無規,如修補不週,一遇大水,則不免於潰決。因河身歷年淤積,高出兩旁地面,故尤顯河床淺小,每遇大水不免決潰,其災患之巨,可想而知,故導治黃河之根本方法,在中上游則爲阻止沙泥之冲洗,減除河水之含沙量,在下游則爲防止泥沙之淤積,使河槽深入地內,使河水所帶之泥沙,盡量輸之入海,使河身有充分的深且固定之槽線,及堅固而線形適宜之隄防而已。

關於黃河之論著,與導治之意見,可謂多矣。有主張注重上中

游之導治,以求根本解決者,有主張着手於下游者。在上中游,則曰植林,曰普及溝洫,曰保護河岸,曰設築水庫,修欄水壩,曰改移河道。於下游則曰束隄攻沙,曰築橫壩,曰固定河槽,改良舊隄線形,曰改移河身路線,曰分殺水怒。凡治河所有之方法,未有不建議用之於黃河者,吾人於治理黃河之先,須先明瞭各種意見之用意,及其成效速遲,與經濟上之是否適宜,萬勿各存己見,互相爭持。

　　關於黃河下游之導治,如前所述,議論甚多。賈讓治河,主張開門築渠,以分殺水怒,使民得以溉田。潘季馴則主張以隄束水,以水攻沙。稽曾筠言治河必導溜而激之,激溜在設壩,是之謂以壩治溜,以溜治槽。稽氏之所謂壩者,卽英文所謂 dyke, 德文所謂 Buhnen 及 Parallelwerk 等是也。

　　近代亦有導黃入淮入衞之說,其意亦在分殺水怒,發展灌溉事業;又有開闢湖澤等等之說。在西人方面,則有費禮門恩格思方修斯等之意見。費禮門主張修新窄隄,並築橫壩之護隄工程,且使全河成直形之節段。方修斯治河方法,則首在築成與河流方向適合而帶弱曲之窄隄,其寬度約在五六百公尺,近隄之處,植以叢木,以保護隄身,設計隄內河體橫斷面,只需使其能容收普通每年之大水,利用此每年大水以冲深河底,據彼判斷,河底於八年之後,卽可冲深四公尺。如此則高水僅達於現在邊床之高處,新隄之上,並設溢水段,使特別大水,溢入新舊二隄之間,使該地漸次淤高,既係臨時性質,又未改已往狀況,可謂有利無弊。

　　自恩格思發表其治河意見之後,吾人對於黃河之導治,始得一特異之紀錄。束水攻沙之法,恩格思極力反對,謂黃河之患,不在隄之過寬,而在其無固定之「中水河槽」。因無固定之中水河槽,故河槽曲折無常,時近隄根,而百患生焉。若黃河得其固定不變之河槽,則水流有方,邊床自行淤高,隄之距離愈寬,則邊床愈高,水流速度愈小,而淤積愈易,隄之受險亦愈少。若邊床淤至高水線程度,則導治之效力,可謂完全達到。如此則河水至高水線,亦有一整個之

河槽,因其與有邊床者,較其需要之坡度較少,故高水線亦漸次降落。在此固定之河槽內,若能使低水流速足以攜帶其所含之泥沙,則河槽不至於淤高。至於邊床淤至高水線,所需時期之多少,固一疑問,然亦不足重視,知其趨向已足矣。恩格思對於此種導治法施行後,希望邊床淤高,河槽冲深,故固定中水河槽,採用活動護岸法,如活動柴龍是。邊床淤高後,可將護岸增高之河槽冲深後,可使柴龍隨而沉落之。恩格思謂以隄束水,無異乎以強權反水之天性,攻沙之功效有限,爲時亦久,在未達目的以前,災患自所不免,況其成效,尚爲一疑問。恩格思謂修隄僅可以防水災,而不宜以隄治水也。據以上之原理,恩格思對於治黃方法,第一爲固定河槽,第二爲整理已有之隄防。前者務須順依河流已有之線形,過曲者稍裁之,但勿必使其全直。河之近隄根者,或改隄線,或移河線以避之,萬勿過改已有之狀況。後者務須使隄線有規,勿過於曲折,勿使雙隄距離,忽然改易。此次恩格思試驗黃河之目的,即在察視因水位之變異,與隄防寬狹之不同,以確定河渠所受之各種影響。

恩格思試驗之經過

　　試驗地所在明星附近奧貝那赫露天試驗所,該所附屬於明星水工及水力研究院。試驗所位於 Isar 引河旁,河內設壩引水入試驗渠,水經渠後,仍流入原河內。此種利用天然河水之試驗法,極爲經濟,計該處可供試驗之水量,每秒可達 8m³。

　　黃河試驗渠長97.5公尺,比例尺爲1:165,爲一直形河床。河槽槽底及兩邊同寬之邊床底,於試驗以前,均係做平。河槽之岸坡,及與槽成平行之高水隄,以三合土製成。邊床底之質料,係 0 至 5 mm 成份分配均勻之石灰石沙粒,模型冲浮質經特別預備試驗,擇用煙煤粒,其比重爲 1.33 kg/dcm³, 其顆粒爲 0 至 2.1 mm, 依預備試驗得模型槽底與水面坡度爲1,1 0/00,模型之高深比例尺爲1:82,5, 大於平面者一倍。

　　隄防距離不同,對於流水情勢之影響,(沖浮質之運輸,河槽橫斷面之成就,水面位置等等)以隄距為 3.8 及 8.9 公尺之兩種試驗研究之,二試驗之水量,水面坡度,槽底坡度,試驗時間,均相同。每試驗之時間為三模型年,每模型年為二十四小時,在此兩種試驗之每模型年內,將水量依一固定之流量曲線,由低水(23,7 l/sec)繼續的升至高水,(193 l/sec)仍使落至低水,河槽內之水深為 40 至 110 mm,邊床水深為 0 至 42mm。

　　試驗以前測量全渠之高低位置。試驗時測驗水量,水位,水面坡度,流速,每秒含泥量,水之溫度等。試驗以後,測驗河槽橫斷面,河槽縱斷面,(以定槽內之沖刷與邊床之淤高值)每模型年內所沖刷之泥量等等。

　　經預備試驗及大概計算,得知若取不循環之流水試驗式,則沖浮質之損失過巨,絕非目前經濟力所容許,且沖浮質之供給,若求水量(每試驗日需 18m³)與顆粒之互相適合,極感困難,於是乃取循環流水式之試驗法,設抽水機及回水渠,將出渠之含泥水,仍導入試驗渠內。

　　模型之河槽寬度為 1.97 公尺,今以 1:165 之比例尺,計約合黃河 325 公尺。模型之最大隄距合黃河 1471 公尺。在窄隄試驗之隄距,合黃河 631 公尺。

　　擇用與平面相同之高深比例尺,則模型內之水過淺,水之流動,不免為平行線式者,(laminare Stroemung)據各水工試驗所之經驗,取用較大之高深比例尺,並無妨礙,(此次試驗之高深比例尺為 1:82,5)即對於沖浮質之選擇,亦較為易易。

　　試驗水量,係根據黃河最大水量 8400 m³/sec,中水量 3400 m³/sec,及低水與中水間之水量 1100 m³/sec,以作模型內之低水量,取用此較大之低水量,為使河槽之水不至過淺也。

　　依此試驗,水量及模型之比例尺,得中水深度,(適與槽岸相平)合黃河 5.5 公尺。槽內高水深度,合黃河 9 公尺。邊床深度合黃河

3.5公尺,及低水深度合黃河3.13公尺。計算試驗渠河槽之水深,在窄隄高水者爲 109 mm, 在寬隄高水者爲 97 mm,在中水者爲 67mm 在低水者爲 38 mm。

　　試驗結果足以令人注意,並出乎意料之外者,爲在寬隄情況之下,河槽冲深反甚於窄隄者。窄隄河槽於三模型年內,冲深約8.8 mm, 而寬隄河槽在此之模型年內,竟冲深至 29 mm。邊床淤積亦遠多於窄隄者。以此種結果論,則恩格思之導治方法,較爲優良。蓋恩格思之目的,卽在固定中水河槽,使邊床淤高,河槽冲深也。恩格思對於此結果,在其臨時報告內,解釋之如下;

　　「窄隄河槽內,及邊床上之流速與水深,均大於寬隄者,故窄隄內水之「冲刷力」亦因之較大,其所攜泥質沉落之機會亦較少,在此次循環流水式之試驗, (水出渠後用抽水機抽入同水渠仍流入河渠)若增加流水年期,而不添加其所含泥量,則最後達於一「固定之狀態」, 河槽不再冲深,邊床不再淤高。由高水降至低水時,在沉澱池(設於河渠之尾端)所沈淤之泥量,亦達於一最後之値量,此種情況,可以每模型年河水含泥量之減少證明之,在窄隄試驗,似於八年後可達至上述之「固定狀態,」 在寬隄試驗,則四模型年後,已可達之。若於此寬隄試驗,延長流水年期,河槽似不至於繼續冲深,而在窄隄,則河槽似乎仍須增深,惜此次試驗之期限過短,時已入冬,不克繼續工作,以證其不謬也。以上所述,亦有他理在,窄隄試驗之泥沙,由高水降至低水時,多經「沉澱池」攜帶而來,而寬隄試驗時,則此泥沙因邊床水流較緩,多有沈淤其上之機會,水之含泥量於每秒水量相同之情勢,在窄隄河渠因水較深,及河床橫斷面較佳,故遠多於寬隄之含泥量。」

　　明星水利研究院,對於此次試驗結果,亦有詳細之解釋,今擇其要者筆之於下:

　　在將二種試驗互相比較以前,須講明循環流水模型內,泥沙之運輸,與天然河流者相差之處。

　　模型河渠,可視爲直形河流之一短段,在水量不變時,則河內經此段之水巳於該段以上收容泥沙,其多寡以其坡度及深度爲衡,在循環流水模型試驗時,則以抽囘原試驗水入試驗渠,模仿此種天然情形,惟模型內之泥沙,乃由渠底之冲刷供輸之,水位增高時,自然河水在入此段之時,巳含較多之泥量,在模型內,則以增添新水,以達此高水位,以河床之冲刷,而得此較多之泥量,在水位降落時,模型內與自然河流之狀況無所差異,試驗用水之總量,一部分於水位降落時,他部分於每模型年後,導入沉澱池,故沉澱池容納由河底冲出以充添水內泥沙之大部份,其餘由冲刷而來之泥沙,則淤積於囘水渠內之死水處,此二種泥量,須由河槽總冲刷量減除之,蓋此種情勢,僅由循環流水式而來也。

　　此外須特別注意者,一切試驗結果,只爲一直行之河渠,有固定之中水河槽,及渠尾水位者。

　　以下爲該二試驗結果之比較,其單位值,係寬隘試驗之數值。

1. 高水水面流速之比,河槽內爲 1:1,12，邊床上爲 1:1,5。

2. 高水每秒攜泥量在二試驗內,由一模型年至次模型年,均有減少,因河床之冲刷漸近於一終點,然於三模型年之試驗時期內,尙未達及此境,三模型年內,每秒洩泥量平均數之比爲 1:1,8，故束窄河床,可使含泥量加倍。換言之,可使入海泥量多於寬隘者一倍,在沉澱池所淤積之泥量,亦可用以作輸入海內泥量比較之標準,但因在囘水渠內,亦有淤積,故不甚適合也。此淤泥容量之比爲 1:1,9,其值與直接所測量者相符合。

3. 水面坡度在此二試驗內,可使之完全相同,平均爲 1.163 或 1.174 0/00, 最多相差 4%。

4. 二試驗之高水水面位置,在三模型年內,雖河床冲深,亦無大變更,此蓋渠尾「固定水位活動堰」位置未變所致,或係因河槽冲深之影響,與邊床之淤高相抵消,亦未可知,因無確

實之考察也。經河床之束窄,高水位平均升高 14.1 mm, 如前所述以沉澱池及同水渠內之淤泥計算之,河槽沖刷值,爲數過大,但以此過大之數值校正高水位置,則不能獲效,蓋由各模型年之水面高位,未能察出河槽沖深對於高水位之影響也。

5. 河槽沖深度,用四種方法計算之,寬隄試驗所得之數值,甚相符合(22.8 至 23.8 mm)而窄隄者,則相差甚殊。(4.8至7.2mm)由死水處邊床上及沉澱池內淤積泥量所計之算值爲最大。(7.2mm)小而且薄,分佈甚廣之淤泥,測驗時難免錯誤,故此種沖深度計算法,不甚精確。由測量橫斷面所得之數值,(4.8 mm) 爲最可靠者。由此測量所得之沖深度,(28.8及4.8 mm)尚須減去在死水處及沉澱池經淤積而成之數值5.5及3.7,故此沖深值在寬隄者爲23.8－5.5＝18.3 mm,在窄隄者爲4.8－3.7＝1.1mm,其比爲1:16.6。

6. 假設淤積泥量分佈均勻,則邊床之淤高值爲4.3 及 1.5mm,故寬隄者與窄隄者之比爲1:0.35。

在實際上邊床上之淤泥分配,並不均勻,普通爲寬條式,其灣曲與河槽凹線之灣凹性質相同,其薄厚由渠首至渠尾增加,由槽岸至隄尾則減小,邊床之淤積乃由順流之橫運輸而成者。

總而言之,水文較佳之窄隄,河床對於泥沙之順流運輸,較之在寬隄河床,遠爲適宜,故在窄隄試驗泥沙之攜帶於沉澱池也,其量遠多於寬隄試驗者。

但寬隄河床之特點,卽在含泥量較少時泥沙之橫運輸爲甚多,因之邊床之淤積,亦遠高於窄隄者。

試驗結果,其足令人注目者,卽寬隄高水河床對於河槽之沖深,勝於窄隄河床,蓋泥沙由河槽經短途而輸至邊床也。若中水槽固定,邊床不受沖洗,則河槽之沖深,與邊床之淤高,互相扶助,能使

得一整個之河槽。歷相當年期,河槽已深至相當程度,則可築較低隄防,以束窄邊床,故據此次試驗之結果,對於黃河之導治,可取下述二法;

1. 保護中水槽岸,防免邊床冲刷,依河槽之冲深,以增證岸工程,河槽深至相當程度後,再以較低之隄,束窄邊床。

2. 立刻以較高之隄束窄河床,而不固定中水槽岸,如此則河漕之冲深較緩,尤其因隄間河水凹線,變遷無常,足使河底位置改異,危及隄防,故須時加證之也。

　　此二者之中,畢竟孰為優良,須視地方情形而定,安全與經濟,亦須顧及之」。

　　以上所述,純係一理想模型河段內,有秩序之試驗,因對於黃河之研究向少資料,故不能擇一種與自然河流相符合之泥質。所得之試驗結果,乃定性的,而非定量的,欲求試驗與自然河流相精切,須以縮尺相符之模型而達之,然因缺乏河流實際之觀察,不能實行也。

恩格思試驗之疑點

　　余發表恩格思試驗之疑點,並非謂恩格思導黃意見之不適當。查此次試驗成效之不澈底,全係經濟與時間關係所致,吾人若有試驗黃河之誠心,給以充分之款費及試驗時間,則定有精確之結果,請勿疑心也。

　　在束窄隄防,與固定河槽,其泥沙冲洗之性質,如前所述,一為順流者,泥沙直冲入海內,一為順流與橫流者,泥沙之一部,由槽底冲至邊床,而淤積於此,此種冲刷性,確合於理論,亦為其他試驗所內所證明,其原理於後段再述之。

　　據恩格思試驗黃河,若有固定之河槽,則在寬隄之情勢,其冲深度反甚於在窄隄者,依試驗結果,除顧及經濟問題外,自以固定河槽位置為適宜。然吾人對於此次試驗之結果,亦有數疑點焉,即

爲在黃河本身,於實行各法之後,其冲深度之比較,是否與經試驗所得者,能互相符合是也。

　　束水攻沙之效果,經方修斯之黃河試驗,與余在德之黃土試驗,確已證明,亦理之當然,可推知束水之法,不能謂謬。吾人於此二問題,特須注意黃河之含泥量,河流之含泥量,若達於一相當之地步,所謂飽含點,則失其再收容泥質之可能,在達此點後,則河底不能再有顯然之冲刷,此種飽含點在黃河內之數值,尚待試驗與研究。

　　此次試驗窄隘河渠內大水之含泥量,多於寬隘試驗者一倍,在黃河本身泥量之大部,乃係由上中游攜帶而來者,故下游之含泥量在束窄隘防以後之情勢,固雖有槽底之冲刷,然與在寬隘者,可謂約同。即有所差,亦不至如在試驗渠內之殊甚,今以此推論黃河之實情,若依方修斯之意見,利用每年普通大水冲刷河身,因其含泥量遠少於特別大水者,故有收容多量冲刷泥質之可能。(余因恩格思試驗黃河之目的,在研究固定中水槽,與方修斯束水之法,故於此以方修斯之意見作比)若取恩格思之方法,因大水含泥量遠多於寬隘試驗時之含泥量,則其冲刷之效力,是否能與試驗者相同,一疑問也。此次恩格思試驗以黃河已往之最太水量(每秒八千立方公尺)作每模型年之最大水量,其寬隘之距離,以模型比例尺論,亦遠窄於黃河本身隘防之距離,故在模型內,每年大水時,邊床之水,遠深於黃河每年大水,邊床之深度,故模型內每年之冲深度,亦遠大於黃河本身者無疑。黃河在每年普通大水時,邊床之水既淺,橫流之冲刷效力亦較小,而特別大水則相隔較遠,其冲刷之効力是否能與窄隘者相爭衡,亦一疑問也。況恩格思試驗時之主要冲刷效力,在八千立方公尺之特別大水,而此特別大水之含泥量,遠高於試驗之含泥量,今以飽含之理推論之,則黃河本身之冲刷效力,能否與模型者相若,又一疑問也。故取用恩格思之方法,在低水時槽內,或不免於淤積,在平常與特別大水時,邊床自然淤

高,河槽之冲刷,是否能與邊床之淤高相抵,尚未可知,若其不能相抵,則雖有特別大水之冲刷,而河床全體或仍不免漸次升高。再者恩格思主張固定「中水」床位,而黃河並無長期之中水,則在此較大之中水床內,多半由低水流過,其淤積亦可想而知,故此須固定低水槽,若只固定低水槽,則堤防距離與河槽寬度相差殊遠,或難免有支渠之發現,凡此種種問題,尚須待將來之試驗與研究,使可獲一根本而確實之解決。

著者之黃土試驗*

　　余作黃土試驗之重要目的,在視以黃土作河流試驗,究竟可能與否。華北水利委員會,河北工業學院,黃河水利委員會,及導淮委員會,合辦中國第一水工試驗所,而我國河流問題,以含黃土者爲最繁雜,若不能以黃土作試驗,殊爲可惜。方修斯教授與余談論及此,曾謂黃土河流試驗,恐難成效,因其在試驗渠內,不易於冲淤也。漢諾佛水工試驗所存有華北水利委員會寄來永定河流域黃土數包,余乃就其量之多寡,作一小規模之黃土冲淤試驗,並略驗其成份與顆粒之大小,該項試驗爲時僅二月,土料既少,設備又不全,(不宜於黃土試驗)故試驗範圍與成效,自亦有限。

　　據試驗之結果,對於「黃土試驗問題」略得下列各點:

(1) 黃土試驗成效之優劣,關乎模型之大小,若能使試驗渠內之流速小於0,3大於0,4至0,7公尺,(在此次試驗時水深20 cm) 則黃土卽有沉淤及冲刷之可能,據恩格思黃河試驗之最大水量約爲 200 l/sec。最大流速爲0,6 m/s,推知黃土試驗爲可能之事實。至於他種問題,例如發現槽底波紋等,固屬重要,然據方修斯談,亦無大妨礙,此種波紋在自然界之河流,亦有發現之可能,增廣模型,則波紋亦自消滅,(恩

*黃土試驗詳細報告載於華北水利月刊第六卷九,十期合刊,故於此篇僅擇其要者略述之。

格思試驗）

(2) 取用普通黃土塊參水成泥,以作河槽,較之由淤積而成者
　　不易於沖刷,故作黃土試驗,宜取用由淤積而得之黃土。

(3) 黃土試驗結果,因尚無相當之理論,只爲定性,而非定量者,
　　欲使試驗結果有定量的移用之可能,則尚待研究。

(4) 在水工試驗所內,作黃土試驗,務須有黃土試驗之特別設
　　備, (特別沉澱池特別水池水箱等)不可使黃水與其他清
　　水混合,計劃試驗所時,須注意及也。

(5) 能作大規模之黃土試驗則更佳,必有極精之結果,余意可
　　於黃河本床河槽旁適宜地所,於低水與中水期內,開一大
　　試驗渠,利用黃河之水,作大規模之試驗。查普通黃河大水,
　　每年當在七八九月之內,若於冬後起,至漲水時止,有三月
　　至四五月之時間,則可作此種試驗,至於試驗設備及手續,
　　余將作一詳細之計劃,以供研究。

黃土之成分與顆粒試驗　中國黃土由極細之沙粒,粘土及
石灰質組合而成。黃土內之粘土成份愈多,則其結合力愈大。曾經
試驗之永定河黃土,其成份多係含石灰質之細沙,粘土較少,而曾
經試驗之黃河黃土,則含有較多之粘土,故亦堅於永定河者。置黃
土塊於有薄水層之玻璃盤內,則見粘水之黃土部份,失其結合力,
成爲分散之細沙,傾入水內,同時水亦高升,於極短時間內全土塊
爲水所浸濕,失其結合力。今置黃土於水中,使其沈澱,然後乾之,則
發現直裂紋,與粘土之性質相同,其體亦較堅於初時者;此較堅之
沈澱土,亦含有細毛管作用,若仍置水內,亦易於分解。

茲將各種黃土顆粒大小及其成份比較列之於下:

永定河黃土顆粒大小與成份:

重量百分之 14.4(%)其顆粒直徑之 0,01 mm (0,0122mm)

　" 　" 　" 　" 　" 　6,9 　" 　" 　" 　" 　" 　"爲 0,01 至 0,02 mm

　　　　　　　　　　　　　　　　(0,0122 至 0,02365)

重量百分之 44,8（%）其顆粒直徑爲 0,02 至 0,06 mm

（0,02365 至 0,06 ）

„ „ „ „ „ 33,0（%）„ „ „ „ „ 爲 0,06 至 0,20 mm

„ „ „ „ „ 0,9（%）　大　　於　　0,2 mm

黃河黃土顆粒大小與成份:

重量百分之 43,6（%）其顆粒直徑≤ 0,01 mm（0,0123 mm）

„ „ „ „ „ 27,2 „ „ „ „ „ „ 爲 0,01 至 0,02 mm

（0,0123 至 0,023）

„ „ „ „ „ 26,2 „ „ „ „ „ „ 爲 0,02 至 0,06 mm

（0,02 至 0,06）

„ „ „ „ „ 2,4 „ „ „ „ „ „ 爲 0,06 至 0,2 mm

„ „ „ „ „ 0,6 „ 　大　　於　　0,2 mm

在括弧以內之數值爲計算時所得之精確數值,黃河黃土之比重,
(Spez. Gewicht) 爲 2,715 t/m³, 普通土塊之重量爲 1,86 t/m³, 永定河
黃土之比重爲 2,7 t/m³ 普通土塊之重量爲 1,66 t/m³。

　　山東河務局與導淮委員會曾經漢諾佛水工試驗所之請求,
寄來黃土多樣,余在德時均一一試驗之該試驗原來目的,在視河
槽內與邊床上所淤積之黃土,是否因河水流速與水力之不同,而
影響於顆粒大小之分配,此種試驗對於研究河底之冲刷與淤積
極有關係。山東河務局寄來之黃土,係濟南洛口鎮及利津宮家壩
一帶黃河槽內及邊床者,導淮委員會所寄之黃土,係江蘇黃河舊
槽內及其兩岸者。第一圖至第三圖爲該黃土試驗之結果,第四圖
爲採取黃土之地所圖。在第一圖內可看出河床各處所淤積之黃
土,因地位不同,而性質亦相差異,圖內曲線位置愈高,則土內細微
成份愈多。今視圖內之曲線位置,可知邊床上河水所含細微之土
質,因水流較緩,亦有沉澱機會,而河槽中之土質與邊床者相比,則
較爲粗大,可知河槽內之水力較大,較粗之沙粒沉落於河底,其細
微者,則爲水冲,輸洩之入海。又足令人注意者,即槽岸附近之土質,

第 一 圖

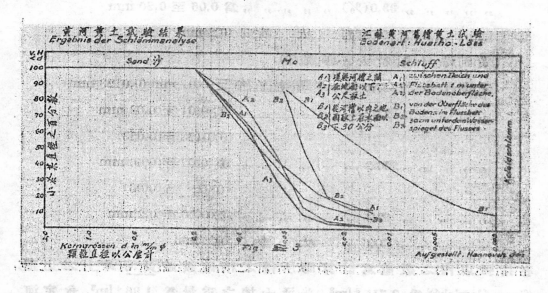

第 二 圖

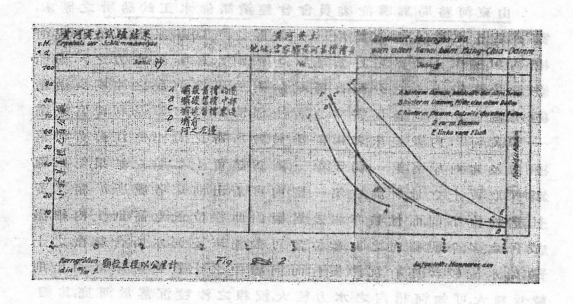

第 三 圖

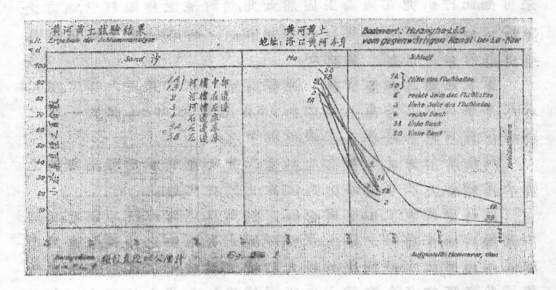

第四圖　採取黃土土樣地址圖

比例尺　1:10000

甲　山東濟南濼口鎮　　　　　　　乙　山東利津宮家壩

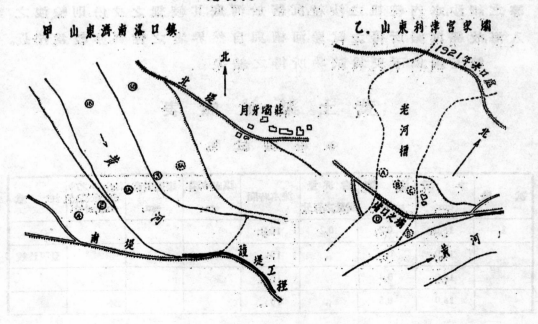

倘較粗於槽中者,此種現象,或由前述恩格思試驗之橫流而來,亦未可知。此行研究,在理論上固然如此,然河流之變遷無常,地方之情勢又各相差異,不能得一與理想相符之結果,如此三圖其能與理想相符合者,亦僅一圖而已。

黃土冲刷與淤積試驗　試驗渠係一玻璃渠,長六公尺,寬 0,3 公尺,高半公尺,渠內黃土底長約 3,5 公尺,深約 14 cm,關於一切之試驗設備,在此無詳述之必要,故删省之。

試驗所用黃土,係華北水利委員會所寄來永定河流域內之黃土,其顆粒大小可視本文內之「黃土顆粒試驗」。

試驗渠內黃土,由沉澱而得之,因其易於爲水所冲刷也。其理由亦極簡明,在沉澱之時土之顆粒較大者(極細之沙質)沉落於渠底,其極細者,因沉澱較緩,於較大顆粒沉澱後,始沉落於其上,成一薄層,此種極細且含有粘土之薄層質,爲結合黃土最要之一部份,在試驗以前,會將此薄層除去之。

自然界之河槽土質,亦爲經沉澱而來者,其成份亦爲粗細不等之細沙,水內較粗之沙粒,沉落於河底,其較細之成份,則輸洩之入海,故經沉澱所得之試驗,河槽與自然界者之性質,亦較爲接近。

第五圖與下表爲試驗所得之結果

黃　土　渠　試　驗　表

a.　短　期　試　驗

試　　驗	水　深 cm	流　速 m/sec	含泥量 重量之百分	流水時間	渠底冲深 cm	渠底淤高 cm	每小時之冲深或淤高值 cm/s+d	注　　意
1	16,0	0,2	0,2	10分				
	16,0	0,3	″	10 ″				發現波紋
	16,0	0,4	″	10 ″				
	16,0	0,5	″	10 ″				

b. 長 期 試 驗

2	16,2	0,5—0,68		40分	2,5		3,75	
3	16,8	0,7—0,8		1 小時	2,0		2,00	
4	14,8	0,5—0,66		1小時20分	0,5		0,38	
5	18,0	0,6—0,8		1 小時	0,8		0,80	
6	15,0	0,66—0,8	3,45—4,1	1 ,, ,,	1,6		1,60	
7	18,4	<0,18		15 分		0,5	2,00	
8	18,2	0,18	0,314—0,24	6 小時		1,2	0,20	
9	17,6	0,30	0,55	4 ,, ,,		0,6	0,15	
10	16,6	0,40	0,565	4 ,, ,,	1,0		0,25	
11	15,4	0,50		1 ,, ,,	0,7		0,70	
12	19,0	0,60		1 ,, ,,	0,8		0,80	
13	15,7	0,80		1 ,, ,,	0,6		0,60	
14	18,8	0,50		1 ,, ,,	0,0		0,00	
15	16,0	0,90		1 ,, ,,	1,7		1,70	
16	16,0	0,6—0,7		1 ,, ,,	3,5		3,50	

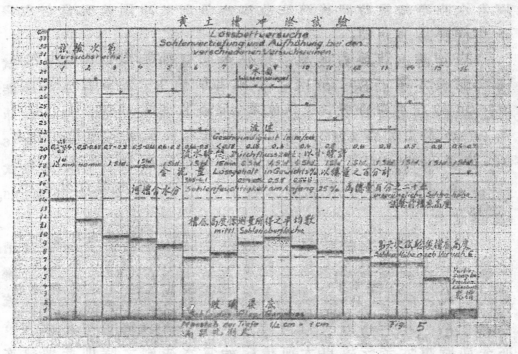

第 五 圖

黃土試驗之結果　　(a)河槽黃土之冲刷與其結合力有關係新沉澱黃土,在此次模型試驗之情況,則以每秒 0,3 至 0,4 公尺之流速,已可冲刷之, (第10試驗)而槽之下層黃土,因其受水及上層土質之壓力較大且長久,始可以每秒 0,6 至 0,7 公尺之流速,(第12與第13試驗)冲刷之。在試驗之情勢,該土沉澱後已歷二十八日受水之壓力共爲24小時,水深18cm,原來之新河床,於17日後有25％之水份,(第1與2試驗)可以 0,5 公尺之流速冲洗之,今可預測,若河槽更堅,則冲刷河槽之水力,亦須更大。

　　乾槽底較之濕槽底易於冲刷,在原 25％ 水份, 新淤河槽水深 19 cm, 流速 0,6 公尺,河槽每小時冲深 0,8 cm,(試驗12)在原有堅固之河槽,水深16 cm, 流速 0,8 公尺,每小時冲深 0,6 cm, (第13試驗)在乾槽水深 16 cm, 流速每秒 0,6 至 0,7 公尺,每小時冲深 3,5 cm, (第16試驗)其冲深約合水深百分之22,乾槽冲深較易之理由,亦甚明暸,蓋乾槽於水流入以前,因無水份,其顆粒之結合力較小,易於冲刷,當水流過相當時間後,河底收容水份,則其冲刷情況,當仍與以前濕槽試驗者相同。

　　(b)河槽之冲深與流速之增加成正比例,新淤河槽在此次試驗之情勢,水深 17 cm, (第10試驗)流速每秒 0,4 公尺,每小時冲深 0,25 cm, 約合水深百分之1,47,流速 0,5 公尺,水深 15 cm, 每小時冲深 0,7 cm, 約合水深 4,66％。(第11試驗),原來較堅固之河槽,水深16 cm, 流速 0,8 公尺,每小時可冲深 0,6cm, 爲水深百分之3,75,(第13試驗)。流速 0,9 公尺,水深 16 cm,每小時冲深 1,7 cm, 爲水深百分之10,6。(第15試驗)

　　(c)在一固定之流速,河槽淤高,淤高河槽之流速與冲刷河槽之流速,其值相差甚小,在模型試驗之情況,水深 18 cm, 水之所携黃土於流速爲0至 0,3 公尺時,不免於沉澱,其沉澱之速效,與速流之大小成正比,在試驗時槽面發現波紋。此種波紋在增高流速時亦先同時增大,若流速再大,河槽開始爲水冲刷之時,則此波紋亦

隨之減小,由減小而漸消滅。在水深 18 cm, 流速小於 0,2 公尺時,河槽於 15 分內淤高 0,5 cm, 合每小時 2 cm, 合水深百分之 11 (第 7 試驗)。在同樣水深,流速為 0,2 公尺時,河槽每小時淤高 0,2 cm, (第 8 試驗)在同樣水深流速為 0,3 公尺時,河槽每小時淤高 0,15 cm, (第 9 試驗)合水深百分之 0,83, 水內含泥量,在以上之試驗約為重量百分之 0,3 至 0,6。

　　河槽淤積,關乎水之深度流速。流速之變異,含泥量,泥之種類與性質等等,假設水不流動,流速為零時,則黃土之沉澱甚速,其所沉澱之量,在含泥量相同之情勢,自以水之深度為衡。今使渠內之水作直綫式之流動, (laminare Strömung) (在自然河流,是否如此暫勿論及), 則黃土之沉澱與水之深淺,可謂毫無關係,其沉澱方向非為垂直者,乃為流水方向與垂直線所成之斜方向,其斜度之大小,與流水之携帶力 (Schleppkraft) 有關係。黃土沉澱雖為較緩,然其沉澱量終以水之深淺為衡,在此直線式之流水情勢,若漸次增高流速,使黃土之沉落線與流水線成為一線,則所含黃土盡量輸入海中,但此直線式之流動,在實際上無發現之可能,蓋河內流水在實際概為混流式, (turbulente Strömung) 即除水流之總方向外,尚有毫無規式之交叉與橫向之混合流動,其對於黃土之運輸,亦有影響,故黃土輸運之路線非僅為一垂直線與多層之縱直線相合而成者,乃為垂直降落線與多種毫無規式之移動相合而成者,水之各小部與及所含黃土或由上而下,或由下而上,或右或左或前或後,其動作極為複雜,此項研究尚在開始與幼稚之地步。

　　在此次黃土試驗,知模型內黃土在流速每秒為 0,3 時尚能沉澱,模型內之流速在全切面內可視為相同,蓋模型渠之水甚淺也,吾人可測想若黃河近底處之流速每秒為 0,3 公尺,則在此 0,3 公尺流速界限內,其所含之黃土亦當有沉澱之可能。

　　黃河之淤積,在高水與低水時均有之,在低水時河槽,灣曲甚大,有時分成多支,水力更為所消滅,河槽難免淤積,而分支之現象,

更為易易,低水時河槽之淤積,亦可以其每年低水時所測量之流速證明之,其值約為每秒0,5至0,8公尺,此值為水內垂直線上之平均值,其近底處適合於該平均值之流速,大概亦在0,3公尺左右。

在大水時,因隄之距離甚遠,邊床上之水甚淺,故其流動亦較為弱緩,若隄之距離為2公里,特別危險高水為8000m³/sec,則邊床上之流速為0,86 m/sec,若堤之距離為4公里,水量相同,則邊床上之流速為0,68 m/sec,每年普通大水,遠小於以上8000 m³/sec之數量,故每年邊床之水更淺,其流亦更緩,該處之淤積乃可想而知。

今若將試驗時沉積之結果數值,移用於自然界之情況,或亦全非錯誤,蓋黃河近底處流速為0,3 m/s,深淺界限大約測模之亦近於0,2公尺,(低水時在河槽內高水時在邊床上)。與試驗時之深度,或約相同,故吾人可設想在黃河本身近底0,2公尺界限以內,黃土沉澱之情況,或與模型內者相似,若河內含沙量為重量百分之0,3至0,6則河底之淤高,每日當為3,6 cm。每月當為一公尺,此種淤積量極大。再黃河之含沙量亦多於試驗時者,則其淤量更大於此,然吾人亦須知以測模與設想而得之數值,實亦過大,吾人須注意深約20 cm之模型河渠,其流水情勢,自然與數公尺深之河流近底處20 cm者,不能相同,此種差異,原於雙方混流式之混合移動。雖然,吾人終可以此次試驗之結果,而略得一黃河本身現象之測想,至於實切之研究與考察,亦為學理方面極有興趣之工作,並待將來之試驗與研究也。總之,此試驗足以證明黃土於河水之內,實易於沉澱。費禮門在黃河窄狹處之測量結果,與試驗性理之互相符合,實一證也。吾人並須注意黃土既然易於淤積,而同時亦易於為水所冲洗,且淤積與冲洗泥沙所須水力與流速之相差極小,使吾測度黃河本身時,在非淤則冲之狀態,低水時河槽內之淤泥,與普通高水時邊床之淤泥,於水位增高流力增大之後,仍不免為水所冲洗,然以歷年來實際上之情況論,足以證明黃河之淤高,超出其冲刷度,以致現時之河槽高出兩岸平地。

　　至於利用此次試驗之結果,研究黃水之冲刷程度,則更非易易。然吾人終可據此次試驗之結果,以證明增加水力,足以使河槽冲深,且其冲深度亦甚大。由此可推知若能使黃河之水力增加,(或修堤或修壩等等)則終可使河槽之冲刷遠甚於其淤高之數值。漢諾佛水工試驗所曾作他種德國黃土之試驗,(其成份與中國黃土不同,且非經沉澱而得者,)利用高水箱六公尺之水壓力,在

第六圖　　　Nekar 河黃土含 25% 水份

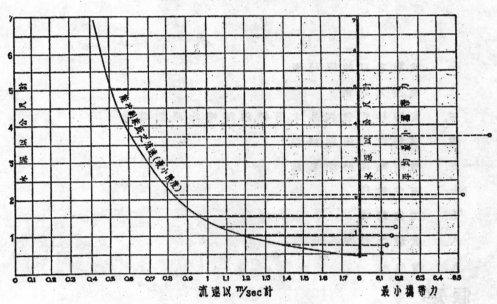

一方形地面之封閉長鐵箱內,作黃土冲刷試驗,箱之一端以鐵管與高水箱接連,一端爲出水口,並含操縱設備,箱中以含 25% 水份之黃土泥作槽底,使水以各種之流速冲過,其結果如第六圖,圖內之橫標爲冲刷河底所需最小之近底流速,其縱標爲河水深淺,觀圖中之曲線,可知水愈深,則冲刷河底所須流速愈小,河水愈淺,則此流速亦須愈大,吾人可斷言在黃河本身之冲刷性,當遠超於試驗時者,因其水亦遠深於試驗渠內者也。　　(待續)

恩 格 思 教 授
治導黃河試驗報告書

德國明星水工研究所原著

目　　　次

假定:

> 黃河大模型之中水位河岸平直堅實;
>
> 洪水位河床,寬狹不同;
>
> 水中挾有多量砂土。

一　試驗之的目與範圍

恩格思教授應中國國民政府水災救濟委員會之請,自 1932
年六月至十月,在德國奧貝那赫 (Obernach) 之水工大模型試驗場,
作治導黃河之試驗(參觀附圖十六)。 其目的,在欲確定治導黃河

之方策,須先研究束狹洪水堤防以後,河槽是否刷深,而洪水面之高度,是否因此降落。

　　該項試驗,在與天然河流相似之直形模型水槽中舉行之。模型縮小之比例爲1:165,計長97.5公尺,水槽兩旁之灘地,係由直徑0至5公釐之石灰石砂礫堆砌而成,面部平整,但不堅固。水槽之斜坡及洪水堤防,係由三合土構成。至於水中挾砂,根據預備試驗之結果,採用0至2.1公釐之「瀝青炭粒」(Techk ohlenrohgriess),其比重爲γ=1.33 kg/dcm³。槽床之斜坡及水面比降,定爲1.1‰。水槽深度縮小之比例爲1:82.5,較諸模型縮小之比例實放大一倍,乃求其便於觀測也。

　　堤防之距離不同,足以影響砂礫之遷移,河床之剖面及水位等,故分試驗爲二組,一組之堤距爲8.9公尺,又一組之堤距爲3.8公尺。在同樣情形之下,(如流量相同,水面比降與槽底斜坡相同,試驗時間相同等)分別試驗之。每組試驗,均須經過三模型年。每一模型年,計歷24小時。而每一模型年中,流量之變遷,兩組相同;即先自低水位每秒23.7立方公寸,增高至洪水位每秒193立方公寸,再降至低水位。試驗時槽中水深,約自40至110公厘,河灘水深,約自0至42公釐。

　　每次試驗,除測驗水深,流量,流速及溫度外,須測水槽內沖刷之深度,河灘淤積之高度,水之每秒挾砂量,及每模型年內由水槽沖刷砂土之多寡。

　　試驗結果之重要者,除於本報告內敘述外,並附以圖表。但爲明晰起見,重複之記載與詳細之計算,略而不贅。又以每次試驗之情形大致相同,故圖解與說明,祗敘述一模型年,藉通其他。

　　此項試驗,學理方面,由恩格思教授主持,設施方面由本研究所工程師魏克(Wacken)擔任;中國方面亦派有工程師李賦都參加試驗。

　　試驗時期雖歷五月之久,但大部份之時間,耗於黃河砂質替

代品之選擇；並研究此項砂質與比降，流量之相互關係。經過日夜精密研究以後，主要試驗，得於較短時間中進行，極爲順利；而於是年嚴冬以前，完成其工作，此堪欣慰者也。

二　模型之比例

依據 1931 年十二月十四日，爲中國水災救濟委員會所建議之模型比例（參觀附圖十三），並參酌奧貝那赫試驗場渠槽之寬度，原擬規定模型槽之寬度爲十一公尺，因彼時主張由給水池放出之水量，流經模型後，仍流回奧貝那赫河也（參觀附圖十六）。

但經過木槽預備試驗（參觀照片1）後，預料試驗時耗失之砂量，爲數甚鉅，試驗期內每日添加之砂量，估計爲 18 立方公尺，殊非經濟能力所能負擔，而此項砂礫配合，又頗困難，不得不籌劃補救之策，力求經濟。於是研究所徵得恩格思教授同意，改建挾砂循環試驗設備，(Schwemmstoffkreislaufbetrieb)。使模型內流出之挾砂水量，藉抽水機輸入回水槽，復返模型。此項回水槽，又不得不因地制宜，建於原有之渠槽內。於是原定之最大模型槽寬度，卽兩岸洪水堤間之距離，不得不自 11 公尺縮至 8.9 公尺。若以黃河之遼闊（堤距有達 14 公里者），與試驗模型寬度 8.9 公尺相較，比例固屬不甚妥適。如就試驗槽之橫剖面，水深，流速及流量而論，比例亦覺微小，似均足以影響試驗之結果，難期精確。然實際上對於解答待決之問題，並非重要，蓋堤距卽使放大，其試驗之現象與窄堤者大致相類。而吾人藉試驗之結果，所推測於天然河道者，僅欲知其變化之性質，實無庸求其變化之數量也。當恩格思教授爲水災委員會籌劃試驗時，曾擬定河槽寬度爲 2.5 公尺，堤防距離爲 11 公尺。今模型寬度由 11 公尺減爲 8.9 公尺，則河槽寬度亦須相當縮小，茲決定槽寬爲 2 公尺（確數爲 1.97 公尺）。按照模型之比例，推算天然河流之尺寸，平面比例應爲 1:165。換言之，卽天然河槽之寬度約爲 325 公尺，洪水堤之最大距離約爲 1471 公尺；其他一組試驗之堤距爲 3.8 公尺，約

當洪水堤距631公尺。

　　倘水槽深度之比例,同爲1:165,則水深太淺,水流有迂迴停滯之弊,而以灘地上爲尤甚。故深度之縮尺,採取平面之二倍,卽1:82,5。參考以往河流試驗之經驗,此項深度比例之差異,並無妨礙。因所用之砂,比重較小,移動亦較易也。(瀝青炭屑之比重 γ=1,33—Kg/dcm³) 應用此種比例,規定模型之橫剖面如附圖十。

　　試驗時採用之流量,係參酌黃河內約估之數。爲依據黃河之洪水量計每秒 8400 立方公尺,中水位流量爲 3400 立方公尺;並假定介於低水位與中水位間之流量,每秒 1100 立方公尺,爲試驗時之低水位流量,以免水流過淺,不便觀測也。今依照該項流量,及與模型相當之河槽寬度325公尺,洪水寬度631公尺,中水深度5.5公尺,算得河槽內洪水深度應爲 9 公尺,灘地上水深爲3.5公尺,低水深度爲 3.13 公尺;中水位時,水平河槽。計算所用之糙率係數係根據費禮門 (John R. Freeman) 與方修斯 (O. Franzius) 所假定者 n=0.016÷0.02 (按照 Ganguillet 與 Kutter 公式)。由此推算堤距如爲3.8公尺,模型內各項水位之相當深度如下;洪水深度爲109公釐,中水爲67公釐,低水爲38公釐,參考附圖十。

三　黃河砂質替代品之選擇與河槽比降之確定

　　模型之尺寸旣定,則砂質之種類及配合,必須加以精密之選擇。而河槽之比降,因與水流及砂粒之移動,有密切關係尤須加以確定。

　　欲求模型與天然河流相類似,則模型中之砂質,在相當之水深中,其活動之狀態及活動之界限,須求其與天然者(中國黃土)相近似。而確定模型槽之比降,亦應使砂質在各種水深中之動作,與天然河流內之挾砂動作相似,(卽挾砂活動之界限 Geschiebebewegungsgrenze)。砂之動作,固不可迂緩,亦不可直瀉,祇可有攪擾情形;並須在任何水深中,模型槽床上之砂質,應有發生波狀形態之

可能,而與天然河流內之情況相類.換言之,卽水面流速必須較大於速率限度每秒23公分 (23 cm/sek)。但在灘地上,此項條件,無庸求其嚴格適合。

砂質動作之大小,及其因時因地而變更之情形,旣缺準確之參考資料,則模型內砂質之選擇,祇可求其性質與天然者相似而已。

按水槽中物質之遷移,多爲浮蕩動作,是以砂質宜細宜輕。至於挾砂活動之界限可參考黃河論著 (註一),略知其梗概。卽低水含砂甚少,洪水挾砂極多,如以重量計,竟達百分之十。由黃河於各種水位測繪之橫剖面得知洪水位時,河槽刷深;水位一旦降落,砂質乃沉澱於河槽與灘地之上。

茲爲選擇適合於以上條件之「模型砂質」,初以德國黃土,細砂,伊薩河之粘土及瀝青炭泥 (Pechkohlenrohschlamm) 等,在木槽內作預備試驗。槽內水深在40公釐至125公釐間,槽底與水面之比降爲1÷2%。。木槽長度爲30公尺,闊1.4公尺,深0.75公尺(參考照片一)。試驗結果,因德國黃土含有多量細微分子,粘性極大,難於活動(參觀附圖十四試驗組4,5,6及附圖十五試驗組9)。且組織分子,大小相等,經過水流以後,易生皺痕。而試驗伊薩粘土,須經過極長時間之水流與特大之比降,始無皺痕 (參觀附圖十四,試驗組3)。細砂試驗,以其易成皺痕,過於活動,全不合用(參觀附圖十五,試驗組8)。至於試驗伊薩河之砂質雖不發生皺痕,然太難活動(參考試驗組7)。試驗瀝青炭泥,雖全無皺痕,然亦覺分子太細,不易活動(參觀附圖十四試驗組2)。

上項預備試驗,因木槽末端無沉澱池之設備,測驗一次,物質方面之損失顏鉅,且放砂之數量及配合,更難期適當,故於試驗組2完竣後,卽暫停止。其他試驗,乃於小槽中舉行之。小槽長僅 12.5公尺,闊0.25公尺,深0.25公尺。砂質可以循環周轉(參觀照片2)。

環流式試驗之結果,認爲瀝青炭之比重較小,最適合於模型

試驗。試驗組 2 中以含有多量細粒,不易活動,乃混以直徑 2 公釐之細粒,即得試驗組 1 之結果(附圖十四)。其成分,再加以精密之配合,則新混合物(附圖十五試驗組 10)幾至無皺痕,並於相當界限內,能充分活動。於水面比降1.1 %及水深 40 公釐之下,每秒之挾砂量,爲每立方公寸 0.1 格蘭姆;水深 110 公釐時,爲每立方公寸 3.0 格蘭姆(3.0 g/l)。而費禮門氏則定黃河之最高挾砂量爲百分之十六。

　　模型中,水之含砂量雖小;然採用最後所定之混合成分,於數小時後,即有顯著之刷深及淤積。由此,已足以觀察其性質而得有結果矣。

　　由模型試驗而得之定性結論,與其注意含砂量之數值,毋寧重視低水與洪水時,挾砂量之比例。此次所用之瀝青炭屑,此項比例爲 1:33,與黃河挾砂之情形大致相同也。

　　後此試驗,皆以瀝青炭屑代砂質,其活動性隨水深,比降及速率而變化,可由附圖一知之。至於試驗三越月之詳細報告,均屬選擇砂質一項,對於本報告無關緊要茲從略。

四　模型之設備

　　甲. 設備述要　模型之設計及權衡設備之安置,於附圖九內可知其梗概。

　　試驗所用之清水,由分水池 (36)(附註數字與附圖九之號碼相同)經長約110公尺之梯形清水槽(25),流注抽水池 (5)。流注之水量,由兩端節制閘(26與28)隨意調節之。使試驗之際,抽水池中之水面,由水標(7)之觀察,使保持一定高度。隔絕抽水池(4)與沉澱池(10)之活閘 (11),及安置於水槽上部之進水閘 (31),皆於試驗時閉之。

　　試驗所用之水,藉抽水機(6)取自抽水池(5)中,經裝置制水閘(9)之壓水管(8),而達蓄水櫃 (12)。蓄水櫃中並設 45 公尺長之溢水堰。因此抽水機之給水能力,雖有强弱,而水位之高下及給水管(16.17.18)中之給水量,可保常態矣。蓄水櫃中之水位,由水標(14)觀察之,

餘膡之水,逕由囘水管(15)流囘抽水池(5)。

由蓄水櫃(12)流出之水,經裝置大小二節水閥之給水口(16與17),注入坡度頗大之囘水槽(19)。水管(18)通沉澱池(10),管上裝制水閥,使循環水流,有任意減小之可能。全部循環流量,沉澱池(10)內均能容納。池之上部,裝有溢水堰(34),下部裝有排水活閘(11)。

囘水槽之末端(19),先使流水作90°之變向,經過距離相等之九座進水閘(20)後,卽平舖流入模型水槽之中。靠河槽或灘地上約一百塊之限流板(21),使水流不致發生漩渦,並與槽軸平行。其上安置之活動頂蓋(22),可以消去表面之水浪。

乙. 各部之構造　按諸工作狀況及地方情形而建築之試驗設備,詳見附圖十及附圖十二。

用作水管活門之節水閥(16與17),實卽蓄水櫃之雙重洩水閥。但節制閥(28)僅爲單純之活板。草圖中所有高度尺寸,均已放大,按諸事實,則抽水池與蓄水櫃之水面高度,其最大差度僅爲1.2公尺。抽水機之效能爲5.5馬力。

爲免除浮質沉澱起見,所有囘水管徑,不得不縮小。凡有滯流之處,並改用適宜之管形。

丙. 構造之精確　模型寬度之差誤,以±10公釐爲限。故槽寬之差誤約爲±0.5%,而灘地寬度之差誤在堤距狹窄者,約爲±1%;在堤距寬闊者,約爲±0.3%。堤頂高度及河床岸坡之高度,各點精密測量之結果,與1.1‰之比降直線相較,其差誤均達±6公釐。參照附圖四及附圖五,高度之差可以彼此相消,此項差錯,亦可略而不計。槽底與灘面皆用模型板削平,故其平均比降,可視爲準確。

丁. 砂覆之配合與考驗　由礦地運來之瀝青炭屑,其分子之組合,因包含多量細粒,不適於用。於舖入河槽以後,須經過清水之長久冲洗,使全槽砂粒之組合,適與預備試驗所規定者相同而後巳。此項校正砂粒之工作,須於冲洗之際,時時以篩濾之,考察砂

粒之組合。當每組主要試驗告竣之後,槽內餘賸之砂粒,應再用篩濾法檢查之。所缺之砂粒成分,須選擇補充。因此每組試驗伊始,槽底殘餘之砂,雖未完全調換,然砂粒之配合,仍屬相類云。

　　戊. 灘地之概況　模型試驗中如欲確定灘地之糙率,須參考天然河流灘地上之流速,與河槽內流速之比例。因黃河內此種流速之比,無從參考;又以灘地不平,多生叢草,乃假定灘地之糙率略大。故用 0 至 5 公厘之石灰石碎砂,舖砌灘地,並於模型首端五公尺內,將灘地謐固。

　　此種構成灘地之白色砂質,與黑色之瀝青炭屑,易於分別,乃其優點;但於試驗以後,二者難於分析,又其劣點也。

　　已. 河槽與灘地之平整　欲使河槽及灘地平整,曾用二人手持模板,牽引於其面上(參觀照片6)。而模板之牽引,則依順隄頂前進。所堪注意者,平整河槽與灘地,須於水中行之,不可乾做。否則乾時平整,一旦放水,不免發現陷塘矣。

五　權衡設備與測量法

　　流量之調制,全賴附圖九所示之節水閘(16與17)。調節流量之方法,係採 Salzverdünnungsverfahren(註二)法共分每秒23.7與193立方公寸間流量,爲五種不同之流量。其測驗之曲綫從略。然節水閘口徑與流量間之關係,可參考流量曲綫(附圖二),及調節器之口徑曲綫(附圖三)。

　　沿槽安置水位測量站十八處,各站距離爲 5 公尺。試驗時,各站均用水標測之,其準確程度至 ±1 公厘。每模型年中所測各站水位,依照時間繪入圖中(參觀附圖一),連成曲綫,可以觀察水位之變遷。

　　欲求水面之比降,可利用水位曲綫,依照一任何時間量出各站之水位,再按水槽長度繪成之。其差誤約在 ±1% 之間(參觀附圖四,五)。而調節水面比降之工作,係利用模型末端,河槽與灘地

分別裝設之活動堰。惟試驗以後，頗覺灘地上之活動堰，並非必需，故第三組試驗時，已廢去不用。

水流模型中，其河槽，灘地及囬水槽中之水面流速，均用浮標飄流於一定之距離中，同時觀察所須時間，計算得之。該項測量，常試驗時每隔十五至二十分鐘，卽須舉行一次。一模型年內，測驗流速之結果，詳見附圖一。

每秒鐘含砂量之測驗，須每隔相當之時間，取水量一立方公寸，再從水中提出砂質，權其重量。此時，須注意水之比重及取水瓶之體積與溫度之關係。取水之處，在水槽末端壅水堰之下，並於取水之際，將瓶沿堰之全寬而移動，庶幾所含砂質，較近平均值也。初試之後，咸覺囬水槽雖改用適宜之形態，仍有數處發現砂質沉澱，故於水槽首端，亦應採取水樣，測驗砂質，以資校正。但水槽進水處，有安流板等之設備，採取水樣，耗時太多，對於測驗之結果，仍難準確耳。

囬水槽中沉澱之砂質，於每次試驗後量之，作計算含砂量時之參考。但壅水堰下採取水樣測驗每秒鐘洩出之砂量，並不因死水處砂質之停留與消除，發生若何影響。

每組主要試驗，經過三模型年完成以後，乃使河槽乾涸（放水緩流入沉澱池，）測量槽底及灘地之高度。法於各水位觀察處，由活動之剖面測量器，繪出橫剖面。由手持住垂直之探尺，及裝於其上之紀錄筆尖，按照天然尺寸繪出高度。而探尺於垂直畫板上之橫向推動，縮小十倍。照片4為預備試驗水槽上之剖面測量器。其橫剖面之一，見附圖八，此外更沿槽軸取 100 點，測量水平，繪成縱剖面。

測量斷面後，由規定之權衡器，測繪槽床冲刷之砂量，及沉澱池與灘地上淤積之砂。同樣測量囬水槽及抽水池死水處之淤砂。砂質淤積之空隙容積，須於計算容積時顧及之。

砂質之分子組合，於試驗以前，從河槽中取出查驗之。試驗之

後,再取出河槽中及沉澱池與死水處之砂質,考察其分子組合。根據篩濾法之規定,該試驗分成八組,砂粒之大小約爲0至2.1公厘。

　　爲研究繼續之模型年中,排洩之砂質,其組合是否發生變更,須隨時在壅水堰下採取水樣,使砂乾燥,用篩分析。

六　大模型之預備試驗

　　大小木槽中所作之預備試驗,其水量及水面比降曾保持常態,無有變更。但大模型內作預備試驗,水深及水量,必須與天然者相似,故按照與模型相當之水位升降比例而變遷之。黃河內流量之時間過程,甘勒(Kohler)與費禮門(Freeman)曾測定之。由是可得流量曲線圖。並依據估計之低水位及洪水位,繪成堤距3.8公尺之水位曲線,詳見附圖一。圖中無顯著之中水位,亦與各家紀錄相符。爲適合此項水位之變遷起見,蓄水櫃放水閘口之相當寬度,曾經較久之預備試驗確定之,並與模型年之時間相關,詳見附圖三。無論舉行寬堤試驗或窄堤試驗,一律按照放水閘口之大小,調制水量。同時,根據流量之調節,校正水槽末端壅水堰之位置,以確定比降。

　　模型年之適當時間比例,僅可由大模型之預備試驗確定之。欲得準確之時間比例,必先觀測天然河流與模型中,其剖面之變化及砂洲移動之速率互相比較,再行計算時間比例,庶可準確。但黃河尚缺此類觀察,不得不隨意選擇,姑定一模型年爲廿四小時。經過多次之預備試驗,證明經歷此項暫定之時間後,河床之變遷已明白顯出,砂質之移動,亦可測量矣。但準確之時間比例,亦非必需,因寬窄隄距之二組試驗,僅比較其性質也。

　　爲愼重起見,故每組試驗,均經過三模型年。然第一年後,河床形態之變化,業已顯出(見附圖十一)以後二年中,僅表示砂質之遷徙,漸近其最終狀態,不再有多大之變化矣。復又攷驗模型中各處,在任何水深之下,有無漩流發生,並察看水面流速能否引起波浪

藉紅磚粉之散佈,知於灘地水深 5 公厘之下,漩流卽不能發生。河槽中測得之流速,恆高於流速限度每秒 23 公分。至於灘地上,超過水深 12 公厘時,其流速始引起波浪。惟水位高度,不合以上二種規定者,其發現之時間甚短,如與整個試驗時間比較,可略而不計。

　　大概言之,試驗之設備,尙與所需要者適合。其中缺點,僅抽水機效率較小耳。如輸送之高度較大,而回水管各部,可用較大之坡度,流速及較小之橫剖面,則物質之沉澱,亦將減少。其他缺點,係河槽首端,缺少適當之取水處,以供測驗砂質之用。倘使抽水機之輸水高度較大時,卽可裝設瀉流板,足以改善與槽軸平行之水流。更有認爲缺點者,乃試驗時,爲測驗含砂量而採取水樣約需十五分鐘,方能測定砂量,欲求測驗迅速,彼時尙缺相當之儀器,現在水工研究所已預備添置矣。

七　主要試驗

甲.試驗範圍 大模型中作多次預備試驗後,曾作一完全試驗,是爲主要試驗第一組。惟尙缺多種附屬觀察,故於本報告書內,未嘗論及。於是原定計劃之三組堤距試驗,乃商得<u>恩格斯</u>教授之同意,改爲 3.8 公尺及 8.9 公尺二組堤距試驗;是爲第二第三兩組主要試驗。

乙.試驗之過程 兩組主要試驗,其進行方式,每模型年內,均屬相同。故本報告書中,僅以一試驗日觀察所得者,全部繪製圖表。其試驗之過程,均參酌附圖一,二,三之曲線辦理。當砂質平舖河槽後,須於六處至八處地點測驗砂質之組合。然後裝設水位觀測站,校正水平。放水入槽,須至適宜程度,俾接通環流式之水後,可以調節之,達於低水深度。此後卽開始測量水位,流速,挾砂量及溫度等;同時,水量卽按照預備試驗所規定之調節曲線,藉蓄水池之放水閘而漸次變化。所得結果,例如含砂質之確定,放水閘口之大小與流量之多寡等,均於觀察之際,按照時間,紀錄於同一圖內。如水位

須升高時，便添加新水，水位須降落時，則洩水入沉澱池中。

　　第一模型年試驗完畢後，槽內之水卽洩入沉澱池使河床乾涸，留影備考，並繪出谿線，確定沉澱池中淤積之砂量，及砂之密度。第二第三模型年後，亦同樣辦理。

　　迨第三模型年後，測繪河槽之縱剖面，及水位觀測處之橫剖面。至於河槽內冲去之砂，一部淤積於灘地，一部沉澱於沉澱池及囘水管中死水處。其沉澱之量，以測瓶量之，更與留於河槽中之砂質，同樣測驗其組合及密度之比例。最後將一模型年中，在同一地點取得之泥水，混和之，再測其砂粒之組合。至此一組試驗，始告完成。

　　作下組試驗時，須得沉澱之砂質，還入河槽，與殘餘者混和之。如成分中有所缺乏，則補充之，使與原定砂質之成分比例相符。

　　丙.試驗之研究　　當試驗之時，每模型年內測得之數量，皆按照時間彙列於同一圖表(例如附圖一,二,三)。又將每次試驗與時間有關係之測驗結果，依槽長繪出。例如附圖四,五,所示者:

　　　(一) 外堤及中水位河岸之高度。

　　　(二) 試驗前後之河床變遷，及每個橫剖面之最深點。

　　　(三) 　低水位及洪水位水面之位置。

　　圖中最下之曲線，則示明原有中水位之橫剖面，沿全槽長度因刷深而起之變化。此項變化，用 F_1 與 F_2 之比例表明之(F_1/F_2)。而 F_1 與 F_2 之面積，則於試驗前後，藉剖面測繪機所測得者也。

　　由附圖四及五，知水面之高下，實與原來槽底之比降相平行。

　　第二組窄堤試驗後，觀察槽底各點，因知自槽首至末端之水深，逐漸增加；而冲刷之深度，則較小。反之，觀察寬堤試驗，其水深自槽首至末端，則逐漸減小，而冲刷之深度則較大。此種情形，於 $F_1:F_2$ 之曲線中，亦可見之，蓋橫剖面之測繪，較僅測槽軸之河底，大爲準確也。窄堤距之面積比，示明近槽之末端，冲刷之深度較大，但槽之首端，微有淤積；此種淤積，或可於將來復試時，略微變勳塞水堰之

位置免除之。而於寬堤距，示明如水深減小，則面積比例曲線 F_1:F_2，亦略微上升。

倘於兩組試驗，作比較研究時，則以上之解釋及圖表，尚欠明瞭，更須撮要敍之。其最應注意者，爲兩組試驗中，洪水之作用若何，須詳細觀察比較。因洪水期間，河槽之變化最烈，而中水及低水，影響河槽之變化較小也。至於其他異同，就水流狀態言，則各個洪水期有久暫，就河床之變遷與淤積及冲刷言，則整個試驗期，須加以比較的研究。

所有第二及第三兩組主要試驗之結果，茲按模型年分列於附表，以資比較。說明如下：

表內第一至第四行所記載者，係河槽及兩灘地上水面流速之平均值，每秒挾砂量及水面比降之平均值。此項平均值，係從洪水期間所測各個結果之曲線面積而得。

第五行爲洪水面之平均高度。所感困難者，乃洪水面位置之比較數值，須從十八個觀測站測得之水位曲線，仿附圖四及五例，繪製水面升降線，並分洪水期爲十五等分，由各個水面升降線取測線中點之水面高度，按時載之，連以曲線，再求其平面數，卽附表第五行之數值。

第六行係河槽中心平均深度之數值。乃於每組主要試驗後，取河槽之縱剖面平均而得。

第七行係河槽之平均刷深量。乃用測積法，由測得 F_1/F_2 曲線之平均高度（附圖四及五），計算得之。並非直接測量而得也。

第八行之數值，係每組主要試驗中，河槽刷深之平均值。該項數值，乃假定死水處，灘地上及沉澱池中之淤積，由河槽中冲刷而來，求其平均值也。

第九第十兩行所載之刷深值，係由他種不甚精確之算法得來。所以附載於此者，蓋證明由各種算法得來之數值，彼此雖有鑒差；然大小之次序未嘗倒置。

　　第九行之河槽刷深値，係從試驗前後，河槽中線之縱剖面計算得之。

　　第十行之河槽平均刷深値，係洪水前與洪水後，同一流量每秒 51,5 立方公寸(較中水流量稍小)之水位相差値。試驗時，因水位之升降，橫剖面亦變化不已，欲測其變化，實爲不可能。故自第一模型年至第二年之刷深値，祇可由此種水位變遷値估計之。

　　第十一行數値，乃灘地淤積之高度，係假定灘地淤積之總量，平均分佈於灘面而得。

　　最後討論者，乃砂粒之組合。試將河槽，灘地，沉澱池及水中殘餘之砂質，取而晒乾之，篩濾之。幷於每次試驗，觀察篩濾之特徵，由平方四邊形中，面積部份之比，作爲砂粒組合之記號。

　　此項研究之結果，詳於附圖十八，七，及六中。所宜注意者，卽每組試驗之前，河床之砂粒組合，均大致相同。

　　再者，由此試驗，可以觀察下列各種現象提距愈寬，則灘地上砂質愈細，水深愈增，河槽之砂質愈粗；反是水深愈小，河槽砂質愈細；由一模型年至次年，泥水則加增較粗之成分。此種現象，一部顯而易見，對於普通知識，固給與有力之證明。然對於此次試驗目的，不甚主要，從略述之。

　　取作試驗之水中，其砂質較試驗前後之河槽砂質爲細，蓋因低水位爲時較久，此時挾砂多係微粒也。

　　試驗結果中，其最堪注意者，波痕並不發生障礙。照片十二，二十，廿一及廿二，卽此等波痕之形狀。灘地上及河槽中之波痕，僅發生於水深48公厘以下。試驗開始後半小時，流量雖不增加，而水位曲線略微上升，卽波痕發生，幷沿槽擴大之表示。一旦水位升高，波痕卽復消滅；然於適當之洪水高度時，因洪水波濤而再生波痕。此項波痕之消失與成立，對於水位曲線之影響較微(附圖一)，而影響流速曲綫(9 時與 22 時)之變動則甚大。惟波痕之發生，對於試驗結果，無關緊要；蓋比較兩組試驗，僅在無波痕之洪水期間也。且由

特種試驗,證明將至低水位時,如迅速放水,即不能發生波痕。至於河床之狀態亦僅能淤高或刷深,而整個形狀並無變動。

八　試驗之結果

甲.總論與批評　二組試驗之結果,在互相比較以前,須認明週流式之砂質試驗,與天然河流之實際挾砂情形相同之處至何限度。並研究二者之差異如何。

模型河槽,僅可視爲直形河流之短段,在水量不變之時,天然河內流經此段之水,已於該段以上挾有泥砂,其多寡視坡度及深度爲定。而於週流式模型試驗時,係將原試驗之水抽囘,放入試驗槽內,以模仿天然河流之情形。其差異之點,乃模型內之泥沙,由槽底之冲刷而來。當水位增高時,天然河流之水,流入該段前,已含有較多之砂量。而在模型內,則以添注新水,增高水位,更藉河床之冲刷,始含有較多之砂量。當水位降落時,模型與天然河流之狀況無甚差異。試驗用之總水量,一部份於洪水降落時,他部份於一模型年後方導入沉澱池。故由河槽刷出之砂量,大部份均積於沉澱池中。其他刷出之泥砂,則淤積于囘水槽內死水處。該二種砂量,須從河槽之總冲刷量扣除,此種情形,僅於週流式始見之。

此外特須注意者;一切試驗結果,僅適合於直形河槽而有固定之中水位河岸及固定之槽尾水位者。

以下爲二組試驗結果之比較,（參觀附表）其單位值以寬堤試驗之數值爲標準。

(1) 洪水水面流速之比;

河槽內爲 1:1,12

灘地上爲 1:1,5

(2) 洪水每秒挾砂量,在二組試驗內,由一模型年至次模型年均漸減少。因河槽之冲刷,漸近終點故也。然於三模型年之試驗期中,尚未達完全固定之境。三模型年內,每秒挾砂量

平均數之比爲1:1.8。故縮小堤距,可使挾砂量加倍;換言之入海砂量,亦多於寬堤者一倍。淤積於沉澱池之砂量,亦可作爲入海砂量之比較標準,但囘水槽內,亦有淤積,故不甚準確。此項淤積之砂量,其容量比爲1:19。其值與直接測量者幾全相符。

(3) 水面比降,在二組試驗內,可使之完全相同,平均爲1,163 0/00或1.174‰。最大誤差約爲平均數之±4%

(4) 兩組試驗之洪水位,在三模型年內,雖河槽逐漸刷深,而水位則幾無變化。推厥原因,或以爲槽尾壅水堰之位置未變所致,或以爲河槽刷深,適與灘地之淤高相消,亦未可知。但縮小堤距後,洪水位約平均升高14.1公厘。

如前所述,河槽之刷深量,以沉澱池及囘水槽之淤砂計算之,則所得之數過大,然以此過大之數值,校正洪水位則未能獲效;蓋由各模型年之水面高位,未能觀出河槽刷深,對於洪水位有何影響也。

(5) 河槽之刷深量,可用四種方法計算之。寬堤距試驗所得之數值,大都相近(22.8至23.8公厘);窄堤距所得數值,則相差懸殊,(4.8至7.2公厘);而最大值7.2公厘,係由死水處,灘地上及沉澱池內之淤積,計算而得。惟淤層少而且薄,分佈又廣,測量時難期準確。故此項刷深量之計算法,不甚精密。其由測量橫剖面所得之數值4.8公厘,最爲可靠。

於是測量所得之刷深量23.8與4.8公厘,尚須減去死水處與沉澱池淤積之數值5.5與3.7公厘(見附表第八行)。故刷深量在寬堤距者爲23.8-5.5=18.3公厘。在窄堤距者爲4.8-3.7=1.1公厘:二者刷深之比爲1:16.6。

(6) 假設灘地之淤砂,分佈均勻,則淤高之數值爲4.3與1.5公厘;故寬堤距者之淤高,與窄堤距者之比爲1:03.5。然灘地上之淤泥分佈,實際並不均勻普通爲寬條式。其形態之彎曲,

與河槽內谿線之彎曲,大致相同。其厚度由槽首至槽尾增加,由槽岸向堤邊減小。故灘地上之淤積情形,乃依順水流之橫向遷徙也。

總而言之,第二組試驗之窄堤距河槽,對於泥砂之順流運輸,較第三組試驗之寬堤距河槽,最爲適宜。故於第二組窄堤試驗時,沉澱池中之淤砂量,亦較第三組寬堤試驗時特多。

但寬堤距之特點,在含砂量較少時,泥砂之橫向遷徙較多。因此灘地之淤積,亦遠高於窄堤距也。

試驗結果之最堪注意者,乃採用寬廣之瀉洪剖面,則河槽刷深之速,遠勝於窄狹之瀉洪剖面。蓋泥砂可逕由河槽遷向灘地也。因中水位河岸已經固定,灘地不再冲坍,則河槽之刷深與灘地之淤高,同時進行,不難得一固定之河槽。經過若干年後,河槽刷深已至相當程度,不妨再築較低之堤防,用以束狹灘地。

據此試驗之結果,對於黃河之治導,可擬定下列二法:

(1) 保護中水位河岸,防止灘地之冲坍。河槽逐漸刷深,灘地逐漸淤高以後,卽施護岸工程。待河槽刷深至相當程度,再築較低之堤,束狹灘地。

(2) 立刻用較高之堤,束狹河床,並不固定中水位河岸。如此則河槽之刷深較緩,尤以河槽之谿線,在兩堤之間改易無常,足使河槽位置變遷,危及堤防,而堤防仍須時加保護矣。

二者之中,孰爲優良,須參酌實地情形,及安全與經濟問題,然後決定之。

乙.試驗之結果與實施　以上所述,純係理想模型內,有規律之試驗結果。試驗所用砂質,與黃河之挾砂,因乏參攷資料,殊欠適合。是以上項試驗結果,僅能定其性,不能定其量。欲求試驗與天然河流相符,須以比例準確之模型試驗之。非俟將來黃河已有充分之測驗紀錄時,無從着手也。

九 附 錄

圖一:　第二組主要試驗第一模型年.
　　　試驗所得之各種曲線(水位曲線,河槽及灘地之水面
　　　流速線,平均挾砂量線).

圖二:　第二組主要試驗第一模型年。
　　　試驗所得之各種曲線(水面比降線,抽水池內之水位
　　　線,空氣及水之溫度線,流量線)。

圖三:　第二組主要試驗第一模型年。
　　　試驗所得之各種曲線(壅水堰之位置,蓄水櫃上節水
　　　閘之位置,蓄水櫃之水標位置,抽水機壓水管上節水
　　　閘之位置)。

圖四:　第二組主要試驗第一模型年。
　　　河槽之縱剖面(測繪外堤之平均高度,河槽岸坡之平
　　　均高度,洪水位及低水位,試驗前後之河底高度,河槽
　　　橫剖面內最低點之位置,試驗前後之橫剖面面積比
　　　例)。

圖五:　第三組主要試驗第一模型年。
　　　說明如圖四。

圖六:　試驗時採用之沉澱質及冲浮質之砂粒組合(主要試
　　　驗第二及第三組)。

圖七:　第三組主要試驗。
　　　試驗前後槽床砂質之組織。

圖八:　第二組主要試驗
　　　橫剖面圖(用活動剖面測繪器繪製)。

圖九:　模型試驗設備草圖。

圖十:　河槽模型之橫剖面。

圖十一:　第三組主要試驗。
　　　　低水時河槽內沙洲及谿線之位置。

圖十二:　試驗之佈置,平面圖與橫剖面圖。

圖十三:　恩格思教授於一九三一年十二月十四日擬定之
　　　　模型尺寸。

圖十四:　預備試驗時,鑒定各種砂土之組合成分一覽。

圖十五:　預備試驗時,鑒定各種砂土之組合成分一覽。

圖十六:　明星水工水力研究所試驗場之平面圖。

圖十七:　試驗結果一覽表。

圖十八:　第二組試驗前後河床之砂質組織。

註一:　參考 J. R. Freeman, "Flood-Problems in China".
　　　　　　Franzius, "Der Huangho und seine Regelung".
　　　　　　Kohler, "Der Huangho"

註二:　參考 Kirschmer, "Das Solzverdünnungsverfahren für Wassermengen".

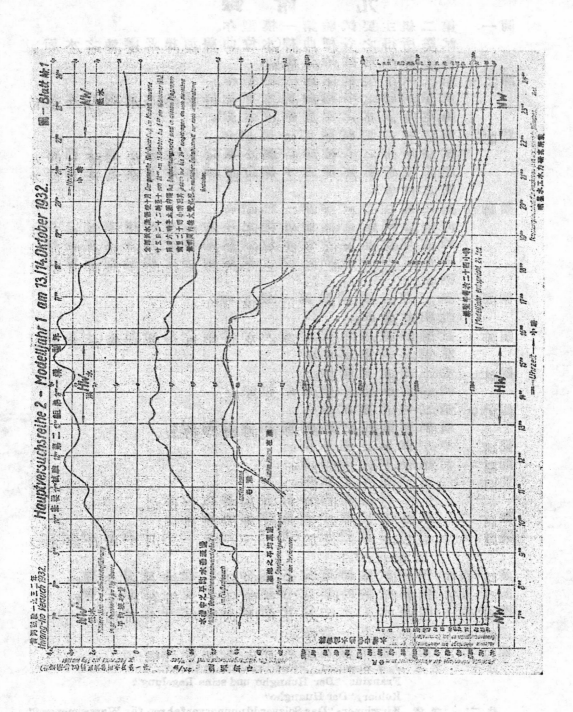

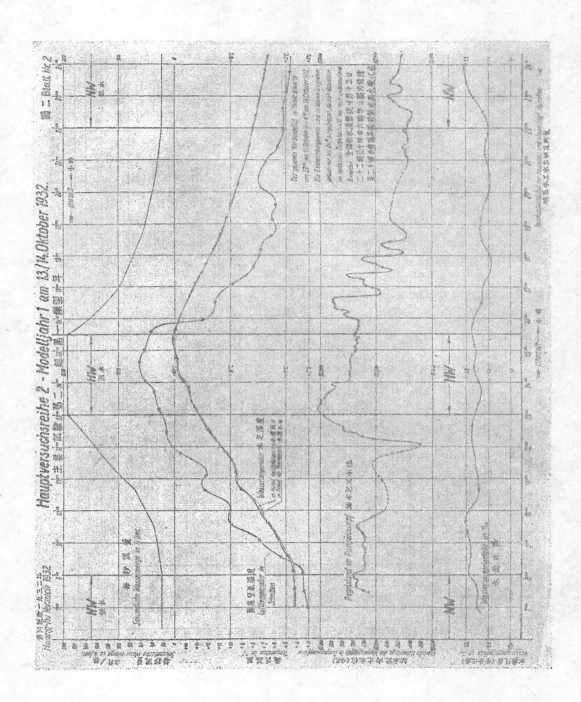

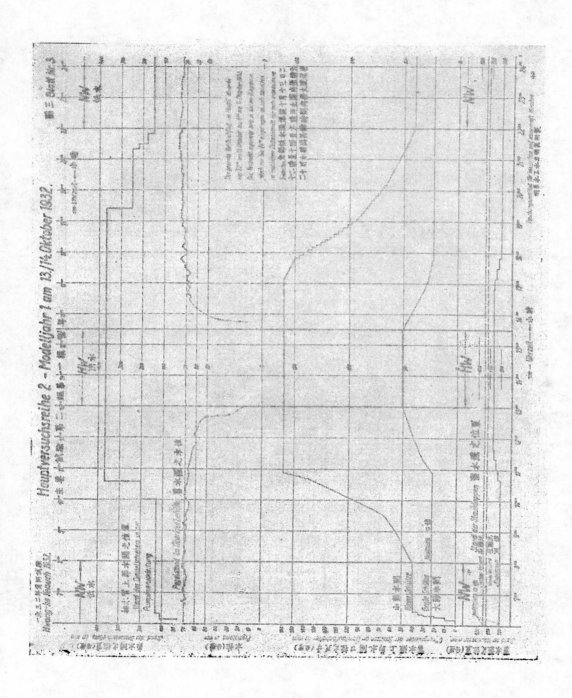

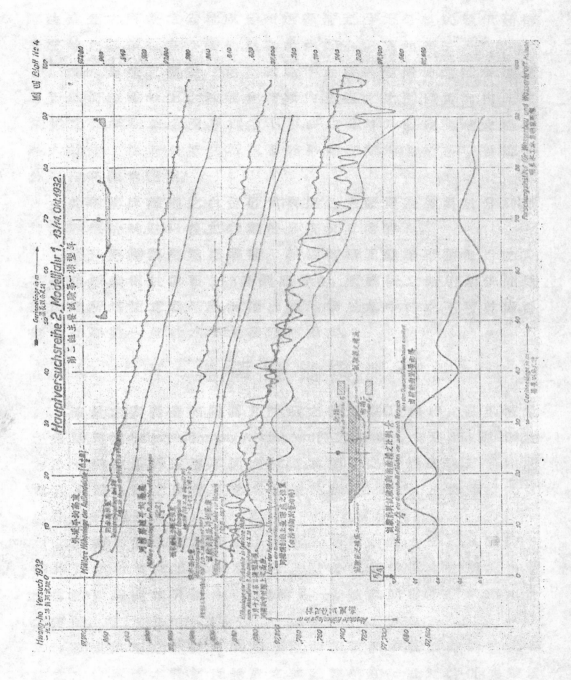

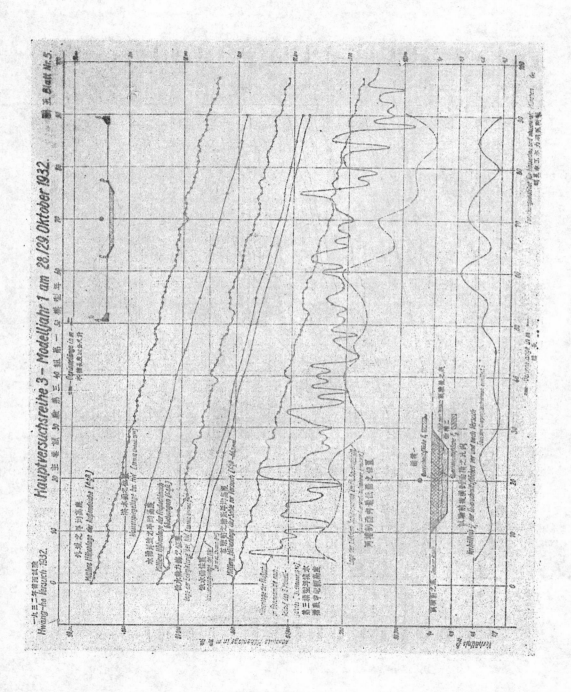

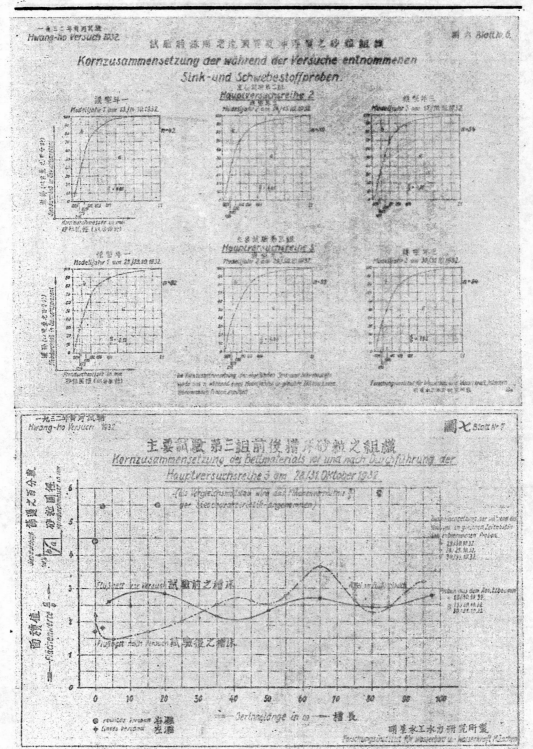

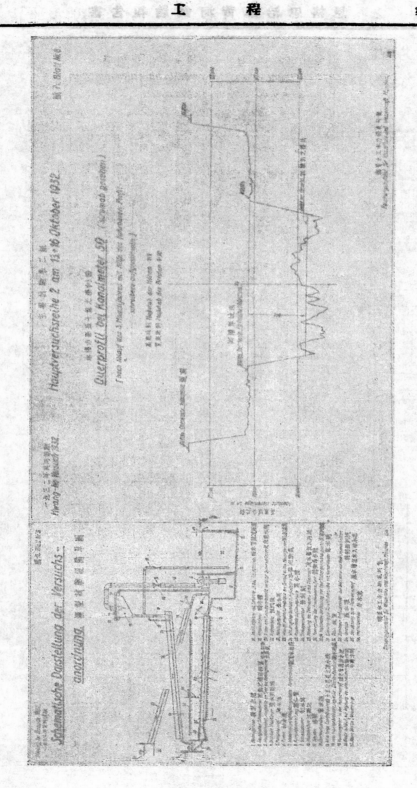

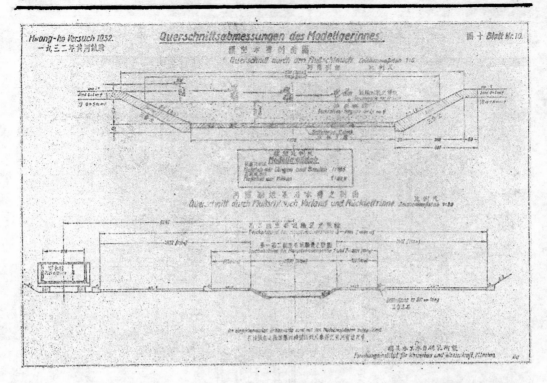

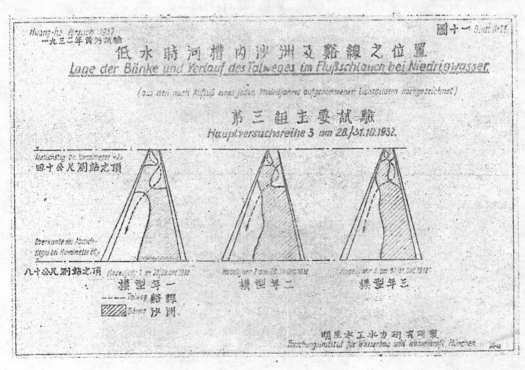

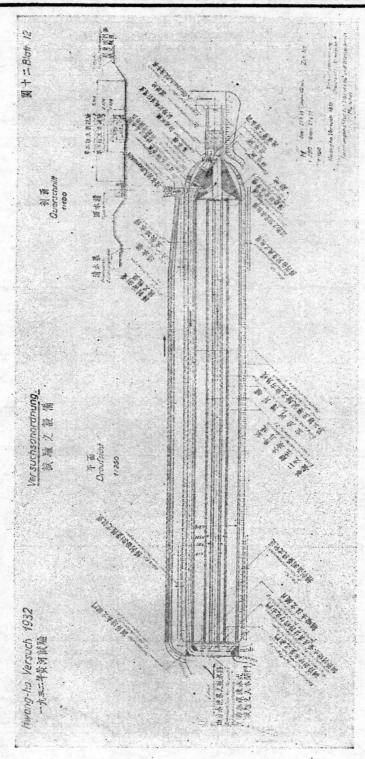

圖 十 二 Blatt 12

Hwang-ho Versuch 1932
一九三二年黃河試驗

Versuchsanordnung
試驗之設備

平面
Draufsicht
1:250

剖面
Querschnitt
1:100

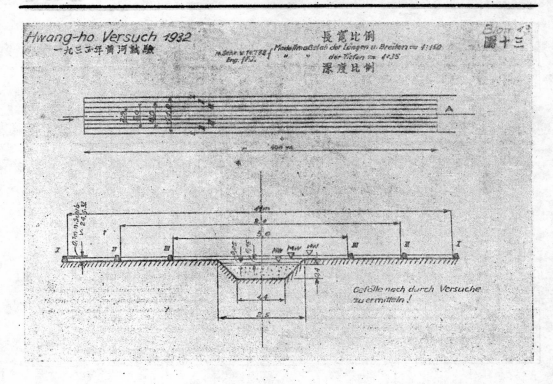

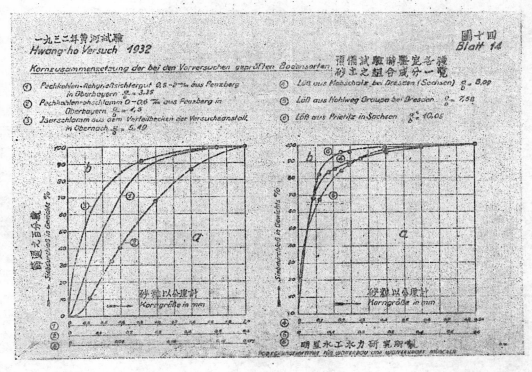

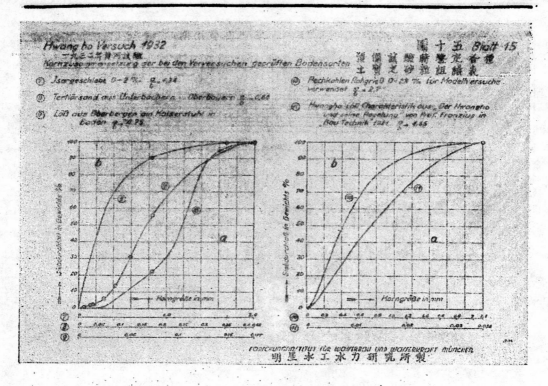

Hwang ho Versuch 1932
一九三二年黄河試驗
Kornzusammensetzung der bei den Vorversuchen geprüften Bodensorten

預備試驗前鑒定各種
土質之砂粒組織表

圖十五 Blatt 15

明星水工水力研究所製

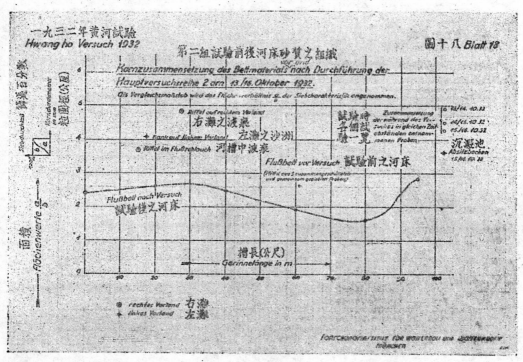

一九三二年黄河試驗
Hwang ho Versuch 1932

第二組試驗前後河床砂質之組織
Kornzusammensetzung des Bettmaterials nach Durchführung der
Hauptversuchsreihe 2 am 13/16. Oktober 1932.

圖十八 Blatt 18

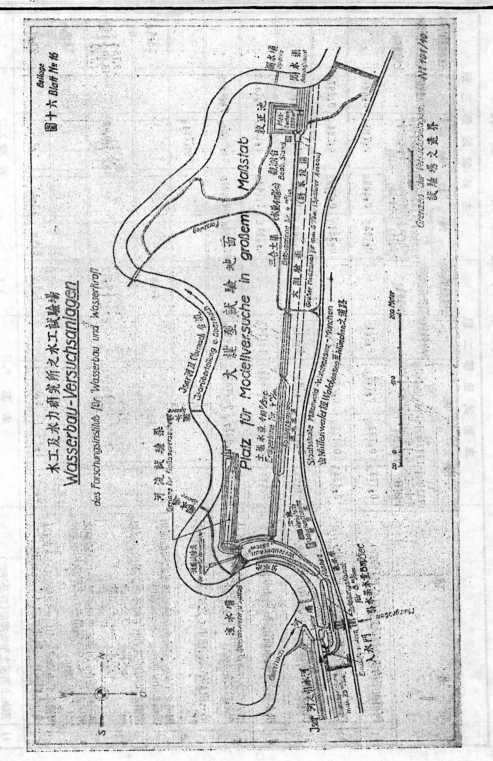

木工及水力研究所之水工試驗場
Wasserbau-Versuchsanlagen
des Forschungsinstituts für Wasserbau und Wasserkraft

大模型試驗之北面
Platz für Modellversuche in großem Maßstab

第十七表　一九三二年黄河試驗結果一覽表

名　稱	主要試驗 第二組 機率 1932年十月十三日及十月十四日十五日	1932年十月十三及十月十五日	1932年十月十四及十五日十六日	平均數值	三模型率後淤深或沖深武游面计之地數	主要試驗 第三組 機率 1932年十月八日及廿九月廿八日廿九日	1932年十月九及月廿日卅日	1932年十月十及月廿三十及三十一日	平均數值	三模型率後淤深或沖深武游面计之地數
1　河槽內平均洪水面流速(以公尺/秒計)	0,773	0,792	0,777	0,781		0,713	0,668	0,710	0,697	
2　灘地上平均洪水面流速(以公尺/秒計)	0,433	0,433	0,450	0,438		0,323	0,283	0,284	0,297	
3　洪水之平均挾沙量(g浊煤厘/1kg水)	3,25	3,14	2,39	2,93		1,88	1,63	1,33	1,61	
4　洪水時之平均水面比降(以千分之計)	1,155	1,178	1,188	1,174		1,211	1,140	1,137	1,163	
5　洪水份之平均水高度(洪水高度數係對於水平基點之絕對位)(以公尺計)	97,9054	97,9057	97,9075	97,9062		97,8938	97,8905	97,8920	97,8921	
6　第三模型率後河槽中心之平均水高度(以公尺計)			97,7884	97,7886				97,7714		
7　河槽之平均顺深宝由試驗時測得之横剖面用測沒器計算所得(以公厘計)					4,8					23,8
8　河槽之平均顺深宝因下列各处之沖刷計算得之 沖水池/滩地上/沉淀池(以公厘計)				2,25 1,64 3,30 }4,94	7,2			3,75 18,20 1,75 }19,95	3,75 18,20 1,75 }23,7	
9　第三模型率後河槽之平均顺深界中試驗前之河床高度(47,7约)與第六行之數值相减而得(以公厘計)					6,6					23,6
10　河槽之平均顺深宝由同一端器之(51,5立升/秒),水面高庄差數計算之(以公厘計)	2,7	1,1	1,3		5,1	6,9	13,2	2,7		22,8
11　灘地上沖积宝之平均高度(以公厘計)				右滩 0,37 左滩 2,62	1,5			右滩 2,32 左滩 6,26		4,3

(1) 浮砂直流式試驗槽（長30公尺
寬 1.4 公尺深 0.75 公尺）

(2) 浮砂環流式試驗槽（長 12.5 公
尺寬0.25公尺深0.25公尺）

(3) 預備試驗後之槽床（瀝青炭屑
之粒徑爲0－2.1 mm 水深 150
mm比降 1.5‰波狀皺痕較微）

(4) 橫 剖 面 測 繪 機

（7）第二組主要試驗時水槽未端蓄水堰之設備

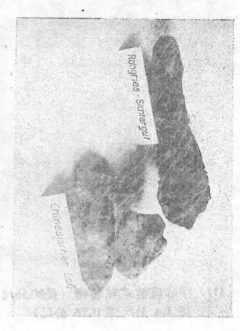

（5）模型砂質與中國黃土之樣品

（8）模型水槽之下端（第三組試驗時攝）

（6）舉行第三組主要試驗時平整槽右灘之情形

(9) 抽水池與抽水機及其附屬設備

(10) 第二組主要試驗第一模型年中水位時情形

(11) 第二組主要試驗第一模型年洪水時情形

(12) 第二組主要試驗經過三模型年後河床之情形

(14) 第三組主要試驗未開始前
之模型槽

(13) 同12圖(但因迅速停止水流河
床上波狀皺痕尙未形成)

(16) 第三組主要試驗第二模型年
高低水至中水位時之情形

(15) 第三組主要試驗第一模型年中
水位時之情形

(17) 第三組主要試驗第二模型年最高洪水位時之情形

(18) 第三組主要試驗第二模型年洪水降至中水位時之情形

(19) 第三組主要試驗經過第三模型年後之河床（因停止水流甚速未起波浪）

(20) 第三組主要試驗經過第一模型年後之河床

(21) 第三組主要試驗經過第二模型年後之河床

(22) 第三組主要試驗經過第三模型年後之河床

(23) 第三組主要試驗經過第二模型年後之右岸灘地

(24) 第三組主要試驗經過第三模型年後之右岸灘地

治導黃河試驗報告書書後

鄭　肇　經

　　竊按黃河爲禍中國,已歷數千年之久。承平之世,每遇潰決,恆大舉堵築,惜祇求安瀾,而忽於修守,終歸隳敗。若夫亂離之季,一遇潰決,則朝野無暇顧及,勢必奪流改道,更屬不堪收拾。是以吾國歷代治河,固未嘗統籌全局,確定治本方策,而修守事宜,亦多日久玩忽,任其荒廢。此黃河所以歷數千百年,仍爲易淤易決易遷之河流也。今者,河決冀魯豫之境,災遍數省,國人惶惶,羣起呼號,以爲黃河不治,禍且不測;僉認速定黃河治本大計,爲當務之急矣。於是中外人士,各抒偉論,凡屬治河之法,舉之無遺。議論紛紜,莫衷一是,依違取舍,無所適從。蓋黃河猶久病之人,病象未加診察,徒據傳聞之言,而草擬方劑,則治效安可知耶。雖歐美水工專家,如費禮門恩格思方修斯等,均經長期研究,擬定治導之策。然費氏主張建築直河,恩氏主張固定中水位河槽,方氏主張築堤束水攻砂,意見仍屬分歧,亦未可遽判其優劣也。考其差異之原因,仍在黃河之病象,與受病之由,未能診察準確耳。是以規劃黃河治本方策之先,宜認明病原,對症擬方,始克有濟。李儀祉先生所擬治黃綱要,主張從事地形及水文測量,並實地觀察研究,期以三年,然後擬定治本計劃;其言是也。惟念費氏直河之說,難以實施,恩氏於制馭黃河論中,言之詳矣;姑不論。方氏築堤束水攻沙之說,雖與明代潘季馴氏之議相似;然最近又經恩氏大模型試驗之證明,結果適得其反;且築堤工程,對于經濟方面,是否合宜,似尚有待考慮之處。而恩氏試驗之結果,以

5349

爲寬堤河槽,刷砂之深度反大於窄堤河槽,如經確實證明,則治導黃河,自以採用固定中水位河槽之法最爲妥適。然則恩氏之試驗,其關係重要,不待言矣。但去歲恩氏於試驗報告書內,曾經聲明是項試驗,尚未結束;故有請求我國政府補助四萬馬克,完成試驗工作之議。奈以經費支絀,未果實行。功虧一簣,殊爲憾事。值此舉國高唱根本治河之際,除實施測量工作外,尤宜仍請恩氏完成試驗。同時實地選擇黃河內河床變遷較少之寬堤及窄堤河段數處,趁今冬枯水期內,測繪地形,剖面,及水位,比降,流速,流量,含砂量,等。再於明年中水洪水之時,於各段同樣測驗,並詳加觀察,互相比較;對於恩氏試驗之結論,或有相當之證明,如是三年以後,水文紀錄稍具規模,而治導方策,亦略有準則。然後參酌財力,因地制宜:擬定治本方策,循序實施,洵千載之利也。國人果具決心,完成千年大計,則水文測量,及實地測驗,固不宜緩。而恩氏年登大耋,以風燭殘年,爲我策劃。國人感佩之餘,宜知寶貴,則最後之模型試驗,尤應早日促其完成也。(民國二十二年十月)

世界各大河流的挾沙量

世界上大槪沒有第二條大河,像黃河那樣挾沙之多。下面幾個數目就是證據:

黃河(洪水期)………每立方公尺水中含砂………5620格姆蘭

歐洲多惱河(洪水期)………………………………2151

歐洲來因河(洪水期)………………………………1174

美洲米西西比河(平均)…………………………… 670

非洲尼爾河(洪水期)………………………………1580

印度恆河(洪水期)…………………………………1940

束溜攻沙分水放淤計劃

孫 慶 澤

河北省黃河河務局局長

引言　黃河歷來爲吾國之大患,揆其主因,沙實爲之。尊治方案,自古迄今,聚訟紛紜,莫衷一是。如賈讓王景之分水殺勢,潘季馴靳輔之束水攻沙,以及歷代史乘之記載,私家之著述,幾如汗牛充棟,撲朔迷離,言皆成理。民元以還,又復盛倡造林,蓄水,放淤,攻沙等提議。近又籌助經費,聘請外人作黃河尊治試驗,如恩格斯及方修斯等最近在德所得之成績是。對於整治黃河,可謂殫精竭慮,不厭求詳;然據報載參加試驗之李賦都氏,對恩氏所得之結果,疑點仍多,則學理試驗,雙方仍未得根本治理之方;而河患日亟,豈可再有殺圈耶?竊以爲河流無百年不變之形,行水無一成不易之法,要在順應河流自然之性,助其完成攜沙洩水之功用而已。

計　劃　述　要

一.工程設計　(甲)束溜攻沙工程計分二項:1.防圮護岸工程,係順應河流自然曲勢,於兩岸相當距離處,簽釘梅花椿三列,各以鉛絲繩若干盤結之。次於繩上橫豎編結較細鉛絲繩,以成繩網,於網上以柳把鋪結成排(Fascine Mattress),推置河中,上壓塊石。惟䕺之他端,須高出水面,囘繫其他椿上,以便河床淘墊隨時拋護而免冲失。2.束溜透水工程修築於留於邊岸之柳排上。法於平鋪邊岸之柳排上,簽長椿二列,上下以鉛絲固結之,中實柳枝,上壓塊石。其嚴密程度,以僅能透水而不透溜爲止。形如柳堤,頂高應與最高水位等,以免水溜漫過。

5351

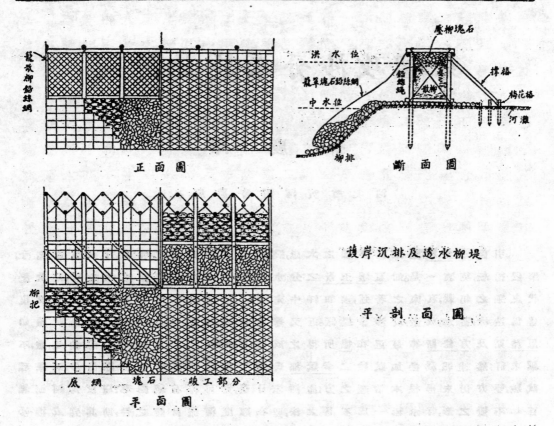

護岸沉排及透水柳堤

正面圖　　斷面圖　　平剖面圖　　平面圖

（乙）分水放淤工程設計,係沿大堤修「節制閘」若干座,門限與平時洪水位等高,擇定臨堤放淤區域,圍以圈埝;同時疏濬堤外河流故道,及其他溝渠,以作洩水河。挑河之土,用培洩水河堤,堤下築涵洞閘門若干,再將放淤區域圈埝,與洩水河堤相銜接,如附圖所示。

二.計劃之原則　低水位時,因有護岸工程,水行河槽,溜向不變。迨至伏秋盛漲,溢出邊岸,又為束溜透水工程所限,僅能透水,不能過溜,勢專沙刷,河床日益深固。透出之水,因勢緩沙停,僅挾浮淤。若水位過高,大堤不能容納,或某處發生險工時,即將「節制閘」一部或全部開放,將攜浮淤之水,放入放淤區內。俟沉澱相當時期,水已澄清,再將清水由洩水堤之涵洞閘門,流入洩水河內,導流入海,或其他河流。

三.工程經驗　由歷年所修之新式諉堤避浪,及二十二年堵

束溜攻沙分水放淤計劃示意圖

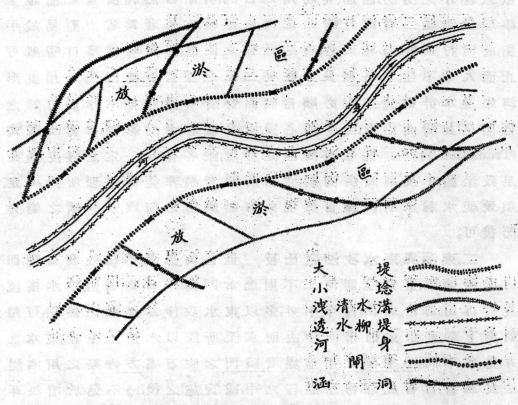

放　淤　區

河

放　淤　區

大小洩透河涵　清水　水柳閘　堤埝溝堤身洞

築匪掘口門工程經驗所得,確知上述束溜透水及護岸工程,均簡而易行,功效甚偉。

　四.**計劃之利益**　1.固定河槽;2.刷深河床;3.免除水患;4.便利航運;5.淤高邊岸灘地;6.變瘠地為腴田;7.洩水河及其河堤,亦可便舟楫,利交通,資灌溉,洩積潦,補他河水量缺乏,供居民良好飲料;8.堤外民田逐漸淤高,兼可鞏固隄防,便利取土。

計劃之理論

　一.**工程設施必順河流自然曲勢之理由**　每一河流,無論其

成於自然或人工,其流域之土質,既絕難一致,卽組織之疎密強弱,亦必難相同;故水行其中,河床被冲刷之程度,亦必隨地而互異;雖原爲直形者,終則漸就灣曲。且河之流行也,恆欲得水力之平衡,並欲以極小之努力,而達其功用之目的,所謂自然經濟是也。而證之學理與實驗二者,河行灣曲之河床,恆較直形者爲省力,而易於平衡,故河行曲綫,乃其天性;若必欲強之使直,何異防喉塞口,喉雖可止而人亦不生。恩格斯及方修斯二氏之反對費禮門氏之用直形河床,及本計畫施工之必順自然曲勢者無他,亦期不悖於自然之性而已!其灣曲之形,因受地心吸力及離心力之影響,多屬改革式(Transition Type)。惟各河灣曲之程度,雖各有其一定之限度,過此足致淤澱,不及則時虞淘刷。然因所關者衆,非徒恃學理所能決定,須兼視水利家對河流自然現象,有無嚴密之觀察,及判斷之能力而後可。

二.束溜與束水攻沙之比較　世言河患者,不曰性曲善變,卽曰淤澱靡常,蓋善變則河床不固,靡常則河床日高,因而洪水橫流,災害百出。導治之法,古今中外,多以束水攻沙爲聚議之焦點,可謂對症下藥。蓋水束則槽固,沙去則水深,所謂以水治水是也。束水之方,見各不同。潘季馴之用遙堤,費禮門之修石壩,方修斯之用窄堤,法良意善,言皆成理;特恐進行之中,或實施之後,終不免於潰決耳。蓋水束則合,合則勢猛,猛則沙刷;然當其初束之時,水勢必怒急逾常,水必增漲甚速。束水工程,脫非異常堅固,格外高厚,恐難抵禦而容納之。且黃河自河曲以下,流長數千里,若全部束之以深厚之石堤,其需款之大,費時之久,尤可驚人。報載恩氏計畫,完成期爲三十年,方氏半之,姑無論非吾國財力之所許,卽使能之,則在此數十年工程進行期中,河流驟失常態,其爲患之大而且久,恐亦非吾國人所能忍受。且該二氏之計畫,河之橫斷面須能容納普通每年之大水,因未言疏濬,想見沙未攻時,束水堤間之容量卽須如此;若是,則所築之堤攻沙之效力,不無疑問;卽使能之,河床刷深而後,則初修

時原堤之寬廣,豈非過於糜費,揆之工程經濟,容有未當。綜上以觀,恐較潘氏遙堤過遠之失,大且倍之,則所謂治黃問題行將解決之說,恐尚言之過早,國人亦只有望梅止渴而已。竊以為工程設計,無論治標治本,應以切實用為唯一前題,否則徒尚空談,恐河患永無消除之期矣。束溜攻沙,係沿河作柳堤透水而不過溜,工程無頂衝冲毀之虞,水面無擁拒抬高之弊,絕不因工程進行,驟失河流常態而改以往狀況。迨至新舊二堤間淤澱漸高,則柳堤透水之程度,亦日就減少,終至阻水而變為實堤,河床深度亦隨而日就增加,工輕易舉之柳堤,亦藉天然之力逐漸堅實。分段施工,不足一年,當可全部告竣。且沿堤柳木繁殖,取材異常便給,即購自民間,需款亦至微末,費省效大,於工程經濟,當無不合。

三.分水放淤之功用　黃河之水,既不時奇漲,而沿堤民田,又鹽滷居多,為策萬全防患與利計,於束溜攻沙工程之外,應兼作分水放淤工程。蓋自柳堤透出之水,因溜緩沙停,僅存浮淤,最適合於肥田之用。且遇水勢奇漲,大堤不能容納時,因分而勢減,可免漫溢之災。工程需費,較之修繕全部大堤,所省實多;所差者,新舊堤間淤高,河流順軌之後,無水可分,節制閘亦隨而失效耳。

黃　河　的　改　道

黃河改道的次數,前後並不止六次,但是其餘的隨改隨又引回故河,因此只有下列六次是大改道:

1. 帝堯八十年 —— 周定王五年(2278—602B.C.)
2. 定王五年 —— 新莽建國三年(602B.C.—11A.D.)
3. 建國三年 —— 宋仁宗慶歷八年(11—1048)
4. 慶歷八年 —— 金明昌五年(1048—1194)
5. 明昌五年 —— 明孝宗弘治七年(1194—1494)
6. 弘治七年 —— 清咸豐三年(1494—1853)
7. 咸豐三年 —— 今日(1853—……)

沉 排 磚 壩

孫 慶 澤

河北省黃河河務局局長

查黃河自神禹導治以後,越六百戴,始有水患;然爲害尚小。周秦以來河患,史不絕書;明清尤甚。識者多病籌河方策,重防而輕治;然修防所關至鉅,豈容忽視,特防之未得其法耳。查歷代修防工程,除加培大堤,戧水圈堭外,所恃以抵禦洪溜之唯一良法,厥爲壩工;自漢代沿用至今,絕少更易。明治河名臣潘季馴甚且以「勿厭已試之規,守先哲成矩」二語,垂爲誠訓。若黎襄勤之倡石工,栗恭勤之用磚工,雖成效卓著,當時已有「糜費罪小,節省罪大」之譏。以致治河者無不墨守成規,因襲舊法,積習相沿,雖有賢員莫能自異。一若防黃之策,捨埽無由者。故黃河爲患之久且鉅,雖由於導治之無方,然修防之不求進步,亦一重要原因。謹將作者任職以來,歷年舉辦新工之經過,擇要分條報告於後:

一 埽工之研究

冀省黃河工程,民二十以前,除培高補薄外,其唯一禦險之工,厥爲埽工。經悉心研究,知數千百年來,所恃以抵禦洪溜之壩,乃以秫稭逐層堆壓,繫以椿繩,上壓大土,沿堤壁立之料垜。南北兩岸險工埽段,共八十餘段,汛期之中走失者四,餘亦吊蟄潰陷,險狀百出。一埽甚有蟄至十餘次者;其工程之不足恃,及糜費之大,槪可想見。其吊蟄走失之主因列下:

(1) 稭體輕浮,試驗所得,與水之比重,約爲一與十一之比;即同

一體積之水，須十一倍同體積之稭料，始能沉壓倒底。

(2) 壁立河中，坡度毫無。

(3) 樁繩維繫，已不堅固，且極易朽爛。經驗所得，繩之壽命，僅十八日即引力消失。故新廂之壩，無異架於普通稭垜上。

(4) 稭質疎鬆，極易腐爛。經驗所得，至多三年，即朽如腐土。

(5) 所壓大土極易冲失。

統上以觀，則壩體壁立水中，伏汛溽暑，熱氣蒸騰，復為頂土所蔽，已足致腐，再加以風雨侵蝕，炎日曝晒，更難耐久。樁繩朽霉，則維繫力消失，僅如散料傍堤，且體輕易浮，坡度毫無，每遇洪溜，輒成頂衝。溜無出路，即淘刷壩根，速其漂浮。水落下沉，河底已非，更易蟄潰。以致漲落之際，冲失蟄潰，百弊叢生。故壩工雖自昔沿用，乃工程中之最不經濟，最不足恃者。

二　改進壩工做法之努力

(1) 以鉛絲替代蔴繩，既經久而耐用，價值復異常低廉。

(2) 搯壓壩台，以減頂衝之勢，藉護壩體。

(3) 抛護磚籠，以固壩根，而免淘刷。

(4) 壩頂壓以磚籠，藉增重量，而免漂浮。

經以上改良，雖走失之弊已除，蟄潰亦日漸減少，然終以稭料易腐，年須加廂，不足以為修防之良好工程，新法之動機，由是而興。

三　新式工程促成之原因──沉排磚壩

民國二十一年春，河溜變遷，南岸巨險之上，已成大釉之勢，北岸三四兩段，又復大溜頂衝。若仍沿舊法，估修稭壩，兩岸統計，非六十萬元莫辦，而省庫奇絀，絕無邀准之望。任而不修，又深慮釀成巨患。籌思至再，遂毅然估修磚工。然驟易數千年來之舊法，而易以創新之磚工，成敗利鈍，關係工程前途，至深且巨，故於計畫之初，異常慎審，昕夕研究，幾忘寢食。經匝月之久，始得完成。計南岸估修迎水

壩三道,「北三」一道「北四」估修護岸磚工一段,需欵尚不足壩工十分之一。

四　沉排磚壩設計原則

(1)工料以具有相當重量,經久耐用,購置便易爲原則。

(2)工程須有相當坡度,以能防淘墊,避免頂衝,易於搶護爲原則。

(3)因求適合工程經濟,節省工欵起見,所有工料,於施工之時,或完成之後,須不被任何水勢冲失。

(4)於任何水勢情形之下,須能施工。

五　沉排磚壩作法

融合美國密西西比河,及密索里河所用之護岸沉排作法,及吾國舊帚做法,取長捨短而成。法於擬修壩基之後,簽打梅花樁及拉樁一行或多行,樁間實磚,藉免動搖。復用鉛絲繩多條,其一端交互盤結於樁上,他端伸向臨河,結綱前鋪,作爲底綱。再於底綱之上,繫結柳把,密鋪成排。餘留之鉛繩,加以橫斜綱筋,卽作爲籠罩護壩散磚之用,回繞活繫於壩頂,以便隨墊動而縣緊。復於底綱中間生根,順工程曲勢,排結鉛絲,穿過柳把。再以橫斜鉛絲,編結成竪綱,綱內鋪結磚籠,籠後實以散磚,磚後加壓蔴袋。磚上加粘土取平。再將竪綱繞出磚籠之上,牢繫後面短樁上,用橫斜鉛絲密綱,聯爲一體,作爲壩基,於壩基逐層砌級,至相當高度爲止。每級均與下級用鉛絲綱相連,全部連爲整體。其每級退後之多寡,以所需之坡度爲衡。

六　磚壩之效果

查底綱,柳排,及磚籠,散砌等磚,旣均以鉛絲相互欏結,成爲整體,卽遇急溜,絕無冲動之虞。況壩底柳排,旣分溜勢,復易掛淤。護壩散磚,旣有鉛絲繩綱籠罩,則不能冲失。復以因溜而成之自然坡度,

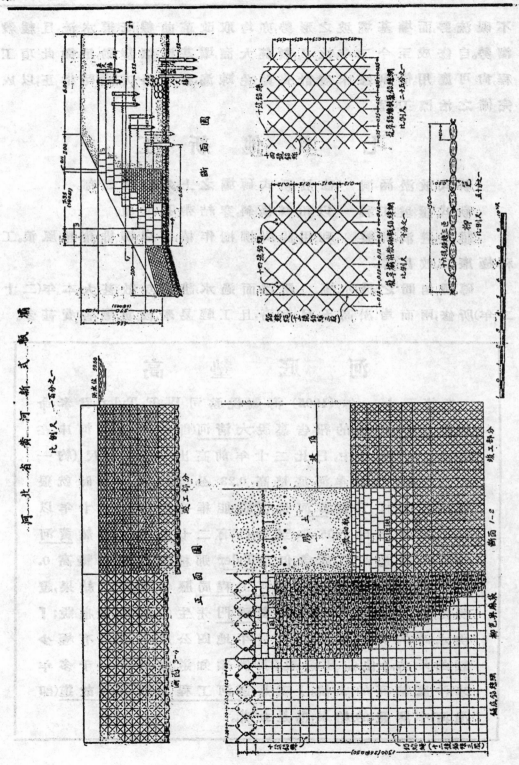

河 北 省 黃 河 新 式 磚 壩

不礙流勢,而壩基壩坡之形勢,亦均取改革曲線,既導水流,且緩殺溜勢。自修成至今二年之久,數經大溜,壩基迄無變動,足徵此項工程,尚可應用。惟創修未幾,計慮難免疏漏,務希各方隨時指正,以成完備之治標工程。

七　其　他　新　工

　　新式放淤涵洞　　修於新式磚壩之上,分明暗二部。

　　新式護坡工程　　以鉛絲橫斜,穿結帶孔大甋。

　　護堤避浪柳簾　　利用隄腳柳樹作椿,掛以柳排,藉避風浪。工程極廉,功效甚偉。

　　磚柳相間之透水壩　　阻溜而過水,護堤功效甚大。本年(二十二年)所修,兩面均淤高五尺有奇,且工輕易舉,較實壩省費甚多。

河　底　墊　高

　　光緒三十一年(1905)海關稅務司 W. F. Tyler 君奉命調查黃河,在他的報告裏說:大清河(即現河道)的河床,在過去二十年之中,已比二十年前高出了 4.6 公尺(約一丈五尺),平均每年河底墊高 0.23 公尺。因此他當時就狠懷疑。照這樣下去,黃河是否還能維持現狀至二十年以後,不另改道。自 1905 年至今,已有二十多年了,固然黃河的形勢還是非常危急,但是 Tyler 那種河底每年墊高 0.23 公尺的報告,已經由運河工程局歷年實測的結果,證明他不合事實。就是美國費禮門先生的報告裏也說:『洪水時的黃河水面,高出於平地四公尺半者,只有極少數的地方。』他並且還說:『我們須知道,這就是二千多年來沙底墊高的成績。』就是運河工程局在黃河故道(即淮河)中測量的結果,也是如此。

（5） 鉛絲穿結帶孔大甎護坡工程

（6） 護堤透水壩及護坡工程之一部

（7） 坎
汰
函
洞

（8） 護 堤 避 浪 柳 籬

（1） 新式甎塲發打梅花椿

（2） 新式甎塲鋪物結網

（3） 新式甎塲墙基

（4） 新式甎塲竣工後攝影

報　　告

二十二年豫省黃河險工暨漫溢情形

河南省黃河河務局

竊此次黃河漲水，陝縣水位高297.2公尺，流量為14347立方公尺，殊為近八十年來所僅見，查豫河工段，北岸西起孟縣，東迄蘭封西壩頭，南岸西起滎澤，東迄蘭封東壩頭，長約七百餘里，分局四，汛段十七，險工林立。頻年修理，因工款支絀，僅能補苴罅漏，驟遇猛漲，在在堪虞。本年雖幸未決口，惟水位過高，南北兩岸，均有漫溢；然尚徼天之幸，終得順軌。否則稍有疎虞，北岸決則奪衞而波及津沽，南岸決則奪淮而禍及江運，大錯鑄成，不惟華北皖蘇數千萬生靈飄泊，即歷年海河導淮長江工程，均將付諸東流。言念及此，更覺悚懼。茲為曲突徙薪之計，謹將此次豫省黃河伏汛險工暨漫溢情形，及善後意見舉要分述於下：

一　各汛險工暨漫溢情形

1. 孟縣汛　該汛堤工，原係民工修築，尚屬堅固；惟九堡一帶提身過於卑矮，曾於民國二十一及二十二兩年迭次加修。此次盛漲，幸經搶護得力，尚未出險。

2. 溫縣汛　該汛堤工，亦係民工修築，本極單薄，兼以多年失修，卑矮更甚。近年河勢北移，水漲輒漫。民二十及二十二兩年迭次加高，計較近十餘年最高水位，高出二尺有奇；惟此次水勢過猛，兼之對岸洛水頂冲，水位增漲不已，雖經拼命搶護，無如此堵彼漫，終致各堡均行漫水，計冲毀堤段十九處，水溝二十四處，子埝十六處，土壩一道。目下堤段北近沁河，南臨串溝，溝南為灘，灘溆高於隄面

約二尺餘，急應修築完整，以防再漲。

3．武陟汛　該汛大堤以南，駕部
泰東，經當地民衆修築民埝一道，尚
有五十餘丈未經完成。此次碼漲，全
行漫水。又大堤一至九堡各壩，共整
十餘道。頭堡三壩，九堡十二壩，幾
全墊陷。各壩壩面，亦多漫水，水深
三五尺不等，隨墊隨抛，隨抛隨墊，
溜勢異常險惡。嗣後水位降落，大溜
南移，各工始告穩定。

4．武滎汛　該汛河勢向走中泓，
此次漲水汹湧異常，直冲鐵橋，竟與
橋平。橋孔流水不暢，被逼北圈，致
將平漢路護崖石工冲毀數處，詹店大
堤步道漫溢。（以上屬上北分局管轄）

5．原陽汛　該汛原係背工，多年
不臨大河。此次漲水，原武境大堤內
西南一帶，盡成澤國。所幸搶護得力
，大堤無恙。

6．陽封汛　該汛亦係多年背工，
此次雖有數處老灘漫水，幸無大溜，
全堤安全。

7．開封北汛　該汛此次漲水，十
九堡二壩，二十堡頭壩，壩面均行漫
水。古城新工一帶老灘，多有塌陷。
落水後，壩垛多有淤墊埋沒者。又二
十堡二壩適當頂衝，塌灘塌垛，勢甚
危急，嗣經加緊搶護，幸未出險。

8．開陳北汛　該汛此次漲水，幾
與堤平，各壩多被湮沒，經竭力防堵
，未遭危險。惟河勢提卸靡常，初則
大溜直射五壩，繼而逐漸上提，該處
嫩灘僅餘五七丈，在在堪虞。頭堡三
壩，二堡一至七各壩，均見坍塌，現
經加緊搶護，不日當可次第修復。（
以上屬下北分局）

9．滎澤汛　該汛民埝西端，舊有
苦河一道，此次黃水暴漲，竟至倒灌
，勢將漫溢，危險異常，經修埂搶堵
，始保安全，無如溜勢湧猛，該埝及
五、六、十、十二等堡壩梁，多已上
水，相繼塌陷，且埝工亦被淤沒。現
正加高抛護，不日當可完竣。惟該汛
工段過長，堤身卑矮，亟應一律加修
，以保安全。

10．鄭上汛　該汛壩垛石工，久
經大溜，根基深固。此次大水，頭堡
大壩，及第一、二、三、各人字壩，
均被冲刷，相繼坍塌，頭堡堤段，亦
被墊陷，形勢危急。當經竭力搶護，
始漸穩定，現正抛護加廂中。

11．鄭下汛　此次漲水，該汛頭
二堡壩垛，多被湮沒，二、六、七等
堡，及鄭工合龍處一帶，亦均上水，
并相繼坍塌，形甚危險。現正加高壩
身，以備不虞。

12. 中牟上汎　該汎河勢坐彎，防務最爲吃緊。六，七，八，十，十一等堡各壩，經漲水冲刷，相繼坍塌，隨抛隨墊，危險萬分。經分別加緊搶抛，漸臻穩定，正繼續工作中。

13. 中牟中汎　該汎盛漲之際，各壩大部漫水，水深三五尺不等。二堡各壩，亦有坍塌，經分別搶護一晝夜，始行出水，現正加高堤身，不日可以完成。（以上屬上南分局）

14. 中牟下汎　該汎河勢外移，此次盛漲，頭堡第六，七，八各壩上水，第三，六，七，八等壩及拖頭壩，次第見墊。刻已修復完整，如河勢無大變遷，足資抵禦。

15. 祥河上汎　該汎十九，二十兩堡（卽黑崗口西段）向臨大河，此次漲水，溜勢異常緊急。十九，二十兩堡，所有壩垛均行漫水，水深一尺至四尺不等。又該兩堡各壩，亦多坍塌，經掛柳抛石袋後，始見平穩。惟河床墊高，壩垛太低，護岸不固，現正一律加修。

16. 祥河下汎（卽祥中汎）　該汎頭二堡（卽黑崗口東段），地勢凹下，裏塘外河素稱險要。此次盛漲，由一至六堡，所有壩垛，一律上水。頭堡，三，四，五各壩，又形成頂

冲。頭二道人字壩下首，因河勢上提，壩去存灘四五丈。二堡頭道磚石壩下首，順堤塌灘，長約十五丈，寬一丈數尺。當卽添做新埽，藉資掩護。第三道磚石壩上首，亦坍塌二十餘丈，當用蔴袋抛堵。惟其時北岸淤起鷄心灘，逼溜南圈，頂冲頭，二，三，道人字壩，全河寬不過三百公尺，大溜異常兇猛，堤身又立現坍塌，經竭力搶護，始漸穩定。現正加高壩垛，以資防禦。

17. 蘭封老黃河口堤工　該處黃河口，自清咸豐初年銅瓦廂改道以後，迄未堵修。經於二十一年以工代賑，始將該口堵住。不料本年（二十二年）八月十一日河水過大堤面上，水深約二尺有餘，遂由甄舖漫入黃河故道。現在口寬300公尺，深一至三公尺不等，水亦不甚流勁。若不卽時堵修，再有大水，則勢頗危險，或有改道歸淮入江之可能，是不可不防也。（以上屬下南分局）

18. 蘭封民埝　該處長約十八里，向無堤防，本局以該處關於東南各省利害甚鉅，曾經呈請省府，轉呈中央准撥庫款修築。比因款絀，未蒙撥給。嗣據該縣民衆之請，呈准省府，撥洋一萬元，交該縣縣長監督地方，組

織民衆堤工委員會，擬派民夫，分段
修築。祗以該堤係兩省毗連，事權不
一，以致馬蹄迤北，省界相錯，尚有
三里餘長，未克完成。此次派水，卽
先由該處串入，初則漫溢，繼則成口
，浸入廢堤南端，漫淹考城。此段民
埝，關係極重，亟應查照前案，按照
大堤規模，加修完整；並於臨河方面
，多拋磚石壩垜，始足抵禦洪水，而
策安全。

二　整理黃河善後意見

查沿河險工林立，根本修治，非
極短時期所能實現。謹將此次大水之
後，察勘各處漫溢情形，先謀治標起
見，擇要分述於後：

**一．修築漫溢口門及保護口門新
堤工程**　查此次漫溢口門，計溫縣與
蘭封老黃河口及考城三處。擬將各該
口堵築之後，隨將附近堤岸，按本年
（二十二年）洪水位一律增高培厚，並
於溫蘭口門上下，多築石壩，盡力挑
托。至雷集民埝，爲考城及東南數縣
安危所係，極屬重要，尤應補修完整
以資保護。

**二．整理殘破大堤及改良堤面埝
道**　查此次大水之後，所有殘破隄工
計南岸有八十餘段，土工約需二萬
方左右，北岸有二千餘段，土工約在
一百七十萬方以上。此爲防河根本要
圖，亟應及時整理，俾臻穩固。隄面
埝道，必須在兩邊與隄成平行線。其
堤面一律用灰石砌修整齊，藉免崩潰
，以弭隱患。

**三．加修塌陷磚石埧垜及護岸石
工**　查沿河埧垜石工，前因漫頂過水
，坍塌墊陷，至四百四十餘處之多，
應及時加修高整，用資抵禦。否則河
如陡漲，勢必溜逼隄根，仍有險工可
慮。

四．整理越隄　查武陟滎澤中牟
暨開封南北兩岸各險工所在，曡年決
口以後，均修有越隄一段，以爲退守
餘地，現在河勢變遷無常，該項工程
，最關重要。擬將歷年殘缺，一律補
修完整，以期鞏固。

五．整理其餘全河埧垜護岸石工
　查沿河防禦工程，近以工多款少，
不敷分配，所有埧垜護石，多形單薄
。安常處順則有餘，以之防變仍屬不
足，應重行拋護，俾一律根深蒂固，
各得充分功用，以減少水患。

以上擬修工程，以一，二，三，
各項，最爲重要。僅此三者，總計所

需料石土工經費，當在一百萬元以上。（二十二年八月）

河北省黃河情形

河北省黃河河務局

查黃河下游豫魯冀三省地段，河南有數千年已往之歷史，山東財力充足；該兩段皆係堤防鞏固，石壩纍纍，而河北省一段，距離雖短，險工最多，向來只以腐爛不堪，上古時代之秫稭埽，以擋洪流。以致年年出險，歲歲報災。所有潰決之患，雖非人力所爲，然以秫稭埽之無用，實等特意作出險工，河務當局殆不能辭其咎耳。本局有鑒於此，旣抱定剷除秫稭埽之決心，乃不顧物議，打破一切腐朽陳說。三年以來，已將有名險工「南四」圈堤「北四」全段，完全改成磚壩，「北三」甚得橫壩之力，今已變爲平工，「南三」透水壩亦大見功效，正在逐漸施行中。所修磚壩，共有三種：一爲柳笆磚籠挑水壩，二爲柳笆磚砌曲綫順水壩，三爲柳笆磚籠護沿壩。三種磚壩，皆以柳，磚，鉛絲爲主體，壩基更以散拋磚籠爲輔助，雖屢經大水，皆未見極猛驟之蟄陷，可謂已告成功。至於三種磚壩之比較，因黃河水溜善變，險工處率皆橫流頂衝，「挑水壩」功效甚微，「順水壩」材料太費，「護沿壩」似最爲經濟而有效。「橫堤」頭部亦以磚壩法相機保護，所費至屬有限，尤爲初意所未料及。以上四段最險工段，均有相當把握，陝水雖在六月初卽至，而工情仍極平穩，正在預想三年大慶安瀾，以資鼓勵，不料長垣境內，以土匪扒堤見告，釀成數百年未有之巨災，千百年不復之浩刼，至所有土匪猖獗情形，民團包勤掘堤，局員冒火綫往阻無效，民夫招集艱難各等情，均已成爲過去事實，茲不贅述。不過此次陝水空前猛漲，十一日午夜至正午，陡漲八尺有餘，石頭莊迤上三十里長堤，同時漫溢，水過堤上，幾如萬馬奔騰，一瀉千里，員夫冲散，無法搶護，房倒屋場，慘不忍睹，實屬人力難施，不可遏止。水過之處，詳查北岸共抽冲三十餘口，南岸麻莊亦同遭漫溢。謹將善後辦法，有應行注意者九項，特爲

續晰陳之：

（一）沿河各縣縣長應具河工常識　按本年長垣境內，土匪扒堤，雖屬無可抵抗之毒行。然而土匪在兩月前，不過五十餘名，嗣後愈聚愈衆，待至八月，已過三百之數，鄉村被其踩躪，員夫慘遭拘困，實有痛勦之必要。不過不應在大堤之上，挖壕攻擊。更不應人少時不勦，待至大股結成，始加痛擊。又不該在青紗帳起，始商會勦。更不該在洪水盛漲時，圍困堤止。此皆係縣長不識河水利害，關係重要，有以致之也。

（二）縣長應協助搶險工作　大堤旣被匪扒開，民團被水冲散，土匪因運解肉票及開扒各事未竣，掘口出水後，尚據守口門一晝夜，至四日晨，始漸漸退去。局員河兵等急速前進，運料搶護，所扒兩口，已形擴大，一長五十餘丈，一長二十餘丈。竭六晝夜全力，用蔴袋鉛絲等料將及萬元，始將二十丈之口，完全堵閉，共用河兵，士夫，棚夫，每日均在八百名以上。但因取土困難，仍感人夫不足，雖屢電縣長，幷電省飭縣幇助，撥派民夫，初則謂農忙不易招集，繼則謂阻水不能前往，遲至九日，方見派來民夫八十餘名，由該縣科長某帶工未

一日，該科長潛逃，民夫被困，無人統率，缺乏給養，不能工作，由局給食三日，逐漸逃散。第一口門未能如期堵合，實以民夫未能踴躍助工所致，至爲遺憾。

（三）河灘淤積過高亟須整理　匪扒口門，共長雖僅七十餘丈，因水勢浩大，吸水過猛，以致下游二十餘里，悉被淤澱，大水不能宣洩。迨至十一日陝州空前磁漲，洪水續至，吸擁抬高，一日之間，陡漲八尺，水高堤頂一二尺不等。石頭莊以上三十餘里悉告漫溢，抽成大小口門，有三十處之多，共長七里，連同被匪所扒，及南岸龐莊一處，共爲三十二處，長共九里有餘。水過沙停，由大車集起，至石頭莊迤下二十里止，共五十餘里，河灘淤澱，竟有高出大堤一尺半以上處，其低處亦與堤頂平。如此現狀之下，口門雖堵，若不疏瀹河灘，水流不暢，勢必影響全局，其受害當不祇河北一省已也。

（四）兩岸大堤應大加培補　前項所言疏瀹河灘，工程浩大，勢必挑挖引河三數道，以順水勢，待河水自然冲刷之力，以恢復其原有天然之坡度而後止。但專待水力冲刷，需時甚久，明年洪水時期，即應有相當補救之

策而後可。且本年大水，上游豫魯兩省，已有三十四道口門，湍急宜洩，更有數十里太行廢堤，外漫下注，而老大壩以下水位，猶在前去兩年最高水位以上二三公寸不等。現在河形既經變遷，大堤若不加培，明年汎水稍大，仍必漫決，其危險何可勝言！

（五）太行堤應附帶加培改歸官守

河北北岸大堤大車集起點處，並未與河南大堤相聯接。河南大堤至河北大堤，兩端相距有三十餘里之空地。封邱大窪積潦之水，即由此以入黃河。該處每逢黃水磁漲，即行倒灌，流入封邱，而封邱與長垣滑縣交錯之處，即爲太行堤。當民國七年河北省將黃河北岸民堤收歸官守時，只由大車集爲起點，並未將太行堤一併算入。緣該堤數段屬長垣，數段屬滑縣，所以仍爲民守，而今則竟爲三不管矣！本年該段漫水甚多，不但極有加培之必要，且應收歸官守，以專責成。

（六）各險工段應特別加修壩工以資防守

經本年特別大水，氾濫橫流，河身已多變遷。險工各段，若不特別加修，倘一旦發生危險，不但災情重大，損失特巨，且恐有河流改道之虞，是不可不特加注意者也！

（七）應便利交通以利河防　按河

北省一段，交通不便，郵電遲滯，實屬有誤事機。平常致電天津，需時兩日，信件則需五日。此次河水氾濫，四面交通，完全斷絕。東明電局，不通者五日。長途電話，至今尚未修復。郵件則需專差送往蘭封，中途隔水三段，繞道濟南，即乘自行車前往，則更須展轉過河三次，且非乘舟兩岸皆不能行者五十餘里，需時四日，方可遞到。以至各種材料物件，不購自濟南，則須前往開封，若不將三省電話汽車路設法修通，則於搶險各種工作，所受影響，實非淺鮮。

（八）應事前籌儲工款以免誤事

如上所述，河北省段內交通，既如是之不便，臨時搶護，工款尤宜應手，材料更當早爲儲備。譬如所需蔴袋鉛絲，轉運到工，需時一月，即使款項充足，時期若有不許，亦必貽誤要工。是工款尤必在應用前一月籌足，方克有濟。即如此次搶堵石頭莊口門，若必待請領省款撥到，再事搶堵，鮮不誤事。幸賴地方人士協助，當地商號信用，稍經恢復。若照前三年情況，積欠商家料販款項，皆未清還，絕對不能商借時，則本年所堵合之匪掘口門，決不能見諸事實。此款料之關係，至爲重大，又應特加注意者也！

（九）應籌劃根本治理方案合全國力量整治黃河　黃河本年水勢之大，豫冀魯三省受害最重，損失約在三萬萬元以上。再加陝甘綏蘇皖五省，其損失當不止倍徙。我國元氣業已大傷，何能任其再發生同此一類之巨災。但若不籌根本治理方法，雖將口門堵竣，兩岸大堤加培完整，河身疏濬妥善，險工更格外增修，而最近三年內，仍必潰決，是可斷言者！以黃河水勢洶湧，兩岸土性純沙，決非苟且敷衍，而能維持久遠。深望治黃根本方針，早日決定，俾便根據妥爲計畫，以弭數千年來無法解決之大患，是所切盼，并謹代沿河兩岸人民馨香禱祝者也。至於所有三年來山東河南兩省河務局之互相協助，以及地方紳民之通力合作，於極端感謝之餘，尤望體諒河北省近數年來之遭遇，省庫極端艱窘狀況之下，除本年不計外，前去兩年，尚能爲黃河特別籌撥每年二十萬之工款，使各險工段，得有現在之相當基礎，是又不能不略爲表明者也！特此報告。（二十二年九月）

已往關於黃河工作之進行經過

（在黃河水利委員會第一次大會報告）

華北水利委員會

黃河爲中國第一爲患最劇烈之大河，多沙善淤，河床無定，潰隄改道，數千年來，史不絕書。關於過去黃河之治理，雖代有其人，然均以堵築決口鞏固隄防卽爲盡治河之能事，鮮有謀及根本之治理者。欲求一勞永逸之計，自非進而研究爲患之原因，對於沿河「地形」「河道」之變遷，「流量」及「含沙量」之大小「水位」之升降，及受水區域「雨量」之多寡，一一加以精密之測量，而後始克爲澈底改善之方案。近國人對於治黃，已感覺有迫切之需要。尤以今歲黃河大災，損失之巨，遍及冀魯豫皖蘇陝寧夏七省。賑濟治標，固應目前之急務。而懲前懲後，根本治理計畫，尤應及早預籌。惟是黃河流域，雖有成圖，但或失之過久，或略而不詳。水文記載，缺乏更甚。沿河各省主管河務機關，均因限於經費，對於治河之基本資料，亦未能盡量搜集。且事權不一，計畫難周。茲幸黃河水利委員會，奉令成立

，主持全河流域防災治本大計，統籌兼顧，行見爲患數千年之黃禍，得以消泯，豈獨沿河民衆，蒙其福利，卽淮域及華北水域將來得免黃河南趨入淮，北趨入衞之影響，兩域水利建設不至爲黃河所破壞也。茲將前順直水利委員會暨本會已往關於黃河工作之進行經過，報告於次，聊供參考。

一　地形河道水準測量

前順直水利委員會，於民國十二年四月至七月間，用導線測量，自魯境周家橋至洛口以下一段黃河河道，約一〇三〇平方公里。水準線約二三七公里。其他所測地形，僅及河身左右一二公里。計共繪製一萬分一簡略地形圖，四十餘張。

本會於十七年九月改組成立後，對於黃河之整理，本擬積極從事。於是年十一月在開封設立辦事處，以資利便測量隊及水文站之管理及接濟。嗣卽組織測量隊，先自豫境黃河鐵橋，向下游施測。沿河兩岸地形，則測至外隄以外數公里爲止。擬經冀魯而至河口，幷擬俟測竣後，再向上游施測。嗣因十八年春間，國府明令組織黃河水利委員會。本會隨將開封辦事處裁撤，並旋奉建委會令停止黃河測量。爰於是年四月底，將黃河測務結束。綜計施測共五閱月。其測量方法，係用三角網法。測至中牟縣境之孫莊。但黃河鐵橋以上，至武陟縣黃沁交匯處以西之解封村一段，亦同時測竣，約共一一四〇方公里。繪製一萬分一地形圖九張，約三二〇方公里。五千分一地形圖八十九張，約八二〇方公里。河身橫斷面三十一個，其他河身橫斷面八十九個，隄身橫斷面一百五十五個。

二　水　文　測　量

前順直水利委員會於民國八年，在黃河上下游陝縣及洛口設立水文站兩處，測驗「流量」「水位」「含沙量」「雨量」各項。至民國十年八月，均改爲水標站，專測水位。幷於八年九年十一年十三年，先後在太原平遙壽陽澤州汾州各地，設立雨量站。惟澤州汾州兩雨站，嗣於十六年十七年相繼取消。其壽陽雨量站，亦自十六年起，記載中斷。

本會成立之初，對於黃河流域水文觀測，擬有擴充計畫，除於十七年冬，及十八年夏，將前順直水利委員會原有之陝縣洛口兩水標站，仍先後恢復爲水文站外。并於開封，增設水文站一處。同時並於潼關鞏縣姚期營蘭封壽張濮縣各處，增設水標站。嗣因國府擬組設黃河水利委員會，且以軍事關係，妨礙測務。乃復於十八年十月，仍改陝縣水文站爲水標站。其開封水文站，亦於十八年底取消。洛口水文站，於十九年一月，移交山東建設廳管理。所有增設之潼關鞏縣姚期營蘭封壽張濮縣各水標站，亦於十九年中，次第裁撤。惟對於前順直水利委員會巳設之雨量站，尚仍維持記載。且於十九年，恢復壽陽雨量站。嗣復陸續增設鄭州壽張利津汝上各雨量站。茲將設站地點，記載日期，彙列一表於次。

黃河流域「水文」「水標」「雨量」各站,設立地點,及記載時期表。

地名	站別	記載時期	地名	站名	記載時期
陝縣	水文	八年七月一十年八月	陽曲	雨量	八年六月一十五年十一月
		十七年十一月一十八年十月			十六年七月一十七年十月
開封	水文	十七年十月一十八年十二月			十八年一月
洛口	水文	八年四月一十年八月	太谷	雨量	十四年四月一十四年六月
		十八年七月一十八年十二月			十七年一月一今
潼關	水標	十八年二月一十九年十二月	平遙	雨量	九年四月一十六年四月
陝縣	水標	八年四月一今			十六年七月一今
鞏縣	水標	十八年二月一十八年十二月	汾縣	雨量	十三年十一月一十六年二月
姚期營	水標	十八年二月一十九年十一月	寶城	雨量	十一年二月一十七年六月
開封	水標	十七年十一月一十八年六月	歸綏	雨量	九年六月一十六年三月
濮縣	水標	十八年七月一十九年十一月	陝縣	雨量	八年四月一今
蘭封	水標	十八年三月一十九年五月	鄭縣	雨量	二十年六月一今
壽張	水標	十八年三月一十九年十一月	開封	雨量	十七年十一月一今
洛口	水標	八年四月一十九年一月	壽張	雨量	二十年九月一今
壽張	雨量	十一年二月一十六年一月	利津	雨量	二十年十月一今
		十六年三月一十六年九月	汝上	雨量	二十二年一月一今
		二十年六月一今			

水文觀測，以久爲貴。觀於上表

所列，僅有片段零落之記載，難以
徵信，然要不失爲基本資料之一部分
也。

三　灌溉計畫

本會於十八年春間，奉建設委員
會令，彙集全國水利工程計畫。時李
儀祉先生任本會委員長，須君悌先生
任技術長。曾編具陝西渭北暨黃河後
套兩灌溉計畫呈部。

查陝西渭北灌溉工程；於民國八
年，卽由陝西水利分局開始測量。至
民國十一年，李儀祉先生須君悌先生
分任該局總副工程師。對於渭北灌溉
工程，積極籌備。舉凡「測量」「計畫」
「經費」，均經分別規畫，由陝西水利
局編印報告。本會所編具之計畫卽係
根據上項報告，所載資料而擬訂。工
程經費，共需洋三百三十六萬餘元。
可灌地約一百三十二萬畝。以年收水
租每畝一元計，三年卽足以償本，而

增進農產收穫之價值，尚不在內。

至黃河後套灌溉計畫；由於民國
十四年夏。須君悌先生曾應西北當局
之邀，一度前往調查。嗣幷代向華洋
義振總會總工程師塔德君接洽，由該
會組織測量隊，前往作初步之測勘。
歷時數月，所有該區之「地形」「土質」
「渠道」「河流」等，均得有較確實之記
載。本會所編計畫，卽以上項記載，
及須君悌先生調查見聞，爲根據。工
程經費，共需洋一百三十二萬元。可
灌地五百萬畝。以每年按每畝收水租
五角，一年已可償工款而有餘。

以上兩灌溉計畫，雖與防災治本
大計，無關宏旨。然與利裕民，神益
匪淺，故幷附帶及之。

四　查勘上游

本年六月，本會應太原經濟建設
委員會之請，派員代爲查勘由寧夏至
河曲黃河河道情形，以便設計灌溉水
電航運各項水利工程。本會所派人員
，於六月六日，由津出發。往大同轉
赴包頭，改乘大車，經後套，沿途視

察灌溉情形，於六月二十八日抵寧夏
，調查灌溉事業。七月六日乘船，順
河向下游查勘。七月二十三日達河曲
，登陸。八月二日，抵太原。晤太原
經濟建設委員會委員長閻百川先生，
面陳查勘範過。於八月十日旋津。現

正由該員等，就查勘所得，草擬報告，送請該會採擇進行。茲撮其大略如下：

對於灌溉事業，以寧夏最爲發達，其歷史亦久。後套次之。現晉方設有屯墾辦事處，工作極爲努力。定有根本整理之詳細計畫，已着手大規模之測量。將來灌溉面積，可達十萬頃以上，前途極有希望。綏遠薩托兩縣境內民生渠，工程已竣。本定今年放水，以黃河大水中止。其灌溉面積，預定一萬餘頃。此外沿河小規模之引渠灌溉事業尚多。最近數年，果能將已辦灌溉事業，加以整理擴充，即有可觀。無須另辦新灌溉，以免人才經費之不能集中，效率反弱。

關於水力發電，經此次查勘結果，自寧夏至托縣，河之坡度極小，且係沙河兩岸平原，無水力發電之可能。自托縣以下，水行山峽中，流急坡度甚大，雖可利用。惟所費不貲，且無大工業需用電流，尤恐得不償失，似可從緩。

關於航運，實爲太原經濟建設委員會所最注意者，其意欲將後套餘糧，運達河曲，再由同蒲支路，運往晉南。本會派員，對此節亦經特別注意。寧夏托縣間，流量坡度，均極適宜。雖淺灘甚多，不難趨避。現時以木船運輸，絡繹於途。惟木船之構造，稍嫌粗笨，須加改良，該段河道，若能加以整理，即行駛汽輪，亦有可能。其托縣至河曲一段，則河流太急，暗礁至多。下行危險堪虞，上行尤感困難。欲謀改善，頗爲不易，如能將同蒲支路修至托縣，最爲相宜。根本治理，尙須作「水文」「地形」「河道」等測量工作，藉作計劃之張本。第一步擬先從後套臨河至包頭一段着手，以期與平綏路銜接。第二步再進行包頭至托縣一段，蓋同蒲支路之建築，尚須時日，故此段不妨稍遲也。

五　黃　土　試　驗

查黃河所挾沙泥量之鉅，爲中國各河之冠。善淤善徙，治河者最感棘手。然欲該項沙泥之減少，必先明其土粒之大小，土質所含之成份，再進而求其在河槽內淤積及冲刷之情況，方可着手規劃。本會正工程師李賦都前經冀魯豫三省，派往德國，與恩格思及方修斯兩敎授，研究治黃。曾由山東河務局寄去黃河河槽內黃土，作黃土試驗，極爲詳盡。另由李賦都君編有報告，茲不多贅。

附　　錄

黃河水利委員會組織法

（民國二十二年六月二十八日公佈）

第一條　黃河水利委員會，直隸於國
　　　　民政府，掌理黃河及渭洛等
　　　　支流，一切興利防患施工事
　　　　務。

第二條　黃河水利委員會，設委員長
　　　　一人，副委員長一人，特派
　　　　；委員十一人至十九人，簡
　　　　派。

第三條　黃河水利委員會，設左列二
　　　　處。

　　　　一·總務處，

　　　　二·工務處。

第四條　總務處掌左列事項：

　　　　一·關於文書，收發，編
　　　　撰，保管事項；

　　　　二·關於職員考核，任免
　　　　事項

　　　　三·關於典守印信事項；

　　　　四·關於統計，會計，預
　　　　算，決算事項；

　　　　五·關於庶務及護工事項
　　　　；

　　　　六·其他不屬於工務處事
　　　　項。

第五條　工務處掌左列事項：

　　　　一·關於查勘及測繪事項
　　　　；

　　　　二·關於工程設計事項；

　　　　三·關於工程實施及護養
　　　　事項；

　　　　四·關於沿河造林事項；

　　　　五·其他一切工程事項。

第六條　總務處置處長一人，簡任；
　　　　科長三人或四人，薦任；科
　　　　員十八人至二十四人，委任
　　　　。

第七條　工務處置技正十一人至十三
　　　　人；五人簡任，餘薦任。技
　　　　士十二人至十六人，四人薦
　　　　任；餘委任。技佐若干人，

委任。

工務處設總工程師，副總工程師各一人，以簡任技正兼任。工程師九人至十一人，三人以簡任技正兼任，餘以薦任技正兼任，副工程師十二人至十六人，四人以薦任技士兼任，餘以委任技士兼任。助理工程師，工務員，製圖員，測量員各若干人，以技佐兼任。均由委員長指定之。

第八條　黃河水利委員會，得聘任水利及森林專家爲顧問，或專門委員。

第九條　黃河水利委員會，因執行主管事項，於必要時，得呈准設立測勘隊，工程隊，工程管理局。

第十條　黃河水利委員會，對於各地方長官所發布之命令，或處分，認爲有妨礙主管事務之進行者，得呈請國民政府停止，或撤銷之。

第十一條　黃河水利委員會，執行主管事務，各該地行政機關及駐在軍隊，有協助保護之責。

第十二條　黃河水利委員會，每三個月開大會一次，遇必要時，召集臨時會議。

第十三條　黃河水利委員會之議決案，由委員長執行之。委員長因事故不能執行職務時，由副委員長代理之。

第十四條　黃河水利委員會，設於西京。

第十五條　本法自公布日施行。

二十二年黃河漫決紀事

六月廿四日

開封通信：　二十四晚大雨，河務局接得報告：黃河南北兩岸堤工，雖被雨水冲陷浪窩百有餘處，水溝六道，幸水位漲落如常，工程平穩。——查黃河上游，連日大雨，河水激增，

河南境內陝縣黃河測量台報告：河水暴漲六尺，柳園口處，漲二尺以上，因之沿河堤岸，頗形吃緊。（大公報）

六月廿六日

開封電：　黃沁兩河連日水漲五尺。

濟南電：　二十五日夜大雨，黃河運河俱漲水。（新聞報）

七月七日

太原電：　幷市連日霪雨，西南門外汾水暴漲，東西兩岸水均溢出。（大公報）

七月八日

開封電：　豫黃河暴漲，陝州七日陡漲八尺。流量達十二萬立尺。較去年同日增八倍，仍續漲中。

鄭州電：　漳河水暴發，自倪辛莊東曹村間，漫堤南流，波濤洶險，時約半日，經水利局力堵，新隄幸未潰。沁河南汎水漲四尺三寸，形勢極危險。（大公報）

七月十四日

鄭州電：　豫黃河連日暴漲，滎澤七八兩壩均臨大溜，十二日早十時體積塌陷數處，勢極凶險。該處河務分局，加拋石料，高出水面，稍形穩固。並砍大樹百餘枝，施行掛柳。以殺水勢。該處水面距堤岸僅五尺，一旦決口，鄭州塭危。

濟南電：　十二日黃河水勢續漲，洛口水位，28.33 工尺，距去歲同時水位尚差一公尺餘。

魯黃河上游李升屯，十二日夜六七兩埽塌，被大溜冲走兩丈餘，十壩

五埽已出水尺餘，前蟄後潰，形勢嚴重。黃河十三日續漲 0.27 公尺，上游董莊壩塲二十七處，水仍有續漲勢。（時事新報）

七月廿四日

開封電：　陝主席邵力子電告，黃河在晉永濟縣豐家莊決口，縣西門岸崩二十餘丈。

陝州訊：黃河二十一日陡漲，流量增至 151,173 立尺，溫縣中牟等處，仍未脫險，沙河潁水均暴漲平槽。

濟南電：　二十三日黃河上游水平，中下游稍漲，洛口漲 0.11公尺，水位29.41公尺。（時事新報）

七月廿六日

開封電：　漳河廿二日晨二時，在臨漳倪新莊東潰決。尉氏縣洛水暴漲，洛安塔衝，潰百餘丈（申報）

七月廿七日

濟南電：　魯南泗河漲三公尺，仍續漲，黃河上中下三游均漲，洛口水位 29.86 公尺。

七月廿八日

濟南電：　黃河連漲七天，現未至大水時期，而比較去年最高水位，上游菁莊僅差四分，中游宜莊已起過，洛口差二寸，水位29.99公尺。（新聞報）

七月三十日

西安電：　關中陝北各縣，近旬來迭降暴雨，計罹水災者三十餘縣。（大公報）

七月三十一日

西安電：　關中暴雨後，涇渭猛漲。

八月一日

開封電：　二十七八兩日洛水暴漲，太平莊舊堤衝毀，潘寨新修埽工八百公尺全毀，勢甚危險，沙潁亦暴漲。（新聞報）

濟南電：　三十一日魯黃河中下游水勢驟落，人心漸安。惟上游李升屯復漲一寸三分，衛河水勢仍續漲，距最高水位僅1.2公尺。（時事新報）

八月二日

鄭州電：　黃河水仍漲，八月一日陝州漲三尺，勢顏凶猛。滎澤民堰，塌陷數十丈，經河務局連夜堵塞，脫離危險，惟溫縣方面，危險頗大。（新聞報）

八月三日

鄭州電：　鞏墳黃河水勢，連日飛漲三尺。

濟南電：　今日黃河上中下三游均漲，洛口水位30.15公尺，較去年最高水位高0.03公尺。今日陝州來電，黃河自上月三十日至今，陡漲1.82

公尺，預料三日內該水到魯，必超過歷年最高水位。（申報）

八月四日

濟南電：　魯黃河因陝州水漲影響，連日三游均猛漲不已，險象橫生。洛口水位達 30.18 公尺。下游來電告急，謂河水猛漲，李家九至十七各壩，均出水一二尺不等，被迴流淘塌，突出險工，堤根被毀，長四五丈，水深八九尺。王家家四九壩以下大溜埝邊亦坍塌不已。（時事新報）

八月五日

濟南電：　連日大雨，武城運河灰壩塌陷六公尺。今日黃河中上游漲，下游落，上下游同時吃緊。（申報）

八月六日

遠綏電：　連日陰雨，綏墳各縣，多有水患。清河城垣被冲毀，包頭山洪暴發，鄉村田禾淹沒甚多。（時事新報）

西安電：　潼關黃河連日續漲，已將河邊灘地，完全淹沒，並轉向西岸增漲，潼城北水關河水，有倒注入城趨勢。（新聞報）

濟南電：　黃河水連日高漲，五日中游洛口又漲0.13公尺，下游利津漲0.23公尺，加以陝甘山洪暴發，來源正旺，上游李升屯埝壩冲毀，極危

險。（新聞報）

八月七日

濟南電：　黃河水陡漲，陝縣水位增一丈二尺三寸，汴黑子口激增七尺，廿堡石壩沖陷兩丈長，三丈寬，異常危險。滎澤民埝水位距堤面僅二尺餘，仍未脫險。（新聞報）

濟南電：　黃河今早上游落水，午半水，中游早漲午落，下游早午均漲。又河北長垣縣黃河北岸石頭莊民埝，傳被匪扒開二口，水由民埝外，官堤內，順流東下，魯省范縣濮縣壽張穀縣之在官堤民埝間者被災。

八月八日

開封電：　豫省濮陽長垣間民團，包圍土匪，掘堤成口，河水漫溢，故汴境水忽落五六尺。孟津溫縣河水仍漲。（新聞報）

濟南電：　今日黃河三游均落，工情轉穩洛口水位30.1公尺，開長垣掘口之水已向東北流去，魯可免災。（申報）

八月九日

太原電：　并大雨三日，尚未止汾河出岸。（申報）

鄭州電：　豫境黃河在長垣濮陽間決口，向東北流，經豫省滑縣，被淹三百餘村。豫溫縣孟縣滎澤鄭州等

處稍漲，黑崗口柳園口等處，仍在降落中。（申報）

濟南電：　襄長垣決口後，魯黃河水勢大減，八日洛口驟落0.58公尺，上下游均落三四寸許，已脫危險期。（時事新報）

八月十日

濟南電：　今日黃河各游，均落水六七寸不等。河務局長張連甲，由上游十里堡渡河至北岸，防襄長垣決口，水沱范縣壽張陽穀三縣。（申報）

濟南電：　長垣黃河，係三日被匪扒開二口，歷四日半，水頭結到，距離百里。濮陽境三門村，水深三寸，寬十餘公尺，計程十二日或十三日，方能到魯境。（新聞報）

濟南電：　九日黃河上游均落，洛口水位29.45公尺，較前日最高時，已落0.91公尺。（新聞報）

八月十一日

綏遠電：　薩縣水災益重，被水者已六十餘村。（時事新報）

開封電：　黃河同時升漲，溫縣滎澤水漫堤頂，本年水位，打破二十餘年來最高紀錄。

開封電：　孟津境雙槐鐵謝等處黃河堤，崩決四十餘丈，河水橫流。（新聞報）

濟南電：　長垣決口水，七日晚距濮縣高堤口尚有九十里。（申報）

八月十二日

開封電：　涉縣河水七日至九日驟漲 5.5 公尺，沁河水位亦狂漲，汜縣第六七八等堡堤決漫水約十里，黑崗口水勢亦險惡。（申報）

開封電：　十日晚鄭州至黑崗口河水漫溢。十一晨自零時起上中游皆退落，迄午黑崗口落三尺餘，河流有向北傾勢。鄭州漲至87公尺，今日退至84公尺。陝州河水十一日晨亦落六尺，惟蘭封河水漫溢，由城北黃河故道東下，水勢幾與堤平，縣城臨近，殊爲危險。（申報）

濟南電：　傳陝州黃河昨又漲1.6公尺，水位已達297.06公尺，爲歷來罕見之最高水位。（申報）

濟南電：　今日黃河三游均漲，洛口水位 29.65 公尺。

濟南電：　長垣決口，在石頭莊大鎮莊兩處，一寬十餘丈，已堵合；一寬六十餘丈，正搶堵中。

八月十三日

西安電：　渭河連日暴漲，沿岸秋禾房屋淹沒甚多，涇河亦在續漲中。

鄭州電：　十一日早在蘭封小徐莊故道決口，水流大量向東南流，高與堤平，危險一時之河水，陡落一丈二尺。陝州水文測量隊報告：水又高漲，預計下午二時，可抵鄭汴，但水量迄無變化，諒係蘭封決口宣洩。（新聞報）

開封電：　黃河於十一日晨八時二十分，在蘭封蔡樓鄉小新堤決口，順故道向下，水勢浩大，與舊堤平。黑崗口水續落二尺，鞏縣堤潰水溢。

開封電：　十一夜水落六尺餘，現尚在降落中。如上游不漲，可無危險。

濟南電：　河北長垣境黃河北岸，決口處又增數處，口門寬數里。對岸東明縣境二分莊岸，午又決口，口門寬三十餘丈。水頭初高丈餘，夜午已過東明城到魯境。水頭仍高七八尺，十二午可到荷澤境，魯地低窪，該處決口，淹曹屬各縣。（新聞報）

徐州電：　豫黃河暴漲後，由銅瓦廂沿黃河故道，有東來勢。（申報）

八月十四日

鄭州電：　豫境汜水黃河水漫堤出險，一片汪洋。

開封電：　十二午河水陝州又落一尺，柳園口落八寸，黑崗近二日共落一丈餘。（申報）

鄭州電：　河水自孟津虎牢關外漫，致瀕河各縣，盡遭水淹。（新聞報）

濟南電：　黃河南岸豫考城境元塞地方，十一晚又決口，水勢甚大直橫考城。今日魯黃河因上游冀豫決口，水勢已分，陡落九公寸八，已可無虞，中下游互有小漲落，洛口水位 29.99 公尺。（申報）

徐州電：　豫境黃河，復在溫縣北決口，水勢北流，豫東水勢，來源已減。（申報）

徐州電：　黃河水漲，漫及下游，據公安局調查，十日十一日水增高四五寸，正防範。（時事新報）

八月十五日

鄭州電：　豫境黃河水位，十三十四日繼續降落。

開封電：　陝州報告：十三日晨續落一公分。黑崗口一帶，因水落石塌多塌陷。蘭封訊：黃河故道，水已至民權，又考城內水深三尺。

濟南電：　長垣黃河南岸決口水，今晨已到荷澤西境，分兩股趨城北吳店。曹縣水亦分兩股，一趨城南，一趨城北。如考城決口水，再到荷澤、曹縣將成澤國。考城決口，一在燕廟，寬四十餘丈，一在吳秀才寨，寬三十丈，勢甚猛。因冀豫境決口，魯

省上游較日前水大時，已落一公尺三寸，已可無虞。（新聞報）

濟南電：　今午後洛口水位 29.9 公尺。（申報）

徐州電：　豫東蘭封溢出之黃河，自入柳河後，截至十四日晨，形勢緩和，流入黃河故道之水量頗少，兼之下游淤沙較高，並未到徐，不至累蘇。

南京電：　導淮委員會訊黃河堤岸，在長垣縣境決口後，水頭已抵荷澤西境，有侵入淮河之勢。（申報）

八月十六日

西安電：　渭河水勢稍弱。（大公報）

開封電：　十四夜北岸水勢陡變，直射開，陳，下汛，聲震天地。十五晨中牟上汛十堡四壩謢岸石壩陷四丈，祥符下汛十九，二十兩堡北岸嫩灘塌陷，面積寬長約有二里許，大溜北移，蘭封故道，水落九尺。（大公報）

濟南電：　黃河長垣北岸決口，水已順河套至濮縣境，套外未受淹，惟南岸決口水已到荷澤鉅野，分數股，每股寬三四里，深三尺餘。魯黃河，自昨至今，陡落水二公尺餘，洛口水位 28.85 公尺，魯北運河陡漲報險。

（新聞報）

徐州電：　栁河民權內黃各地黃河水，近均散入黃河故道，水深七八尺至五尺不等，皆散漫低落，無大泛溢。（新聞報）

八月十七日

鄭州電：　考城縣長報告：該縣城內，水深五尺。

濟南電：　曹縣電告：襄豫黃河決口，該縣首當其衝，十里內外，平地水深三五尺不等。單縣電告：蘭封黃河決口，水已到虞城曹縣單縣三縣交界老君寨地方，深一丈五六尺，循七十年前銅瓦廂未決口前故道東流，尚未出槽。長垣決口，水已至壽張，寬二百五六十公尺，仍續漲，已出槽，洶湧下注，北岸大堤已多年未見水，甚危險。

徐州電：　曹州黃水經單縣南泛十六至碭山，流入黃河故道，水頭高四五尺，續向東來。豐縣十六午電告：黃水已至周寨，水頭高五尺，寬一里，後路高丈餘，寬五里，刻正趕堵高寨隄坊。黃河故道，水勢洶湧，截至十六日晚，已越豐碭兩縣境四五十里，水頭已至黃口，直向徐州撲來。（申報）

八月十八日

鄭州電：　黃河長垣決口後，大溜灌注，滑縣全境東西七十里，南北百里，一片汪洋。（新聞報）

天津電：　冀境黃河因陝水驟至，濮陽縣香亭地方漫溢，十七晨水勢尤猛。（時事新報）

濟南電：　十七日子刻，黃河北岸決口，水已斷壽張南關，寬四五十公尺，深六七公尺，今晚可到陶城埠入正河。又南岸決口，水已將武城縣城包圍。（新聞報）

濟南電：　陝州電，水落3.12公尺，水位293.94公尺。（申報）

徐州電：　豐縣晚電，黃水已由該屬之華山，轉向東流，入沛縣境大沙河，水勢平穩。徐州西黃水，係分兩股，一由豫蘭封流入碭山，一由魯荷澤漫入豐縣。碭山黃水十七晨已抵碭東四十里之大李莊，水頭高八九尺。豐縣黃水已到高寨，浪高一丈二尺，寬五六里。

清江電：　黃河水抵泗陽孝口。（申報）

八月十九日

開封電：　陝州水位十七日續漲0.03公尺，黑水崗十八日水勢平靖，惟大溜仍頂沖南岸，隨時有發生險工

可能。(時事新報)

開封電：　十七日深夜，黑崗祥符中汛第二道磚右壩上首塌十八丈。十八日滎澤汛五壩二壩，水勢洶湧，大溜沖頂，漲三寸九。陝州水勢，十八日漲一公寸。(大公報)

濟南電：　荷澤電告水微落。(大公報)

徐州電：　沛縣電大沙河受黃河壓迫，越岸外泛，橫流已過龍固集北，水高丈餘，寬四里，昭微湖水位陡漲二三尺。豐縣黃水由大沙河直向豐沛灌入，水頭高丈餘，寬約三里，距豐縣僅二十餘里。(新聞報)

徐州電：　碭山水落二尺，續北折入豐沛。(大晚報)

八月二十日

鄭州電：　鄭各界黃河堤工視察團，十九日返鄭，據云呈平穩狀態。(大晚報)

天津電：　長垣濮陽城內均進水，鄰境黃河續漲，各堤壩坍陷速。(時事新報)

濟南電：　長垣黃河北岸石頭莊決口水，十九日晨三時，到東阿陶城埠，仍入黃河以內，惟因連日陰雨，水勢飛漲。(時事新報)

濟南電：　范縣電告：黃河北岸

決口水到縣，續漲二公寸，金堤以南，水寬四十餘里，平地水深三公尺。(申報)

徐州電：　故道黃水低落，水源減少，徐埠無虞。豐沛水勢十九晨仍急，徐埠暴雨，將有助長黃水趨勢。(申報)

八月廿一日

太原電：　永濟黃河暴漲，大慶關房屋多沖坍。

鄭州電：　陝州黃河十九日續漲一公寸。(時事新報)

濟南電：　洛口水飛漲，二十日午水位已30.6公尺，超過今去兩年最高紀錄，再漲0.9公尺，水淹濟南。(晨報)

魯黃河上游范縣壽張一帶，水勢飛漲，十九日夜，水已超出堤面七八寸，二十日達一尺以上。(申報)

徐州電：　豐沛兩縣水勢無問題，大沙河水，會同傾入之黃水，悉流微湖。(晨報)

八月二十二日

開封電：　黃河水勢平穩，大溜已歸中泓。黑崗口二十日漲四公寸，鄭上游二十一日漲1.7公尺，陝州二十一日續落0.5公寸。(大公報)

濟南電：　二十一日河水又暴漲

，洛口陡漲 0.18公尺，水位 30.78 公尺，大馬家漲 0.87公尺。東阿陶城埠水仍漲，工情尤急。（大公報）

黃河南岸決口水，已到濟寧，平地水深三四尺。（新聞報）

徐州電：　豐沛碭各縣水勢，據報無變化，黃水仍沿沙河灌注微山湖，速力已減，堤岸涸出，災患可免。（晨報）

八月二十三日

北平電：黃河上游山西西部之保德柳林一帶，堤防潰決，數百里之間，盡成澤國。（電通社）

太原電：　保德黃河暴漲，泛溢出岸。

鄭州電：　黑崗黃河水勢二十二日續落 0.3 公尺，陝州水勢亦續落 1.5公尺。

濟南電：二十二日洛口水漲0.12公尺，水位30.95 公尺，下游大馬家亦漲。（大公報）

徐州電：　路訊，魯西水勢益大，二十二日鉅野泲水河潰決。

鎮江電：　中運微湖均未漲水，沛縣水漸退，宿遷魯水未至六塘。（申報）

八月廿四日

歸化電：　包頭北境亦遭水患，

四區大樹灣等村，以黃河水漲，沿河大水出岸。

開封電：　二十三日中牟上汛壩塌陷八丈，柳園口對面陳橋汛大溜崇岸，形勢甚危。（大公報）

鄭州電：　黑崗口黃河水勢落三公寸。

濟南電：　魯黃河上游范壽一帶水均落，惟中下游猛漲不已，二十三日午水位31.1 公尺，距堤頂僅差 0.4 公尺，危險萬分。（大公報）

徐州電：　大沙河水勢低落，最深處不過二三丈，寬不過里餘。（時事新報）

八月廿五日

鄭州電：　鄭下汛黃河，落而復漲，其勢仍險。（時事新報）

濟南電：　今日黃河中下游仍漲，中游洛口漲 0.07公尺，水位 31.12 公尺，下游大馬家漲 0.03公尺，水位 15.36 公尺，均三年來新紀錄。幸上游董莊自二十二至今日已落 0.7 公尺，如上游不再漲，中下游明日可落水。（申報）

濟南電：　魯東阿茂王莊，河水倒灌大清河，冲壞民埝，水抵城根。（時事新報）

八月廿六日

太原電：　晉南沿黃河永濟隨晉等五十餘縣，因霖雨連綿，均遭鉅浸，城關被水，有深至四五尺者。（大公報）

開封電：　二十五日黑崗漲0.6公尺，雖形勢緊張，但大溜已注中泓。（大公報）

濟南電：　二十五晨迄午，洛口又猛漲0.18公尺，水位31.3公尺，距堤頂僅0.2公尺，附近楊府及北店子一帶，埽壩漫坍，危急萬分。（大公報）

濟南電：　接陝州水文站電告：水位292公尺，比十九落1.97公尺，魯黃河明後可大落水，轉危爲安，人心大定。（申報）

壽張報告：　水稍落。東阿電告：黃水深八尺，汹湧入城。

徐州電：　宿遷報告：黃水入運下瀉，六塘河形勢危急。

鎮江電：　清江閘誌樁，二十五日落三寸，水位二丈二尺二寸。邳縣水落五寸，誌存八尺六寸。沛縣電：昭陽微山湖水最深　約五尺。（申報）

八月廿七日

開封電：　甘省府廿五日電，因遭半年來未有之大雨，黃河陡漲四公尺。二十六日柳園黑崗落0.12公尺，

陝州落0.1公尺（大公報）

陝州消息：　黃水上游大漲，急湍三丈，向下游奔放，計程二十六七左右可到汴。（申報）

濟南電：二十六晨洛口水落0.05公尺，水位31.25公尺，下游大馬家亦未漲，水位15.5公尺，惟水大溜急，埽壩坍塌不已。（大公報）

蒲台電：　廿三日漲二尺五，民堤平水。濰縣電：黃水漲，形勢危急。章邱電：黃水三日間漲六尺六寸。東阿電：十九二十黃水漲七八尺，堤工危急。嘉祥電：西來黃水入洙，水猛深三公尺。（新聞報）

八月廿八日

鄆州電：　甘境黃河突漲一丈二尺。（申報）

開封電：　黑崗口水忽漲0.6公尺，水勢突緊，南岸堤壩未陷，北岸陳橋汛發生險工。（新聞報）

濟南電：　今日黃河上游李升屯又漲0.25公尺，中游官莊漲0.02公尺。洛口落0.03公尺，下游平水。今日漲水，係受甘肅與洛水漲水影響。二十六惠民境北岸李家十三十五十六各壩因大溜頂衝吊蟄。中游齊河境北岸索莊大堤背河出漏洞。南岸歷城境姬莊埽漫水。（申報）

徐州電：　黃河水入微轉運，徐屬下游濉雲沭陽各地之六塘鹽河均告吃緊。徐豐沛各縣長途汽車，因水退一律恢復通行。（晨報）

八月廿九日

鄭州電：甘境黃河升漲，大水將流至鄭汴。（新聞報）

濟南電：　廿八日黃河下游仍緊張，齊東禹王口搶護蔴袋，被冲去七百袋。中游洛口早午晚共落0.22公尺，水位31公尺，下游大馬家，早落三分，晚平水。

魯訊：　魯西洙水萬福河水勢均高漲，一股經濟寧南折，水頭有急趨獨山湖入微湖形勢。（新聞報）

八月三十日

西安電：　本月十六日大雨，雨量共計有三十八公厘，為半年來最高紀錄，河水高漲四尺有餘。（申報）

濟南電：　廿九日黃河上游董莊落0.07公尺，水位57.49公尺。中游洛口落0.2公尺，水位30.8公尺。下游大馬家落0.08公尺，水位 15.44 公尺。（新聞報）

濟南電：　廿九日大雨，晚止。自午迄晚，洛口續落一公寸。上游工穩。惟下游齊東禹王口二壩大溜頭衝，吊墊二丈餘。李家坍塌各壩，均已

搶護平穩，惟十一十七壩仍見坍塌，在正在搶護中。鄆城訊：黃水二十七日封鄆，流勢洶湧。（晨報）

徐州電：　豫東黃水激增，聞因上游續有決口。致水勢過大，奪入黃河故道東來，形勢可懼。徐西之碭山，首當其衝。汴電：黃河上游水勢暴漲，蘭封考城一帶，水文激增。一股沿故道東流，二十八夜抵碭山黃河故道，水增二尺，水頭仍抵高寨花折，轉豐沛之大沙河入微。豐縣電話：大沙河水，亦漲一尺，泛流入微，但無危險。（新聞報）

八月三十一日

南京電：　黃河被災區域據已呈報者，陝西三縣，河南二十二縣，河北五縣，山東十九縣，江蘇五縣，共計五省五十二縣。（申報）

開封電：　廿九日河水平穩，中牟汛漲0.31 公尺，黑崗漲 0.07公尺，陝州漲0.1公尺。

鄭州電：　甘境漲水已流抵豫境，但勢極平穩，廿九日黃河續漲一尺，當晚降落。（新聞報）

濟南電：　三十日魯黃河各游續落，情勢緩和。上游董莊落 0.2 公尺，中游洛口落0.27公尺，下游大馬家落0.23公尺。（晨報）

徐州電：　上游水勢，在秋汛期間，漲落無定，似於下游，不致發生重大問題。（申報）

九月一日

陝州電：　陝州黃水飛落 0.1 公尺，中牟上汛落 0.09 公尺，下汛落 0.04 公尺，黑崗柳園均無漲落。

濟南電。　今日黃河三游均落水，洛口水位 30.55 公尺。

徐州電：　碭豐電話；故道黃水廿九三十兩日未漲，且亦稍退。（申報）

九月二日

鄭州電：　豫西連日大雨，洛河水飛漲。蘭封電：黃水已歸槽，考城內外均無水。

濟南電：　黃河一日上中游落水，下游平水，洛口水位 30.39 公尺。

九月三日

濟南電：　一日夜濮范猛漲三尺，壽陽猛漲二尺餘，仍續漲中。（時事新報）

濟南電：　二日黃河三游同落水。

九月四日

濟南電：　連日黃河水大落，洛口水位 30.27 公尺，較日前已落一公尺餘，本年可慶安瀾。

九月五日

鄭州電：　黃河南岸鄭州境所屬各堤壩，悉數完成。（新聞報）

濟南電：　四日黃河三游均落水。（申報）

九月六月

濟南電：　黃河正流水續落，惟石頭莊決口未堵，夾河套內水仍漲。（申報）

九月七日

濟南電：　此次決口，豫鄭州蘭封考城溫縣四處，冀二分莊石頭莊二處，而石頭莊有二十二口之多。利津黃河下游入海處，民堤北岸決口，淹新左莊等四十餘村，盡成澤國。六日中游洛口漲 0.08 公尺，水位 30.17 公尺，上游落，下游平水。（新聞報）

九月九日

濟南電：　魯黃河大落。（晨報）

九月二十五日

開封電：　黃河水利委員會在汴舉行第一次大會。

十月二日

濟南電：　河務局局長張連甲由汴返濟談：蘭封，考城二分莊，三決口均已斷流，北岸石頭莊決口之水亦已走正流。（申報）

本刊爲確定名稱啓事

本刊向名工程,七卷以前,每三個月出版一次,歷來讀者諸君,多習稱爲工程季刊;自八卷一號起,改爲每二月出版後,又有稱爲工程二月刊者。長此屢易名稱,殊有未安。茲決定本刊全名爲工程雜誌,簡稱工程,以正視聽,尚希讀者諸君注意是荷!

編 輯 部 啓 事 一

本刊向例於每　末期,印發全卷總目錄,隨書附送,本號爲第八卷末期,爰特循例印送總目錄一份,以供讀者查閱。如有遺漏,請向編輯部函索可也。

編 輯 部 啓 事 二

本刊九卷一號爲中國工程師學會二十二年年會論文專號,定於二十三年二月一日出版,特此預告。

工程

二十三年二月一日　　　第九卷第一號

第三屆年會論文專號

中國工程師學會發行

5390

中國工程師學會會刊

編輯：
黃 炎 （土木）
董大酉 （建築）
胡樹楫 （市政）
鄒聯經 （水利）
許應期 （電氣）
徐宗涑 （化工）

工程

總編輯：沈 怡

編輯：
蔣易均 （機械）
余其清 （無線電）
段昌祚 （飛機）
李儆畬 （礦冶）
黃炳奎 （紡織）
宋學勤 （校對）

第九卷第一號目錄

（第三屆年會論文專號）

論文

中國工程師學會發行

分售處

上海寶平街漢文正楷印書館　上海徐家滙蘇新書社　上海四馬路現代書局
上海民智書局　上海四門東新書局　上海福州路作者書社
上海福煦路中國科學公司　上海生活書店　南京太平路鍾山書局
南京正中書局　福州市南大街裏有圖書公司　濟南美蓉街教育圖書社
重慶天主堂街重慶書店　漢口金城圖書公司　漢口交通路新時代書店
漢口中國書局

中國礦產在世界上之地位

王　寵　佑

目　次

一　導　言

　　考諸史乘,我國礦產之開發,爲時極早;其目的原爲貨幣之鑄用,與夫器皿之製造。在太夏之朝,我國貨幣之稱曰錢,或曰金。考諸通典,夏商之季,錢帛有三種:曰黃金,卽「金」;曰白金,卽「銀」;曰紅金,卽「銅」.通鑑載我國古時器皿之製造,或以銅,或以金。凡此均可以證明我國對於礦物利用,由來久矣。且書經內已有「鉛」之紀錄,在周朝已有鐵之發明,惟其用途較銅爲狹耳。足見我國礦冶之學,發韌之早。再查管子與唐六典二書,有經濟地質學之紀載,足證當時對於礦之地質學,亦已有相當之研究矣。

　　夫我國礦產利用之早,世所公認。茲證諸宋代元豐年間,我國礦產之紀錄 (如下表),可以朋矣。

金	10,710兩
銀	215,385兩
銅	14,605,959斤
鐵	5,501,097斤
鉛	9,197,335斤
錫	2,321,898斤
汞	4,456斤
硃　砂	3,640斤

煤之採用，以我國最早。我國昔稱煤為石炭，或石墨，用以寫字；漢朝始用以代薪。漢書地理志所謂豫章郡出石炭用之代薪是也。降至宋代，用乃大著矣。

鋅之提煉，亦由我國發明。據世界著名工程家之推測，十七世紀之前，世界上除中國外，尚無知鋅之提煉者，所以公認我國為煉鋅發明人焉。

由此觀之，我國礦產之發明與運用，在歷史上如此悠久，而今日在世界上，地位若是其落伍，雖曰機器時代，我國進步遲緩，不無影響，究其原因，亦甚複雜。著者爰有此文之作，留心中國今日礦產情形者，或得而借鏡乎！

二　　　世界上礦產之偉大及其增加

最近二十五年來，世界上所開採之礦產數量，比有歷史以後至二十五年以前全產額，為數猶多。例如鐵在美國 minnesota 一礦內，二星期之出鐵量有如埃及金字塔。此塔用一百萬人之力，經二十年之久，始克成功，而此鐵礦竟于十四天內，用一百七十五人之力成之。即以銅論，現一年內所產之量，與有歷史以後至一百年前之全產量相等。按(美國煉銅一噸，需礦砂三百噸之多)北美洲鐵路運貨，52％為礦產，若再以已成五金及其產品計之，則達70％。民國二年統計，世界上有礦工七百萬人，即每一千人中，有五人為礦工。據民國十七年胡佛氏統計，美國一國己有二百萬礦工；所出礦產，值美金6,000,000,000元加工製造後，值美金15,000,000,000元；加運費達用戶，則值美金20,000,000,000元。各項工人，以一人養五人計；礦產一項，直接間接，可養活二千四百萬人。美國開礦資本，達美金12,000,000,000 元之鉅；每年開礦所用之材料，及機器工具，達美金350,000,000元，足見今日礦業規模之宏大矣。

根據賴夫氏(Leith)民國十一年統計，該年全世界礦業投資，達美金100,000,000,000元，礦產量2,000,000,000噸，價值美金 9,000,000,000元。

根據哈菲爾氏(Hadfield)統計，1493年至1931年，全世界所產金與銀；又 1800 年至 1931 年全世界所產銅,鐵,煤,其順位與價值有如下表：

礦產種類	噸　　位	價值一金磅一單位百萬
金	32,700	5,100
銀	397,000	2,900
銅	39,500,000	2,200
鐵	2,895,000,000	16,000
煤	52,000,000,000	39,000

根據推納氏(Turner)統計 1886 年與 1929 年兩年之比較,世界礦產價值,相差十倍,美國一國,相差十二倍之多,足見今日礦產增加之速矣!茲列其數字如下;(在礦山價值)

年　　期	美　國（美金）	世　界（美金）
1886 年	456,185,000元	1,500,000,000元
1929 年	5,887,300,000元	14,500,000,000元

三　中國礦產在遠東與世界上之地位

礦產與人口面積,頗有關係。茲述礦產之前,請先以人口密度論列。遠東方面人口之密度,每英方里為一百十四人;以中國本部十八省而論,為二百三十六人;日本為三百八十八人,比諸歐美稠密多矣。歐洲為一百二十五人;美國為四十四人。以礦產價值論,每人每年每英方里,美國為 0,00141(單位美分),遠東為 0,00003,僅佔美國 2,2%。

遠東重要礦產為人所注重者,除煤鐵外,以銻鎢等為最。銻約佔全世界產量 80 %,鎢約佔 50 %,金,硫,鐵,錫,鋅,各約佔 5—10% 而已。

中國礦產,據地質調查所民國十六年報告, (此年為平穩年,

_____

* 煤鐵另有專章論述

後此時局多故,不足爲標準。)

　　中國五金礦產,該年產量值銀洋68,672,000元,非五金礦產(連煤在內)達銀洋330,338,000元,兩共計399,010,000元。但根據托氏(Tovgasheff)民國十四年統計,該年中國礦產五金與非五金兩項,合計美金394,166,000元;是年金價爲兩元合一元,應計銀洋788,332,000元,此數字幾二倍半於地質調查所民國十六年報告數,考其原因,有如下述:

　　托氏計五金類爲銀洋65,340,000元。

　　非五金類爲銀洋722,992,000元,相差之處,在非五金類,因托氏將陶土,寶石,石礦一併計在內矣。

　　茲根據托氏數字,再將門類分析如次:

　　　五金　銀洋 65,340,000 元。

　　　燃料　銀洋234,952,000 元。　　共計銀洋 788,332,000 元。

　　　非五金　銀洋 488,040,000 元。

　　再以百分法分析之如次:

　　　中國礦產　五金8.2% 燃料29·7%非五金62.1%

　　　由此可知非五金超過五金類,達七倍半之多。

　　　世界礦產　五金 3.04 % 燃料48 % 非五金 21.6 %

　　　由此計算,非五金僅及五金類四分之三而已。

　　總之,我國礦產之價值與希望,均以非五金是賴。以言乎世界上之地位,中國礦產,僅及全世界總產額2.3%;卽比諸美國一國,亦僅及其 6.69 %。每人每年產值,祇有銀洋一元七角;全世界平均爲銀洋十八元;美國爲銀洋一百元;遠東爲銀洋二元七角;中國人僅及美國人六十分之一;比諸全世界,平均尚不到十分之一;卽比諸遠東,亦僅及八分之五而已。中國礦產地位之低,可想而知矣。中國礦業投資額,根據托氏(Tovgasheff)統計,爲美金六萬萬元,約合華幣十二萬萬元(內中有日本人及其他外國人投資美金壹萬萬元。)東三省礦產,以鐵,煤,金,磁鐵礦爲最著,今根據日本1926年(民國十

五年)報告,其出產達二千萬日金,(專指黑龍江之產)。至於磁鐵礦,全世界最大出產,即在此矣。日本人在東三省南部投於礦產之資本,達日金一萬二千八百萬元之巨。根據托氏統計,1926 年出產價值,為美金 55,507,000 元,合華幣 111,014,000 元。每人每年所出礦產價值,在東三省北部為銀洋 2.58 元;南部為 7.6 元。以南部而論,每人每年產值,超過遠東平均三倍之多,與中國本部比,超過四倍之多;足見東三省南部礦產之豐富矣。但中國本部之西邊礦藏,似亦豐富,或可與東三省南部相抗衡也。

中 國 礦 產 多 寡 概 略

礦產多寡情形	礦　產　名　目	
	五　金　類	非　五　金　類
自用有餘可供出口	銻,生鐵,錳,錫,鎢,	煤,石膏,磁鐵礦,
足　敷　自　用	汞,	陶土,礬石,滑石,肥皂石,
自有但不足仍須仰給於外國	銅,鋼,鉛,鋅,	石棉,筆鉛,雲母,硫化礦,硫黃,
自有極少幾乎全靠外國供給	鋁,鎳,	硝酸鹽,煤油,燐酸肥料,炭酸鉀,

銻　全世界純銻儲量,以我國為最富。根據德根格林氏 (Tegongren) 統計,湖南錫鑛山七里江兩處儲量,有純銻二百萬噸;內中五分之一,已採用矣。假定我國每年出產一萬五千噸上述儲量,大概可供一百年採用;以全國儲量統計之,約可供二百年採用。民國十六年我國產量,佔至世界 77%;產額有時雖稍有出入,但相差無多。我國產地,除湖南最著外,廣西雲南廣東貴州亦有蘊藏。銻價漲跌甚大,例如民國五年歐戰時期,其價特高,紐約市價每磅美金四角四分七五;現今市價為最低,紐約每磅僅售美金四五分而已。中國銻產全靠外銷,加諸出產過剩,供過於求,價值能不意趨愈下乎!湖南省政府有鑒於此,近有湖南國際貿易銻業交易所之設立。其

目的為限制出產,收屯純銻,提高價值;宗旨純正,洵屬良政。但若資本不大,無銀行作後盾,難觀成效。然純銻市價,在紐約終不能超過每磅美金一角二分之數,因達此數,即有銻之代用品,可出而代之矣。故中國亟應研究銻與其他五金混合成品,與擴充本國用途,庶無楚才他用之虞矣!

鎢　中國鎢之產量,以江西省最富。民國十六年統計,佔全世界64%。歐戰時價亦甚高,現已低落矣。原因亦不外乎出產過剩,供過於求耳!我中央政府有鑒於此,近有與外商訂立合同,由獨家承銷,以謀市場之活動,價格之提高;若能達到目的,亦屬善政。查鎢之用途甚廣,可以摻鋼,可以製造電燈泡絲,在工商業佔重要地位。我國亟應設廠自行提煉,事前固應有深切之研究,嚴密之準備也!

錳　我國產錳之區,以湖南江西廣東廣西四省為最富,藏量估計約有二百六十萬噸之譜。按照湖南裕牲公司售錳一覽表,民國十八年出口數量為38,412噸;民國十九年為52,035噸;民國二十年為21,067噸;此三年出口總數為111,514噸。此項錳砂,大多運銷日本,用以化鐵,假定我國每年能產生鐵一百萬噸,自有錳砂足敷一百年之用也。

鋁　據地質調查所調查,我國有鋁礦石 (Beauxite Shale) 儲量二萬萬七千萬噸,內含質佳者不過六千八百萬噸;其明礬石 (Alunite) 產自浙江福建,據中央研究院地質研究所估計,我國儲量有500,000,000,000噸之多。

查山東所產鋁礦石,矽質太高,難於冶煉,政府亟宜提倡研究冶煉方法,務使實用。再明礬石一項,尤有研究價值,因此種礦石,除含鋁外,並含有鉀料甚富,且有多數硫酸,故可用之提鉀硫酸鋁三種礦質也。

今日為鐵世界,將來必進演為鋁世界,故鋁亦為重要五金之一。近頃美國鐵路,完全用鋁造成客車一輛,其重量較尋常鐵質者減輕一半,足見將來鋁可以代鐵矣。

鋅鉛銅中國人用量與美國日本之比較表

品　　名	統計年度	國　　別	每人每年用量(單位磅)
鋅	1922年至1924年	中 美 日	0.06 7.99 1.56
鉛	1922年至1924年	中 美 日	0.06 10.55 1.10
銅	1922年至1924年	中 美 日	0.03 12.19 3.62

(註)中國人用鋅量,僅及美國人一百三十三分之一,日本人二十六分之一。

中國人用鉛量,僅及美國人一百七十六分之一,日本人二十分之一。

中國人用銅量,僅及美國人四百〇六分之一,日本人一百二十一分之一。

中國人之用量如此少,足見製造力之低弱。

四　中國煤鐵在遠東及全世界之地位

遠東一名稱,包括中國本部及東三省,蘇聯東部,日本,朝鮮,臺灣,菲律濱等邦。遠東煤藏,估計有 547,812,000,000 公噸之多;姑以1:4比例計之,至少亦有 137,000,000,000 公噸。亞洲儲量,佔全世界 26 %;中國佔遠東 90 % 強。中國現時,每人每年用煤 0.07 公噸;日本本國 0.50 公噸;遠東平均 0.14 公噸。若遠東用煤率全似日本,則遠東煤藏足供遠東六百十年之用;若以美國人用煤率(四噸半)計之,則僅足供八十年之用耳。

根據民國十六年統計,(此年平穩,後此時局不靖,世界經濟衰落,不足為標準。) 遠東煤之產量,為 74,247,000 公噸,佔全世界總產量 5.7%,中國產量佔遠東 47 %。

中國煤之儲量,占全世界十四分之一,每年產量,佔全世界三十六分之一,儲量根據謝家榮等四氏如下;

專 家 姓 名	噸 位
德來克氏 (Drake)	996,612,000,000.
扉 搓氏 (Fuller) 葛拉夫氏 (Claff)	536,043,000,000.
謝家榮	217,626,000,000.

德氏估計,未免失之過寬;姑以福葛二氏與謝氏估計爲根據,假定現時中國煤每年產量連土開礦一併計在內四千萬公噸之譜,中國礦量能力可以支持五千年至一萬二千年之久。(前數係根據謝氏數字,後數係根據福葛二氏數字)。假若以1:4比例計之,(估計必連佳劣,姑認佳質僅佔四分之一,故有 1:4 比例之公式)。亦可支持一千二百年至三千年之久。大概中國以機器開採之礦,每年可產能力約三千萬噸之譜。民國十九年撫順產6,800,000噸;開灤產5,300,000噸;兩共 12,100,000 噸,約佔中國全產量半數矣。中國本部(東三省不計在內)大小煤礦,達四百十五處,此外尚有土礦數百處。大礦能力每年能產五十萬噸以上者,有十處;每年能產十萬噸以上者,有十五處。中國煤礦資本假定每年每噸七元計算,約有國幣200,000,000元。

中國煤之出口,民國二年1,489,000噸。

民國十九年2,988,000噸。

民國十九年出口量,超過民國二年出口量一倍之多,查多數係運往日本爲煉焦之用。

煤之運進中國,民國二年1,785,000噸。

民國十九年2,521,000噸。

進口煤之半數,由日本與臺灣運來,四分之一由安南來。

中國煤產雖富,但煤礦離海口太遠,故沿海一帶,煤價昂矣。中國煤業之衰落,於今爲甚,究其原因,不外乎下述數點:(一)中國工業不振,煤之用途太窄,所以有出產過剩之趨勢。(二)外煤在華傾

銷太甚,華煤成本高,資本短,不能與之競爭。(三) 開灤公司資本大,成本輕,所以可賤賣;且其地位近海邊,運費亦輕。中國資本煤礦公司自大受其影響;我國政府亟宜謀救濟之道,否則華煤前途,不堪設想矣!下述三點,或可暫紓燃眉之急:(一) 中國政府應徵外煤傾銷稅。(聞政府現已制有法令)。(二)鐵路方面,對於華煤之運費,應卽酌量減低。(三) 礦商應有Cartel產銷協會之組織,藉以規定華煤之銷售區域,無使競爭;限制產量,無使過剩;訂定價格,無使貶增。例如日本有煤業聯合會之設立,其總會在東京,主旨在規定煤之出賣標準,資本約五十萬金磅,已有十二家煤礦公司付資本五分之一。煤價旣經公定,自無競爭之患,產量旣經限制,自無過剩之虞。譬如1932年日本煤礦公會規定日本本部產額減少五十五萬噸,結果價格提高,並無競售之事,英國亦有同樣組織,且政府有法令規定其組織,使鑛商各就其區域銷售,不得有競爭嫉妒情事,盍誠善也。

中國煤業之維護,不容或緩,旣如上述。而煤斤之用途,亟宜推擴,亦請詳之。煤爲世界工業之重要根本材料,無此則其他實業如鋼鐵等,卽無以製造;所以觀察一國實業之盛衰,每於燃料銷耗多寡測之。根據里特氏(Read)統計,燃料之變爲動力,(燃料卽指煤油煤氣),代替人工充作「機器奴僕」力量之偉大,實屬可驚。設燃料動力以人工動力代之,則美國一人,需機器奴僕三十六人;日本一人,需2.2人;印度一人,需1.4人,中國一人,謹需1.2人;足見我國人用煤之少,工業之落伍也,國人幸注意及之。

鐵　遠東方面鐵之蘊藏,以面積與人口論,比諸歐美,未免太紬。最不利之處,在煤鐵鑛山相離太遠,各不連接。例如荷屬東印度與斐律賓鐵鑛最多,但無相當煤礦;中國雖有鐵有煤,煤亦可煉焦,但有鐵之處無煤,有煤之處無鐵,以致煤鐵成本甚大;日本鐵藏甚少,但因國彊小,鐵廠近海,船隻多,運輸便利,向各處採集材料方便,所以其鋼鐵事業,有如此大規模耳。

我國鐵鑛儲量,估達十萬萬噸(1,000,000,000噸),然質地較佳,可

供煉鐵者，祇有四萬萬噸(400,000,000噸)。內四分之三，產在沿揚子江一帶；四分之一，產在宣化龍烟等處。根據甘氏(Kuhn)統計，我國鐵之儲藏，佔全世界一百五十分之一。查我國現時所有化鐵爐，連同土爐，如能同時冶煉，其能力每年可產佳質生鐵一百二十萬噸。照上述存儲佳質鐵礦數量計算，可敷一百七十餘年之用；倘連同劣質鐵礦計算，可敷三百七十餘年之用。以現近我國鋼鐵銷耗而論，民國十八年，共銷耗鋼品六十萬噸，生鐵十萬噸，注鐵十萬噸，共計八十萬噸。以全年銷耗八十萬噸計算，則我國佳質鐵砂，可敷二百六十餘年之用；如連同劣質鐵砂計算，可敷五百五十餘年之用。茲根據民國十六年調查表，我國每人每年祇用鐵四磅；而美國每人每年用鐵竟達一千零三十磅；日本每人每年用鐵亦達七十磅。美國人用鐵多我二百五十七倍；日本人用鐵多我十九倍；以此比例推算，倘我國人用鐵數量，與美國人相等，則我國所有礦量，無分佳劣，祇須一年六個月，卽行告罄；倘僅用佳質，七個月卽用完。如與日本人用鐵數量相等，佳劣不分，用至二十年卽完；倘僅用佳質，九年卽完。言念及此，不寒而慄。幸我國鋼鐵工業正在幼稚時代，倘須逐漸發展，故對于用量及儲量相較，似覺綽有裕餘。然振興我國鋼鐵事業，維持工商業上之需要，似亦不容或緩。我國鋼鐵事業，既在萌芽時代，政府應有提倡維護之責。各工業先進國家，對於鋼鐵事業，莫不厲行保護政策；如關稅壁壘，運費優待等等。良以此項事業，爲各工業之根本，關係國計民生至大，茲舉數例於后以證之：

英國　厲行關稅保護政策，1932年六月起，徵鋼鐵進口稅，值百抽三十三又三分之一。

日本　日本政府對於生鐵製造，發給獎勵金，辦法有二(前數年規定)：

(一)凡化鐵兼煉鋼廠家，每產生鐵一噸，獎給日金六元；

(二)凡化鐵不自煉鋼，而售與人者，每產生鐵一噸，獎給日金五元。

印度　對于鋼料進口,厲行關稅保護政策,鋼料進口稅,年有增加。

1913 年　僅征 1%
1922 年　加至 10%
1924 年　加至 30%

我國鋼品銷耗,民國十八年達六十萬噸,前節已述及。我國政府應設計使國內自製,最低限度,亦應有半數三十萬,自能供給,務於最短期間,達此目的,以塞漏卮,免受挾制。實業部近有國營鋼廠計畫,擬每年能煉鋼十五萬噸,此產額殊非過溢,若能煉出,則其他十五萬噸,猶應鼓勵國內廠商趕煉,務達三十萬噸國內自煉之目的,茲將日本近四年來鋼鐵業發達情形,詳紀於後,藉見我國亟宜效法從事於鋼鐵業之推進焉。

日本於 1929 年,產生鐵1,514,000公噸,至 1932 年,增至1,542,000公噸;拉成鋼品,1929 年,僅產2,286,000公噸,至 1932 年,已增至2,360,000公噸矣。日本進口生鐵,1929 年為 654,000 公噸,至 1932 年,降至 188,000公噸;進口鋼品,1929 年,777,000公噸,至 1932 年,僅 225,000 公噸矣。其百分率如下,其自製力增加之速,殊堪驚歎。

生　　鐵	年　　期	百 分 率
自　　產	1929年 1932年	74.6 % 90.7 %
進　　口	1929年 1932年	25.4 % 9.3 %

拉成鋼品	年　　期	百 分 率
自　　產	1929年 1932年	70.9 % 89.6 %
進　　口	1929年 1932年	29.1 % 10.4 %

世界鑛產與中國產額之比較

鑛	產 噸 數	中國產量百分數
煤	1,475,000,000	1.6
石油	1,098,398,000	0.00008
食鹽	18,000,000	12.4
石膏	5,800,000	0.82

硝	2,200,000	0.23
硵	1,600,000	4.5
燒石灰	11,000,000	0.11
石棉	280,000	0.09
滑石	300,000	7.6
螢�礦	450,000	4.8
磷礦	2,470,000	0.11
礬石	200,000	1.7
鐵	84,000,000	0.5
錳礦	1,800,000	3.9
鎢礦	13,000	64.3
金		0.53
銀	208,678,000	0.02
銅	1,515,000	0.02
鉛	1,620,000	0.09
鋅	1,050,000	0.09
錫	165,000	6.0
汞	4,000	1.3
銻	25,790	77.0
砒	35,000	7.0
鉍	500	19.0

五　中國礦產單薄之原因

中國礦產,除煤及特產銻鎢錫三者而外,以面積與人口論,比較他國,太形見絀。雖似鉛銅鋅金等類,各處不無散列,但太屬零星,不能成一大礦,可以機器開採之。總之,我國幅員大,人口多,如此礦藏,殊覺單薄耳。四五十年前,外國人論中國礦產,以政治家為多;當時各國以為我國有無窮礦產,所以有勢力區域之祕密支配(Sphere of influence), 覦覦礦產,不惜以全力侵略之。近二十年來,批評中國礦產者,均屬中外地質學家礦師;於是我國實無巨量礦產,昭昭

於世矣。此有科學根據,實地調查,絕非信口虛構;著者本人,亦具同情;推其原因,不一而足,茲略具論如次:

(一)凡礦產豐富地方,其山之構成,應爲 Thick-Shelled。查中國山之構成,多屬 Thin Shelled。Thick Shelled 之山,係由地下直力衝動造成,所以構成時地心礦物,得能呈上也。構成 Thin Shelled 山之力,爲橫動力,所以地心礦物,未呈上也。中國沿海一帶,由山東至廣州,雖有不少火巖石,普通講應有生產礦山之能力,但畢竟無有,其原因以沿海岸海底極淺,不若南美洲沿海岸海底極深。

(二)中國地質上之構造,自寒武紀(Combrian)至第三紀(Tertiary)無 Epeireic Sea- 單有 Geo-Syncline, 與歐美地質上構造適反。蓋歐美兩種俱有,所以敢決定中國礦產,無大希望也。此非個人不希望其豐富,旣經天演非人力能挽之,但中國在雲南四川甘肅之西,西藏之東,未嘗不有多少希望,此我中央政府亟應大加注意者也。

六　結　論

我國礦產單薄情形,旣如上述。且投資於礦業,從事於開採,均具有極大危險性,開礦未能視爲必可致富之事業;茲舉南非洲礦山及英國礦業公司之統計作證。南非統計,每五十二個礦區,僅有一區有開採成功之望;1904 年至 1914 年之十年中,有四百六十四處礦山似有開採價值進行後,結果僅有二十處可獲利;二處有成功之可能;六處在成敗兩可之間;足見開礦成功之難。英國礦業公司之紀錄如此,在西歷 1880 年至 1904 年中,共有註冊公司九千二百二十一家;至 1904 年,有四千餘家已停業;其他五千餘家繼續進行,結果僅有三分之一有溢利,足見失敗多成功少矣。新金山之西,金礦有開採之價值者一千個,僅一個有成功之希望。噫!中國礦產之薄弱旣如彼,開礦之危險又如斯,我國當局,爲發展計,應有以鼓勵之。竊以當務之急,莫如下述三點,願與世人商榷之:(一)政府應

即修改礦業法,一變閉關主義爲開放主義,總使政府與人民兩得其益爲歸;例如現行礦業法施行後,缺少探礦,應仿照法國 Concessionaire 辦法,俾有組織之團體,有資本之人才,有與趣於礦山之探採;缺少資本,則視其礦之情形,爲銀行投資之介紹,作礦商之後盾;缺少獎勵,應定種種獎勵方法,使人民有開採礦山之利益及其保障。(二)應注重研究冶煉方法,主要燃料如煤斤,關係工業之盛衰甚大,應即努力研究,一面應注意於副產品提煉之研究。(三)應注意非五金礦產之開採,國際競爭,愈趨愈烈,我國礦業,長此落伍,前途不堪設想,幸我愛國志士急起圖之。

修復上海北站工程

京滬滬杭甬鐵路管理局局所在上海北站。原爲四層樓大廈,長 60.5 公尺,寬 24.7 公尺,共佔地 1,494.55 平公尺,內分室 76 間。係照英國工程師西排立設計之圖樣建造。其牆角三面皆用青島青石,第一層樓以上大牆均用鋼柱支架橫樑。所有牆基柱脚及地板概用洋灰三合土築就。該屋落成於前清宣統元年五月二十日,總造價銀 329,448 圓。不特氣象雄偉,所用材料,亦極堅固,故歷二十餘年,曾無改變原狀之象。不意於一二八事變之役,爲日本飛機擲彈轟炸,悉成灰爐,損失達 500,000 萬圓。

此次修建上海北站房屋,大部份供車務處辦公室。大廳中央設問事處及招待處,上構電氣標準鐘。其餘供頭二等旅客候車室,行李存放室,飯廳等。與交通部上海電話局商洽,大廳南部設公共電話六處(亦可通長途電話)。同時將站之四周重行布置。以期造成整潔優美之環境。至建屋工程係於二十二年五月十七日開始,中間爲天雨延阻,至八月二十五日始全部完工。設計者華蓋建築事務所建築師趙深,承造者中南建築公司,計國幣50,146圓。(黃伯樵)

株州設立鋼鐵廠之研究

胡　庶　華

一　引　言

支配世界未來大戰,不外人力物力兩大要素。而二者之中,質與量並重。不僅需血之沸騰,而且要腦之靈敏。不僅需鐵之堅實,而且要鋼之柔韌。我國人口號稱四萬萬,竟被六千餘萬之倭寇壓迫而莫可如何。固然質不如人,而物力缺乏,亦其一端。鋼鐵爲物力中之主要成分,占國防上重要位置。吾人須先有威力無邊之鋼鐵,然後有牢不可破之國防。

我國近年進口鋼鐵總量,平均每年約六十萬噸,而機器及特殊鋼料尚不在內。加以國內自產自銷之生鐵及鋼料,每年至多亦不過九十萬噸。以人口四萬萬分担之,每人每年僅消費鋼鐵 2 公斤有奇。以視美國之每人 260 公斤,英德之 130 公斤,固望塵莫及,即視日本每人之 29 公斤,亦瞠乎其後。最近十年世界各國產鋼總量,每年平均爲八千萬噸。若以全世界人口分配之,中國應負擔其四分之一,即每年應產鋼約二千萬噸,方有立足於世界而與列強抗衡之資格。

冶鐵鍊鋼爲基本工業之母,又爲國防軍備所必需。在工業先進之國,其設廠地點,恆以工程上經濟上之利益爲前提。而在工業幼稚外患深巨之邦,則設置鋼鐵工廠,自不能不顧慮國防上之危

＊按此文係株州鋼鐵廠初步計畫書之尚中段,全文另有單行本。

險。作者於民國十六年,曾著浦口鋼鐵廠計畫書,當時僅從工程經濟兩方面着想,以爲揚子江下游一帶,在各國均勢之下,暴日或不至肆無忌憚。自九一八及一二八事變以後,於是實業部與德國喜望公司所訂之浦口鋼鐵廠借款合同,亦因地點發生問題,不能正式簽字。近有改設安徽當塗馬鞍山之建議,然在工程經濟國防三方面觀之,未能見其優於浦口也。

馬鞍山附近雖有鐵鑛,而鐵砂則大都售與日本,輕蒦至今未了。且皖南無可以煉焦之煤鑛,現擬開發皖北宿縣烈山雷家溝煤鑛以供給焦煤,其量其質,尚在調查試驗之中。縱令量多質美,而運輸殊感不便。若不由津浦鐵路運至浦口,勢必另修四百餘里之輕便鐵道,再過大江,兩度轉駁,損失必多。且鋼鐵廠用煤及焦煤之量比用鐵鑛約加一倍,萬一江面爲外艦所阻,全廠必致停工。馬鞍山距揚子江不過一公里,易受軍艦威脅,殆不亞於浦口。

二　株州之形勢

株州在湘潭縣東五十里,瀕湘江右岸,爲株萍鐵路及粤漢鐵路之交點。將來京湘鐵路,湘滇鐵路均在此接軌,而玉萍鐵路洪寶鐵路正在計劃之中。異日各路完成,水陸均稱便利,則其地位之重要與繁榮,更在鄭州與石家莊之上(參看株州位置圖)。夏季水派時,外艦僅能達長沙城外。長沙距株州水路有一百五十餘里,淺才拖輪不能行駛之期間極短,陸路有 103 里。民國初年,原有設兵工廠於株州對岸之計劃,兩岸購地頗多,其後改爲生生農業公司。今爲就萍鄉煤鑛(株州至安源約 186 里)及鄂城鐵鑛(株州至鄂城約 680 里)計,仍以設廠於湘江東岸爲佳,且河水東岸深而西岸淺(冬季恆露沙灘);土質東岸堅而西岸鬆,故東岸較爲相宜。

三　原料之來源

甲　煤鑛　(一)樣前北大教授德來克 (Drake) 估計,湖南全省

株 州 形 勢 圖

煤鑛儲藏量90,000兆噸,日人李達恆氏曾經實地調查,認湖南東南部為中國最大之煤田。其總面積約為16,200方英里。據第二次湖南鑛業紀要,已知煤區之最低儲量,為1,109兆噸,其中煙煤占161兆噸。即湘江来河兩大區域,均距株州甚近。来河煤田自廣東省界北江發源之處起,經宜章臨武桂陽郴縣資興桂東等縣,而終於永興来陽;煤層產於粘板岩砂岩頁岩之間,多係無煙煤,惟資興有煙煤。湘江煤田自来河入湘江下游數里起,沿湘江而北,兩岸各縣及資水流域之安化邵陽等縣屬之;煤層產於青板岩石灰岩頁岩砂岩之間,其質亦佳,兹將湖南煙煤能煉焦者列表如左:

縣　名	地　　　點	儲　　　量	定炭	水分	灰分	揮發物	硫碳	磷	備　　　　　考
宜　章	狗　牙　涧	1,000萬噸	86.34	0.45	12.42		0.79		
湘　鄉	鳳　冠　山	400萬噸	63.40	1.90	6.70	25.90	2.10	0.04	
華　鄉	清　　溪	800萬噸	50.00		9.00	30.00			
寶　慶	東鄉牛馬司	800萬噸							
湘　鄉	湖　　坪	800萬噸							
湘　鄉	洪　山　殿	3,000萬噸	71.20	1.32	9.07	18.4			有煤一萬萬噸煙煤占三分之一
湘　鄉	塌　頭　山	4,600萬噸							
湘　潭	譚　家　山	2,400萬噸							

　　以上共計約有煙煤130兆噸。假定每年開採煙煤一百萬噸,可開一百三十年之久。此外石門煤鑛在醴陵縣南八里,東北距株萍鐵路陽三石站約十里,水路可由淥江通淥口入湘江以達株州。據調查有煤量約三百萬噸,質屬煙煤,亦可煉焦,惟含硫化鐵過多,此其缺點,將來原動力廠或可採用一部分。今春宜章漿水發見無煙煤田,儲量頗富,定炭達92%,距粵漢路線僅十餘里,將來亦可開發。

　　(二)萍鄉之煤,為最宜煉焦之煙煤。凡安源煤鑛所產之煤焦等物,悉由長約180里之株萍鐵路運至株州。據最近調查安源區域約儲煤五百萬噸,小坑至黃家區域約3,500萬噸,高坑區域約4,500萬

賴。共約8,500萬噸。假定每年採煤一百萬噸,尚可開採八十餘年之久。茲將煤質分析表列左:

碕 列	定 炭	灰 分	揮 發 物	磺	備　考
三夾碕	56.29	10.21	25.50	0.72	
大 碕	44.97	4.03	21.00	0.55	現由江西省政府派專員經理開採

　　乙　　鐵鑛　(一)湖南鐵鑛分佈頗廣,以邵陽安化寧鄉攸縣茶陵各區為最重要,新化湘鄉益陽桂陽各屬次之。多屬水成岩成凸鏡形,或結核狀。生於砂岩或頁岩中。其上下,往往皆有煤層,蓋石炭二疊紀煤系之一部也。惟最近發現之寧鄉橫市鐵鑛,為成層水成鑛床,延長約二十餘里,厚約一公尺。據湖南地質調查所王曉青君估計儲量約一千萬噸,含鐵自51—53%,含砂約10—18%。此外安化之青山冲,攸縣之官田,亦有成層之鑛床,惜無詳細調查。上海兵工廠內之鍊鋼廠,曾用湖南寶慶生鐵鍊鋼,成績甚佳,可與英國之海墨太抗衡,茲將其分析表列左:

化學成分　生鐵類別	硫	磷	錳	矽	附　註
英國海墨太	0.0175	0.045	0.26	1.28	
寶慶生鐵	0.0128	0.076	0.22	2.05	寶慶即今之邵陽

至於各縣鐵鑛成分大約如左表,其缺漏者尚待補充。

湖 南 鐵 鑛 表

縣名	地點	鐵	矽養二	燐	鉛二養三	磺	備　註
邵陽	陶詩冲	50	8	0.5			
安化	豐樂鑛	50					
攸縣	官田	50	12		5	痕　跡	
茶陵	白石仙	50					
寧鄉	橫市	51—53	12.18				最近發現約有一千萬餘噸
永興	油廓坪	50					
耒陽	顏子山	50					
新化	紅水坪	50					

湖南鐵鑛儲量,因未切實鑽探,尚無確數,然至少當不下三千萬噸。

(二)在江西萍鄉縣西南四十里之上株嶺,有赤鐵鑛約二百萬噸。此外永新瑞昌進賢安福廣豐寧都俱有鐵鑛發現。

(三)湖北鐵鑛與株州相近者首推鄂城,約有1,000萬噸。其次為大冶,約1,700萬噸,象鼻山約1,000萬噸,靈鄉約630萬噸,紀家洛約1,200萬噸。若由粵漢路湘鄂線咸寧站,修一支線直達大冶,計程不過四十英里,則鄂城等處鐵鑛,可由湘鄂線直達株州。總計湘鄂贛三省之鐵鑛約有九千萬噸,即除大冶一部(因有旦人關係)不計外,亦有七千萬噸,可供本廠之用。假定各鑛均含鐵50%以上,每日鍊鑛1,000噸,出鐵500噸,可用二百年之久。建設新式大廠,祇須原料可供百年,即為合格。而廣東雲浮英德等縣,近發現大量鐵鑛,亦可為本廠原料之補充。

　　丙　錳鑛　錳鑛為冶鐵,錳鐵為鍊鋼所必需,而湖南錳鑛之富,為東亞冠。茲將重要錳鑛列表如次。

縣　名	地　　點	種　類	含錳養成分	備　　　　　　　　註
湘潭	上　五　都	軟硬錳鐵鑛	35至50以上	從前由裕牲公司開採專售與日本現已停工歸建設廳保管
耒陽	雲　豐	軟硬錳鑛	45以上	
常寧	桃　子　冲	軟硬錳鑛	45至55	
岳陽	青　驛　岡	硬　錳鑛	40至50	
長沙	八　都	軟　錳鑛	30至35	
攸縣	上都塔波冲	軟　錳鑛	30至35	
安仁	二區四區	軟　錳鑛	30至35	
郴縣	四　鳳　鄉	軟硬錳鑛	45以上	
益陽	鮮　埠　鑛			
衡陽	城　基　鑛			
安化	歸　化　鑛			
醴陵	黃　土　幼			

上列各鑛,除上五都之儲量約有二百萬噸,為株州最近之鑛

外,其餘皆交通便利,有源源不絕之勢。而廣東之羅定欽縣防城寶安,廣西之武宣橫縣馬平來賓,江西之樂平等處鉅鐵,亦可爲將來補充原料。

丁　鎢　鎢爲鍊工具鋼及軍用鋼之原料,湘粵贛三省均有,茲表列之於次。

湖　　　南		江　　　西		廣　　　東	
縣名	地點	縣名	地點	縣名	地點
宜章	章城長策堡	崇義	聶庚	樂昌	杉德蓮白鬱
汝城	馬跡龍虎洞山	大庾	四青	譚恩	米家崗石仔珀
郴縣	小瑤岡仙鄉塘	南康	中仁	海鹽	洞山堡嶺鋪坑
資興	平田高	上安	鳳坪	蓍梅	
茶陵		遠會昌	田坪		

我國鎢鑛產量約占全世界70%,而本國毫未直接利用,徒供各國收買,一經製成槍管鋼料,又復轉售我國,任彼操縱,殊爲可惜。爲保存此項原料計,急應禁止鎢砂出口,不可貪圖目前小利。

戊　鉬　鉬爲製造鉬鋼之原料,其性質與鎢鋼相等。湖南近始發現於汝城石頁岩中,每年約產十餘擔。

己　耐火材料及鎔劑　(1)石英砂　長沙湘潭醴陵均有,而尤以湘潭花石所產者最好。

(2)石墨　耒陽馬水鄉附近,有花崗岩變質石灰岩及薄層頁岩,又有片岩及千枚岩,其層位在石灰岩之上,石墨即生其中,厚度由一尺至三尺不等,約計儲量有三十萬噸。最近郴州桂陽交界地方魯塘附近,發見大石墨鑛,露頭延長數十里。此外安仁攸縣慈利瀘溪沅陵常寧芷江等縣,俱有發見。

(3)粘土　湖南粘土重要產地有二:一在醴陵之香爐坡溈山一帶,一在長沙東鄉之台田。此外湘陰之懷西壩,湘潭之昭山,及淥口均產粘土,能製耐火罐及耐火磚。

（4）螢石　　螢石產於臨湘桃林一帶。

（5）石灰石　　湘潭縣有石灰鑛一百另一處,尤以東一區之馬家河,東二區之雷打石,距株州最近。

此外白雲石產於常寧,長石產於攸縣,均為最近之發現。

四　勞工及工資

湖南鑛工在湘水附近一帶,湘潭湘鄉醴陵衡山等縣皆多,以湘潭茶園浦湘鄉東鄉之工人尤為耐勞勤奮,且不染近代工人之惡習。湖南產米最富,而株州附近距湘潭縣城二十五里之易俗河為著名之米市,每年輸出額在八十萬担至百萬担以上。此外株州附近之小花石朱亭罐亭石灣淥口皆產米,因之普通工資每日為二角至三角,而物價亦較其他各處為廉,招集工人亦易。

五　結　論

根據上述各節,可見在株州設廠有下列各優點。

1. 環境安全,2. 原料豐富,3. 交通便利,4. 水量充足,5. 工資低廉,6. 地面廣闊。

邇聞四川廣東均有籌設大規模鋼鐵廠之計畫,然原料之豐足,交通之便利,與夫地勢之適中,遠不如湖南,可以斷言。目前吾國工業並未發達,而銷費鋼鐵之量每年已在九十萬噸以上,本廠完成後,僅能供給全國需要六分之一,縱有他廠同時並舉,亦與銷路毫無妨礙,而有工業中心區之資格者,厥惟株州。吾願全國人士,對此有關國家命脈之工業,一致促成之。

粵漢鐵路湘南粵北路線之研究

淩　鴻　勛

粵漢鐵路株韶段工程局局長兼總工程司

粵漢鐵路湘南粵北路線之研究

　　憶作者韶齡束髮受書,正值粵路倡議廢約贖回之日。(清光緒三十一年即西曆 1905 年)其時政府揭櫫於上,粵省商民則以實力為後援。學子漸知時事,激於愛國,相率每人至少購股一份,故作者亦為最初粵路股東之一,(每股五元先交一元) 距今二十八年矣。及入校,初習鐵路工程,即豔聞粵湘間路工之艱鉅,知此段須鑿山洞七十餘座,為之神往不已,距今亦二十載。此次奉命主辦粵漢路未完之株韶一段工程,乃得自身參預其役,繼續前賢未竟之業,其感想乃可概見。溯此路肇始於清光緒二十六年(1900)之合興公司築路契約,原訂期三年竣工。計往苒已三十三年,而路工尚餘四百公里,最艱鉅之一段,至今方始動手。此中原因,固甚複雜,然贖路之為功,為罪?亦殊難言矣。

　　當作者奉令主辦株韶段路工,所有工款之籌劃業經鐵道部與中英庚款董事會有所商定,並且提前借用一部份。是以韶州至樂昌一段,(50公里)得於廿二年七月間竣工。(此段工程中之韶州大橋及高廉村山洞兩工程皆在清末動工)。而樂昌至大石門一段45公里之困難工程,亦於六月間開始工作。最近並在湘段同時動工,預計四年內全線可以貫通。

樂昌至郴州為粵漢路工最難之一段

粵漢路工最困難之一段,厥爲廣東樂昌至湖南郴州間之105公里。此段由樂昌至大石門45公里,係沿北江上游武水之東岸而行,路線大致無可更動。惟由大石門經羅家渡以達坪石,(粵境),並由坪石以至湖南宜章,郴州,爲粵湘兩省交界之處,又爲揚子江流域與珠江流域之分水嶺。此段地形崎嶇特甚,岡巒錯雜,溪澗迂迴,中間亘以高低不一之大小山脈蜿蜒縱橫,趨向無定,故勘定此段路線,頗非易事。計南北兩段路局,於清末民初,均經派員先後測量,迄未有具體之確定,蓋以當時兩段事權未統一,所有關於技術問題,亦未一致。直至最近,始將此問題爲通盤之籌畫及縝密之比較。路線大致,經已決定。此中經過,頗有足記述者。

本路路線因前後測量時期不一,所用之尺制,有用英尺制者,有用公尺制者,曲線之表示亦不一致。茲編概用其原來之數字,俾存其本來面目。

樂昌至大石門一段已選綫動工

由廣東樂昌至湖南宜章之交通,本有武水及宜章水可勉通舟楫,惟河綫流急,有九瀧十八灘之目。上行拉縴,約三日方達,下行倘遇漲水時期,則一日可達,但時有意外之虞。陸路交通,則因武水兩岸,奇山突兀,極其崎嶇,故負販多舍此而走風門坳,九峯,塘村之路,路程比走水路約遠四分之一。沿路多村落,易於歇息。韶坪公路初以武水沿岸鑿石艱鉅,故亦舍武水而走風門坳,用12%之坡度,盤紆而上惟風門坳以後,尚須過蕎關嶺,青草嶺諸山,開鑿亦甚費事,至今韶坪公路工程,在此一帶,尚未積極進行。鐵路路線,無論經過坪石與否,皆無法可走風門坳之路,蓋舍沿武水而上,殆無他途。最先粵路在美國合興公司承辦時代,即由美籍工程司柏生(Parsons)前往勘測。旋於民國二年一月間,因湘省湘鄂一段準備與南段接駁,其時粵路公司(時已取銷合興公司原約)派工程司威廉(D.S.Williams) 前往勘接,至湘粵間交界爲止。所經沿武水一段,路線沿武

水東岸,選線較爲深入,故路線比較順直,而工程費用則較大,卽隧
道一項,由樂昌至羅家渡共有三十四處,共長七千餘英尺。自此段
路線測定後,中間因路款不繼,停工二十餘年。民國十八年,鐵道部
準備完成粤漢路,組織株韶段工程局於廣州,主理其事。由局派出
正工程司劉祝君領隊測勘,再經正工程司李耀祥領隊複測,均認
爲衹可沿武水而上,惟將路線移靠河岸,雖護牆與其他防護工作
較爲增多,但樂昌至大石門 45 公里內之隧道,已減爲六座,共長
1780 英尺。最大坡度爲7‰。最大彎度爲7°30'(弦長100英尺)。路綫雖
較紆迴,坡度原甚平易。此段本由正工程司李耀祥定線,直達坪石
(樂坪總段共長60里)。嗣以羅家渡以上路綫,尚待與正工程司吳
思遠之測綫比較(見後),故將樂昌至大石門一段先行動工,已於
五月中選標,六月中起分別興工矣。

宜章河與白沙水兩山谷綫之選擇

　　由樂昌至郴州,中間衹有樂昌縣屬之坪石及湖南之宜章縣
城爲較大之城市,故在路綫測勘之初期,均認此二點爲必經之地。
惟自坪石以上至分水嶺,中間最顯著之山谷有二,一爲宜章河山
谷,經過坪石與宜章兩處;一爲白沙水山谷,則雖近坪石,但並不經
過宜章。循此兩山谷而行,均可選出可供研究之路綫,歷經中外工
程司測勘多次。茲將結果,依其測量之先後,依次述之。

　　甲.柏生路綫　　由韶州以北至湘粤省界爲止之路線,於光緒
年間,已由柏生氏勘定,係經樂昌,岐門,羅家渡,金雞嶺轉入白沙水,
再沿白沙水而至省界。自韶州至省界,路線七十餘英里。此線乃完
全沿白沙水山谷。由白沙水口至坪石街,尚有一英里餘。

　　乙.威廉氏路綫　　民國二年間,廣東粤漢路工程司威廉氏以
柏生原線有修改之必要,遂改由原線之羅家渡迤西,約四英里經
何家涌,坪石街至宜章河,另出一綫,沿宜章經劉家塘,再由劉家塘
而至五里均與湘鄂段所測之綫銜接,該處爲湘鄂段勘綫之第一

百七十號測點,卽在星祠嶺附近。此線乃完全含棄白沙水山谷而經行宜章河山谷,跨越宜章河多至一十四處,內有數處橋台甚高。威廉氏更於原測線之西,有一自宜章城起,經蔣家灣,百畝亭以達青溪山之比較線。上列所勘路線,均係草測,並無詳細紀載可供研究。

丙.狄士路線 湘鄂段前因欲與南段路線銜接,於民國二年,派出工程司狄士(Dees,)自白沙水,飯塘口,官渡,村上,宜田,頭塘,西源而至太平里,勘定一線。此線又含去宜章水而沿白沙水山谷,因水道曲折,須跨越白沙水九次之多。其中四處,橋台高40英尺,三處高70英尺,二處高80英尺。經過區域,崎嶇多石,沿河地勢,有多處頗與樂昌坪石間相似。此線共長16.4英

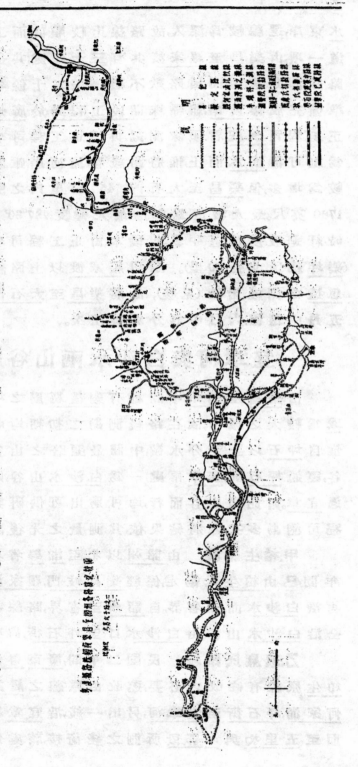

里。自白沙水口起12英里,地勢險峻,工作至爲繁難,惟近太平里之四英里餘,較爲輕簡。此線最大坡度爲1%。其由白沙水口以達省界之一段路線,大致與柏生原線相同。

再狄士測量時,所用水平標點,經在村上附近尋得一處,核其水平高度,與從廣州起測算之數,相差約30英尺。

株韶工程局初期之測勘

上述數線之測勘,皆在淸末民初。南北段路工,尙在分頭動工之時。自後十餘年,工程停頓,對於測勘路線,亦未進行。而昔日所測路線之標誌,亦久已湮滅。民十八年,株韶段工程局組織成立,除繼續進行韶樂段路工外,並於是年冬,派出正工程司劉祇君覆測宜章河及白沙水兩線,即比較從前威廉與狄士兩線孰爲可用,有何改良也。劉隊之測勘結果如下:

甲。循宜章河山谷路線 民國十年冬,株韶段工程司劉祇君領隊先測沿宜章河之路線,自白沙水口起點與武水平行約1.5英里,至何家涌,轉向東北更約1.5英里,至龍珠廟跨越大道,自龍珠廟向西約3英里,至劉家塘附近之宜章河,(以上路綫,不沿宜章河,與威廉氏路綫離開)。路綫折向北進約5英里,至距離宜章城東約0.5英里之一點。此一段(白沙水至宜章)路綫所經,陂阤起伏,工程不甚繁難,自宜章城東之一點起,路綫沿山而上,逐漸增高。由宜章至五里均距離4英里,路綫坡度,只許1%。由此再向東前進約3.5英里,降至小溪,跨越小溪之橋頭,高約100英尺,即進一長1270英尺之隧道,由宜章至小溪一段工程,甚爲繁重,高提深塹頗多。由小溪至太平里一段之路綫,則尙屬平易。

爲試避免跨過五里均之山脊,更測有數比較線,分別聯接上述之線。惟結果由坪石至太平里,沿宜章河之路綫,仍未免過長,約計23英里,且工程浩大,其優點僅取其經過宜章城而已。

當時因湘鄂段工程司由北向南測量,曾聲稱兩省交界一帶,

以兩灣洞爲最低。故劉祝君曾繼續由太平里向北測至磨心潭,經兩灣洞兩路司而至三元冲,原擬與郴州大道相接,旋以此線不適於用,復因他事,遂測至三元冲爲止。

乙.沿白沙水山谷路綫 由坪石循白沙水山谷至太平里之路綫,較爲直捷,平均約長16英里有餘,比宜章河山谷路綫約短7英里。由何家涌附近分出,測得一綫,循一小山谷向東北進行,至桂堂附近與狄士路綫相接。

更有一綫係由何家涌附近八號椿起點,幾與狄士綫平行,約距其西1英里,循一小山谷向正北行約1英里至掛鉤嶺,經一短隧道,穿過山脊缺處,更循一長狹山谷前進約3.5英里,此小山谷亦大致向北。水勢則由坪石附近一小溪流入武水。此溪曲折頗多,路綫時須跨過,故需用涵渠數量頗鉅,山谷盡端,又與橫亘山脈相連,須用一長約4000英尺之隧道,穿過山脈後,遂至較爲寬坦之區,即到達較爲重要之白石渡鎮。自此經過,起伏山區尚須建築長約800英尺之隧道一處,及高紀四十餘英尺之路堤數段,以達小溪河而至太平里。又以狄士原綫至官田一段,因地勢崎嶇,跨越河道之處過多,認爲不佳。其自官田至太平里一段,則尚可選用,故另測一綫在白石渡附近,在官田之村上與狄士綫相連,此綫經過,地勢較和緩,工程應不繁難。

上列各綫,採用坡度均爲1%。

民國十九年十月中,又派出正工程司李耀祥將以前各綫再加以覆勘,曾費時二十二日,經過300平方英里之地面,其結果如下。

(1)坪石經宜章之綫 此綫較直達太平里之綫長約5英里餘,路綫坡度不佳,須多在山坡用展綫方法方能避免較大於1%之坡度。展綫則更足使路綫加長,且路經高分水嶺數處,須鑿長隧道,而沿宜章河之一段,又須往復跨河數次,方能免過大灣度。故此線建築費定必奇昂,宜章爲一小縣,工商業并不重要,即有若干運

輸,可由坪石轉運,無經過縣城之必要,故此線主張廢棄。

(2)坪石經掛鈎嶺太平里磨心潭以至兩灣洞之線　此線卽劉祝君所勘與狄士平行之比較線,其研究結果,以由坪石至白石渡間之分水嶺,雖以1％坡度引升,仍須開鑿長約3200英尺之隧道,苟迂迴曲繞,將路線延長,用1％坡度至7英里之距離,至村上與狄士路線連接,則可將隧道減短爲1500英尺。至由太平里與兩灣洞間之分水嶺,需開鑿隧道三處,共長2500英尺。此線最劣之點,係在韓家坪附近之磨心潭地方,因暗流從洞中湧出,匯成一潭,更由山下地洞流出,經過距離約1200英尺,又復湧出,成一溪流,潭之大小長約500英尺,闊約300英尺,四週崖壁峻峭,山坡陡險,路線經過此處,成爲一困難問題,將來在此開鑿隧道,頗有滲決成爲水道之虞,故此部路線不主張選用。

(3)狄士路線　此線由金雞嶺經飯堂口,官渡,村上,箭竹冲至太平里,覆勘結果,比較爲最佳之線。惟其中尙有改善之處,一由金雞嶺至飯堂口一段,原線長約3英里,因路線不循白沙水河岸而行,轉入內地,須經較高山嶺,乃在飯堂口跨河,不得不用高至七十餘英尺之橋台,不如先在白沙水河口,沿武水河岸至何家涌折而北行,與狄士原線相接,工程費用較省。其次由白石渡,官渡至村上,原線長僅二英里許,而有隧道三處,共長1160英尺,不如改由白石渡經大塘下至村上,再接原線,工程費可以減省。

(4)結論　工程司李耀祥覆勘之結果,對於前湘鄂段代理總工程司威廉士(J.H.Williams)所稱,兩灣洞在湘粵交界爲最低之一點,應爲路線所必經,表示懷疑,幷查得兩灣洞西南約4英里之廖家灣,實爲較低,較之兩灣洞,尙低60英尺。兩灣洞之線,旣因經過磨心潭,不宜採用,故較佳之線,當係由太平里經樟橋繞摺嶺鹿筋山而達廖家灣。此線可減少1500英尺之隧道,及繁重之鑿石工程。由廖家灣以往,經良田,郴州,地勢路有起伏,選線當無困難。此線採用最大坡度爲1％,其採用此坡度繞過廖家灣之展線,長約4英里,

最大灣度爲5°(弦長20公尺)。此段坡度與狄士路線1%坡度,俟細測時或尚可以減輕。

湘境第一二兩測隊之組織

自正工程司李耀祥覆勘上述各綫之後,沿宜章河山谷之綫,已認爲必不適用,不再加以考慮。祇餘狄士路綫及其西鄰一英里之線及經過廖家灣以達良田一段,尚留待他日之決定。惟株韶局於民國二十年秋間,曾派正工程司李耀祥測勘由羅家渡東北行約15英里以達楊梅山煤礦之綫,俾計畫應否建築支路或輕便鐵路,此線自羅家渡轉入田頭水山谷。李氏測抵楊梅山時,以爲倘由楊梅山轉向西北行,沿一小溪,當可與狄士線相接,或有比較之價值。株韶局根據此意,於民國二十年冬間,組織湘境第一及第二兩測量隊,第一隊以正工程司吳思遠爲隊長,專測田頭水山谷之綫,俾與狄士綫相比較,由羅家渡起至龍王潭止。第二隊則以正工程司劉祝君爲隊長,由龍王潭測摺嶺,廖家灣而至良田郴州之綫。蓋第一隊則全爲比較性質,第二隊則欲得一較詳細之結果者也。

當時局中規定此兩隊所用最大之坡度爲7‰,最大之灣度爲公尺制5°,此最大彎度之限定,小於國有鐵路對於幹線上彎度之規定(4°30')。至7‰坡度之限制,殆以粵漢南段由廣州至韶州最大坡度亦爲7‰不欲超出,致礙及幹線運輸之意。茲將該兩隊測量結果詳述如下。

1 田頭水山谷之比較綫 正工程司吳思遠所領之第一測量隊,於二十年年底出發,初測後,再加以細測,計自大石門起,沿田頭水行至19公里,離田頭水,越田頭水與白沙水之分水嶺沿富里坪至石均,上村繞小溪村後,沿砰石至郴州大道北行,至龍王潭與第二隊銜接。此線長39公里餘,最大坡度用7‰,遇彎度照部章減少,因須越過分水嶺,故上下坡綫均甚長,且路綫多在山坡,防護工程甚大。山洞有兩處,一長93公尺,　長107公尺橋梁共有三處。此

線與狄士線比較,長6.7公里,但橋梁可省七八座,山洞可減二千餘英尺,全段建築費6,534,800元。每公里平均166,000元。

　　2 龍王潭至郴州路線　　第二測量隊由正工程司劉祝君率領,於廿一年正月出發,在草測時期曾試測較線。此段地形由龍王潭北行至兩路司間一小段,計有漳河及粤漢間分水嶺之摺嶺,兩約束點為此段定綫不易解決之焦點。摺嶺北部,坡度尚較紆徐,惟嶺以南,坡度忽陡,與水平綫成45°以上之角度。摺嶺路線,最高處與漳河橋直線距離約為 5 公里,而高低相差,計達 152 公尺,故路線之探定,如以嶺上高點為準,則跨越漳河之橋,將達 100 公尺。而龍王潭與第一測量隊銜接之處,恐水平高度亦相差懸殊,若路線水平依漳河橋之適當高度為準,則經過摺嶺須建築長 2500 公尺之山洞一座,故此隊雖測有由漳河直上摺嶺之線認為直捷之線,而以工艱費鉅,不能不於摺嶺之南轉而向西,繞入廖家灣轉向西北,經蓮池而入兩路司,如此可照限定最大 7‰ 坡度,所過邱嶺較低,無深長之山洞,故此隊即依此線為定綫測量。由此以北,以至良田,郴州,路綫雖有數處要紆迴展開,但大致方向,無甚變更。計由龍王潭以至郴州,依此定線測量之路綫,長共 54.4 公里,建築費估算連同機車車輛,國幣9,538,000元。每公里平均為 175,300 元。

最大坡度為選定此段路綫之先決問題

　　綜上述先後所測諸線,或以 1 % 為最大坡度,或以 7‰ 為最大坡度。前者殆係欲與湘鄂段已成段之最大坡度相同;後者則不欲超出南段之最大坡度,然以此兩種限制坡度,均不能於此邊界一段間選得較良之路線,蓋此段地勢錯雜,為求路線之平易,不能不將路線展開或彎曲太甚,即為吳思遠所測田頭水之線(7‰ 坡度),較狄士線(1%),長6.7公里之多,而劉祝君所測龍王潭郴州間之線,所過摺嶺一帶亦為最大坡度所限,不能採用最短,最直捷之線。粤漢為南北幹線,對於全線坡度,自宜平易,以利長途運輸。但因過

於遷就坡度，而致路線過長或彎度過多，隧道過長，橋空過高，固增加巨額之建築費，即於幹線運輸，亦為不宜。國內各幹路如平漢，津浦，隴海，均有15‰坡度，惟集中於一處，故於運輸方面雖感不便，尚無鉅大影響。粵漢為南北幹線，殆與平漢情形相似，則10‰至15‰之坡度，自未嘗不可以採用，況粵漢路之湘鄂段（武昌至長沙，地勢較為平坦，已有十分之一之坡度數處。粵湘交界一段，山嶺重疊，地勢起伏，斷無反限以7‰為最大坡度，致增加鉅額建築資本之理。即較大於1‰之坡度，亦未嘗不可酌為採用，集中於一段內，藉減輕成本，而得較直捷之線。是以選定此段路線之先決問題，必先審定應用之最大坡度也。

　株韶段工程局為此事及其他路工技術問題，覺對於粵漢全路有整個研究之必要，爰建議召集粵漢路三段統一技術會議，俾已成之湘鄂，廣韶兩段，與未成之株韶段得以通盤籌畫。此會議遂於五月一日在京召集，當時對於最大坡度問題，雖深知粵漢為南北幹線，最好能用較平易坡度，俾不致妨礙其運輸能力，然終以減平坡度，土方必較費，路綫必較長，株韶段工款現在來源有限，稍力求早日完成通車起見，在相當範圍內，不免採用較陡坡度。故決議最大坡度在株州至郴州間，定為0.6或0.7，郴州至大石門間，定為1.5。以上均係連同折減率計算在內。惟須注意於最大坡度之限定，於小段內及預留將來可以改善之餘地。

最後之測定

　株韶工程局根據三段技術會議，對於此段最大坡度之決定，立即派遣正工程司吳思遠，副工程司劉寶善，將以前所測各綫之平剖面圖，一一加以研究。並率隊測定由白沙水口至郴州約五十餘公里之一段路綫。決定由白沙水口白石渡一段，仍採用狄士舊綫，自白石渡起以至龍王潭，則採用西都一英里之比較綫，由龍王潭以至郴州，則多沿劉祝君湘境第二測量隊所測之路綫，而加以

長度之減省及詳細之改良。全段初測之結果,計有數處採用1、25%之最大坡度,至其長短地點及有無尚可以減省之處,擬俟勤工前定、綫時再加以研究。總之,此 50 公里遷延未決之路綫,至此方針已定,途徑已明。其詳細平剖面圖及預算,俟定綫測畢,再行公佈。

治 河 經 濟

(甲)概論　(一)「負有經濟的利益之責任」其在河工尤屬重要。(二)「負有社會的影響之責任」節省勞工。(三)「政治的可能性」注重事實毋尚空言。(四)「技術統治的理論。」在理想上,雖可假定一切機械,均能充分代替人工。但在事實上,因運用機械,而轉發生若干需人的職務。故所省人力,除少數情形外,大都較原擬爲少。現時工業之不振,實由於資本不能流通以及利息負擔重大之故。(五)「價格」用金錢以估計物價,本不準確。惟因現世無較此更爲適當之物,故權以金錢充之耳。(六)「利債」務宜避免,庶不致子母相生,本利日積,終難償還也。
(乙)治河工程　(一)宜洩　凡不常遇大潮汛之處,最好將所有房基加高,使常高出大汛潮線上,並於四周建築高度適中堤塌等,以資保護。若欲防止洪水,有時顯不經濟。(二)灌溉　凡每年最小雨量低於250公厘,以及因灌溉工程而收穫增加之價值,大於所需費用時,從事灌溉設施,方爲經濟。他如低田內所用各項引水工程,概不在此例。(三)航行　關於浚深揚子江全部沙灘,(其排水深度,雖在冬令,亦有 809 英尺左右。)以利船舶航駛一層,似欠經濟。此項工程所需之費用,與所得之利益相比,殊覺得不償失。其較經濟之法,厥惟改良船舶本身耳。(四)機力之供給　爲統一機力供給計,曾有在宜昌山峽間,利用揚子江水源,建設一大規模水電廠之議。惟此項計劃實行時,必須宜昌附近市民能盡量利用該廠所發出之電力,否則便不合算。(五)墾地之升科　此項事業,現時荷蘭人多行之。其法,僅就江邊於淤淺之地,圈以堤塌,更將塌內填實,關成平壤。惟原有灘地,須較高,方爲經濟。若灘面低於中潮綫,或灘上覆水甚深時,則在事實與經濟方面,均難升科。(六)折舊宜用複折法,並用賬面價值之百分率計算,庶使賬面價格永遠存留。(Dr. Chatley)

養 路 新 法

華 南 圭

中國工程師,在鐵路服務,多半犯一大病:對于造路有興味,對於養路無興味。凡服務在十年以內之人,大概皆犯此病;初出校之青年,尤犯此病。殊不知,養路更重要於造路!

養更重要于造,萬事萬物皆然,人身亦何獨不然,人出母胎,未見其難;然養之乃至成年,則爲母者所費之心力,眞無限止;維護之辛苦,無一日一時之間斷。凡事凡物,創立之初,往往草率,須再經長時期之增修,方能妥善;旣臻妥善之後,苟有短時期之疏忽,則惡劣情形,忽又滋長;是故,養字爲萬事萬物最重要之一字。

人之內部不養,不久卽有病;人之外皮不養,穢汚將更甚于禽獸。卽如我人居住之房屋,苟非天天維持,則損壞甚速;鐵路日日受火車之振撼,養之不善,非但直接間接之傷財,而出軌翻車之危險,更能使多數人命,斷送于頃刻焉。

養路之事甚多,如半徑大小及衝接適宜與否,坡度緩急及衝接適宜與否,橋梁高低及衝接適宜與否,魚板之鬆緊適宜與否,軌頭接縫之適宜與否…………茲就道碴一項論之。

軌道之修養,以行車平穩爲第一目標;不平穩之軌道,車輛顚簸,旅客固感其苦而危險更爲可慮;且也,越不平穩,軌道越惡劣,維持費越大,車輛越易損,危險越易發生。

不平穩之原因甚多,如超高度超寬度以及土床軟弱等等;而水平度之不適宜,尤爲大病。

水平度之不適宜,或由一枕之二端失其水平度,或由若干枕各失其水平度。

失宜之水平度,有目力可見者,有目力不易見者。目力不易見,則惟于車輪輾過時,方能見之,蓋因道碴鬆緊不勻所致者也。

補救之方,在 1929 年,英法二國,有一新法,名曰定量撒碴法。

茲先論舊法,然後論新法。

舊法　維持軌道之水平度,舊法有三如下;

A 常用鎬與鏟以墊擠道碴。B 翻修軌枕之底盤。C 撒佈細碴于軌枕之底盤。中國習用 A B 二法,C 法尚未用;比 C 法更進一步之新法,更無論矣。

用 A 法,實有墊不勝墊之苦,實有擠不勝擠之苦,一處因墊擠而暫時平穩,同時他處又不平穩矣。軌枕下面,壓緊之一部份,名曰底盤;每經一次翻動,須于數月之後,方能壓緊;當其未壓緊之時,軌道自不平穩;壓緊而未勻,則軌道仍不平穩。凡軌道,于大翻修之後,一任車隊駛行;一俟路床壓緊,即宜用鎬以墊擠其較鬆之處;凡見號枕,必因其下有較鬆之處。凡用卵石作道碴,欲得堅固之底盤,須有相當之時間;此項卵石,宜含小塊,以充塞罅際;墊擠時,尤宜用硬且小之礫石,成績始能善;平漢鐵路,蘆溝橋之卵石,擇其大小尺寸適宜者,不可謂非良材也。

歐洲近年,人工太貴,改用擠機以代鎬;機之最通行者有二種,其一曰 Fils d' Albert 式,其二曰 Christiansen 式;用法不同,成績皆良,惟其價太昂;中國不宜用此機。一因鐵路甚少,無採用機器之需要,二因窮民正苦無業,不宜再奪其業也。

翻修底盤之 B 法,只適用于碎石之道碴;若道床乾潔,無水浸潤,則翻修底盤可也。若道碴是卵石,則底盤不宜翻修,蓋翻鬆之後,須有極長之時期,方能堅實也。

普通撒碴如 C 法,距今十八九年以前,英國法國皆謂其成績不劣;蓋大碴上面,撒佈細碴,則罅際少而成為平面,軌枕得一平穩

之坐墊也。1914 及 1915 年,英國大西北鐵路,法國大北鐵路,皆曾作精確之試驗而法國大北鐵路,于 1917 年,推行此法于全路網;底盤永不翻修,易言之,非于萬不得巳之時,軌枕永不變更其原位也。

　　底盤之意,閱第一圖。底盤之道碴,宜具最著之滲性;易言之,不

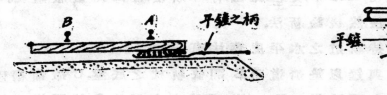

B　　A　　平鏟之柄　　　　　　平鏟　　底盤

第　　一　　圖

宜含少量之泥土,並宜使雨水常易流盡。于底盤巳潔淨而尚有微隙之時,撒佈細碴以使其堅實;細碴之量,不於事前規定,此卽普通撒碴法也。普通撒碴法,用碎石或卵石;軌枕升高度,不超過 15 公厘;其法將軌枕二端,一律抬高;再用平鏟,平均分撒細碴一薄層;此項細碴,宜硬而有稜角;分撒在軌條下面,左右各 40 公分;若枕之寬度為 23 公分,則其面積為 2×40×23＝1840 平方公分;每枕所需之工具,為起重機二具,碴箱一只,平鏟一把。撒碴工作如圖 1 及 2 二根軌枕,可同時整妥,閱第一圖,可知平鏟之二邊甚淺,平鏟由枕之二端,柄于枕底;若在窄小之路坎內,則柄宜略短。枕之二端,宜同時抬高,又宜依適宜之水平度;在直線則同高,在曲線則應維持外軌之超高度。撒碴以前,在軌枕及其底盤之間,若有亂碴遺留,則宜撒去撒碴工作,宜小心妥慎;所撒細碴之多少,宜適可而止;此二條件,似易而實難,全賴工人之技能如何耳。撒碴既畢,乃撒去起重機而將軌枕放下;此時之水平度,宜較正確之水平度,稍高而甚微;一經車隊輾過,自能成為恰好之水平度。

　　撒碴工作完畢後,宜視察行車時之情狀,若察見水平度太低,則宜施第二次工作。

　　若底盤不甚堅,或太硬,或撒碴須多而厚于 15 公厘,則宜改用擠碴法,並應各枕一律改擠。

細碴由軌枕二頭納入,若在雙綫則不可能,只可由軌枕側而納入,如欲仍由二頭納入,則須改用特別形式之平鏟。

新法: 定量撒碴法,優于普通撒碴法,故名之曰新法。易言之,普通法所撒之碴,並非預先規定其數量,多少全恃工人之手技,所謂舊法者此也。新法則碴量之多少,試驗而規定之;一次規定,則每次碴量皆如此,故曰定量撒碴法。新法於 1929 年以後,推行于法國鐵路,距今不過四年耳。普通撒碴法,只用五種器具;一曰直尺及水平器,用以測驗二條軌綫之水平度;二曰小水平板,測驗一條軌綫之水平度;三曰球杆如第二圖;四曰平鏟如第三圖;五曰起重機。

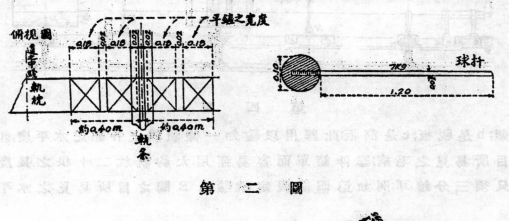

第　二　圖

第　三　圖

用直尺與水平器,所得結果不甚精確,但已適用于事實,惟須細心耳。小水平板,太不精確,只能驗知軌道一部份之毛病:蓋此器只能指出目所易見之毛病,不能顯出目所不易見之毛病也。

　　球杆只能測驗三公厘之空隙。由前之理,故舊法在法國,已完全廢棄,英國亦然。

　　定量撒碴法,係勒梅氏(Lemaire);所創行,應用六種器具如下:一曰球杆;二曰水平鏡;三曰平鏟;四曰跳度儀(dansometre);五曰碴箙;六曰碴車。

　　水平鏡附帶視板及測板,如第四圖,A是水平鏡,亦可稱為測

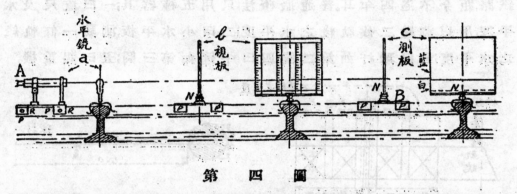

第　四　圖

鏡;b是視板;c是測板;此器用以驗知一條軌綫上各點之水平度,即目所易見之毛病;器件簡單而容易運用,大約軌枕二十根之長度,只須三分鐘耳;例如第四圖,假定欲驗A B間之目所易見之水平

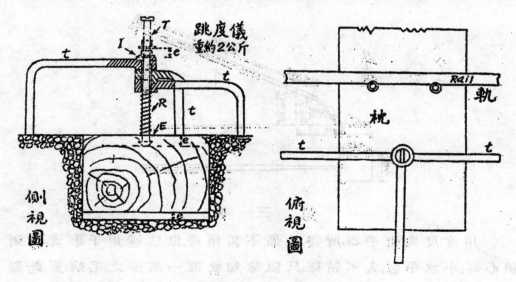

第　五　圖

度,此 A B 二點,在一條軌綫上。以測鏡置于 A,以測板置于 B;助手持視板,由 B 點行向 A 點;每過一枕,卽將視板置于軌上;窺鏡人,將窺見之水平度,報知助手,使其用白堊寫于枕面。跳度儀如第五圖,重約二公斤餘,T 是竪桿,t 是三叉脚,此三叉脚可摺疊亦可展開。

三叉脚,之橫臂有孔,竪桿在孔活動而時升時降;竪桿繞以彈簧,簧頭觸三叉脚之橫臂,簧脚觸軌枕;I 是指數環;車輪壓于鋼軌之時,軌枕隨之而降,T 桿隨之而降,I 則滑動而升。e 是 I 之升降度,因此卽知枕底空虛之厚度,亦名曰軌枕之跳度。據經驗所得,不必將各枕之跳度,一一測驗;只須測驗五枕或六枕,卽可知軌枕之跳度最大。如第六圖之情形,用工人二名,若手技嫻熟,則一點鐘內,可測驗一百公尺之一段。

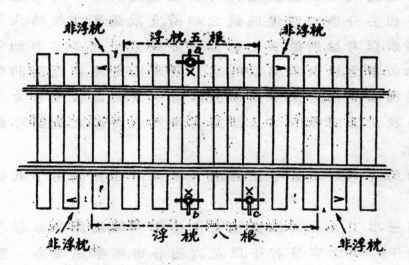

第　六　圖

所需細碴之數量,則用圓筩一個,名曰碴筩,直徑 10 公分,高度 12 公分。

目所能見之毛病,加以目所不能見之毛病,卽是總病,卽是水平度之總差。

撒碴工作之實施,須遵下列之五事:

第一事,路病之檢驗:路病二種如甲與乙。

甲是跳度,卽是目所不易見之水平度;道班工目,用球杆在枕上擊之,卽可恍然于枕底之是否空虛;遇有空虛者,卽在枕面作符號×;循此符號,卽可施行跳度儀之測驗。

八具跳度儀,澄于八枕,如第六圖;道班工目,將各枕之跳度寫于各枕,次再將跳度儀,移于他段,仍依上法以測驗之。

乙爲回度,卽是目所能見之水平度;工人先用目力以視察軌面之高低,次用水平鏡由最高處測驗各枕之低度,亦須一一寫明于各枕。

就甲乙兩種毛病合併,卽知各枕應抬之總高度。

第二事,撒碴之數量算法:應以100公尺長度之軌道爲試驗場,就路之總病而撒碴,假定其所需之碴量爲A;在每根軌條下面,左右各40公分,撒碴四鏟;四鏟之細碴,宜散鋪,不宜堆壘;八天後,再測驗路病,以考驗所撒者之是否恰好或太少太多;多則知須減之,少則知須增之,以成爲標準的定量。所謂恰好,殆非絕對的恰好,不過所差極微而已;若太多而極微,卽軌枕太高而甚微;若太少而極微,卽軌枕太低而極微;如是卽認爲恰好;則所撒之量,卽可視爲標準定量。

如此規定之定量,不但適用于本道班,且亦適用于其他各道班。

第三事,工人之訓練:據他國已往之經驗,訓練並非難事;碴斗容量若干,一鏟之容量若干,以及其他各事,經半點鐘或一點鐘之練習,手中卽能自有分寸;所抄之細碴,自能不多不少。

第四事,填孔之手續:軌枕抬高之後,底盤之道碴,未必是平面,不能無磽确,不能無小孔;此小孔或磚隙,須先填滿;填孔所撒之細碴,並不變更原有之水平度;填孔之後,始照定量撒碴。

第五事,細碴之尺寸:此項細碴,宜極硬,嫩脆者皆不能用,因其易碎而又易成細粉也;此細粉一受雨水,卽成泥漿也。尺寸不宜太大或太小;至小以15公厘爲限,至大以30公厘爲限,平均則以20公

厘者爲最善。

　　以上五事,皆得其道,則撒礎之成績必良。

　　撒礎方法,適用于碎石道礎,亦適用于卵石道礎。所撒細礎之厚度,大概以20公厘爲限;若路病更大而仍用撒礎方法,並欲其成績仍良,則須分爲二次,第二次須在二十天之後。

　　下表所列之數量,可以作爲標準。

路病 m/m 跳度加明顯之低度	1	2	3	4	5	6	7	8	9	10	11	12	19	20	25
一礎與礎甫相當之高度cm	2	3	4	5	6	7	8	9.5	10.5	12	$\frac{2}{+12}$	$\frac{12}{+3}$	$\frac{12}{+10.5}$	$\frac{2}{×12}$	$\frac{2×12}{+6}$

撒開道礎,每隔二枕。

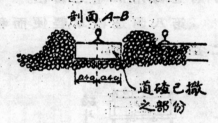

剖面A-B

道礎已撒之部份

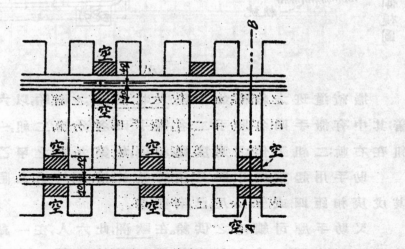

撒開道礎之狫勢

第　七　圖

所謂相當之高度,例如路病爲三公厘,卽軌枕之總低爲三公厘,卽太低三公厘;欲彌補此三公厘,須在礦籥內取細礦,其高度爲四公厘;籥之直徑爲十公分,籥面=$\pi \times R^2 = 3.14 \times 5 \times 5 = 78.5 cm^2$; $78.5 \times 4cm = 314$ 立方公分。又例如路病爲 6 公分,須在礦籥取細礦 7 公分之高度;礦之體積 = $78.5 cm^2 \times 7cm = 549.5$ 立方公分。

觀上二例,路病 3 公厘,則礦量爲 314 立方公分;路病 6 公厘,則礦量爲 550 立方公分;可知路病加倍時,礦量非加倍。

撒礦之前,須將軌枕間之道礦撒開;同時撒開者,須成犄勢,如第七圖所示者是也;此種犄勢,係爲免同時挖鬆面積太廣起見,所以防行車之危險也。照法國大北鐵路之經驗,軌枕若須抬高 5 公分,則宜仍用擠礦之舊法。

第八圖是礦車,輕便而移動甚易;且在同一軌綫上,能使工人二名同時抄礦。

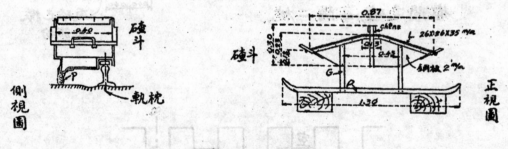

側視圖　礦斗　軌枕　礦斗　正視圖

第 八 圖

撒礦道班之組織如下:依大北鐵路之經驗,以六人一班爲最善;其中有撒手四名,助手二名,撒手四名,分爲二組,一組在左軌,一組在右軌;二組工作之速度應相同,如第九圖之甲乙丙丁。

助手用起重機廿四具,預將軌枕抬高,如第九圖之戊己庚辛,其戊庚相距四或五公尺,己辛亦然。

又助手應司細礦之供給。在歐洲,此六人,在一點鐘內,能整理軌道125根,中國工人之效率甚微,一點鐘能整理若干根,不可究詰;雖曰中國工價極廉,然以效率相權衡,則更貴于他國焉。法國 P.O.

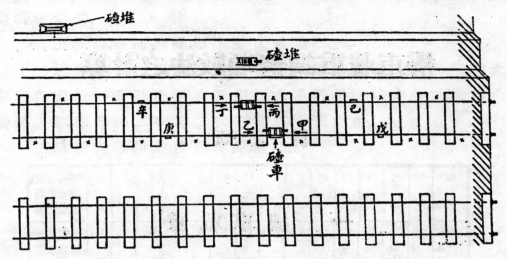

撒碴工人一班之支配，以六人為一班．
甲乙丙丁是撒手四名　戊己庚辛是起重機四具

第　九　圖

鐵路，以五人為一班，用起重機二具，撒手四名，兼司起重機，又一名
專司細碴之供給。細碴預送于路旁，每距30公尺預備一堆。

黃河問題專號（『工程』3卷6號）

要　目

關心黃河問題者不可不讀

機車載重調整噸數法之計算

陳 廣 沅

一 機 車 載 重

機車載重者,卽某式機車在某種氣候時能拉若干重量之列車以每小時若干里之速率行經某種坡道之謂也。常聞人言,某機車能拉幾百噸或一千幾百噸,非謂該機車卽有幾百噸或一千幾百噸之拉力,祇謂能拉如許重量之列車以行動耳。置二十磅重之物體於地面上而推動之,所需推動之力決無二十磅而小于二十磅若干倍。物體與地面間有磨阻力,此磨阻力約爲物體重量之百分之幾,推動之力如勝過此數則物體移動。列車行軌道上所需推動之力僅爲列車重量之百分之幾。推動之力祇須勝過列車各部磨阻力,列車卽可行動。譬如在每小時五里至十里間之速率時,在平直軌道上,二十噸(每噸以二千磅計以後仿此)車祇需140磅卽可推行,此140磅僅爲二十噸之百分之 0.35。此 140 磅名爲列車阻力通常以每噸若干磅計算之,如該二十噸車之阻力爲每噸 7 磅。然列車阻力幷非常數,如在同一氣候時在平直軌道上七十噸車之阻力約爲210磅其阻力爲每噸 3 磅。輕車每噸所需推動之力較重車所需者大,故機車載重成爲複雜問題而計算方法有精粗之別矣。在計算粗略者以爲某機車能引一列車越過某坡道卽爲盡其能事,固不問該機車之拉力有餘否也。果拉力有餘,該列車尚可多運 50 噸貨則鐵路進款卽損失如許,蓋一列車之行車費用如工資

油棉紗軌道道台耗損機車耗損等常為一定數,即因多加 50 噸而多燃之煤量亦極有限,是故計算不精使鐵路失此 50 噸貨運之純金。此僅就差數小者言,如差數為一二百噸者其損失更鉅,積月累年何堪設想,此機車載重計算法之所以日趨精密也。茲機車載重計算法不外下列數種:

1.　輛數法　Car Loading
2.　軸數法　Axle Loading
3.　噸數法　Straight Tonnage Loading
4.　等力法　Resistance-Drawbar Pull Loading
5.　換算法　Empty Loaded Loading
6.　調整噸數法　Adjusted Tonnage Loading

　　輛數法應用最早即定某機車在某段必拉車若干輛,固不問每車之重量若干,亦不問列車之重量幾何。其法之不適用極為顯明。設定某式機車須拉車三十輛;苟此三十輛皆為空車每輛二十噸則全列車重量為 600 噸;又一列車仍為三十輛然皆為重載每車 70 噸則全列車重量為 2100 噸;其重量顯殊。再以兩列車在平直軌道上之阻力計則空車約為(600×7＝) 4200 磅,重車約為(2100×3＝) 6300 磅相差亦遠。果該機車能拉空車則決不能拉重車,果能拉重車則空車一列損失鐵路進款殊多。故此法久經不用。

　　軸數法指定某機車在某段能拉若干軸,似由輛數法推演而來;意以為輕車軸數少,重車軸數多也;其後更加演進,同一車輛設空車之軸數較少載滿者軸數較多;如一輛四十噸車空時算三根軸,重時算四根軸,似又將阻力算入矣。惟每軸重量相差甚多如四十噸空車約重二十噸算四根軸則每軸重 5 噸,裝滿後重六十噸算五根軸則每軸重 12 噸,軸重不均其短一。且此導假設軸數易與真正軸數相混淆或覺以真正軸數為機車之載重其短二。如將阻力與機車引力相比算又必覺其法之粗略太甚,茲設例說明之。

　　軸數法定四十噸貨車空者為四根軸重者為五根軸,四十噸

客車不論空重皆爲四根軸,其在平直軌道上各車每軸之阻力如下:——

		車　重	每噸阻力	全車阻力	每軸阻力
四十噸貨車	空	20噸	7磅	140磅	35磅
	重	60	3.3	198	40
四十噸客車		40	4.6	194	46

以每軸之阻力爲準,求某機車所拉軸數或車數;設某機車在平直軌道上有淨拉條引力 10,000 磅,則得

	能拉軸數	能　拉　車　數	
		算四軸者	算五軸者
以每軸阻力35磅爲準	286	71輛	57輛
以每軸阻力40磅爲準	250	62	50
以每軸阻力46磅爲準	217	54	43

71 輛與 54 輛之差爲 17 輛,24%; 57 輛與 43 輛之差爲 13 輛, 30%:相差甚遠。如再設在最大坡道7‰及最大彎道5°上算,則最大坡彎道之阻力爲 20×・7+1.2×5＝20,其每軸之阻力如下。又如上法設某機車在此最大坡彎道上之淨拉條引力爲 20,000 磅則能拉之車數亦列于同表中。

	車重	每噸阻力	全車阻力	每軸阻力	能拉軸數	能　拉　車　數	
						算四軸者	算五軸者
四十噸貨車,空	20噸	20+7磅	540磅	135磅	148	37輛	29輛
重	60	20+3.3	1400	280	72	18	14
四十噸客車	40	20+4.6	980	246	81	20	16

37 輛與 18 輛之差爲 19 輛 105% 29 輛與 14 輛之差爲 15 輛 107%, 相差更甚。故此法似不宜仍舊應用矣。

噸數法祇計每列車之全體重量固不計輛數之多寡亦不計各輛車之爲空爲重,爲半重,卽曰某機車能拉 800 噸,噸數一滿卽不再加重。較上列二法已有進步,惟機車拉力以列車阻力爲衡而不以列車重量爲衡同爲 800 噸重,在四十輛二十噸空車組成之列車需拉力(800×7＝)5600磅,在十一輛 70 噸重車組成之列車祇需

拉力 (800×3=)2400 磅。在重列車再加十一輛,拉力尚有餘裕。

其法之不精,有損于鐵路純益亦甚明。

　籌力法極為精緻,其法先將列車中之各車阻力一一相加必等于機車牽引力而後行。算法雖簡然在車次較多之大站必無暇細算。如在某一車站每十五分鐘有一列車開出,果如此細算事實上極不易辦。故法雖極好,奈事實上不能通行,不得不另籌方法,以此法為根據而事實上易於應用。

　換算法為日本所通行,膠濟南滿亦應用之。其法將每車在平直軌道上空及重時之阻力算出,如容量四十噸貨車空時為二十噸其阻力為每噸 7 磅總數為140磅,重時為六十噸其阻力為每噸 3.3磅總數為198磅。然後以若干磅為一單位除阻力總數得若干單位,譬如以 50 磅為一單位,則四十噸車空時為2.8 單位重時為 4 單位,然後即以此單位數寫車邊上曰換空2.8 換重 4,機車引力亦以同一單位計算。組成之列車單位與機車單位相等則列車可以開出。其法似簡,然車輛上所記祇換空換重兩數,所有天氣之冷暖斜坡之高下均于機車上減去之,機車易地易時則單位變更其短一。且車輛上祇註空重而不計半重及他重其阻力即不精確其短二。有此二短終不如調整噸數法之合于科學而便于應用也。

　調整噸數法之用意即使列車組成後在某氣候內行經某段時之阻力與機車之拉力相等而應用簡便。其法在每車之實重上加一相同之數設其數為10而該列車之車數為15則在15個車輛之實重上加(10×15=)150 噸,如其總和與機車所指定之數目相等則該列車即可開出而無虞。此相加之和數即為調整噸數,其所加之數(即 10)名為調整數 Adjustment or Car Factor, 茲設例說明之。設有一機車在平直軌道行每小時 20 哩時其淨拉條引力為 10,000 磅。如以容量四十噸之貨車為例則得如下表之結果:——

	車重	阻力	每車之總阻力	該機車能拉之車輛數	列車重量
空	20噸	7磅/噸	140磅	10,000/140=71.5個	1430噸
重	60	3.3磅/噸	198磅	10,000/198=50.5個	3030噸

由此可見,以上兩列車之總阻力雖均爲 10,000 磅,但車數與總重量均不相同。如能于每個車輛上加一調整數再與列車重量相加使其和數相等則應用上必可簡便。設所加之調整數爲C即欲使 71.5C+1430 等于 50.5C+3030。

$$71.5C+1430=50.5C+3030$$

$$C=\frac{3030-1430}{71.5-50.5}=\frac{1600}{21}=76.2 \text{(調整數)}$$

$$1430+71.5\times76.2=6880 \text{(調整噸數)}$$

$$3030+50.5\times762=6880 \text{(調整噸數)}$$

6880 即爲該機車之調整噸數。以後組成列車時不問各個車輛之重量若干祇須每車加一調整數76.2,而總和等于 6880 時即爲合法列車。再設例以明之。譬如現有容量四十噸重車 25 輛每輛重 60 噸如用上式機車尚可加四十噸空車(每輛 20 噸)若干?25 輛重車實重 (25×60=)1500 噸,每輛加 76.2 得 (25×76.2=) 1905 噸,其總數爲 3405 噸與該機車之調整噸數 6880 較,尚餘 3475 噸。今空車每個實重 20 噸每個須加 76.2 噸共得 96.2 噸,以此數除 3475 噸得 36.1 個故該列車應有容量四十噸之重車 25 輛,空車 36 輛共計 61 輛。茲再校對如下:——

$$\underset{\text{輛}}{25}\times\underset{\text{噸}}{60}+\underset{\text{輛}}{36}\times\underset{\text{噸}}{20}+(\underset{\text{輛}}{25}+36)\times\underset{\text{噸}}{76.2}=1500+720+4640=\underset{\text{噸}}{6860}$$

與該機車之調整噸數 6880 較祇差 20 噸,相差甚微也。再計算其阻力如下。空車每噸之阻力爲 7 磅今共有 720 噸,其總阻力爲 (7×720=) 5040 磅;又重車每噸之阻力爲3.3 磅,今共有 1500 噸其總阻力爲 (3.3×1500=) 4950 磅,兩計共 (5040+4950=) 9990 磅,與該機車之淨拉力較祇少 10 磅,可謂精確極矣。

茲設式總結調整噸數法之初步方法:——

說 W_1 = 重載列車之全體質重

N_1 = 重載車輛之輛數

W_0 = 空載列車之全體質重

N_0 = 空載車輛之輛數

$C =$ 調整數

則,　重載列車之調整順數 $= W_1 + N_1 C$

空載列車之調整順數 $= W_e + N_e C$

此兩調整順數應相等。

故,　　　$W_1 + N_1 C = W_e + N_e C$

$\therefore \quad C = \dfrac{W_1 - W_e}{N_e - N_1}$

上列說明中有可注意者兩事:(1)此種算法係根據機車拉條引力及列車阻力而成,其理論根據與等力法相同,故極正確。(2)應用時極為簡單,每段有調整數一個,組成列車時祇須在列車實重上每一車加一調整數如是遞加至其和數與機車之調整順數相等,則列車組成,決無輛數法軸數法順數法之弊端。此法在諸法中發展最晚應用最廣。前交通部所頒國有鐵路貨物列車載重計算法即定調整順數法為標準,良有以也。然應用此法必須確知拉力之變化,果拉力計算不準,調整順數必不正確,仍不免或輕或重之弊。又必須確知列車阻力之變化,且必須將坡彎道之阻力加入,方得正確結果,否則其結果仍不適用也。抑尤有進者,上列說明祇將空車重車計算其結果,理解上易滋疑慮,似不甚清楚。茲將研究所得介紹于下:先將其方法逐步撮要說明,應用時祇須循其步驟即可得正確結果;繼將此方法算津浦各段之調整數及津浦機車在各段行駛之調整順數,以見其計算與應用之易;末將此法之理論一一說明,俾知其根據。

二　調整順數計算法

此法分為兩大步:第一步將機車引力與速率之變化繪圖表明,以便應用時求某速率之拉力即可按圖測出;第二步將列車在最大坡彎道之阻力用公式表出,以便計算時將數字代入以省手續。茲將所用公式分記于下:

(一)　機車引力之變化

1. 鍋爐行為 Boiler Performance

設 Y = 鍋爐熱面積每方呎每小時之蒸發當量 equivalent evaporation 以磅記之

X = 鍋爐熱面積每方呎每小時所燃乾煤量 Dry coal per sq. ft. of heating surface per hour.

$$m = 8 - \frac{r}{40}, \qquad r = \frac{鍋爐熱面積}{爐底面積}$$

$b = 4.75 + 0.035G$, G = 爐底面積以方呎計之

則: $$Y = mX + b \quad\cdots\cdots\cdots\cdots\cdots\cdots\cdots\cdots(I)$$

此式計算時，Y 爲未知數，m 及 b 均爲鍋爐尺寸，惟 X 中所含燃煤量如無試驗確數可假設每方呎爐底燃乾煤 100 磅，則燃煤總數爲 100G，然後再以鍋爐熱面積除之即得 X，

每小時之蒸發當量 = Y × 鍋爐熱面積。

$$\frac{每小時之蒸發實量}{(Actual\ evaporation\ per\ Hr.)} = \frac{每小時蒸發當量}{蒸發係數(Factor\ of\ Evaporation)}$$

(注意) 以上所得係根據煤之熱容量爲 14,000 B.T.U. 如煤之熱容量不爲此數宜用下式校正之。

$$校正數 = \frac{H - 3,000}{14,000 - 3000}:$$

H = 所用煤之熱容量。

2. 引擎行爲 Engine Performance

(a) 客運機車(凡前導輪爲四輪者爲客運機車)

設 W_r = 每馬力小時所需之蒸汽(即校正後之蒸發實量)以磅計之

S = 汽餅速率以每分鐘 1000 呎爲一單位

則 $$W_r = 21.0 - 3.92S + 2.5(S-1.1)^2 - a \quad\cdots\cdots\cdots\cdots(II)$$

a = o, 如汽管中過熱溫度在 210°F 以下。

a = (t − 210°)/30 如過熱溫度 t > 210°F。

以此式所得 W_r 之值除鍋爐行爲中所得每小時蒸發實量即得客運機車在各種速率時之馬力總數。

(b) 貨運機車(凡前導輪爲二輪者爲貨運機車)

設 W_r = 同上

S = 汽鞴速率以每分鐘 100 呎爲一單位

則，　　$W_r = 19.9 - .73S + \dfrac{(5-S)^2}{10} - a$ ....(III)

a = 0.　　如過熱溫度 t < 180° F.

a = (t−180)/30　　　　如 t > 180° F.

由此式所得 W_r 之值除鍋爐行爲中所得每小時蒸發實量卽得貨運機車各種速率時之馬力總數。

(注意)　上兩式中所用速率爲汽鞴速率，可用下式求得機車速率:

　　　　$S = 56 \times \dfrac{1}{D} \times V$ ....(IV)

　　　　S = 汽鞴速率以每分鐘若干呎計之

　　　　V = 機車速率以每點鐘若干哩計之

　　　　l = 汽鞴行程以吋計之

　　　　D = 働輪直徑以吋計之

(注意2)　旣得馬力總數及其相當速率則可以下式求得各種速率之相當機車引力，惟此式所得引力稱爲汽缸引力，尚須減去機車及煤水車之磨阻力後方得抅條引力。

　　　　$H.P. = \dfrac{T_c V}{375}$ ....(V)

　　　　H.P. = 汽缸馬力

　　　　T_c = 汽缸引力以磅計之

　　　　V = 機車速率以每小時若干里計之

3.　機車及煤水車消耗 Locomotive and Tender Losses.

　　設　L = 機車及煤水車總消耗總數。

　　　　R_m = 機車機件磨阻力 Machine Friction 由働輪重量每噸若干磅計算。

　　　　R_t = 軌道阻力 Track Resistance 以機車及煤水車全重每噸若干磅計之。

　　　　R_a = 空氣阻力 Air Resistance 與重量無關以磅計之。

　　　　R_{tt} = 機車前後轉轍架及煤水車阻力 Truck and Tender Resistance 以每噸若干磅計算。計算時以煤水車重量爲準在些密氏曲線 Schmidt Curves 上(如圖一)求得每

噸之磅數再以煤水車及轉轍架重量乘之即得。

則，$L = R_m + R_e + R_a + R_{ee}$ ....(VI)

$R_{ee} = W_D (61.5 - 8.5S + 0.5S^2) = W_D n_m$

$W_D = $ 動輪重量以噸計之

$S = $ 汽餅速率以分每鐘100呎為一單位

$R_e = 1 \times W$

$W = $ 煤水車及機車全重以噸計之。

$R_a = 0.38\ V^2$

$V = $ 機車速率以每小時若干哩計之。

$R_{ee} = n \times W_{ee}$

$W_{ee} = $ 轉轍架重及煤水車重以噸計之。

$n = $ 些密氏曲綫數在第一圖上得之。

4.　拉條引力 Tender Drawbar Pull

在 2. 項所得之汽缸引力內減去同一速率時 3. 項所得之消耗則得相當速率時拉條引力如將各種速率及相當拉條引力給成曲綫即得高速率時引力之變化 Speed Pull Diagram 惟機車引力受汽缸尺寸之限制及軌道粘力之限制在低速率時應用下式求其引力是為發動引力 T_o 以磅計之。

5.　發動引力 Starting Tractive effort.

$$T_o = \frac{.85\,pld^2}{D}\ ....(VII)$$

$T_o = $ 發動引力或低速率拉條引力

$p = $ 鍋鑪壓力以每方吋若干磅計之

$l = $ 汽餅行程以吋計之

$d = $ 汽缸直徑以吋計之

$D = $ 動輪直徑以吋計之

應用上式須十分注意因此式原為 $T'_o = \frac{pld^2}{D}$ 其閉汽點在汽餅行程之盡頭即閉汽點 Cut-off 爲100% 也。但事實上閉汽點不爲100% 其最晚者約爲92%，而蒸汽行動不無消耗 Wire drawing，及蒸汽到汽缸後又不無凝結爲水 Initial Condensation 者，是在汽缸中工作之蒸汽壓力已較鍋鑪中之蒸汽壓力低，故到汽缸內之蒸汽，量旣不足實亦較遲，其所生之引力至多祗有 T'_o 之92%，及拉力傳到拉條時，

中間又多機械阻力之消耗，佗此消耗為 T'_0 之 8%，實際拉條引力值餘 T'_0 之 (.92×.92＝) 84.64%. 此公式中 .85 之由來也。然尋常機車開汽點約為 84% 故尚不足此數祇餘 T_0' 之 (.84×.92＝) 77.28% 故公式中所用此數如為 .85 實際纔太高，宜用 .77 以得拉條引力，故如無實驗為根據上式應變為

$$T_{D_0} = 發動時拉條引力 = \frac{.77\,pld^2}{D} \quad\dots\dots\dots\dots\dots(VII_e)$$

6.　能支持發動引力之最大速率 maximum speed at which the rated tractive effort can be developed.

發動引力所需蒸氣甚多如速率加大則鍋爐容量不能維持，必須將開汽點 Cut-off 提早，減少蒸汽消耗量，而引力逐漸減低，故鍋爐容量能維持發動引力之最大速率不得不求出之。

設，　P ＝ 鍋爐壓力以每方吋若干磅計之
　　　E ＝ 蒸發實量以每小時若干磅計之
　　　W ＝ 壓力為 P 時每立方吹蒸汽重量以磅計之
　　　T_0 ＝ 發動引力 ＝ $\dfrac{.77\,pld^2}{D}$

則　　$V_m = \dfrac{PE}{47.6\ W\ T_0}$ $\quad\dots\dots\dots\dots\dots(VIII)$

(注意)　動輪每轉相當于四個汽鉼行程，故動輪每轉所耗之蒸汽量應為：——

$$\frac{4 \times \dfrac{\Pi d^2}{4} \times l}{1728} \times w = 0.00182\,ld^2w\ 磅$$

但每分鐘蒸發實量為 E/60.

故每分鐘動輪轉數 R. P. M. 應為，

$$R. P. M. = \frac{E/60}{0.00182\,ld^2w}\ 轉 \quad\dots\dots\dots\dots\dots(1)$$

股 V_m ＝ 速率，以哩/時計之，則

$$V_m = D \times R. P. M/336$$

$$\therefore\ R. P. M. = \frac{336\,V_m}{D} \quad\dots\dots\dots\dots\dots(2)$$

由(1)(2)得，

$$\frac{336\,V_m}{D} = \frac{E/60}{0.00182\,ld^2w}$$

$$\therefore\ V_m = \frac{DE/60}{0.00182\,ld^2\,w\,336}$$

$$= \frac{DE}{36.7 \; ld^2 \; W}$$

$$= \frac{pDE}{36.7 \; pld^2 \; w}$$

$$= \frac{pE}{36.7 \; \dfrac{pld^2}{D} \; w}$$

$$= \frac{pE}{47.6 \times 77 \times \dfrac{pld^2}{D} \; w}$$

$$= \frac{pE}{47.6 \; T_o \; W}$$

7.　繪圖

在 4. 項中所得為一曲線,在 5. 項中所得為一水平線則線相交。現在在水平線上求得一點表示 6 項中所求得之最高速率,由此點繪一直線切于以上所得之曲線上,則此切線及最高速率點左方水平線以及該切線右端之曲線即為所求之曲線。此曲線上所表示者為機車在平直軌道上各種速率時之拉探引力,其全數均可應用以牽引列車。惟遇坡彎道及暴風此拉探引力尚須減去相當數目以得淨引力。

(二)　列車阻力之變化

列車阻力,在平直軌道上,隨速率與車重而俱變。每輛車在一速率時,重量愈大,全阻力愈大。如重量一定,則速率愈大時,全阻力愈大。算機車載重者,皆計算機車以一定之低速率,越過最大坡彎道時,能牽引若干車輛。貨列車速率最低。茲定過最大坡彎道時,約為每小時 5 哩。特快客列車速率最高,茲定每小時 12 哩。其他列車或有應用每小時 8 哩者。故祗須將此三速率之阻力變化說明,即足應用。

速率為5哩/時　在平直道上每輛車之全阻力 $=1.5W+111$

在最大坡彎道上每輛車之全阻力 $=(1.5+20G+1.2C)W+111$

在最大坡彎道上每列車之全阻力 $=(1.5+20G+1.2C)WN+111N$

$$=(1.5+20G+1.2C)W+111N$$

W = 一輛車之重量以噸計

G＝最大坡道以％計,每1％每噸需力20磅

C＝最大彎道以度數計每度每噸需力1.2
　　磅

N＝組成列車之車輛數目

W＝Nw＝列車之全重以噸計

在最大坡彎道上每列車之全阻力應與機車在最大坡彎道
上每小時5哩時之淨引力相等,設此淨引力為T,

則　　　　　$T=(1.5+20G+1.2C)W+111N$

故　　$\dfrac{T}{1.5+20G+1.2C}=W+\dfrac{111}{1.5+20G+1.2C}\cdot N\cdots\cdots(IX)$

研究此式,則無論列車如何組成,惟列車重量 W 上每個車必
加 $\dfrac{111}{1.5+20G+1.2C}$ 之數使與式之左端相等,式之左端為一定
數.因機車既定 T 必為一定而G與C皆為一定也。是列車之
車數與車重可以隨意變化而每車所加之數為一定,車重與
所加之數之連和又必須一定而後列車方為合法。　故
$\dfrac{T}{1.5+20G+1.2C}$ 即為該機車在該最大坡彎道上行每小時五
哩速率時之調整噸數而 $\dfrac{111}{1.6+20G+1.2C}$ 即為該情形下之調
整數。

速率為 8 哩/時　在平直道上每輛車之全阻力＝1.6W+115.5

在最大坡彎道上每輛車之全阻力＝(1.6+20G+1.2C)W+115.5

在最大坡彎道上每列車之全阻力＝(1.6+20G+1.2C)W+115.5N

依同理　　　$T=(1.6+20G+1.2C)W+115.5N$

$$\underset{\text{調整噸數}}{\dfrac{T}{1.6+20G+1.2C}}=W+\underset{\text{調整數}}{\dfrac{115.5}{1.6+20G+1.2C}}N\cdots\cdots\cdots(X)$$

速率為12哩/時　在平直道上每輛車之全阻力 ＝1.7W+122.5

在最大坡彎道上每輛車之全阻力＝(1.7+20G+1.2C)W+122.5

在最大坡彎道上每列車之全阻力＝(1.7+20G+1.2C)W+122.5N

依同理　　　$T=(1.7+20G+1.2C)W+122.5N$

$$\underset{\text{調整噸數}}{\dfrac{T}{1.7+20G+1.2C}}=W+\underset{\text{調整數}}{\dfrac{122.5}{1.7+20G+1.2C}}N\cdots\cdots\cdots(XI)$$

由上列(IX)(X)(XI)三式觀之,同一機車在同一坡彎道上因速率不同
其調整噸數亦異;又在同一坡彎道上因速率不同,該段上所用調整
數亦異;故速率規定為一個,則一個機車在一段上祇有一個調整噸
數,而列車所加之調整數亦祇有一個。

計算時,先規定貨車客車行上坡道時之速率,然後在機車引力曲線
上還一相當于此速率之拉條引力,在此拉條引力內減去坡彎道阻
力即得淨引力 T

$$T= 拉條引力(由圖得)-W(20G+1.2C) \quad\quad (XII)$$

$$W = 機車及煤水車全重以噸計$$

然後將 T.G.C. 之值代入(IX)(X)或(XI)式中即得所需之調整噸數
及調整數。

此法不祇限于空車或重車,任何重量之車皆可應用,因上列每輛車
在平直道上之全阻力 P.

在每小時 5 哩時,　　　$P=1.5W+111$

在每小時 8 哩時,　　　$P=1.6W+115.5$

在每小時 12 哩時,　　　$P=1.7W+122.5$

P 之值隨 W 之值而變,W 為車重,其重量可為任何數並不拘于 20
噸或 60 噸也。下節請舉例以明其用,至于此等公式之由來,則請于再
下一節討論之。

三　　實　　例

今以津浦為例,先將各式機車引力變化圖算成,然後由各段
之最大坡彎道計算各機車之調整噸數及各段之調整數。

一　　機車引力變化圖

津浦密卡多式 (2—8—2) 機車 251—260 之重要尺寸如下:

鍋爐熱面積拱管 ……………………………23.0　方呎

火箱 …………………………………………193.0　方呎

火管及烟管 …………………………………1,680.0　方呎

過熱管 ………………………………………426.0　方呎

全面積 ………………………………………2,322.0　方呎

爐底 …………………………………………………………… 43.5 方尺

汽管中蒸汽通熱度數 ……………………………………… 180°F（假設）

汽缸尺寸 …………………………………………………… 20″×28″

動輪直徑 …………………………………………………… 54″

鍋爐壓力 …………………………………………………… 199.1磅/″

動輪負重 …………………………………………………… 70.5 噸

轉轍架及煤水車重 ………………………………………… 89.1 噸

機車煤水車全重 …………………………………………… 159.6 噸

(1) 鍋爐行爲 —— 設每方尺爐底燃乾煤 100磅 又每磅熱容量
爲 13,000 B.T.U.

用(I)式　$Y = mX + b$

$$m = 8 - \frac{r}{40} = 8 - \frac{2,322/43.5}{40} = 6.665$$

$$b = 4.75 - 0.035G = 4.75 - 0.035 \times 43.5 = 3.23$$

每 小 時 燃 煤 率 $= 43.5 \times 100 = 4,350$ 磅

$$X = \frac{4,350}{2,322} = 1.87$$

$Y = 6.665 \times 1.87 + 3.23 = 15.68$ 磅/方呎

全蒸發當量 $= 15.68 \times 2,322 = 36,400$ 磅/小時

蒸發係數 $= 1.3$

全蒸發實量 $= \dfrac{34,600}{1.3} = 28,000$ 磅/小時

但此蒸發實量係根據煤之熱容量爲 14,000 B.T.U. 者今所燃之煤
僅有熱容量 13,000 B.T.U. 即用下式校正

校正數 $= \dfrac{13,000-3,000}{14,000-3,000} = \dfrac{10,000}{11,000} = .91$

校正蒸發實量 $= 28,000 \times .91 = 25,500$ 磅/小時

(2) 引擎行爲 —— 此機車係貨運機車應用(III)式計算耗汽量。

$$W_e = 199 - .735 + \frac{(5-S)^2}{10} - a, \quad a = 0$$

設汽鞲鞴速率 =	100	200	300	400	600	800	1000 呎/分鐘
S =	1	2	3	4	6	8	10
5−S =	4	3	2	1	−1	−3	−5
(5−S)² =	16	9	4	1	1	9	25

$\dfrac{(5-S)^2}{10}$ =	1.6	.9	.4	.1	.1	.9	2·5
+19.9 =	19.9	19.9	19.9	19.9	19.9	19.9	19.9
	21.5	20.8	20.3	20.0	20.0	20.8	22.4
−.73S =	−.73	−1.46	−2.19	−2.92	−4.38	−5.84	−7.3
W_m =	20.77	19.34	18.11	17.08	15.62	14.96	15.1

機車速率由 (IV) 式得之如下：——

$$P.S. = 56 \frac{1}{D} V$$

$$V = \frac{D}{56 l}(P.S.) = \frac{54}{56 \times 28}(P.S.) = .0345(P.S.)$$

故汽餅速率 =	100	200	300	400	600	800	1000	呎/分
機車速率 =	3.5	6.9	10.5	13.8	20.7	28.6	34.5	哩/小時

既知鍋爐每小時蒸發實景又知引擎每小時每馬力耗汽量則可求得該機車在各項速率時之馬力然後再用(V)式求相當引力,列式如下：——

汽餅速率 =	100	200	300	400	600	800	1000
機車速率V =	3.5	6.9	10.5	13.8	20.7	28.6	34.5
耗水量 W_r =	20.77	19.34	18.11	17.08	15.62	14.96	15.1
汽缸馬力C.H.P. =	1230	1320	1410	1495	1630	1710	1700
C.H.P./V =	352	191	134.5	108	78.8	59.7	49.3
汽缸引力 T_o =	132,000	71,500	40,500	40,500	29,500	22,400	18,500

(3) 機車及煤水車消耗 ——由(VI)式得之如下：——

$$L = R_m + R_t + R_a + R_{tt}$$

汽餅速率 =	100	200	300	400	600	800	1000
S =	1	2	3	4	6	8	10
S2 =	1	4	9	16	36	64	100
.5 S2 =	.5	2	4.5	8	18	32	50
+61.5 =	61.5	61.5	61.5	61.5	61.5	61.5	61.5
	62.0	63.5	66.0	69.5	79.5	93.5	111.5
−8.55=	8.5	17.0	25.5	34.0	51.0	68.0	85.0
r_m =	53.5	46.5	40.5	35.5	28.5	25.5	26.5
V =	3.45	6.9	10.35	13.8	20.7	28.6	34.5

$V^2 =$	12	47.8	108.3	191.0	430.0	820.0	1190.0
$R_a=.38V^2 =$	4.56	18.2	41.0	72.6	167.0	312.0	452.0
$R_t=1\times W =$	161.3	161.3	161.3	161.3	161.3	161.3	161.3
$R_m=W_D\times r_m =$	3810.0	3320.0	2980.0	2530.0	2030.0	1820.0	1890.0
$R_a \circ W_a \times r =$	333.00	342.0	260.0	378.0	424.0	426.0	550.0
$L =$	4308.8	3841.5	3452.3	3141.9	2782.3	2779.3	2053.3

(4)　拉條引力 T_D

$V =$	3.5	6.9	10.5	13.8	20.7	28.6	34.5
由(2)得汽缸引力 $T_e =$	132.000	71.500	50.500	40.500	29.500	22.400	18.500
由(3)得機車消耗 $L =$	4.309	3.841	3.452	3.142	2.782	2.779	2.052
$T_D =$	無用	67.660	47.050	37.300	26.720	19.620	16.448

(5)　發動引力 T_o

由 (VII) 式 $T_o = \dfrac{.85pld^2}{D} = \dfrac{.85\times199.1\times28\times20^2}{54} = 35,300$ 磅

由 (VIIa) 式 $T_{Do} = \dfrac{.77pld^2}{D} = 31,800$ 磅

(6)　最大速率──由 (VIII) 式得之。

$$V_m = \frac{PE}{43.17WT_o} = \frac{200\times25,500}{43.17\times.333\times35,300} = 10.2\ 哩/小時$$

(7)　繪圖──將(4)所得拉條引力繪一曲線,將(5)所得發動時拉條引力繪一水平線在水平線上尋一點相當于(6)所得之最大速率,再由此點繪一直線與曲線相切即得如第二圖,以備將來應用。

津浦各重要機車皆用此法算出并將曲線一一繪成,茲將該機車之尺寸列後以備參攷。

機車型式	4—6—2	4—6—0	4—6—0	4—6—0	2—6—0	2—6—0	2—6—2
機車號數	401—412	101—120	121—132	151—154	21—40	41—54	201—204
鍋爐熱面積							
拱管	23.0						
火箱	193.0	146.1	146.1	146.1	146.1	145.9	94.1
火管	1720.0	1734.0	1891.4	1465.0	1734.0	1464.8	1090.0
通熱管	463.0				460.0		413.0

全面積	2400.0	1880.0	2038.3	2071.0	1880.0	1610.7	1597.1
爐底	43.5	28.5	27.9	28.5	28.5	23.8	24.8
過熱度數	210°F	—	—	—	—	—	—
汽缸尺寸	20″×28	21.26″×24.8″	20″×26″	22.44″×24.8″	19.66″×24.8″	19″×24″	19.68″×24.8″
動輪直徑	69″	68.9″	69″	68.9″	53.15″	60″	59″
鍋爐壓力	200#/□″	185#/□″	180.3#/□″	185#/□	185#/□″	180#/□″	185#/□″
動輪載重	618 頓	52.9 頓	54.0 頓	54.5 頓	52.9 頓	53.9 頓	56.2 頓
轉轍架及煤水車	104.5 頓	73.2 頓	80.1 頓	74.8 頓	64.4 頓	63.2 頓	29.2 頓
機車煤水車全重	166.3 頓	126.1 頓	134.1 頓	129.3 頓	117.3 頓	117.1 頓	85.4 頓

（二）列車阻力變化

　　列車阻力視坡彎道之大小而異又視上最大坡彎道時之速率而異。上列所用機車爲密卡多式 (2—8—2) 本爲貨運機車,惟中國客車速率甚緩該式機車亦可用以運客。今定貨運上山速率爲 8 哩/時 客運上山速率爲 12 哩/時,則阻力中一個因子固定。又如將各段之最大坡彎道查出,則 (X)(XI) 兩式中所需之 G 及 c 均爲已知數,而可以算出調整頓數及調整數矣。

　　津浦地形可分爲四大段:浦口至蚌埠爲一段,蚌埠至泰安爲一段,泰安至濟南爲一段,濟南至天津爲一段,茲將機車載重計算時各段有關係之最大坡彎道及其阻力列表如下:——

段 別	地 點	最大坡道 高長	最大彎道 度數	最大坡彎道之阻力 20G	1.2C	阻力之和 磅/頓
浦蚌間	張八嶺	$\frac{1}{150}$ 3哩	2.9°	13.32	3.48	16.80
蚌泰間	大汶口	$\frac{1}{150}$ 3哩	1°	13.32	1.20	14.52
泰濟間	界首	$\frac{1}{150}$ 5.5哩	2.2°	13.32	2.64	15.96
濟津間	天津	$\frac{1}{400}$ 1哩	5.8°	5.0	6.96	11.96

　　貨車載重——以上表阻力之和 20G+1.2C 代入 (X) 式則得下式:——

浦蚌間　　$\dfrac{T}{1.6+16.8} = W + \dfrac{115.5}{1.6+16.8}N$　　　即 $\dfrac{T}{18.4} = W + 6.3N$

蚌泰間　　$\dfrac{T}{1.6+14.52} = W + \dfrac{115.5}{1.6+14.52}N$　　　即 $\dfrac{T}{16.12} = W + 7.2N$

泰濟間　　$\dfrac{T}{1.6+15.96} = W + \dfrac{115.5}{1.6+15.96}N$　　　即 $\dfrac{T}{17.56} = W + 6.6N$

濟津間　　$\dfrac{T}{1.6+11.96} = W + \dfrac{115.5}{1.6+11.96}N$　　　即 $\dfrac{T}{13.56} = W + 8.5N$

由上列四式得各段間之調整噸數公式及調整數如下:——

	調整噸數公式	調整數	公噸用之調整數
浦蚌間	$\dfrac{T}{18.4}$	6.3	5.7
蚌泰間	$\dfrac{T}{16.12}$	7.2	6.5
泰濟間	$\dfrac{T}{17.56}$	6.6	6.0
濟津間	$\dfrac{T}{13.56}$	8.5	7.7

　　上列調整數不受 T 之拘束,即任何機車行該段內其調整數皆爲此數而不受機車之影響。如在浦蚌段即爲5.7公噸在濟津段即爲7.7公噸。組貨列車時在浦口站祇須將每個貨車實重加5.7公噸俟等于調整噸數而後止,故各段祇有一個調整數甚便利也。

　　又上列調整噸數公式中之 T 可以任何機車之淨拉條引力代入,其結果即爲該機車在各段行駛時之調整噸數,今仍以津浦之密卡多式251—260機車爲例。該機車在每小時八哩時之拉條引力由第二圖檢出爲 31,800 磅,但其中尚須減去機車煤水車上山所需之阻力。如在浦蚌段其阻力爲每磅 16.8 磅今該機車全重爲159.6 噸。故其上山阻力爲2,680即該機車此際之淨拉條引力爲31,800—2,680=29,100磅,此即爲上式中T之值。故浦蚌間該機車之調整噸數爲 $\dfrac{29,100}{18.4}$=1580噸。依同理得其他各段之調整噸數,茲列如下表,并化爲公噸數以便應用。

機車 251—260 調整噸數

浦蚌間　　　　　　1580 噸　　　　　　　1430 公噸

峰泰間	1820	1650
泰濟間	1660	1510
濟津間	2190	1990

如應用他車行駛各段,則調整噸數各異,茲將結果列下以便比較。

各機車之調整噸數(公噸)(貨運用)

機車號數	浦峰間	峰泰間	泰濟間	濟津間
401—412	1050	1230	1110	1490
101—120	1000	1140	1040	1390
121—132	880	1030	930	1240
151—154	1200	1370	1250	1660
251—260	1430	1650	1510	1990
21—40	1180	1360	1230	1630
41—54	840	1050	880	1170
201—204	1120	1280	1170	1540

客車載重 —— 其算法與貨車載重相仿,惟不用公式 X 而用公式 (XI) 如將 $20G+1.2C$ 之值代入 (XI) 式而計算之,即得客車之調整噸數及調整數。茲將所得分別列下:——

客運用之調整數

	噸	公噸
浦峰間	6.6	6.0
峰泰間	7.55	6.9
泰濟間	6.94	6.3
濟泰間	9.00	8.2

客運用各式機車之調整噸數(公噸)

機車號數	浦峰間	峰泰間	泰濟間	濟津間
401—412	1050	1220	1110	1480
101—120	800	870	790	1060
121—132	750	820	750	1000
151—154	1020	1100	1000	1330
251—260	1450	1570	1430	1890
21—40	1030	1120	1020	1340

| 41—54 | 752 | 810 | 750 | 1000 |
| 201—204 | 1040 | 1120 | 970 | 1340 |

此即調整噸數法之計算方法也。惟此等結果係專指春夏秋三季而言,如遇寒季烈風調整數可以不變,調整噸數應有相當折扣,折扣方法不能一定,最好由實驗測定,如無實測機會,美國機車公司介紹一折扣法如下:——

温度在 45° F 以上 ……………………………………100%

温度在 45° F 以下 25° 以上且有烈風者 ……… 92%

温度在 25°F 以下 0°F 以上 ………………… 84%

0°F 以下 ……………………………………………75%

津浦路北段貫穿魯冀雖温度不常界 0°F 而時有烈風,故冬季之調整噸數擬延用上列結果之85%。

四　　理　　論

以上所述為計算機車載重調整噸數之方法,惟其中計算機車引力所用之鍋爐行為公式及引擎行為公式,及計算每輛車阻力所用之公式,究何所根據?且現行公式甚多,何皆棄而不用?應有所解釋。茲先將現行機車引力最重要之公式詳為介紹并與本篇所用公式一一與實驗結果比較,詳論其優劣,以便讀者計算時隨意去取。至本篇所用公式之根據則說明于后。

現在計算機車引力最重要之公式有五:——

1.　高斯法 Goss

2.　包德溫 Baldwin 機車工廠法

3.　美國 A.L.C. 機車公司法

4.　美國鐵路工程學會 A.R.E.A 法

5.　李布之 Lipetz 1932 法

1.　高斯法 —— 此法為高斯先生根據一個機車實驗之結果而形成,為研究機車引力之先導,其中所含數字雖有出入,但其方法

至今猶倚爲模範。其理論見機車行爲Locomotive Performance一書中。
其方法步驟爲(一)規定機車鍋爐每方呎每小時之蒸發量爲12磅
(二)規定每指示馬力每小時所耗之蒸汽量爲28磅(3)故每 2.33 方
呎之鍋爐熱面積可得一指示馬力或汽缸馬力。

設，　H = 鍋爐熱面積, 方呎

　　　V = 機車速率 哩/小時

汽缸馬力, I. H. P. $= \dfrac{12H}{28} = .43H$

汽缸引力, $T_c = 375\dfrac{I.H.P.}{V}$

$$\therefore\quad T_c = 161\dfrac{H}{V} \quad\dots\dots\dots\dots\dots\dots\dots\dots(1)$$

由汽缸引力減去各種消耗得拉條引力 T_D, 其消耗之算法如下:

設　　d = 汽缸直徑, 吋

　　　l = 汽餅行程, 吋

　　　D = 働輪直徑, 吋

　　　W = 轉轍架及煤水車重量, 噸

機件磨阻力之消耗,　　$t_1 = 3.8\dfrac{d^2 l}{D}$ 磅

轉轍架及煤水車之消耗, $t_2 = W\left(2 + \dfrac{V}{6}\right)$磅

空氣阻力之消耗,　　　$t_3 = 0.11V^2$ 磅

以上爲機車引力之曲線部分,其水平線部分以働輪負重之四分
之一爲拉條引力。此法係根據飽和蒸汽機車而來,故對于過熱蒸
汽機車不甚正確,此處引用所以存歷史價值也。

2.　**包德溫機車工廠法** —— 包德溫機車工廠 Baldwin Locomotive
Works 所用方法,詳載于該廠所出版之機車要覽 Locomotive Data
一書。其方法先將發動引力 T_o用下式算出

$$T_o = \dfrac{.85pld^2}{D} \quad \text{(見前)}$$

以後速率加增引力遞減即用下列兩圖中之曲線以定引力之百

分數,一圖係爲飽和蒸汽用,一圖係爲過熱蒸汽用,每圖中有曲線
數條,每條相當于一個比數,此比數爲發動引力（磅)/鍋爐熱面積
(方呎),應用時祇須將此比數尋出,即可得相當曲線以求引力之
百分數。如此求出之引力皆爲拉條引力,如欲得汽缸引力尙須加
機車煤水車之消耗。此法似仍以高斯實驗爲藍本,其鍋爐蒸發量
無論爲過熱抑爲飽和皆定爲每方呎熱面積每小時12磅;其拉條
馬力每小時耗水量在飽和引擎爲28磅,在過熱引擎爲21磅。

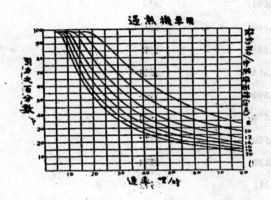
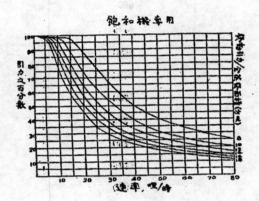

3.　美國機車公司法 —— 美國機車公司 American Locomotive Co.
在該公司所出版之機車快覽 Locomotive Handbook 中介紹一法。先
將發動引力 T_o 用公式 $T_o = \dfrac{.85pld^2}{D}$ 求出,以後速率漸增則用下表
求得 T_o 之百分數而得相當之引力。表中汽餅速率以每分鐘若干
呎記之,與機車速率之關係爲 $P.S. = 56\dfrac{1}{D}\cdot V$ (見前)。

汽餅速率	引力百分數	
（呎/分鐘)	飽和機	過熱機
250	1.000	1.000
275	.976	.976
300	.954	.954
325	.932	.932
350	.908	.908
375	.886	.886

400	.863	.863
425	.840	.840
450	.817	.817
475	.795	.795
800	.772	.772
525	.750	.750
550	.727	.727
575	.704	.704
600	.680	.682
625	.660	.664
650	.636	.643
675	.614	.624
700	.590	.605
725	.570	.588
750	.550	.572
775	.530	.558
800	.517	.542
850	.487	.515
900	.460	.490
950	.435	.467
1000	.412	.445
1100	.372	.405
1200	.337	.371
1300	.307	.342
1400	.283	.318
1500	.261	.297
1600	.241	.278

此法所得者為汽缸引力,如欲得拉條引力尚須減機車煤水車及
空氣阻力,其求法如下:——

$$t_1 = W \times 25 \text{ 磅}$$

$$t_2 = W_{tt} \times r \text{ 磅}$$

$$t_3 = 24 \ V^2 \text{ 磅}$$

$$W = \text{動輪負重,噸。}$$

$$W_{tt} = \text{轉轍架及煤水車重,噸。}$$

$$r = \text{貨車阻力 磅/噸}$$

$$V = \text{機車速率 哩/時}$$

4.　**美國鐵路工程學會法** ── 美國鐵路工程學會(Amerian Railway Engineering Association) 于 1910 年由 A.K. Shurtleff 根據實驗發表一法計算任何速率時飽和機車引力。其後幾經修改,亦能應用于過熱機車上。該會會刊 Manual 1915, 1922, 1929。皆將此法印行。惟據該法算出之引力皆較實際者小,其法之精要如次:──

第一步:　求每分鐘之蒸發量 ── 以鍋爐蒸發熱面積除每小時燃煤量,得一比數,然後依此比數及煤之熱容量,在下表中求出每磅煤之相當蒸發量。以此數乘全體燃煤量再以60除之,得每分鐘之蒸發量。

燃煤量假設如下

人工燃煤每小時 4,000 磅

機器燃煤。爐底面積在 70 方呎以下,每小時 6,000 磅

機器燃煤爐底面積在 70 方呎以上,每小時 8,000 磅

每小時燃煤量 鍋爐蒸發面積	每磅煤所生之蒸汽 (各種熱容量之煤)					
	10,000 B.T.U.	11,000 B.T.U.	12,000 B.T.U.	13,000 B.T.U.	14,000 B.T.U.	15,000 B.T.U.
0.8	5.24	5.76	6.29	6.81	7.34	7.86
0.9	5.05	5.56	6.06	6.57	7.07	7.58
1.0	4.87	5.36	5.85	6.34	6.82	7.31
1.1	4.61	5.18	5.65	6.12	6.59	7.06
1.2	4.55	5.00	5.46	5.91	6.37	6.82
1.3	4.39	4.83	5.27	5.71	6.15	6.59
1.4	4.25	4.67	5.10	5.52	5.95	6.37
1.5	4.11	4.52	4.94	5.35	5.76	6.17
1.6	3.98	4.38	5.78	5.18	5.57	5.97
1.7	3.86	4.25	4.63	5.02	5.40	5.79

1.8	3.74	4.12	4.49	4.86	5.24	5.61
1.9	3.63	3.99	4.35	4.71	5.08	5.44
2.0	3.51	3.86	4.22	4.57	4.92	5.27
2.1	3.41	3.75	4.10	4.44	4.78	5.12
2.2	3.31	3.64	3.98	4.31	4.64	4.97
2.3	3.22	3.54	3.86	4.19	4.51	4.83
2.4	3.13	3.44	3.75	4.07	4.38	4.69
2.5	3.04	3.34	3.65	3.95	4.26	4.56
2.6	2.96	3.25	3.55	3.84	4.14	4.44
2.7	2.88	3.17	3.46	3.74	4.03	4.32
2.8	2.80	3.09	3.37	3.64	3.93	4.31
2.9	2.73	3.01	3.28	3.55	3.83	4.10
3.0	2.66	2.93	3.19	3.46	3.73	3.99

(假定進鍋涼水爲60°F,鍋爐壓力爲200磅/平方吋)

第二步: 求汽餅行程每次之蒸汽量 —— 如爲飽和機車,
用以下第一表過熱機車用第二表。表中所得爲汽
餅行程每吋之蒸汽量,以行程吋數乘之得每次行
程之蒸汽量。如單漲汽缸再以4乘之即爲働輪一
轉所需之蒸汽量。(如爲複漲式則四汽缸者以4
乘,雙汽缸者以2乘。)

(a) 飽和蒸汽用表

汽缸直徑	各種壓力下每吋汽餅行程之蒸汽量						
	160 1b.	170 1b.	180 1b.	190, 1b	200 1b.	210 1b,	220 1b.
12	0.304 1b.	0.321 1b.	0.337 1b.	0.354 1b.	0.370 1b.	0.339 1b.	0.405 1b.
13	0.357 ,,	0.376 ,,	0.396 ,,	0.415 ,,	0.435 ,,	0.456 ,,	0.475 ,,
14	0.414	0.436	0.459	0.482	0.504	0.529	0.551
15	0.476	0.501	0.527	0.553	0.579	0.607	0.633
15.5	0.508	0.535	0.562	0.590	0.618	0.649	0.675
16	0.541	0.570	0.599	0.629	0.658	0.691	0.720
17	0.611	0.643	0.676	0.710	0.744	0.780	0.812

汽缸直徑						
18	0.685	0.722	0.759	0.796	0.834	0.875	0.911
18.5	0.724	0.762	0.801	0.841	0.881	0.924	0.962
19	0.763	0.804	0.845	0.887	0.928	0.975	1.015
19.5	0.804	0.847	0.890	0.934	0.978	1.027	1.069
20	0.846	0.981	0.936	0.983	1.029	1.080	1.125
20.5	0.888	0.936	0.984	1.032	1.081	1.134	1.181
21	0.932	0.982	1.032	1.083	1.134	1.191	1.240
22	1.023	1.078	1.133	1.189	1.245	1.307	1.361
23	1.116	1.178	1.238	1.300	1.361	1.428	1.487
24	1.657	1.745	1.835	1.926	2.017	2.117	2.204

(b)　過熱蒸汽用表

各種壓力下每呎汽餅行程之蒸汽量

汽缸直徑	160 lb.	170 lb.	180 lb.	190 lb.	200 b.	210 lb.
18	.415	.443	.470	.498	.524	.551
19	.465	.496	.526	.557	.587	.618
20	.515	.549	.582	.617	.650	.684
21	.565	.605	.641	.679	.715	.752
22	.623	.665	.705	.747	.787	.827
23	.682	.728	.772	.818	.861	.905
24	.741	.791	.838	.889	.931	.984
25	.804	.859	.910	.965	1.016	1.065
26	.868	.927	.983	1.041	1.097	1.150
27	.937	1.000	1.057	1.123	1.183	1.243
28	1.008	1.078	1.143	1.209	1.275	1.340
29	1.083	1.156	1.225	1.299	1.368	1.438
30	1.157	1.234	1.308	1.387	1.460	1.533

第三步：　以第二步所得除第一步所得,即得慟輪每分鐘旋轉數

$$\text{“M”} = 慟輪每分鐘旋轉數 \times \frac{慟輪直徑,吋}{336,13}, \quad 哩/時$$

"M" 爲鑪爐容量所能支持之最大速率, 哩/時。

第四步：求在"M"速率時之汽缸馬力——在"M"速率時

每小時每汽缸馬力之蒸汽量

飽和機車，單漲式，= 38.3磅

複漲式，= 25.8磅

過熱機車單漲式，= 24.0磅

以所得蒸汽並除第一步所得，即為汽缸馬力，

第五步：求"M"速率時之汽缸引力——以下式得之

$$汽缸馬力 = \frac{汽缸引力 \times "M"}{375}$$

$$\left(同 \quad 馬力 = \frac{TV}{375}\right)$$

第六步：求其他速率時之汽缸引力——由下列第一表

求飽和機車之引力係數由第二表求過熱機車之

引力係數，將此係數乘第五步所得即得任何速率

時之汽缸馬力。

(a) 飽和機車用

速率	複漲 %	單漲 %	速率	複漲 %	單漲 %	速率	單漲 %
0	135.00	106.00	3.6 M	32.40	44.7	6.4 M	23.5
0.5 M	103.00	103.00	3.7	31.25	43.56	6.5 ,,	23.18
1.0	100.00	100.00	3.8	30.10	42.39	6.6 ,,	22.79
1.1	96.28	95.57	3.9	29.14	41.24	6.7	22.42
1.2	92.55	91.53	4.0	28.24	40.10	6.8	22.06
1.3	88.83	87.83	4·1	27.83	39.00	6.9	21.71
1.4	85.12	84.46	4.2	26.56	37.96	7.0	21.33
1.5	81.40	81.37	4.3	25.77	36.97	7.1	21.06
1.6	77.68	78.55	4.4	25.03	36.03	7.2	20.75
1.7	73.96	75.97	4.5	24.34	35.13	7.3	20.45
1.8	70.25	73.60	4.6	23.69	34.26	7.4	20.16
1.9	66.54	71.41	4.7	23.07	33.41	7.5	19.88
2.0	63.21	69.37	4.8	22.48	32.59	7.6	19.61
2.1	60.20	67.47	4.9	21.92	31.82	7.7	19.34

2.2	57.48	65.67	5.0	21.38	31.11	7.8	19.08
2.3	54.97	63.94	5.1	20.87	30.42	7.9	18.82
2.4	52.68	62.22	5.2	20.37	29.75	8.0	18.57
2.5	50.42	60.55	5.3	19.89	29.10	8.1	18.33
2.6	48.16	58.92	5.4	19.43	28.48	8.2	18.09
2.7	46.08	57.33	5.5	18.99	27.87	8.3	17.80
2.8	44.10	55.78	5.6		27.33	8.4	17.63
2.9	42.29	54.26	5.7		26.81	8.5	17.43
3.0	40.57	52.78	5.8		26.30	8.6	17.22
3.1	38.95	51.33	5.9		25.81	8.7	17.01
3.2	37.42	49.91	6.0		25.34	8.8	16.82
3.3	35.98	48.55	6.1		24.83	8.9	16.63
3.4	34.66	47.24	6.2		24.44	9.0	
3.5	33.53	45.97	6.3		24.01		

(b) 過熱機車用

道率	%	道率	%	道率	%	道率	%
0	106.00	2.7 M	47.12	4.5 M	31.19	6.3 M	22.90
0.5 M	103.00	2.8 ,,	45.82	4.6	30.61	6.4	22.56
1.0	100.00	2.9	44.61	4.7	30.05	6.5	22.21
1.1	92.42	3.0	43.49	4.8	29.52	6.6	21.
1.2	86.55	3.1	42.30	4.9	29.00	6.7	21.57
1.3	81.20	3.2	41.21	5.0	28.48	6.8	21.24
1.4	76.95	3.3	40.17	5.1	27.96	6.9	20.92
1.5	73.00	3.4	39.22	5.2	27.47	7.0	20.62
1.6	69.55	3.5	38.30	5.3	27.00	7.1	20.32
1.7	66.80	3.6	37.	5.4	26.53	7.2	20.07
1.8	63.66	3.7	36.61	5.5	26.10	7.3	19.78
1.9	61.27	3.8	35.89	5.6	25.69	7.4	19.52
2.0	58.96	3.9	35.11	5.7	25.26	7.5	19.26
2.1	56.94	4.0	34.39	5.8	24.86	7.6	19.01
2.2	55.12	4.1	33.72	5.9	24.46	7.7	18.76
2.3	58.26	4.2	33.06	6.0	24.04	7.8	18.52

2.4	51.53	4.3	32.40	6.1	23.66	7.9	18.28
2.5	49.98	4.4	31.79	6.2	23.28	8.0	18.06
2.6	48.50						

第七步　機車煤水車及空氣阻力：——

$$t_1 = 18.7\ T + 80\ N$$

　　　　T ＝ 動輪負重,噸　　N ＝ 動輪軸數

$$t_2 = 2.6\ T + 20\ N$$

　　　　T ＝ 轉轍架及煤水車負重,噸

　　　　N ＝ 轉轍架及煤水車軸數

$$t_3 = 0.25\ V^2$$

　　　　V ＝ 機車速率哩/時。

第八步　在第六步所得中減去第七步所得即為機車在各種速率下之拉條引力。

5.　**李布之法**　—— 美國機車公司顧問工程師普渡大學鐵道機械科教授李布之Lipetz在去年三四月鐵路機械月刊 (Railway Mechanical Engineer, Mar. Apr. 1933)發表一文Ratios of Modern Locomotives。其中介紹一法計算過熱機車汽缸引力之變化,其方法撮要如下：——

第一步:　據美國機車公司出版之機車快覽 (Locomotive Handbook 1917 p. 59)算出機車之蒸發量E。以蒸發面積乘每方呎之蒸發量即得。

第二步:　依下表得蒸發係數再以此係數乘蒸發量E,得相當于速率之各種蒸發量。

動輪每分鐘旋轉數(n)	蒸發係數(β)	
	無預熱器者	有預熱器者
50	.60	.65
60	.65	.71
70	.70	.76
80	.75	.81

90	.80	.86
100	.85	.91
120	.91	.98
140	.96	1.03
160	.99	1.06
180	1.00	1.07
200	1.00	1.07
225	.98	1.05
300	.93	1.00

$$E = \beta E_0$$

第三步: 依下表求每汽缸馬力(連鍋爐附件所用者在內) 每小時所需之蒸汽量。

汽鑽速率(S_p) 呎/分	每汽缸馬力蒸汽量 磅/時
290	25
300	24
350	23
400	22
450	21.5
500	21.1
550	20.9
600	20.7
650	20.5
700	20.3
750	20.2
800	20.1
850	20.0
900	19.9
1000	19.8
1100	19.7
1200	19.6
1250	19.6

此僅就過熱機車言,飽和機車不能用也。又本步中汽餅速率 S_p 與上一步中之働輪每分時旋轉數(n)之關係如下:

$$S_p = \frac{ln}{6}, \qquad l = 汽餅行程,吋$$

第四步: 以第三步所得除第二步所得即爲各速率之相當汽缸馬力。

第五步: 依 I. H. P. $= \frac{TcV}{375}$, 求得各速率之相當汽缸引力,惟其中 V 爲機車速率以 哩/時 計之,其與 S_p 及 n 之關係,如下:——

$$S_p = 56 \cdot \frac{1}{D} \cdot V \quad (見前)$$

$$V = \frac{Dn}{336.134}, \qquad D = 働輪直徑,吋$$

以上爲機車引力變化之曲線部分

第六步: 依 $T_o = \frac{\cdot 85 pld^2}{D}$ 求得發勤引力,得一水平線,此水平線與上一步所得之曲線相交,即得所求之曲線,表示機車汽缸引力之變化。

如欲由此法求拉條引力可應用美國機車公司法求機車煤水車及空氣阻力之消耗而減去之即得。此法步驟與自高斯博士以來研究機車引力之學者所用方法相同。

惟認鍋爐蒸發能力與働輪速率生關係且視此速率而變化,實爲創見。

各法比較——兹將以上所介紹之各法與實驗結果比較。美國伊立諾中部鐵道公司 Illinois Central R. R. 于 1922 年將機車 1684 號及 2994 號行路行測驗 Road Test. 由伊立諾大學些密教授主持。著者存有結果,兹將其結果與以上諸法計算之結果繪成第三第四兩圖,該兩機車之重要尺寸如下:——

機車號數	1684	2994
機車型式	2—8—2	2—10—2

拱管方呎	---	46
熱面積 火箱,方呎	235	386
火管,方呎	3855	4728
全數,方呎	4070	5160
過熱管,方呎	1093	1285
爐底面積方呎	70	88.2
過熱度數,汽管中	230 °F	230°F
汽缸尺寸,吋	27×30	30×32
働輪直徑 吋	63	63
鍋鑪壓力磅/平方吋	175	190
働輪負重,噸	109.1	148.2
轉輪架及煤水車重,噸	99.0	112.0
最高燃煤量,每小時	5000磅	7000磅

由圖上比較,美國鐵路工程學會法太低,包得溫法太高,高斯法離實驗結果太遠,不甚適用。美國機車公司法在10哩/時以上最與實驗結果相近,奈此法不計燃煤及煤之熱容量,實為其短,照李布之在其論文中所說美國機車公司法所根據之燃煤量為每方呎爐底面積120磅,今1684所燃者最高每小時5000磅2994為7000磅,則每方呎爐底面積祗各合71.5磅及79.4磅。即以煤之熱容量相同（實驗所用煤為12,500 B.T.U.）該公式所得亦應各打折扣60%及66%,圖中適合碓非真象,故吳德(Wood)教授在Locomotive Operation中謂此法不可靠。李布之法雖將美國機車公司法略加改正,然對于燃煤量及熱容量兩項仍未加入,故同一機車燃不等量不同質之煤其結果應仍為一數,事實上決無其事。著者方法較實驗略差,其最大差異處約9%不過對于機車行動之各因子有適度之操縱,可隨行動情形而變更。煤之優劣及煤之多少者對于拉條引力有相當之影響,似較為可靠。美國鐵路工程學會之方法步驟極為稹密,惜數字未常修正,如每汽缸馬力每小時耗汽量似乎太高,宜其結果太低不適予用也。

著者方法之根據

茲將著者所擬方法之根據如下:——

(1) **鍋爐行為** —— 此項公式係根據美國本雪文尼鐵路阿爾同拉試驗室 Pennsylvania R. R. Altoona Test plant 十個機車試驗而得。第五圖至第十四圖示該十個機車之試驗結果;每圖上皆註明該路實驗報告書數目;縱線表示每方呎鍋爐熱面積(連過熱面積在內)每小時之蒸發量,橫線表示每方呎鍋爐熱面積每小時之燃煤量,皆以磅記之。圖中小點係實驗結果,直線係假定代表諸點之方程式 $y = mX + b$;m 及 b 之值皆註在直線上。試驗中所燃煤之熱容量亦註于圖上以便研究;假定直線代表熱容量 14,000 B.T.U. 如所用煤之熱容量較高,則將表示諸點之直線依楊格 E. G. Young 方程式 $\dfrac{H-3000}{14000-3000}$ 之比例移下,較低則移上。(諸圖中除第八圖因須遷就直線之已成方程式外,餘均可以目力辨別之)。諸圖所得雖皆為直線然 m 及 b 之值均各不相同,意必與爐底面積有關;遂于第15圖將縱線表示 m 之值,橫線表示全熱面積(連過熱面積在內)及爐底面積之比 r,得圖中各點略成一直線,遂得一方程式 $m = 7.9 - \dfrac{r}{40}$ 以表示其變化。又于第16圖將縱線表示 b 之值,橫線表示爐底面積 G,得圖中各點亦略成一直線,遂得又一方程式 $b = 4.75 - .035\,G$. 此鍋爐行為之公式所由來也。

(2) **引擎行為** —— 以盤定每汽缸馬力每小時所需之蒸汽量為目標,但因貨運與客運機車之耗汽量相差較遠故須分別研究。研究時仍以上述十個機車為根據。第17圖至第 20 圖表示四個貨運機車耗汽量之變化,縱軸表示每汽缸馬力每小時之耗汽量以磅計,橫軸表示汽餅速率以呎/分 計,圖中實線表示不同閉汽點時耗汽量之變化。其變化詭譎莫可測度,不得已就其變勢以虛線通過其中,以事實上低速率時閉汽點

運高速率時閉汽點早為衡,將該虛線之左端近閉汽點遲之
實線右端近閉汽點早之實線,又該虛線必須粗表各耗汽量
之平均數,尤以得一共通方程式為目標。結果得一方程式如
下:——

$$W_n = 19.9 - 0.73(S/100) + [(5-S)/100]^2 \div 10 - a$$

a 所以上下此虛線以適合實驗結果者。于是將閉汽點30%
之耗汽量與汽餅速率同繪第21圖,并將汽缸尺寸壓力大小
働輪尺寸及過熱度數詳註各線上,然後知耗汽量之多少祇
與過熱度數有關,度數高者耗汽量小低者大。再將 a 之值與
過熱度數同繪第22圖,于是得 a 之值 $\dfrac{t-180}{30}$。此貨運機車耗
汽量公式之所由來也。客運機車于第24圖至第30圖中依上
法求得其公式。

(3) 機車磨阻力之消耗 —— 第31圖表示十九個機車磨阻消耗
　　與汽餅速率之變化;縱軸表示每噸働輪負重所消耗之磅數,
　　橫軸表示汽餅速率哩/分。分諸線錯綜高下不一,會一一分析
　　結果甚繁不適尋常應用;若將諸點平均則得各點如⊗,似有
　　規則,于是以一曲線貫穿其間,使與諸平均點相近,則得一公
　　式為:

$$R_m = 61.5 - 8.5\left(\frac{S}{100}\right) + .5\left(\frac{S}{100}\right)^2, \quad S=汽餅速率哩/分$$

(4) 空氣阻力之消耗 —— 此處所稱之空氣阻力係指平靜空氣
　　而言,即指無風時車行空氣中之阻力。空氣阻力 P 可以下式
　　表示之:

$$R = PAV^2$$

　　　　V = 車行速率, 哩/時
　　　　A = 機車縱剖面面積約 125 平方呎
　　　　K = .00276
　　　∴ P = .38.V^2

以上 K 之值係根據德國柏林赤森 (Berlin-Zossen) 間急行電

車實測之結果。

列車阻力之變化

以前學者對于平直軌道上列車阻力之變化,理論甚多。有謂祇與速率有關者,速率愈大阻力愈大;有謂祇與車身重量有關者,車身愈重每噸之阻力愈小;有謂係一常數不與速率重量生任何關係者;自些密氏實驗結果公佈,于是衆論姑息;蓋平直軌道上列車阻力與車重速率同有關係,如第一圖所表示者。第一圖為貨運列車在平直軌道上所遇之阻力,車身愈重者,每噸阻力較小,車行愈速者,每噸阻力較大。當時些密氏所試驗者尚有客運列車阻力。夫客車修理較勤,機件較精,且兩端有護風設備,在同一速率重量時應較貨運列車之每噸阻力低,然結果較貨車阻力甚高。詳細研究始知些密氏所實驗者貨車多為四軸,而客車之過半數為六軸車;查腦福西方鐵路公司 Norfolk and Western R. R. Co. 實驗結果,六軸車阻力高于四軸車之阻力,約如下表:

軸重	10,000 磅	20,000 磅	30,000 磅
六軸車阻力較四軸車高之百分數	3.6%	8.3%	12.5%

中國客車尚無六軸者,幾全為四軸車,故計算客車阻力時,仍可應用第一圖阻力之值。抑難者有謂中美鐵路情形不同,美國路基或較中國好,軌條實較中國重,車體修理勤,似不宜以外國阻力之值用之于中國列車。中國向無阻力測驗,究竟中國列車在平直軌道上所遇阻力與美國比較者何固不可知,然路基車體相差有限,且在計算調整噸數時,以最大坡彎道之阻力影響較大;在平直軌道上阻力影響甚微,即稍有差異亦無關大體,此可於下式中見之。如車行速率為每小時 8 哩,則

$$調整噸數 = \frac{T}{1.6 + 20G + 1.2C}$$

$$調整數 = \frac{115.}{1.6 + 20G + 1.2G}$$

設 G=3% C=5° T=10,000 磅 則

5470

調整噸數 = 1140,　　　調整數 = 6.52

如將 115 及 1.6 各加 20% 則

$$調整噸數 = \frac{20,000}{1.92+20G+1.2C} = \frac{20,000}{17.92} = 1115$$

$$與上次所得差 \frac{1140-1115}{1140} = 2.2\%$$

$$調整數 = \frac{138}{1.92+20G+1.2C} = \frac{138}{17.92} = 7.7$$

與上次所得差 7.7−6.52=1.18 即拉 40 輛車時少拉 47.2 噸,

20 拉輛車時少拉 23.6 噸。

由上式可知,平直軌道上阻力即相差 20% 于調整噸數不生重大影響,(上法將 115 及 1.6 各加 20% 實際上即全車阻力加 20% 蓋在平直軌道上阻力公式,一為 P=1.6W+115.一為 P'=1.92W+138 如設 W=40 噸則一為 P=179 磅。一為 P'=214.8 實際上增加 $\frac{214.8-179}{179}$ =20%)。如坡道愈陡彎道愈曲即 G 與 C 之值加大則影響更小。故用美國阻力數以求中國機車之載重幷不算離題甚遠也。

由第一圖查出 5, 8, 10, 12 哩/時 之各種車重之每噸阻力然後以車重乘之得各速率時每車阻力之變化,如下表,

車體重量 噸	每噸阻力,磅				每車阻力,磅			
	5哩/時	8哩/時	10哩/時	12哩/時	5哩/時	8哩/時	10哩/時	12哩/時
20	6.77	7.18	7.28	7.40	135.4	143.6	145.6	148.0
30	5.38	5.74	5.80	5.90	161.4	172.2	174.0	177.0
40	4.38	4.64	4.70	4.75	175.2	185.6	188.0	190.0
50	3.72	3.90	3.94	4.00	186.0	195.0	197.0	200.0
60	3.30	3.42	3.45	3.50	198.0	205.2	207.0	210.0
70	3.15	3.26	3.30	3.30	220.5	228.2	231.0	231.0
80	3.05	3.14	3.17	3.20	244.0	251.2	253.6	25.60

第 32 圖表示 5哩/時 每車阻力之變化; 33, 34, 35, 圖各示 8, 10, 12 哩/時每車阻力之變化。各圖中直線係用以代表曲線而覓得一個方程式者,各圖所得方程式均註明圖上。因改曲線為直線之差誤最大

者不足±6％,其影響于調整噸甚微,如一列車中掛有輕重不等之車輛則正負差誤正可互相抵銷。此調整噸數計算法中阻力公式之所由來也。此法爲些密教授研究所得之結果,尚未正式公布于世,此爲面受教誨時所學來,茲未得教授許可卽在中國實用,倘亦敎授之所願乎?

我國每年需要若干機車及車輛

當民國十五年份,吾國鐵路線共長 9977.463 公里,據海關十六年份貿易報告,輸入機車煤水車及客貨車之價值,爲 5,471,603 關平兩,此數當然爲最低的維持車輛費用; 各路工廠自造之車輛(尤其是客貨車),尙未計及也。

從國有鐵路會計總報告(自民國六年至民國十六年)統計表觀之,又可得到下列之結果;

(A)機車共計 1146 輛,每 100 公里平均有 15.2 輛,

(B)機車每年平均增加率爲 18％(民五每 100 公里爲 11.6 輛)

(C)客車共計 1803 輛,每 100 公里平均有 24.9 輛,每年增加率爲 13 ％,在民國五年共計 1332 輛,

(D)貨車共計 16,718 輛每 100 公里平均有 330.9 輛,每年增加率爲 16％,在民國五年共計 10.772 輛。

根據民國十三年會計統計總報告之附表內載:

	運　輸　率	(每百公里)
	所載客人	所運噸數
國有各鐵路	5870	3765
南滿	5648	9329

可知南滿之貨運幾三倍於北寧,而四倍於平漢,計核國有各鐵路綫之長約四倍於南滿,南滿有機車 399 輛,客車 383 輛, 及貨車 6103 輛,吾國僅有機車 1146 輛,客車 1803 輛, 及貨車 16718 輛。

現下不計增添,而預計國有鐵路之維持車輛數,當爲機車每年 50 輛(機車壽命以20年計算之),客車150 輛,(客車壽命作15年計算之)貨車2000輛,(貨車壽命作8年計算之)。

苟我國每年平均建築鐵路3200公里,則每年應造機車50輛,客車 500 輛,及貨車7400輛,以供新路運輸之用。

總上觀之,吾國每年需要車輛之約數爲;

機車 120輛 (苟設廠自造,當爲每月10輛)

客車 700輛 (苟設廠自造,當爲每月60輛)

貨車9600輛 (苟設廠自造,當爲每月800輛)　　　　　　(陸　增　祺)

第 一 圖

些密曲線

（列車阻力）

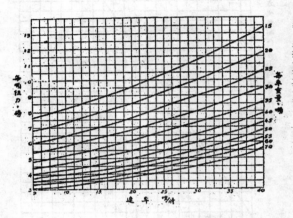

第 二 圖

津浦機車 251

2－8－2

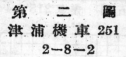
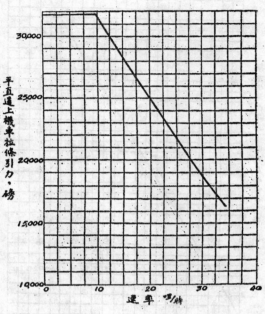

第 三 圖

機車 1501

2－8－2

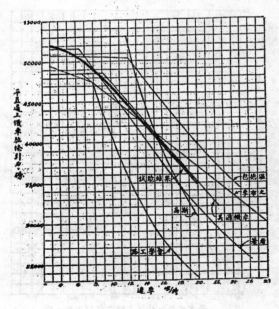

第 四 圖

機車 2994

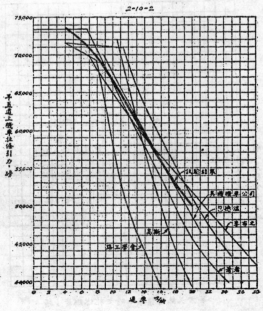

第五圖　機車318 4-4-2
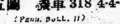

第六圖　機車 877 (PENN. BULL. 18)

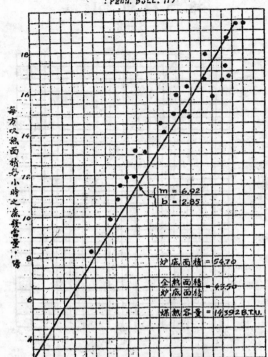

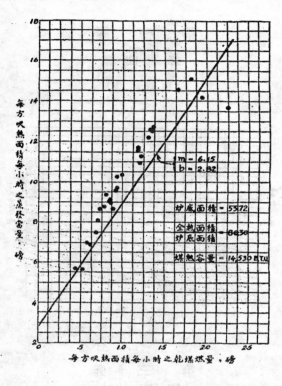

第七圖　機車7166 4-6-2(PENN. BULL. 18)

第八圖　機車3395 4-6-2(PENN. BULL. 19)

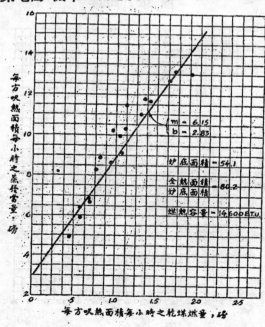

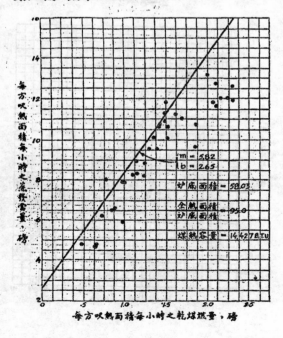

第九圖　機車 88 4-4-2(PENN. BULL. 21)　　　第十圖　機車 51 4-4-2(PENN. BULL. 27)

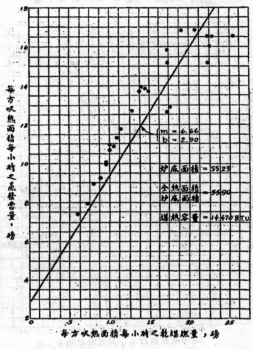

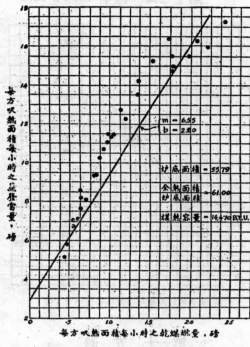

第十一圖　機車 1737 4-6-2

(PENN. BULL. 29)

第十二圖　機車 790 2-10-0

(PENN. BULL. 31)

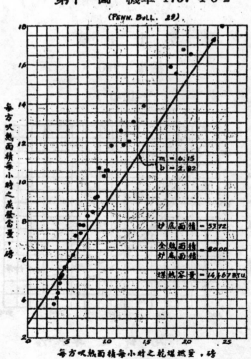

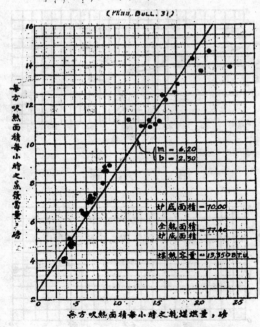

第十三圖　機車 4358 2-10-0

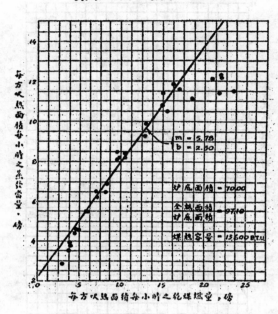

第十四圖　機車 1752 2-8-2

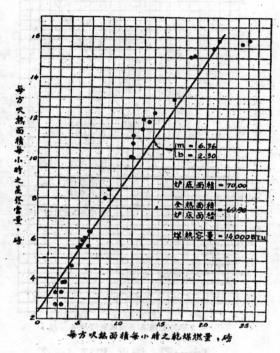

第 十 五 圖

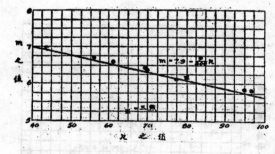

第 十 六 圖

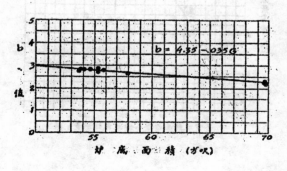

第 十 七 圖

機車 790

2-10-0

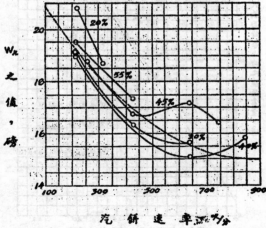

第 十 八 圖

機車 4358

2—10—0

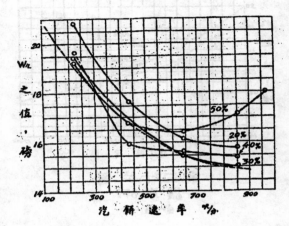

第 十 九 圖

機車 1752

2—8—2

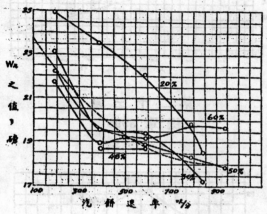

第 二 十 圖

機車 389

2—9—0

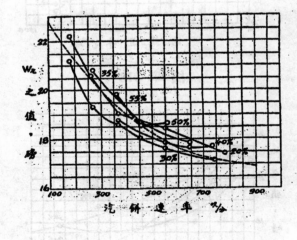

第 二 十 一 圖

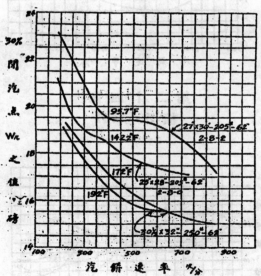

第二十二圖

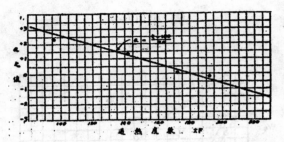

第二十三圖
機車 3995
4－6－2

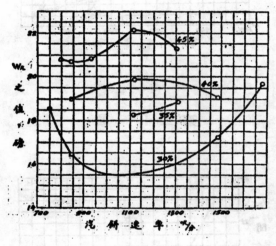

第二十四圖
機車 1737
4－6－2

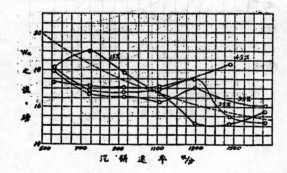

第二十五圖
機車 9166
4－6－2

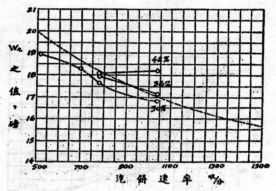

第二十六圖
機車 877
4－6－2

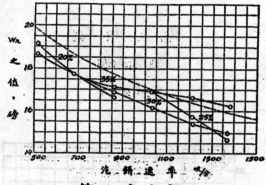

第二十七圖
機車 318
4－4－2

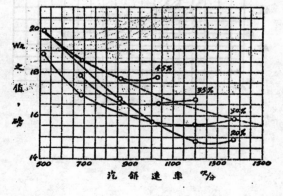

第二十八圖
機車 89
4—4—2

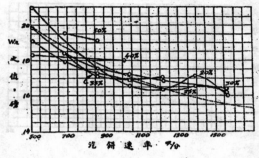

第二十九圖
機車 51
4—4—2

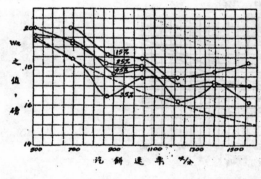

第三十圖

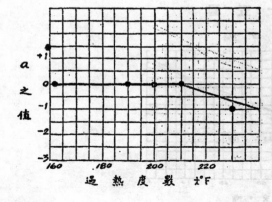

第三十一圖

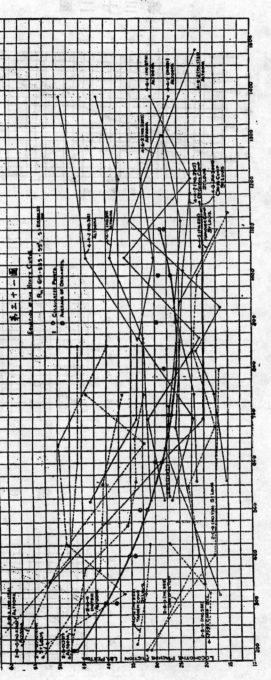

第 三 十 二 圖

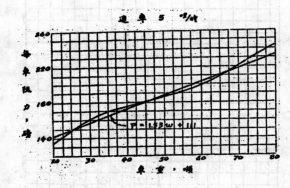

第 三 十 三 圖

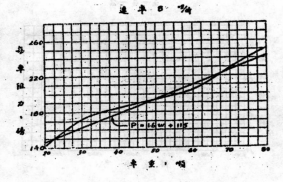

第 三 十 四 圖

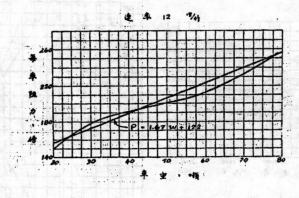

第 三 十 五 圖

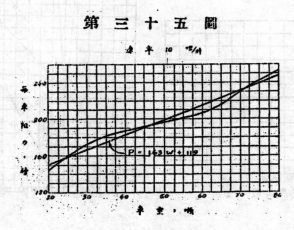

巡 岸 艇 與 國 防

郭 霖

中國國防問題，較世界任何國爲複雜：別國在海軍方面只須防海，中國則兼須防江！外國軍艦，可任意駛至內地各埠，此種現象爲中國所獨有，可恥孰甚！一旦有事，不僅沿海各地橫被踐躪，卽遠距海岸數千里之市鎮如漢口重慶等，亦皆在敵艦控制之下，可哀孰甚！遠事無論已，上海一役，苟日艦不能駛入黃浦及瀏河一帶，十九路軍安得敗北？至今思之，猶有餘痛！然中國今日欲驟興一强有力之海軍，又屬決不可能！然則奈何？作者深思熟慮之後，以爲宜注意下列三點：——

(一)多造飛機以防空

(二)多造潛艇以防海

(三)多造巡岸艇以防海與江

就第一點論，飛機救國之呼聲，早已洋洋盈耳，本文姑不具論，至第二點，潛艇救國之說，雖尙少有所聞；但作者在三年前已有一文詳加論列(見武漢大學理科季刊第一卷第一第三兩期)，此處亦不贅述，今專論第三點——巡岸艇。

巡岸艇係歐戰時英人商尼克拉弗所發明。英名爲"Coastal Motor Boat"，通常但呼爲 C.M.B.，不以全名稱也。今以意譯之爲「巡岸艇」。其長不過四十至七十英尺，(現時英國所有之C.M.BS.，計爲40尺，55尺及70尺三種，但70尺者尙占絕少數。)寶與普通汽船相似，故英名有Motor Boat之稱(圖一)。惟其武器爲魚雷 (Torpebo)，故

圖一, (甲)右上　　55尺巡岸艇之模型

　　　(乙)左下　　40尺巡岸艇試車時之情形

　　　(丙)右上　　55尺巡岸艇擱淺後之情形(旁有尚未造成之巡岸艇)

　　　(丁)右下　　英國巡岸艇隊與德國飛機作戰時之情形

可予一切戰艦以至大之威脅。(據專家言,250磅 T.N.T. 可炸毀世上任何大戰艦;而每只魚雷中常裝500磅至600磅之 T. N. T.)其作用本與魚雷艇或潛行艇相仿;惟魚雷艇不能逼近敵艦,故收效不大;潛行艇所以可怖者,即因其能潛至敵艦附近施放魚雷故也。若巡岸艇,則因其速度特高,船身又小,不獨舉動敏捷,易近敵艦;且不必擇地而行,活動之範圍自廣。凡魚雷艇所能爲者,彼皆優爲之;即潛行艇所不能爲者,彼亦能爲之。故能成驚世駭俗之功,一躍而爲江海威宜之武器焉。玆分段論之如下:——

(一)歷史

　　在歐戰前三十餘年,英國商尼克拉弗爵士 (Sir J. Thornycoft) 即從事於「水面掠行艇」(Skimming Boats)之試驗。嗣後屢易模型,苦心研究,始知「單坎式之掠水艇」(One-Step Hydroplane)爲出類拔萃之作。

此種掠水艇有一特點:即船向前進時,船身可自動升至水面,飄飄然凌波而行,其速度之高,為任何他船所不及。至歐戰發生之次年,英國海軍部欲得一高速之小型魚雷艇,就商於商尼克拉弗船廠,於是此單坎式之掠水艇,遂一變而為C.M.B.焉。

　　(二)原理

　　船之阻力,可分為摩擦阻力(Skin Friction Resistance)造浪阻力(Wave-Making Resistance)造漩阻力(Eddy Resistance)及空氣阻力 (Air Resistance)四種,惟後二者影響至微,常併入於造浪阻力中,統稱後三者為剩餘阻力 (Residuary Resistance)亦有併入後仍稱為造浪阻力者,茲姑從後說,分船之阻力為摩擦及造浪二種。普通船係排水式的(Displacement Type):船重十噸者,即須排去十噸重之水,其前進也,穿行水中,故摩擦阻力與造浪阻力皆大。若C.M.B.則係掠水式的(Skimming Type):船重十噸者,在靜止時亦須排去十噸之水;但若一經行動,則船身即自動升高,排去之水遂不及十噸。以前沒於水中之一部,此時巳升至空中,船殼與水接觸之面積(通常稱為濕面積——Wetted Surface)因以減少,故摩擦阻力比此時所應有者特別減小,自然前進加速。前進愈速,船愈升高,此種現象亦愈著,此高速之所由來也。自然,此種速度之增高亦非漫無限制者,摩擦阻力約與船速之平方成比例,迨至某速度時,船之推進力不能超過阻力,便不能再加。然較之普通船速,相去巳不啻倍蓰矣。普通船之速長比(Speed-Length Ratio,)即 $\dfrac{V}{\sqrt{L}}$ 此處V為船速,以每小時所行之海里計;L為船長,以英尺計),鮮有超過2者而掠水艇之速長比,則可至7或8!不亦大可驚乎?

　　當其向前進行時,排去之水旣不足十噸——一般只排去五噸,——是水之浮力亦只五噸矣。餘下之五噸重力,自仍向下作用,非借行動時所生之上升力以維持平衡不可。故船殼着水部分之形狀,非常重要,務須特別合宜,方能得相當之上升力。試觀圖二圖三及圖四,就阻力比較之,便知船殼形狀之重要矣。此外船身傾斜度

(Planing Angle) 亦甚重要,機軸亦宜稍斜。

圖二圖三爲商尼克拉弗試驗之結果,圖四圖五爲咖斯提(Cesare Guasti)試驗之結果,(咖氏係意大利掠水艇專家)。此四圖皆極有價值,其中最有趣味之一點,爲圖五中%DECREASE in W.S.一線;(即濕面積減低之百分數)。在 $\dfrac{V}{\sqrt{L}}=5$ 時,濕面積已減去百分之五十六,餘不及半,是摩擦阻力亦不及此時應有之一半矣。

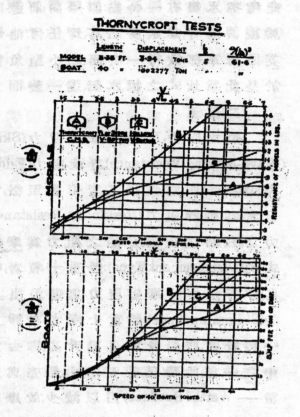

(三)構造

艇身全部皆以木製。艇壳以薄水板二層或三層結合而成,取其堅牢而體輕也。機器爲特製之輕內燃機,即以飛機上所用之內燃機代之亦可。

魚雷放射裝置(Torpedo-Discharging Gear) 設在艇尾,放時,將魚雷向後射之使落水中,於是魚雷隨艇進行。初見,必以爲此乃自殺之道:因魚雷速度甚高,一觸艇身,勢必炸發;但此艇本身之速度比魚雷初步之速度尤高,不致爲所追及;及魚雷速度加高,此艇又已轉舵駛出魚雷軌道之外。於是魚雷直奔敵艦,此艇以高速逃開,而敵艦之命運遂不堪問矣!

艇中設備不多:僅無線電,望遠鏡等等。間有不攜魚雷而攜潛水炸彈(Depth Charge)或烟幕彈,高射砲,機關槍等者,則在人各隨所需以應用之耳。

(四)功用

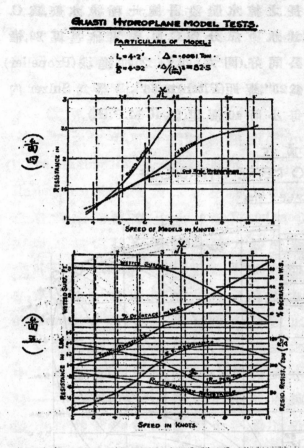

GUASTI HYDROPLANE MODEL TESTS.

PARTICULARS OF MODEL:

$L = 4·2'$　$\Delta = ·0081$ Ton

$B = 4·32$　$\Delta/(L/10)^3 = 82·5$

（圖四）

（圖五）

此艇速度既高，船身叉小，飄忽往來，有追風逐電之勢，自不易爲敵砲所中，而此艇舉動輕便，一躍卽至敵艦之旁，此時施放魚雷，殊無不中之理。況通常又多於夜間出而攻敵，彼時敵更處於不利地位。我易制敵，敵難制我，勝負之數，何難預決?卽不幸而中敵砲，我之損失亦至有限(每艇不過三數人)，不足以定最後之勝負。敵苟爲我所中，則損失不貲，全軍或因以動搖!若更與飛機合作，上下夾攻，敵縱欲掩旗息鼓而退，亦不可得矣。

再者此艇船身既輕，吃水自然不大。不獨淺水處可以往來，卽已埋水雷之區他艦不敢越雷池一步者，此艇亦可暢行無阻。故能深入敵港，施行破壞工作。如英國巡岸艇隊攻俄國喀朗斯他港(Kronstadt Harbour)內各戰艦，大獲勝利卽其例也。卽驅逐艦與潛行艇尚不克辦此，況其他乎?不特此也，卽用護木(Boom)圍繞之軍港或軍艦，此艇亦能跳過護木以攻之，亦奇事也!

(五)設計

設計工作可分(甲)(乙)二項論之:——

(甲船型設計及一切詳細構造——凡關於此類之消息各國皆守祕密，在出版品中披露絕少。作者歷年來常注意搜求，總不可得;爰託一英國友人現尚工作於商尼克拉弗船廠者，代爲搜求，結

果乃於兩年前寄來一10米長之掠水艇設計圖。此種掠水艇,與C.
M.B. 本係一而二二而一者;其水下部分與C.M.B. 實無甚區別,惟
上部小異耳。特披露於此,以公同好。(圖六)。此艇之推進機(Propeller)
係屬三瓣式(3-Bladed),直徑為23″,螺距(Pitch)為36″;機器為Sulzer內
燃機;馬力約為200;船速為每小時40海里(即46 M.P.H.)。

圖六

BODY PLAN OF 10 METRE HYDROPLANE

SCALE 1/10ᵀᴹ

(STEP BETWEEN STATIONS 5 & 6.)

　　另有一長60英尺之掠水艇,其各部尺吋,亦附記於此,以供參
考:——
(a)船肋骨(Timbers):以長方形之楡(American Elm)木條為之。
　　在船之中段者:底部為1⅛″×1″,至艙面則漸減為1″×⅞″;
　　在船尾15尺以內者:底部為1″×⅞″,至艙面減為⅞″×⅞″;;
　　在船頭20尺以內者:底部為⅞″×⅞″,至艙面減成⅞″×⅞″。
　　以上較大之一邊,皆與船壳垂直。各肋骨之中線,相距皆為4″。
(b)船壳(Planking):以桃花心木(Mahogang)為之。分內外二層(圖七),

內壳厚$\frac{1}{4}$"，外壳厚$\frac{7}{16}$"；二壳之間，夾細油布一層。各壳板接縫處，皆須緊密平適，不施撚縫工作(Caulking)，恐增大磨擦阻力故也。內壳之板條係沿水平方向排列，外壳之板條則斜行，如圖八。

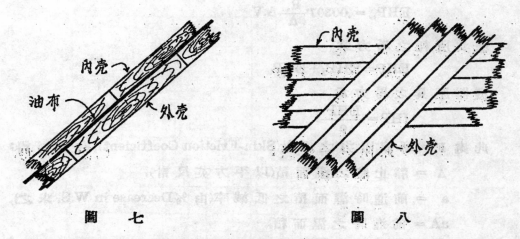

圖　七　　　　　　　　圖　八

（c）龍骨(Keel)：以榆木製成，在船坎(Step)附近之寬爲4$\frac{1}{2}$"。

（d）船首中木(Stem)：以寬4$\frac{1}{2}$"之橡木(Oak)爲之。

（e）船尾橫檔(Transom)：計二層，以厚各1$\frac{1}{4}$"之桃花心木板組成之。

（f）船內直筋(Stringers)：以洋松爲之。在船中段30'-0" 以內者，爲2$\frac{1}{4}$"×1$\frac{3}{4}$"；在船尾15'-0"以內及船頭25'-0"以內者，則漸減爲2"×1$\frac{1}{4}$"至2"×1"。

（g）艙面(Deck)：以厚各$\frac{1}{4}$"之金松(Cedar)板兩層組成之。上蓋帆布，並髹以漆。

　　以上所記，雖尚非商氏C.M.B.之構造；但亦相去無幾，若實地製造時，即仿上法斟酌行之，自無不可。

　　（乙）馬力估計——此項工作，殊爲繁難。因理論既不盡可靠，而試驗之結果經宣布者復少。作者此刻僅有商氏及咖氏試驗圖（即前圖二至圖五）。其中惟咖氏之%DECREASE in W.S.及$\frac{R_w}{\Delta}$二線最有價值。前者爲濕面積低減之百分數，後者爲每噸排水量平均所受之造浪阻力（以磅數計）。此二線用以估計馬力，頗稱便利。法如下：——

摩擦阻力所耗之馬力爲

$$EHP_f = .00307\ F.aA.V^{2 \cdot 825}$$

造浪阻力所耗之馬力爲

$$EHP_w = .00307 \cdot \frac{R_w}{\Delta} \Delta.V$$

總共所耗之馬力爲

$$EHP = EHP_f + EHP_w$$

機器應具之馬力爲

$$IHP = \frac{EHP}{e}$$

此處 F = 摩擦阻力之係數(Skin-Friction Coefficient),檢表可得;

A = 靜止時之濕面積(以平方英尺計),

a = 前進時濕面積之低減率(由 %Decrease in W.S. 求之),

aA = 前進時之濕面積;

V = 船之速度(以每小時若干海里計);

Δ = 排水量(以每噸 2240 磅計);

$\frac{R_w}{\Delta}$ = 每噸中之造浪阻力(以磅數計);

e = 推進係數(Propulsive Coefficient),此係數通常爲·48 至
　　·60;就掠水艇言,可略作·5(卽 I.H.P.÷2E.H.P.)。

本來噸位與船長之比 $\left[\Delta / \left(\frac{L}{100}\right)^3\right]$,船寬與吃水之比 $\left(\frac{B}{d}\right)$ 以及船肚之肥瘦等等皆能使 $\frac{R_w}{\Delta}$ 變動,難以一概而論;但同就掠水艇言,此種變動尚微,可略而不計。

　　以上所述,乃通用之法也。惟咖氏試驗僅至 $\frac{V}{\sqrt{L}} = 5$ 而止,現時掠水艇之速度却又已至 $\frac{V}{\sqrt{L}} = 7$ 以上。亟須有人再作此種試驗,但至今尚少有所聞。從來設計者遇 $\frac{V}{\sqrt{L}} > 5$ 時,多隨意假定 $\frac{R_w}{\Delta}$ 及 a 之值以估計之,有時錯誤甚遠。作者爰擬覓一較妥之法,使估計手續簡單可靠,並使未習造船學者亦可估計馬力。考商氏試驗已至 $\frac{V}{\sqrt{L}} = 7$,大可利用,乃先由咖氏試驗畫成圖九中"a"線之前

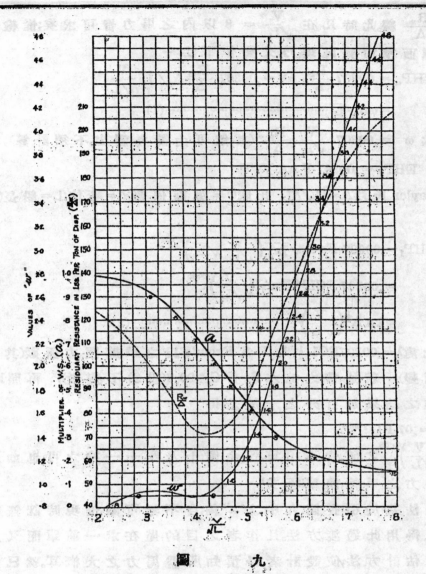

圖　　九

半段,然後由各方面推測,引長此線至 $\frac{V}{\sqrt{L}} = 8$; 再作下列二假定:

1、假定商氏 C.M.B. 濕面積之低減率"a",與咖氏試驗同。

2、假定商氏 C.M.B. 水下部分之形狀,與圖六所示之掠水艇同。由此二假定算得商氏 C.M.B. 之濕面積,由濕面積算得摩擦阻力,自全阻力中減之,得每噸所受之造浪阻力。惟商氏試驗報告苦不完全,算時尚有若干假定,並參照咖氏試驗略加改動,始成圖九

中之 $\dfrac{R_w}{\Delta}$ 線。此時凡在 $\dfrac{V}{\sqrt{L}}=8$ 以內之馬力皆可求矣；惟檢表及計算濕面積尙覺麻煩，乃又變作下法：—

$$EHP_w = .00307\,\frac{R_w}{\Delta}\,\Delta V = .00307\,\frac{R_w}{\Delta}\,\Delta\sqrt{L}\,\frac{V}{\sqrt{L}}$$

$$= \omega\Delta\sqrt{L} \quad\cdots\cdots\cdots\cdots\cdots\cdots(1)$$

此處 $\omega = .00307\,\dfrac{V}{\sqrt{L}}\,\dfrac{R_w}{\Delta}$ （其值可由圖九讀出，不須計算）。

再　　$EHP_f = .00307\,F.aA.V^{2\cdot825}$

由 Taylor 氏法 $A = C\sqrt{\Delta L}$, 此處 $C =$ 濕面係數；$\Delta =$ 噸位；$L =$ 船長（以英尺計）。

$$\therefore EHP_f = .00307\,FaC\,\sqrt{L\Delta}\left(\frac{V}{\sqrt{L}}\,\sqrt{L}\right)^{2\cdot825}$$

$$= .00307\,FCL^{1\cdot9125}\cdot a\Delta^{\frac12}\left(\frac{V}{\sqrt{L}}\right)^{2\cdot825}$$

$$= \lambda a\,\Delta^{\frac12}\left(\frac{V}{\sqrt{L}}\right)^{2\cdot825} \quad\cdots\cdots\cdots\cdots\cdots(2)$$

此處 $\lambda = .00307\,FCL^{1\cdot9125}$：F 爲 Froude 氏之摩擦阻力係數（其值隨船長而變）；就通常之掠水艇言 $C = 20.7$（幾爲不變數）；再照 Baker 氏試驗之結果加百分之十，於是得

$$\lambda = .07\,FL^{1\cdot9125}$$

λ 及 $\left(\dfrac{V}{\sqrt{L}}\right)^{2\cdot825}$ 之值，皆不須算，逕由圖十及圖十一檢之可也。如此，則估計馬力之手續，簡單極矣！

上法基於引長圖九中之"a"線，自不無可議；惟現時旣無試驗結果，祇得用此過渡方法。且作者之目的，僅在求一簡單而又比較可靠之估計方法，使設計者得預知所需馬力之大槪耳。就已知之實例驗之，上法却尙準確。玆舉數例於後：——

（例一）已知商氏40尺長之 C.M.B. 載一重.64噸之魚雷時，其排水量爲 4.89 噸以每時 34 海里之速度進行，需 250 馬力。試用上法驗之。

此時之速長比爲 $\dfrac{V}{\sqrt{L}} = \dfrac{34}{\sqrt{40}} = 5.38$。

由圖查得　$\omega = 1.75$　　$a = .345$

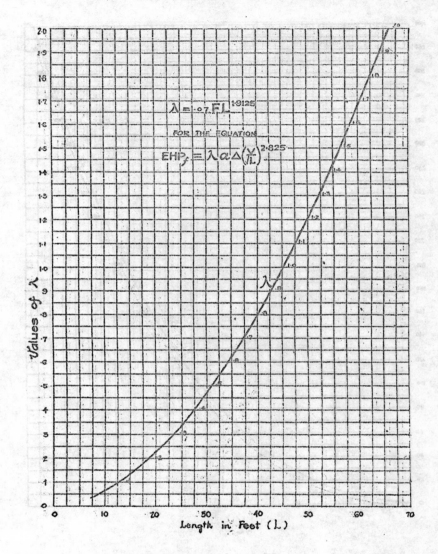

圖　　十

$$\lambda = .80 \qquad \left(\frac{V}{\sqrt{L}}\right)^{2.825} = 116$$

於是由 (1)(2) 兩式得

$$\text{EHP}_w = w \Delta L^{\frac{1}{2}} = 1.75 \times 4.89 \times 40^{\frac{1}{2}} \qquad = 54.1$$

$$\text{EHP}_f = \lambda a \Delta^{\frac{1}{2}} \left(\frac{V}{\sqrt{L}}\right)^{2.825} = .8 \times .345 \times 4.89^{\frac{1}{2}} \times 116 \quad = 70.9$$

故 EHP　　　　　　= 125.0

若 e = .5, 則 IHP = 250, (恰與實例相符)。

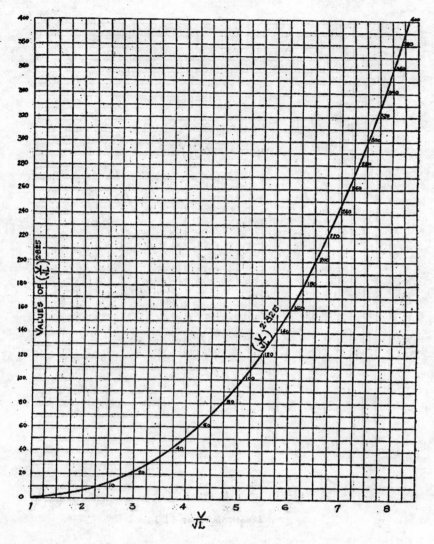

圖　十　一

　　(例二)巳知圖六中之 10 米掠水艇在每小時行 40 海里時,約需
200 馬力;試驗之

　　此處噸位未曾敍明,實不能計算,蓋噸位大則馬力亦大故也。
但若假定此艇之噸位與例一中 C.M.B. 之噸位相當 (即at Corres-
ponding Displacements), 則其噸位爲

$$\Delta = 4.89 \left(\frac{32.8}{40.0}\right)^3 = 2.7 \text{ 噸}$$

圖十二

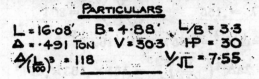

LINES OF MARGARET III

PARTICULARS

$L = 16.08'$　　$B = 4.88'$　　$L/B = 3.3$

$\Delta = .491 \text{ TON}$　　$V = 30.3$　　$HP = 30$

$\Delta/(\frac{L}{100})^3 = 118$　　$V/\sqrt{L} = 7.55$

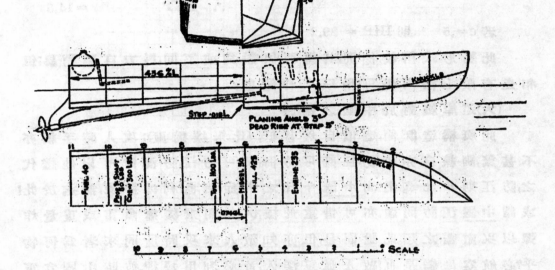

圖　十　二

按題意　　$\dfrac{V}{\sqrt{L}} = \dfrac{40}{\sqrt{32.8}} = 6.984 \fallingdotseq 7$

由圖查得：　　$\omega = 3.97$　　　$a = .185$

　　　　　　$\lambda = .555$　　　$\left(\dfrac{V}{\sqrt{L}}\right)^{2.825} = 242.5$

於是　　$EHP_w = \omega\Delta L^{\frac{1}{2}} = 3.97 \times 2.7 \times 32.8^{\frac{1}{2}}$　　　　$= 61.4$

　　　　$EHP_f = \lambda a\Delta^{\frac{1}{2}}\left(\dfrac{V}{\sqrt{L}}\right)^{2.825} = .555 \times .185 \times 2.7^{\frac{1}{2}} \times 242.5$　$= \dfrac{40.9}{}$

　　　　　　　　　　　　　　　$\therefore EHP$　　　　　$\fallingdotseq 102.3$

若 $e = .5$　　則 $IHP \fallingdotseq 205$

但若 $e = .51$ 則 $IHP \fallingdotseq 200$

（例三）一直肋式(Straight-framed)之掠水艇名 Margaret（圖十二），
其長爲 16.08 英尺,排水量爲 .491 噸,速度爲每時 30.3 海里,馬力爲

30,試驗之。

速長比　$\dfrac{V}{\sqrt{L}} = \dfrac{30.3}{\sqrt{16.08}} = 7.55$

由圖得　　$\omega = 4.65$　　　　　$a = .163$

$\lambda = .155$　　　$\left(\dfrac{V}{\sqrt{L}}\right)^{2.825} = 304$

於是得　$EHP_w = \omega\Delta L^{\frac{1}{2}} = 4.65 \times .491 \times 16.08^{\frac{1}{2}}$　　　　　$= 9.2$

$EHP_f = \lambda a\Delta^{\frac{1}{2}}\left(\dfrac{V}{\sqrt{L}}\right)^{2.85} = .155 \times .163 \times .491^{\frac{1}{2}} \times 304 = 5.4$

$\therefore EHP$　　　　　$= 14.6$

若 $e = .5$　　　則 $IHP = 29.2$

　　此艇形式稍較特別,其濕面係數與前不同,馬力自應稍異;但相差有限,上法固仍可用以求約值也。

（六）巡岸艇對於中國之關係

　　此艇構造既簡,造價自然甚低,(比飛機猶廉);攻人時手續亦不甚繁,訓練自亦較易;且既可防海,又可防江,防海尚可以他艦代之,防江則非此莫屬;洵中國今日之對症藥也!利溥勢便,無逾於此!或謂中國江防問題,亦可借重飛機,例如用飛機攜魚雷或重量炸彈以攻敵艦之類。此說固是,但亦知敵人來攻時所同來者為何物乎?必航空母艦是也!敵人孤軍深入,首必利用飛機。彼時中國空軍發展至何程度,敵人早已盡知,必更以超越之空軍攻我,借以取得制空權。我若僅恃飛機以禦之,是小巫見大巫也。去大刀禦坦克能幾何哉?謂可必勝乎?故發展巡岸艇,實亦中國今日至要之策也!

二十二年八月,武大。

電廠鍋爐給水問題

莊前鼎

國立清華大學教授

引言

電廠中鍋爐用水,必須清潔。蓋水不清潔,發生種種困難,其最要者即爲沉澱物之留結鍋內,變爲硬塊。不但使鍋爐效率低降,且有使鍋爐爆炸之虞。因沉澱硬塊,阻熱力甚大。每八分之一英寸,即可減低鍋爐效率 10% 左右。若日久厚積,傳熱不易,鍋管或鍋身,即有因一部份受熱過猛,而爆炸。其結果甚爲危險。所以新電廠計劃,解決鍋爐給水問題,最爲重要。蓋鍋水問題解決,則鍋爐壽命得以延長。且鍋爐效率,可以永久保持而不低降。我國北方電廠,因河流鮮少,鍋爐給水,大半多用井水。井水取自地下,均係硬水。且因不明水之性質,電廠計劃時,對於鍋爐給水,未加相當處理。日久沉澱硬塊,厚結管內。鍋管不時爆裂,而燃煤極不經濟。如清華大學電廠,現在每度用煤二十磅左右。唐山機廠發電

第一圖 鍋管內沉澱硬塊

廠,每年鍋管爆裂五百餘根。每根二十餘元,每年鍋管修理費即一萬餘元。皆鍋水未加處理之故也。有感於是,因作此篇。望北方電廠

工程師,加以指正焉。

第二圖　鍋管因別處沉澱硬塊厚結而爆裂

水 之 分 類

　　水分二種,即軟水(Soft Water)與硬水 (Hard Water) 是 也。凡 水 在水鍋內不沉澱硬塊者,謂 之 軟 水。反 之,謂 之 硬 水。其 實 軟 硬 之 分,視其 程 度 而 異。水 在 某 處 應 用,稍 有 沉 澱 物 而 無 害 者,可 謂 之 軟 水。及至 鍋 內,沉 澱 物 硬 結,將 有 危 險 者,又 可 謂 之 硬 水 矣。再 有 沉 澱 物,在鍋 內 不 硬 結 爲 塊 雖 爲 硬 水 而 無 大 害。要 之,皆 水 內 溶 解 物 之 不 同,而 異 其 軟 硬 之 程 度,及 其 爲 害 之 深 淺。凡 溶 解 物 之 因 水 溫 增 高 而沉 澱 者,或 分 解 後 不 能 再 溶 解 者,皆 有 發 生 硬 塊 之 可 能。

　　自 流 井 水,均 係 硬 水。而 河 水 大 半 爲 軟 水。然 有 河 水 來 源,發 自山 中 井 泉,而 亦 爲 硬 水 者。如 北 平 附 近 河 流,來 自 西 山,均 係 硬 水 因井 水 及 泉 水,在 地 面 下 層,與 岩 石 接 觸,溶 解 各 種 化 合 物,變 爲 硬 水。

　　硬 水 分 二 類,即 暫 時 的 (Temporary Hardness) 及 永 久 的(Permanent Hardness) 暫 時 的 硬 水,加 熱 後,溶 解 物 分 解 沉 澱,變 爲 軟 水。永 久的 硬 水,須 用 化 學 品 處 理,將 溶 解 物 化 合 沉 澱 沙 濾 後,始 變 爲 軟 水。平 常 硬 水,二 種 均 有。一 部 份 溶 解 物,加 熱 後 沉 澱。而 一 部 份 溶 解 物,必 須 化 學 處 理,方 能 沉 澱。所 以 電 廠 用 水,須 知 水 內 溶 解 物 之 成 份,然 後 分 別 處 理,以 收 成 效。

　　普 通 河 水 來 源,均 係 雨 水 積 流 地 面 溝 渠,會 流 河 中。若 不 與 岩石 接 觸,即 無 溶 解 物 品,所 以 均 爲 軟 水。用 爲 鍋 水,最 爲 合 宜。雖 有 小量 不 潔 物 品,如 泥 沙 等。經 過 沙 濾,即 潔 淨 無 比。在 汽 鍋 內,永 無 發 生

沉澱硬塊之虞。

　水之軟硬,目視不能分別。蓋泥沙等物,可以沙濾清潔。而水之軟硬程度,視乎水內溶解物品之種類及多少而定。所以須用化學分析水內溶解物品之成份,而方能決定水之是否為軟水或硬水。及其硬水之是否為暫時的或永久的,以及硬水之硬度。普通簡易分別,即用肥皂水,加於水內。若為軟水,少量肥皂水,即可使之起泡(Lather)。硬水須用多量肥皂水,方能起泡,其硬度之深淺,則與所用標準肥皂水之多少為正比例。

硬水內溶解物品之種類

　硬水既分二種。暫時的硬水內,所有溶解物品,大半係:

　（1）亞炭酸鈣 Calcium Bicarbonate Ca(HCO₃)₂

　（2）亞炭酸鎂 Magnesium Bicarbonate Mg(HCO₃)₂

　水在地下流行,與天然炭酸鈣即石灰石(Limestone CaCO₃)接觸。因水中含二氧化炭(CO₂),即與不易溶解之炭酸鈣化合,變為亞炭酸鈣而大量溶解於水中。其化學方式如下,

　（1）　$CaCO_3 + H_2O + CO_2 = Ca(HCO_3)_2$

　　　　　炭酸鈣 ＋ 水 ＋ 二氧化炭 ＝ 亞炭酸鈣

　（2）　$MgCO_3 + H_2O + CO_2 = Mg(HCO_3)_2$

　　　　　炭酸鎂 ＋ 水 ＋ 二氧化炭 ＝ 亞炭酸鎂

　若將含有亞炭酸鈣或鎂之水,加熱至沸點,則內中二氧化炭氣即易散發而不易溶解之炭酸鈣及鎂,即沉澱下降矣。所以謂之暫時的硬水。

　（1）　$Ca(HCO_3)_2 + Heat = CaCO_3 \downarrow + CO_2 \uparrow + H_2O$

　（2）　$Mg(HCO_3)_2 + Heat = MgCO_3 \downarrow + CO_2 \uparrow + H_2O$

　　　　　溶解　　　　加熱　　沉澱　　　發散

　永久的硬水內,所有溶解物品,大半係:

　（1）硫酸鈣　　Calcium Sulphate CaSO₄

（2）硫酸鎂　　Magnesium Sulphate Mg So₄

（3）氯化鈣　　Calcium Chloride Ca Cl₂

（4）氯化鎂　　Magnesium Chloride Mg Cl₂

以上四種物品，均極易溶解於水中。加熱不能使之沉澱，須用化藥品處理，方能見效。所以謂之永久的硬水。

此外硬水中，再含有少量之：

亞硝酸鹽類　　Nitrates-NO₃

矽氧二　　　　Silica SiO₂

鐵質及鋁質　　Iron & Aluminum Fe, Al.

鈉化合物　　　Sodium Compounds Na—

此等少量物質，均與硬度，無甚關係。所以鍋水處理，僅注意上述數種鈣及鎂之化合物而已足解決硬度之問題矣。

硬 水 分 析

硬水分析，因化學家之意見不同，而異其報告。平常均以百萬分計算 (Parts per Million)。或以每加侖若干喱計算 (Grains per Gallon) 若欲將每加侖若干喱，改變為每百萬分中幾分，乘以 17。D 即得。

為工程上之應用便利起見，硬水分析，僅及下表所列之數項。其如何詳細分析之方法，見美國公衆衞生會所發行之『水之分析』上"Standard Methods for the Examination of Water & Sewage" By A. P. H. A.）因係化學分析部份，茲不另述。

硬水硬度，由水內所含鈣與鎂化合物之成份及多少而定。然其總硬度之確定 (Total Hordnes)，均用炭酸鈣 (Calcium Carbonate) 為標準 (Standard)。蓋溶解物硬度不同，不能用以比較也。其總硬度之多少，即以標準肥皂水決定之。

第 一 表

北平自流井水分析表

		燕 京大 學	清 華大 學	協 和醫 院
總　　硬　　度	Total Hardness	276	250	237
暫　時　硬　度	Temporary Hardness	——	——	216
永　久　硬　度	Permanent Hardness	——	——	21
鈣　　　　質	Chlcium	61	57.6	——
鎂　　　　質	Magnesium	21.7	21.9	——
鹼　　　　質	Alkalinity	198	200	239
炭　酸　鹽	Carbonate	118.8	119.5	
氯　化　鹽　類	Chlorides	11.5	21.8	
硫　酸　鹽　類	Sulphates	65.0	46.4	
固 體 物 質 總 量	Total Solids	322	——	219
矽　氧　二	Silica	13.0	13.0	
鈉　　　　質	Sodium	23.0	24.2	

註上表以百萬分中幾分計算

處理硬水之化藥品及其化學作用

　　處理硬水之原理,不外使硬水內之溶解物,變爲不溶解固體而沉澱。然後經過沙濾,即可應用於鍋爐內,無沉澱硬塊之虞。其所用化藥品之目的,即在使與鈣及鎂之溶解化合物,起化學作用,而變爲鈣及鎂之不溶解化合物,沉澱沙濾後,而硬水即變爲軟水矣。

　　普通處理硬水之化藥品如下:

(1)石灰(氧化鈣)　　Lime (Calcium Oxide)　CaO

(2)蘇打曹達(炭酸鈉)　Soda Sodium Carbonate Na_2CO_3

(3)除硬藥　　　　　Zeolite　　　　　　Na_2Ze

(4)磷酸鈉　　　　　Sodium Phosphate　Na_3PO_4

　　上列藥品之化學作用,可用化學方式表明之如下:

第　二　表

(1)　　　$CaO + H_2O = Ca(OH)_2$

　　　　石灰　水石炭水　　即鼠氧化鈣

(2)　　　$CO_2 + Ca(OH)_2 = CaCO_3\downarrow + H_2O$

(3)　　　$Ca(HCO_3) + Ca(OH)_2 = 2CaCO_3\downarrow + 2H_2O$

(4)　　　$CaSO_4 + Na_2CO_3 = CaCO_3\downarrow + Na_2SO_4$

(5)　　　$CaCl_2 + Na_2CO_3 = CaCO_3\downarrow + 2NaCl$

(6)　　　$Ca(NO_3)_2 + Na_2CO_3 = CaCO_3\downarrow + 2NaNO_3$

(7)　　　$Mg(HCO_3)_2 + 2Ca(OH)_2 = Mg(OH)_2\downarrow + 2CaCO_3\downarrow + 2H_2O$

(8)　　　$MgSO_4 + Na_2CO_3 + Ca(OH)_2 = Mg(OH)_2\downarrow + CaCO_3\downarrow + NaSO_4$

(9)　　　$MgCl_2 + Na_2CO_3 + Ca(OH)_2 = Mg(OH)_2\downarrow + CaCO_3\downarrow + C^2NaCl$

(10)　　$Mg(NO_3)_2 + Na_2CO_3 + Ca(OH)_2 = Mg(OH)_2\downarrow + CaCO_3\downarrow + 2NaNO_3$

(11)　　$Ca(OH)_2 + Na_2CO_3 = CaCO_2\downarrow + 2NaOH$

　　石灰及蘇打曹達之化學作用。是在使鈣與鎂之溶解化合物，變爲鈣與鎂之不溶解化合物。沉澱沙濾而爲軟水。如易溶解之亞炭酸鈣，硫酸鈣，氯化鈣，及硝酸鈣等之變爲不易溶解之炭酸鈣而沉澱。以及易溶解之亞炭酸鎂，硫酸鎂，氧化鎂，及硝酸鎂等之變爲不易溶解之氫氧鎂及炭酸鎂而沉澱是也。其餘因化學作用，而發生之鈉化合物，如硫酸鈉，硝酸鈉及氯化鈉等。則溶解於水中，而不發生沉澱硬塊之虞。若在汽鍋中因蒸發而飽和溶量增加至一定限度時，可將鍋水放出（Blow-down）而再加新水也。

　　除硬藥（Zeolite）之化學方式，甚爲複雜。係鈉，鋁及硅之氧化混合物。正寫如下

$$Na_2O \cdot Al_2O_3 \cdot 2SiO_2 \cdot 6H_2O$$

　　但簡寫爲 Na_2Ze。其主要化學作用，是在調換原子（Base Exchange）。將硬水中溶解物之鈣及鎂二原子，調換爲鈉原子。則此類溶解物，卽無發生沉澱硬塊之可能。除硬藥本身則變爲 $CaZe$ 及 $MgZe$ 若除除硬藥中鈉原子，完全變爲鈣及鎂原子時。則除硬藥卽失其功效。必須用食鹽溶液，經過除硬藥再將鈣及鎂二原子調換爲鈉

原子,囘復除硬效用。(Regeneration)茲將化學作用方式列下:

第　三　表

除硬藥之化學作用

(1)　$Na_2 Ze + Ca(HCO_3)_2 = Ca Ze + 2Na HCO_3$

(2)　$Na_2 Ze + \quad Ca Cl_2 \quad = Ca Ze + 2Na Cl$

(3)　$Na_2 Ze + Ca(NO_3)_2 = Ca Ze + 2Na NO_3$

(4)　$Na_2 Ze + \quad Ca SO_4 \quad = Ca Ze + Na_2 SO_4$

(5)　$Na_2 Ze + Mg(HCO_3)_2 = Mg Ze + 2Na HCO_3$

(6)　$Na_2 Ze + \quad Mg Cl_2 \quad = Mg Ze + 2Na Cl$

(7)　$Na_2 Ze + Mg(NO_3)_2 = Mg Ze + 2Na NO_3$

(8)　$Na_2 Ze + \quad Mg SO_4 \quad = Mg Ze + 2Na SO_4$

第　四　表

囘復除硬藥之化學作用

(1)　$Ca Ze + 2Na Cl = Na_2 Ze + Ca Cl_2$

(2)　$Mg Ze + 2Na Cl = Na_2 Ze + Mg Cl_2$

　　除硬藥有天然及人造二種。天然除硬藥由一種砂石(Greensand)製成。人造的將各種化合物熔化而成。天然的價廉;惟除硬速度,不及人造的。然天然的壽命比人造的長。除硬藥狀類細沙。發見甚早(1950)。然應用除硬藥,則始於1900。近十年中,始有各種人造除硬藥。

　　磷酸鈉(Sodium Phosphate)之用爲處理硬水藥品。不過數年而已。上述三種藥品,不能將由硅化物(Silicates)發生之沉澱硬塊除去。而現在電廠中之高壓汽鍋,用水必須極潔淨而無硬度。磷酸鹽類,處理硬水所發生之沉澱物品,不變爲硬塊而容易除去。且能將硅化物除去所以凡電廠用汽壓300磅以上之鍋水處理,大半均用磷酸鹽類。磷酸鈣之溶解量不及硫酸鈣及炭酸鈣。所以鍋水一加磷酸鈣,沉澱極易。化學方式如下

(1)　$3Ca CO_3 + 2Na_3 PO_4 = 3Na_2 CO_3 + Ca_3(PO_4)_2 \downarrow$

(2)　$3Ca SO_4 + 2Na_3 PO_4 = 3Na_2 SO_4 + Ca_3(PO_4)_3 \downarrow$

　　平常加磷酸鈉,直接加於鍋爐內或進水管,以處理水中未曾

沉澱之炭酸鈣及炭酸鈉。

　　普通均用磷酸單鈉(Mono Sodium Phosphate Na H₂ PO₄)以處理
蘇打石灰處理過之軟水。若磷酸雙鈉及磷酸鈉則用以直接處理
鍋中之水。亦有用磷酸(Phosphoric Acid)(H₃PO₄)者,但處置不易,甚少
用者。

(3)　$3Ca CO_3 + 2Na_2 HPO_4 = Ca_3(PO_4)_2 + 2Na_2 CO_3 + H_2O + CO_2$

(4)　$3Ca CO_3 + 2Na H_2PO_4 = Ca_3(PO_4)_2 + Na_2 CO_3 + 2H_2O + 2CO_2$

(5)　$3Ca CO_3 + 2H_3 PO_4 = Ca_3(PO_4)_2 + 3H_2O + 3CO_2$

　　除高壓汽鍋須用磷酸鈉處理硬水外。中國電廠鍋水處理。因
汽壓均在300磅左右,蘇打石灰及除硬藥三種處理,已能使鍋水
不發生沉澱硬塊而減低鍋爐效率。所以不再詳述。

處理硬水化藥品重量之計算

　　計算處理硬水化藥品之重量,須先知硬水之分析,及其硬水
中溶解物之化學作用方程式。茲將第一表井水分析表內之報告,
列表計算如下。

第　五　表
硬水之分析一燕京大學為例

原　　子		百萬分中幾分 P. P. M.	等原子量 Equivalent Wt.	百萬分中等原子數 Eq. P. M.
鈣　質	Ca	61.0	20.00	3.05
鎂　質	Mg	21.7	12.20	1.80
鈉　質	Na	23.0	23.05	1.00
炭酸鹽類	CO₃	118.8	30.00	3.96
硫酸鹽類	SO₄	65.0	48.03	1.33
氯化鹽類	Cl	11.5	35.45	0.32

　　假如硬水中鎂化物均為炭酸鎂(MgCO₃)
則百萬分中等原子數為Mg CO₃ = 1.80 Eq. P. M.

炭酸鈣 $Ca\,CO_3 = 3.95 - 1.80 = 2.16$ Eq. P. M.

硫酸及氧化鈣 $Ca\,SO_4 = 3.05 - 2.16 = 0.89$ Eq. P. M.

(1) 處理硬水中亞炭酸鈣所應用之石灰量

$$Ca(HCO_3)_2 + Ca(OH)_2 = 2Ca\,CO_3\downarrow + 2H_2O$$

$2.16 \times 28 = 6.05$ 氧化鈣(百萬分中幾分之 Ca O)

　　　　(註 CaO 之等原子量 Eq. Wt. 爲 28)

$6.05 \times \dfrac{1}{17} = 0.356$ grains per gallon (每加侖需用0.356喱石灰)

7000 喱爲一磅。所以

$0.356 \times \dfrac{1}{7000} \times 1000 = 0.50$ Lb. pure Ca O per 1000 gals of water(每千加侖水需用 0.50 磅純粹石灰)

(2) 處理硬水中亞炭酸鎂所應用之石灰量

$$Mg(HCO_3)_2 + 2Ca(OH)_2 = Mg(OH)_2 + 2Ca\,CO_3 + H_2O$$

$1.80 \times 56 \times \dfrac{1}{17} \times \dfrac{1}{7000} \times 1000 = 0.83$ Lb. pure Ca O/1000 gals.(每千加侖水需用純粹石灰 0.83 磅)

如此每千加侖水總共需用純粹石灰 $0.50 + 0.83 = 1.33$ 磅。但商用石灰旣不純粹,且非完全溶解於水中而可發生化學作用者。平常試驗,僅百份之七十左右有效。所以需用商用石灰,約

$\dfrac{1.33}{0.70} = 1.9$ 磅左右。(每千加侖需用)

然欲使化學作用神速,須加過餘 (Excess) 之石灰量。以上所得,係理論的結果,實在應加過餘百份之五至十左右,即

$$1.9 \times 1.9 \times \dfrac{10}{100} = 2.1 磅左右商用石灰。$$

(3) 處理硫酸鈣所應用之蘇打曹達量

$$Ca\,SO_4 + Na_2CO_3 = Ca\,CO_3 + Na_2SO_4$$

(Na_2CO_3 等原子量 = 53)

$0.89 \times 53 \times \dfrac{1}{17} \times \dfrac{1}{7000} \times 1000 = 0.4$ Lb./1000 gals.(每千加侖水應用 0.4磅蘇打)

實在應加過餘百份之一至三即

$$0.4 + \frac{3}{100} \times 0.4 = 0.5 \text{磅左右蘇打}$$

(4) **計算藥品重量簡易之方式。**

每千加侖硬水所需用之

$$純粹石灰 = \frac{A+Mg}{160} 磅$$

$$蘇打曹達 = \frac{H-A}{113} 磅$$

A 代表鹼質 (Alkalinity)

Mg 代表鎂質 (Magnesium)

H 代表總硬度 (Total Hardness)

以上均以百萬分之幾分計算。

試以第一表之清華硬水爲例。內含鹼質 (A) 百萬分之二百 (200 P. P. M.)。鎂質 (Mg) 百萬分之二十一點九 (21.9 P. P. M.)。及總硬度 (Total Hardness) 百萬分之二百六十 (260 P. P. M.)。則

$$純粹石灰 = \frac{A+Mg}{160} = \frac{200+21.9}{160} = 1.4 磅$$

$$蘇打曹達 = \frac{H-A}{113} = \frac{260-200}{113} = 0.53 磅$$

以上所得,係理論的結果。實在應加過餘之石灰量百份之十左右。及過餘之蘇打百份之三左右。

$$商用石灰 = \frac{1.4}{0.7} \times \frac{1.4}{0.7} \times \frac{10}{100} = 2+0.2 = 2.2 磅$$

$$蘇打曹達 = 0.53 + 0.53 \times \frac{3}{100} = 0.7 磅$$

(5) **除硬藥之處理硬水總容量(加侖)**

第 六 表

除 硬 藥 四 英 尺 深						
總硬度一每加侖幾噩 (Grains)	除 硬 藥 器 直 徑					
	三 英 尺	四 英 尺	五 英 尺	六 英 尺	八 英 尺	十 英 尺
5	15600	28200	43800	63000	112200	175200
10	7800	14100	21900	31500	56100	87600
15	5200	9400	14600	21000	37330	58400
20	3900	7050	11000	15750	28050	43800
25	3120	5640	8760	12600	22440	35000
30	2600	4700	7300	10500	18700	29200
35	2230	4030	6260	9000	16030	25000
40	1950	3530	5480	7880	14030	21900
45	1730	3130	4870	7000	12470	19400
50	1560	2820	4380	6300	11220	17500

若要較大總容量,即將除硬藥加深,譬如五英尺深。則上表處理硬水總容量,均將 $\frac{5}{4}=1.25$ 倍之。由硬水經過除硬藥器之速度(每小時幾加侖),即可計算處理硬水之有效時間。然後再用飽和食鹽溶液 (Na Cl) 將除硬藥性回復。其回復之化學作用,已見前頁。再天然除硬藥,每立方英尺,可除硬度 3000 喱 (Grains)。人造的可除 12,000 喱左右。由此亦可計算處理硬水總容量。

處理鍋水方法及器具

處理鍋水方法,大概可分為下列數種:

(1) 簡 單 沉 澱 法 Plain Sedimentation

(2) 化 藥 品 沉 澱 法 Chemical Sedimentation.

(3) 沙 濾 法 Filtration

(4) 蒸 溜 器 法 Evaporation

(5) 減 低 溶 解 濃 度 法 Deconcentration

(6) 除 去 水 中 空 氣 法 Deaeration

(7) 處 理 鍋 水 之 化 藥 品 Boiler Compounds

(8) 蘇 打 石 灰 處 理 硬 水 法 Soda Lime Softening

　　(a) 加 熱 處 理 Hot Process

　　(b) 冷 水 處 理 Cold Process

(9) 除 硬 藥 處 理 法 Zeolite Softening

(10) 磷 酸 類 處 理 法 Phosphate Treatment

(11) 連 合 處 理 法 Combined Treatment.

簡 單 沉 澱 法　用以處理水中之不溶解固體物(Insoluble Solids)。若水中含有泥沙等。其法僅將水靜儲水池或水箱中,使自沉澱而已。

化 藥 品 沉 澱 法　若水中含有固體物,不易沉澱時,平常加明礬即硫酸鋁鉀 ($K_2OS_4Al_2(SO)_3 24H_2O$) 扶助之。其故因氫氧化鋁生成時,先成一膠狀懸浮體,漸膠結成一膠狀之沉澱物。並將細粒子,

集成大顆而立即下沉,且能盡裹細菌而去之。如水略硬,則可單加入粗硫酸鋁:

$$3Ca(HCO_3)_2 + Al_2(SO_4)_3 = 3Ca SO_4 + 2Al(HCO_3)_3 \cdots\cdots\cdots (1)$$

$$Al(HCO_3)_3 + 3 H_2O = Al(OH)_3 \downarrow + 3H_2CO_3 \cdots\cdots\cdots (2)$$

沙濾法 將水中所含之不溶解固體物,及由化學作用而發生之沉澱物。經過沙濾而使其清潔。沙濾器之構造有二種。壓力沙濾器 (Pressure Filter) 及重力沙濾器 (Gravity Filter) 是也。壓力沙濾器內部構造如第三圖。器內上層細沙,中層粗沙,下層小石子。再下層為粗石子。水經過沙濾器自上而下流。若沉澱物粒,積儲多後,必須清潔。將

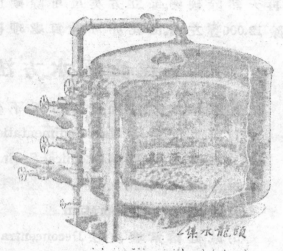

第三圖　沙濾器

水由下向上流,使汙水流入溝內。清潔後再用以沙濾。重力沙濾器構造相同,惟水賴本身重力下流,經過沙濾器而已。壓力沙濾器,水賴水壓力經過沙床。有二式,一種直立式如圖一種橫立式。但其原理則同也。

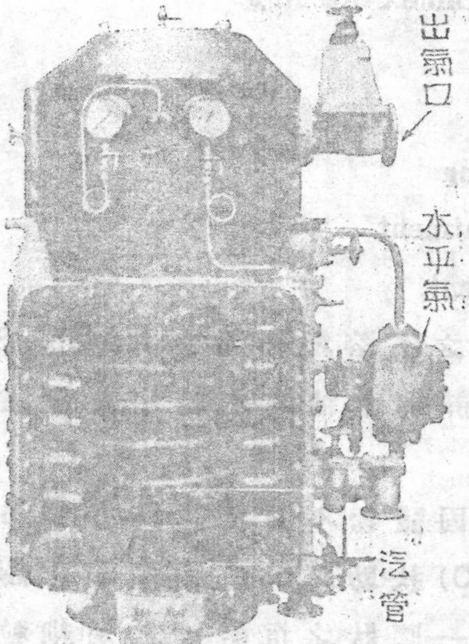

蒸溜器法 凡電廠之用高壓蒸汽者,鍋水須絕對潔淨。汽輪所用蒸汽,均用凝汽器(Condenser)冷凝為水,回至鍋中。其所不足或損失之部份,用蒸溜器發生之蒸溜汽水補足之。蒸溜器構造。內部

第四圖蒸溜器

汽管,管外硬水。其目的是在使硬水溶解物品,沉澱於器內而除去之。發生之蒸汽,凝冷後以補鍋水之不足。

減低溶解濃度法　鍋水中之溶解物,因水變蒸汽,濃度 (Concentration) 日漸增加。若水中固體物質總量,(Total Solids) 過一定限度時,須將濃厚之鍋水放出 (Blow-down),再加新鮮清潔水。如此則鍋水內溶解物之濃度減低,而汽鍋內永無沉澱硬塊之虞。

除去水中空氣法　水中常含空氣,氣內氧氣在高壓汽鍋內,日久易使鍋管生鐵銹 (Corrosion) 減低鍋爐壽命。所以高壓蒸汽電廠中,均用除氧器,將水中氧氣,用蒸汽驅除,然後進入鍋爐。其構造工作原理如第五圖

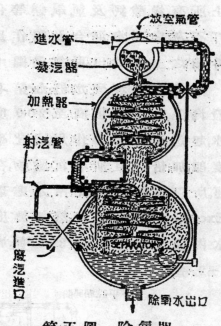

第五圖　除氧器

處理鍋水之化藥品　從前無蘇打石灰及除硬藥處理法時,有各種藥品,直接加於鍋爐內,謂有除去沉澱硬塊之效力。但見效甚微,現已不用,不再詳述。

蘇打石灰處理硬水法　此法為最普及應用。分二種方法:

加熱處理
冷水處理

二種器具,大概相同。惟加熱處理多一加熱器。其

第六圖　蘇打石灰冷水處理硬水器

目的是使化學作用速度加增,處理省時,而處理硬水總容量,可以加多。冷水處理硬水器如第六圖。蘇打與石灰溶解於木桶內。然後用幫浦打至沉澱箱上面,與硬水混合,起化學作用。經過四小時以上,所有炭酸鈣及氫氧鎂等化合物,均沉澱至底下。照圖上所示,蘇打石灰與硬水混合及起作用於沉澱箱中部管內。而軟水則由管外箱之上部放出,再經過圖中橫式之沙濾器,然後到鍋爐內應用。

　　加熱處理硬水器如第七圖。硬水進入加熱器與蒸汽或引擎廢汽混合,水溫增高至200度(℉)以上,蘇打石灰溶液,與高溫度硬水,起迅速之化學作用。據化學學哩,凡溫度增高18度,化學作用速度卽加倍之。且所有沉澱物,在高溫下,容易結合爲大粒而沉澱快速。所以加熱處理,比冷水處理,除硬效力大。二種處理,均須加過量(Excess)之蘇打石灰。然加熱度處理,可比較少加。冷水處理過之軟水內硬度約每加侖3—5喱。加熱處理過之軟水內硬度約每加侖1—2喱。

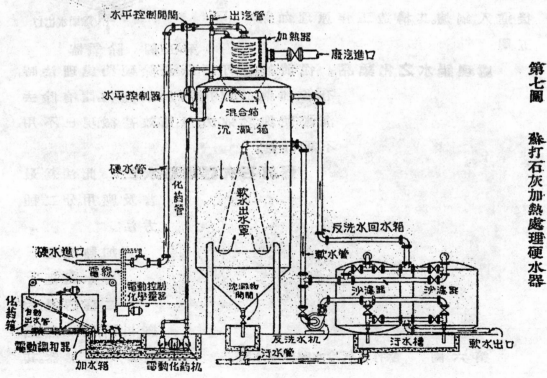

第七圖　蘇打石灰加熱處理硬水器

如上圖所示。硬水先經過電表，然後進加熱器。電表控制蘇打石灰溶液之加減容量。蓋化藥品過多與不足，均無良好結果。過多則過量石灰留於水中，日後與氧化炭(CO_2)化合而再沉澱於汽鍋中，不足則水中硬度不能除淨，亦有後患。所以蘇打石灰容量之控制，甚屬重要。其餘構造部份，與冷水處理器相同。

除硬藥處理法　除硬藥處理法，最為簡單。且硬水處理後，全無硬度。所謂零硬度水是也。(Zero Water)零硬度水在水鍋中，永不發生沉澱硬塊。惟鍋水中鈉化合物濃度增加至一定限度時，須將鍋水放出，再加新水。其限度由試驗決定。即用硝酸銀(Silver Nitrate)分析鈉化物之濃度。或用比重表 (Hydrometer)決定之。再鍋水須維持一定之硫酸鹽與炭酸鹽之比例(Acertain Ratio of Sulphate to Carbonate)汽壓在 150 磅以下，比例是1:1。汽壓在 150 至 250 磅，比例是2:1。汽壓在 250 磅以上，比例是3:1。其所以維持此比例之原因。為炭酸鈉在高壓下。容易分解為氫氧化鈉，與鍋爐發生化學作用(Caustic Embrittlement)而減低壽命。若有充分之硫酸鹽，即可防止此分解之實現。除硬藥處理水中多炭酸鹽類。所以時常加硫酸，以維持規定之比例。

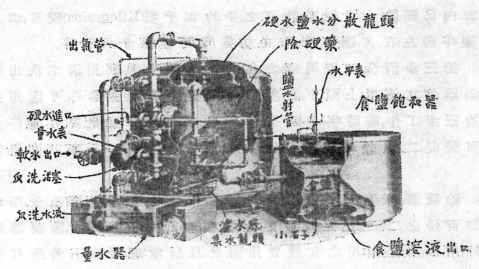

第 八 圖　　　除 硬 藥 器

　　除硬藥器構造如第八圖。藥器本身,與沙濾器相同。分下流式與上流式二種。普通均用下流式。卽硬水自上而下流,經過除硬藥床是也。硬水進入器內,由分散龍頭下流過藥床。藥床深四五尺,下有小石子底。底下卽集水龍頭,將軟水集合,經過量水表而進鍋爐,除硬藥之處理硬水總容量,卽可由量水表而知之。若藥力已完,卽須將藥經過囘復(Regeneration)化學作用。囘復分三步:

　　(1)反洗 Back Washing

　　(2)加鹽 Salting

　　(3)清洗 Salt Rinse.

　　反洗係用水由除硬藥器下部向上流,使藥床散勳,將積於藥床上面之汙物洗去。反洗水流速度須高,但不可過高,將除硬藥粒,一同洗出。反洗時間之長短,可以視察流出反洗水之是否清潔而決定之。

　　第二步卽加鹽。食鹽溶液,由飽和器之下部,經過鹽水注射管,進入除硬藥器之上部。然後由分散龍頭,分散於除硬藥床之上面。斷漸下流將已失效力除硬藥中之鈣及鎂二原子,調換爲鈉原子,而後除硬藥囘復原有之效力。至需用食鹽容量之多少,可以除硬藥器內已經除去之硬度計算之。平均每千喱(Kilograins)硬度,需用食鹽半磅左右。食鹽溶液,每立方英尺,可溶解十八磅半。

　　第三步清洗,卽將過餘之食鹽及氯化鈣與鎂,用清水洗出除硬藥器外。水流由上而下,速度不高。洗清後,除硬藥器再可應用矣。平均三步工作,需時半小時至一小時。若軟水供給,絕對不能停止,則可裝置二具除硬藥器。一具加鹽清洗時,另外一具可以供給軟水。

　　除硬藥,永久可以使用。每年將藥床稍加數寸,以補損失。平均增加百份之二三已足。除硬藥之利益,卽在於是。所費者,除藥器原價外,用以囘復作用之食鹽費用而已。且所處理之水,不若蘇打石灰處理法,有過度或不足之虞。

磷酸類處理法　凡電廠汽壓３００磅以上,用過加熱蘇打石灰處理後,再有用磷酸類處理者。磷酸類除硬,價甚高貴。但有一利益,卽在高壓汽鍋中,不易分解是也。若蘇打石灰處理所發生之炭酸鈉,百份之八九十分解爲氫氧鈉($NaOH$)與鍋爐發生化學作用(Caustic Embrittlement),而減低壽命。所以需用加入多量之硫酸鈉(Na_2SO_4)與氫氧鈉中和而不發生危害。若用磷酸類處理,則水中無過量之炭酸鈉,而無在鍋中分解之虞。

連合處理法　卽用石灰與除硬藥二種處理法,連合使用。凡硬水中之多亞炭酸鹽類者,先用石灰處理,除去亞炭酸鹽硬度。然後再用除硬藥處理,除去硫酸鹽硬度。如此處理過之水,全無硬度,惟成本較貴。

硬水處理法之選擇

上述數種處理法中,可以處理硬水而適宜於我國電廠用者,惟三四種。卽(1)加熱蘇打石灰處理(2)除硬藥處理(3)石灰除硬藥連合處理及(4)蒸溜器處理是也。選擇何種處理法,須視各廠情形而異。凡硬水之總硬度及其成份,蘇打石灰及食鹽之比較價值,用水之多少。均爲決定選擇何法之主要原素。平常除硬藥處理法,最爲普通。因其價廉而易於工作。若硬水中多含亞炭酸鹽類,則加熱蘇打石灰處理及石灰除硬藥連合處理,均可試用。若電廠引擎或汽輪廢汽,均冷凝爲水復回鍋中。則所要供給者,僅損失之一小部份。用小量蒸溜器處理法,已足應用矣。

美製加熱蘇打石灰處理器與除硬藥器價值之比較,如下表:

第 七 表
加熱蘇打石灰器與除硬藥器價值之比較

處理器每小時容量(加侖)	除硬藥器	加熱蘇打石灰器
200	美金$230	美金$1100
400	美金$370	美金$1200

　　觀上表知除硬藥器之價值,僅及加熱蘇打石灰器價值四份
之一。當然除硬藥器之銷路,比蘇打石灰器多。

　　在津電廠,若廢汽 (Exhaust Steam) 由凝汽器冷凝爲水,同復至
鍋中者。其不足之部份,可用除硬藥器補足之。藥器構造簡單,可在
國內仿造。則價值低廉,僅購除硬藥,(The Permutit Co. 440 Fourth Ave.
New York City, U. S. A.) 每噸價美金百元左右。400 加侖除硬藥器
裝藥四英尺深,共重 1600 磅。加熱蘇打石灰器,亦可改良仿造。僅用
鐵箱,中裝熱汽管。箱內秉以一定容量之硬水,加以相當重量之石
灰與蘇打。然後加熱使溫度增高至沸點,同時將水與石灰等調和。
待沉澱物漸漸膠結,停止熱汽,使自沉澱,再取用上面清水濾過,加
入鍋水池中。所謂整箱處理是也。(Batch Treatment) 如此則鐵箱價
值僅數百元而已。

工廠管理法之原則

楊　繼　曾

　　我國工業方在萌芽，工廠管理法尚少研究。近年來雖議合理化管理者漸多，然大部分仍限於營業管理之整頓，及勞工社會問題之注意。即使有論及分工測驗之方法者，亦多限於原理之本身，而少有為工廠管理定普遍之原則者。因其如此，故一切工廠管理所必需之記錄統計，在國內工廠中不可得而資以觀摩。在工廠中，其事務之分量可分為三項：（一）營業；（二）設計與研究；（三）工廠行政。營業屬於商業性質；設計與研究屬於純粹技術性質；工廠行政則為狹意之工廠管理，而亦可認為工廠管理之本身。故今茲所論，限於狹意之工廠管理。工廠管理法無一定之方程式，因各種工廠皆有其特性，故只能定管理法之原則。

　　工廠管理法須齊備六種工作原素：（一）工作準備；（二）工作支配；（三）工作監督；（四）材料工具機器之保管；（五）考核；（六）結算。

　　工作準備者，在工作開始之先，預計其需要而與以相當之準備。其準備之事物，為工作圖表，工具，材料，模型，樣板等。準備之方法，為調查其所有，添置其所無。準備之目的，為工作支配之際，工作所需要者湊集而無缺。欲達此目的，必各準備之機能（料庫等），及與準備有關之機能（如購置等），能準時而完成其工作；必各種簿記表册，能確定以往，昭示將來。西諺云：「充分之工作準備，已成工作之半」。

工作支配者,因材器使,因地制宜,時間不使虛耗,負担必使均匀之謂也。支配之事物,分爲儘已有支配者,與可以補充添置者。屬於前者,爲工人機器及廠房;屬於後者,爲材料及工具。支配前者之前提,爲明瞭其已有之担負(如機器担負表工作進程表等),及所具之性能(如機器登記片等)。支配之目的,爲(一)使工作合於受支配者之性能;(二)擇其担負工作之最少者與以新工作;(三)酌其需要之緩急,而定其工作之先後;(四)務使工作不間斷或壅塞,(前一程序之工作完畢,而後一程序之工作方能開始。若前一程序工作之機器產量低於後者,則後者之工人機器勢必停工以待,是爲「間斷」。若反是,前者高於後者,則後者之工人機器趕造不及而致堆積,是爲「壅塞」)。工具材料之支配,其前提爲知其所有,計其將來。支配之目的,爲(一)先其所急;(二)接濟無使間斷;(三)儘先利用其所有;(四)迅速的週轉。

工作監督者,監察預定計畫之實行。工作準備及支配,皆爲預定之計畫,往往有不可預計之事實。如人病,機損,料到愆期等,皆可破壞預定計畫之實現,故必有監之督之者。務使影響所及,不致牽動全部之計畫,或能先機而籌計,或能避重而就輕,或能隨時有所補救。監督之確實,爲繼續準備與支配所依賴。監督之方法,重在機能組織之運轉,而不在恃個人耳目之察察。工作進程表,機器動止原因表,及催料時限表等,皆爲監督效能之表現。

保管在工廠方面,因其所保管者,爲週轉變動性質之事物,故不僅負存失完損之責,而且負局部監督,移動,處理之責(如催料收發安置等)。故必有精詳之簿記,顯明之標識,適宜之處理,有系統之安置,及完備之手續,而後謂能盡其責。

攷核者,在工作完成之後,考核其當否。攷核之前提,爲確定標準。攷核之方法,爲檢查工作優劣,及稽核工料省費,以用客觀之比較,而避免主觀之感覺爲主旨。

結算者,於一定之時限內,綜計記錄所得,而總結其所成。結算

之前提,在統計之周密,進程之明顯,簿記分析之妥當。結算之技術,在善於歸納,明於分薀,別其偶常。以無數之統計,加以分析與組合,視其製品類別項目,而算成整個之結數,此卽「成本計算」之由來也。成本計算,所以確定成品與工料,及其他消費之關係。成本計算分別為直接製造部分,與間接製造部分。直接製造部分為兩項:(一)直接用於製品之材料;(二)直接用於製品之工資。間接製造部分,為不能直接分配於製品之費用,而成於攤算者。以直接部分之百分計算,攤算之分薀原素有三種:(一)消費之種類,如材料,工資,折舊等;(二)消費之處所,如車工間,木工間等;(三)消費之担負者,則以所製物品而分別。

　　以上所論,不舉實例。以實例皆有特性,而失原則之眞銓。原則並非新奇,而以此原則,評論各工廠,則合者太少,而不合者太多。以此原則,而整理一廠,則經驗所得,可以編成巨帙之書。是則有待於將來與機器工程界同人共同之努力,而此論則只作拋磚引玉之磚可也!

年會論文委員會啓事

本號爲中國工程師學會第三屆年會論文專號，承各會員紛投論著，篇篇珠璣，均已分別刊登。惟內有楊景種君「可能虞學說於電話問題之應用」一篇，因僅寄來一三兩章；王子祜君「冀北金鑛創設六十噸工廠計劃之選冶試驗報告」，因原圖照片尚未寄到；駱曾慶君「工程名詞譯訂標準」，因篇幅過長，未能刊登，深爲遺憾。此外朱一成君「收音眞空管的進展」，錢慕寧君「水電兩廠合併經營之利益」，徐宗湅君「水泥旋窰用煤之比較方法」，胡樹楫君「內地城市改進居住衞生問題之商榷」，李書田君「圖解梯形重心之二十四原理及其畫法」及黃炎君「施華關樁載重試驗」各文，當於此後各號陸續登出，又陸增祺君著「時間經濟」一篇，業已轉送工程週刊登載。謹此聲明，並誌謝忱。

本刊發行『橋樑輪渡專號』預告

本刊九卷三號，爲「橋樑輪渡專號」，已由本編輯部請定茅唐臣先生主編，定期六月一日出版，特此預告。